"十二五"国家重点图书出版规划项目

海河流域水循环演变机理与水资源高效利用丛书

水代谢、水再生与水环境承载力

（第二版）

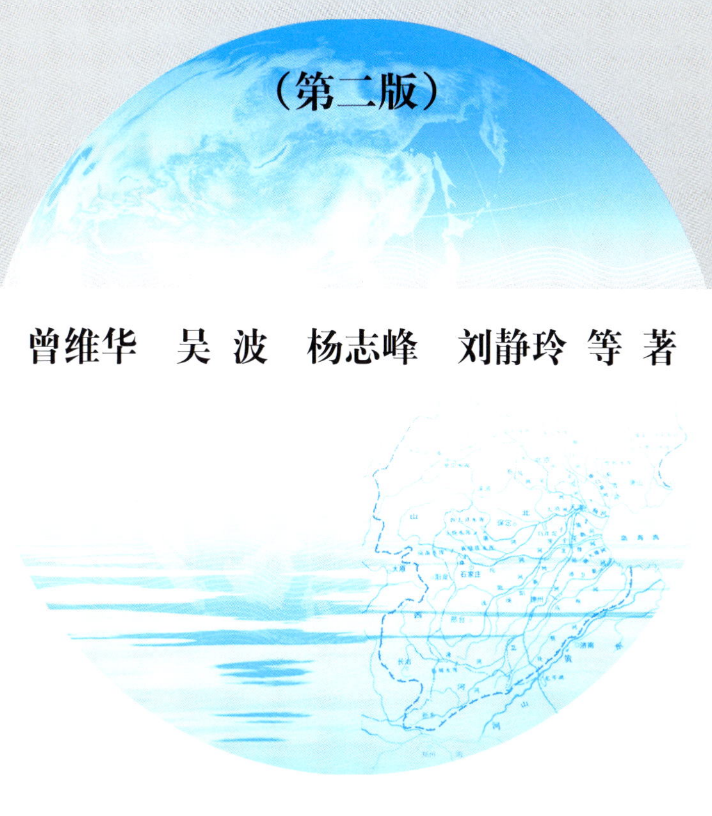

曾维华　吴　波　杨志峰　刘静玲　等著

科学出版社

北　京

内 容 简 介

本书针对水科学与环境科学等学科前沿和热点问题,从流域/区域水代谢系统的系统分析入手,阐述水代谢与水再生之间的关系,以及水代谢结果对水环境承载力的影响;通过对水代谢系统驱动因素的识别、系统问题的模拟和分析,以及针对具体问题可实施的措施进行优选分析,建立了一套用于研究水代谢系统的方法体系;进一步地,将所建立的理论与方法应用于实际案例研究,力求通过调节水代谢过程,提高水资源再生能力与水环境承载力,实现流域/区域水资源可持续利用的最终目标。

本书可作为高等院校水科学与环境科学等专业的研究生教材,以及从事相关领域研究的学者的参考书。

图书在版编目(CIP)数据

水代谢、水再生与水环境承载力/曾维华等著.—2版.—北京:科学出版社,2015.6

(海河流域水循环演变机理与水资源高效利用丛书)

"十二五"国家重点图书出版规划项目

ISBN 978-7-03-044928-3

Ⅰ.水… Ⅱ.曾… Ⅲ.水循环-研究 Ⅳ.P339

中国版本图书馆 CIP 数据核字(2015)第 125770 号

责任编辑:李 敏 张 菊/责任校对:郑金红
责任印制:肖 兴/封面设计:王 浩

科学出版社 出版
北京东黄城根北街 16 号
邮政编码:100717
http://www.sciencep.com

北京中科印刷有限公司 印刷
科学出版社发行 各地新华书店经销

*

2012 年 5 月第 一 版 开本:787×1092 1/16
2015 年 6 月第 二 版 印张:18 1/4 插页:4
2015 年 6 月第一次印刷 字数:800 000

定价:168.00 元

(如有印装质量问题,我社负责调换)

《水代谢、水再生与水环境承载力》（第二版）
主要撰写人员

曾维华　吴　波　杨志峰　刘静玲　孙　强

祝　捷　柴　莹　李春晖　张永军

总　　序

　　流域水循环是水资源形成、演化的客观基础，也是水环境与生态系统演化的主导驱动因子。水资源问题不论其表现形式如何，都可以归结为流域水循环分项过程或其伴生过程演变导致的失衡问题；为解决水资源问题开展的各类水事活动，本质上均是针对流域"自然-社会"二元水循环分项或其伴生过程实施的基于目标导向的人工调控行为。现代环境下，受人类活动和气候变化的综合作用与影响，流域水循环朝着更加剧烈和复杂的方向演变，致使许多国家和地区面临着更加突出的水短缺、水污染和生态退化问题。揭示变化环境下的流域水循环演变机理并发现演变规律，寻找以水资源高效利用为核心的水循环多维均衡调控路径，是解决复杂水资源问题的科学基础，也是当前水文、水资源领域重大的前沿基础科学命题。

　　受人口规模、经济社会发展压力和水资源本底条件的影响，中国是世界上水循环演变最剧烈、水资源问题最突出的国家之一，其中又以海河流域最为严重和典型。海河流域人均径流性水资源居全国十大一级流域之末，流域内人口稠密、生产发达，经济社会需水模数居全国前列，流域水资源衰减问题十分突出，不同行业用水竞争激烈，环境容量与排污量矛盾尖锐，水资源短缺、水环境污染和水生态退化问题极其严重。为建立人类活动干扰下的流域水循环演化基础认知模式，揭示流域水循环及其伴生过程演变机理与规律，从而为流域治水和生态环境保护实践提供基础科技支撑，2006年科学技术部批准设立了国家重点基础研究发展计划（973计划）项目"海河流域水循环演变机理与水资源高效利用"（编号：2006CB403400）。项目下设8个课题，力图建立起人类活动密集缺水区流域二元水循环演化的基础理论，认知流域水循环及其伴生的水化学、水生态过程演化的机理，构建流域水循环及其伴生过程的综合模型系统，揭示流域水资源、水生态与水环境演变的客观规律，继而在科学评价流域资源利用效率的基础上，提出城市和农业水资源高效利用与流域水循环整体调控的标准与模式，为强人类活动严重缺水流域的水循环演变认知与调控奠定科学基础，增强中国缺水地区水安全保障的基础科学支持能力。

　　通过5年的联合攻关，项目取得了6方面的主要成果：一是揭示了强人类活动影响下的流域水循环与水资源演变机理；二是辨析了与水循环伴生的流域水化学与生态过程演化的原理和驱动机制；三是创新形成了流域"自然-社会"二元水循环及其伴生过程的综合模拟与预测技术；四是发现了变化环境下的海河流域水资源与生态环境演化规律；五是明晰了海河流域多尺度城市与农业高效用水的机理与路径；六是构建了海河流域水循环多维临界整体调控理论、阈值与模式。项目在 2010 年顺利通过科学技术部的验收，且在同批验收的资源环境领域 973 计划项目中位居前列。目前该项目的部分成果已获得了多项省部级科技进步奖一等奖。总体来看，在项目实施过程中和项目完成后的近一年时间内，许多成果已经在国家和地方重大治水实践中得到了很好的应用，为流域水资源管理与生态环境治理提供了基础支撑，所蕴藏的生态环境和经济社会效益开始逐步显露；同时项目的实施在促进中国水循环模拟与调控基础研究的发展以及提升中国水科学研究的国际地位等方面也发挥了重要的作用和积极的影响。

本项目部分研究成果已通过科技论文的形式进行了一定程度的传播，为将项目研究成果进行全面、系统和集中展示，项目专家组决定以各个课题为单元，将取得的主要成果集结成为丛书，陆续出版，以更好地实现研究成果和科学知识的社会共享，同时也期望能够得到来自各方的指正和交流。

最后特别要说的是，本项目从设立到实施，得到了科学技术部、水利部等有关部门以及众多不同领域专家的悉心关怀和大力支持，项目所取得的每一点进展、每一项成果与之都是密不可分的，借此机会向给予我们诸多帮助的部门和专家表达最诚挚的感谢。

是为序。

海河 973 计划项目首席科学家
流域水循环模拟与调控国家重点实验室主任
中国工程院院士

2011 年 10 月 10 日

第 二 版 序

随着社会经济的飞速发展，水资源供需矛盾和水环境污染问题日趋严重。从系统科学理论的角度出发，综合考虑流域/区域水系统的全局利益，有效利用水系统中循环、代谢与再生的能力，提高水环境承载力；以此为基础，深入开展水资源合理、高效开发利用与优化调控研究，越来越受到人们的重视。从"九五"开始，到"十一五"这 15 年中，这种基于系统科学理论的水资源合理利用研究得到了长足发展，取得了大量研究成果。

在我国很多地区，大规模水资源开发利用改变了水系统中的水循环与水代谢过程，致使这些地区的水环境污染与水资源紧缺问题日趋突出，水环境承载力降低，严重制约该地区社会经济的持续发展。在此背景下，我国学者提出了基于二元水循环模式和生态的水资源配置方法，平衡协调区域发展模式、生态系统质量、水资源利用格局三者之间的关系，最终为实现"人水和谐"的目标提供科学依据。同时，考虑这一时期节水型社会建设的需求，广大环保工作者重视污水处理、中水回用等再生性水资源利用，使水资源的有效利用能力得到提高。到了"十一五"期间，基于流域水循环和水量水质双控的水资源整体配置更加注重水资源的可持续利用和保护。

"十二五"期间，我国经济、社会发展和环境保护又面临一个新的飞跃，随之而来的高强度人类活动的影响和可利用水资源的减少，会使水资源的供需矛盾更加突出。实现社会经济的可持续发展，水资源的有效、持续利用，真正达到节水和"节能减排"目标，需要结合国家发展战略和社会需求，全面分析水资源开发利用过程中整个水系统中各因素（子系统）之间的相互关系，协调好自然因素（子系统）与人为因素（子系统），利用水的循环性、代谢性与再生性的功能，使水在整个代谢过程中提高其再生能力，进而提高水环境承载力，实现水资源的可持续利用与保护的最终目标。

《水代谢、水再生与水环境承载力》一书采用系统的视角，从理论到实践应用，建立了一整套针对水系统中的水循环、水代谢、水再生与水环境承载力之间相互关系的理论与方法体系，并成功将其所建立的理论与方法应用于实践，达到国内的先进水平。该书作者在水资源持续利用与水环境保护领域有良好的研究基础，早在 20 世纪 90 年代，该书作者就提出了水的自然循环与社会循环概念，建立了水质与水量双相调控及水的自然循环与社会循环双相调控方法体系，为日后该领域的研究奠定了良好的基础。在这以后的 20 年中，该书作者在 973 计划项目"黄河流域水资源演化规律与可再生性维持机理"与 973 计划项目"海河流域水循环演变机理与水资源高效利用"的支持下，对流域水循环、水资源自然与社会再生能力的影响因子、基本概念、评价指标体系与评价方法，以及水代谢与水环境承载力的基本概念、动态仿真方法进行系统研究，取得了大量研究成果，视角独特，极具深度。

在第一版研究的基础上，第二版在理论研究中详细分析了水代谢理论的内涵、组成和研究对象，并以系统思想为指导，以系统科学理论与系统工程方法为工具，采用多种研究方法建立了一套针对水代谢系统问题识别、问题模拟分析与问题解决的方法体系，为进行流域/区域水代谢系统的研究提供了坚实的理论基础与科学的方法支撑。在案例部分，该书作者选取比较复杂的昆明市水系作为案例进行研究，不仅为全面、系统地了解实际问题提供了重要依据，也为促进昆明市水体再生、提高其水环境承载力的具体措施的制定与实施提供了参考。

总而言之，全书以其深厚的环境系统科学造诣，将环境系统研究的理论与丰富实践融会贯通化为一体，着眼于这个学科领域的基础性与实用性，求实创新、图文并茂、深入浅出，这是难能可贵的。我相信，它的出版发行必将推动我国的水资源持续利用与保护研究，进而促进我国水资源保护事业的发展。

中国环境科学研究院水环境研究所所长、研究员 宋永会

2014 年 12 月 1 日

第二版前言

从古至今，水是人类赖以生存的宝贵资源，它为人类的繁衍生息和社会的文明进步做出了重要贡献；但是，长期以来水却没有得到人类应有的珍惜和善待。人们对水的过度开采、滥用与对水环境质的破坏，打破了水循环平衡，导致水代谢过程紊乱，水资源再生能力降低，水环境承载力下降，水生态系统健康难以维育。

人口增加、经济增长和用水不当而导致的水资源短缺、水质污染和水环境恶化，不仅制约了经济与社会的发展，还严重威胁着人类的健康与生存。目前全球一半左右的河流流量大幅减少或遭严重的污染，世界上 80 个国家的占全球 40% 的人口严重缺水。如果这一趋势得不到遏制，今后 30 年内全球 55% 以上的人口将面临水荒。

我国是水资源紧缺的国家，人均水资源占有量仅为世界平均水平的 1/4，且分布极不均匀。同时，我国水环境污染也十分严重，全国江河除源头外，都受到不同程度的污染，绝大多数城市下游河段都沦为 V 类或劣 V 类水体。全国 660 多座城市中有 400 多座缺水，水危机已成为社会经济发展的瓶颈。

造成水危机的主要原因是水资源的不合理使用与水环境污染。工业、农业生产过多使用新鲜水，再生水生产与使用潜力有待挖掘，由此导致人们的生活用水紧缺，特别是北方干旱与半干旱地区，大量开采使用天然水体，加剧了水荒和地面下沉等问题；另外，水环境污染也是造成水资源危机的重要问题。面对水短缺与水污染的严峻危机，人类应该反思其水资源开发、利用活动，探索出缓解水危机、恢复水生态、确保水资源可持续利用的有效途径。

自然界的水资源是有限的，并处于不断的循环、代谢与再生过程之中。首先，应通过优化调整水的代谢过程，特别是社会代谢过程（具体包括节水与污水深度处理、再生回用等），维持水资源持续健康的社会循环与自然循环。其次，应通过水资源社会循环与自然循环双向调控（包括水质水量联合调度等），使水的自然循环与社会循环的每个环节健康高效运行；不断提高水资源的社会与自然再生能力，在有限的水环境承载力约束下，实现流域/区域水资源与水环境持续健康发展。

由此可见，水代谢、水再生与水环境承载力是流域/区域水系运转过程的重要组成部分，可以从不同角度反映水的运动规律、发生的各种变化及参与的过程；同时，水代谢过程与水再生、水循环相互关联、相互影响。水环境承载力是流域/区域水系统的重要属性特征，是水系对外表现的主要功能之一，用以表征水系承载人类生产与生活用水、排污活动强度的阈值。它的大小取决于水代谢过程与水再生性能；通过改善水代谢过程，可维持持续健康的水代谢，促进水体提高其再生性能，在确保水系健康持续发展的同时，提高水环境承载力。

本书针对世界范围内的水危机问题，从流域/区域水系统的系统分析入手，以系统思想为指导，以系统科学理论与系统工程方法为工具，系统分析水代谢、水再生与水循环之间的关系，以及其对水环境承载力的影响。本版在第一版内容的基础上，重点对水代谢理论及水代谢系统的研究方法进行详细的论述和研究，着重分析伴随着水循环，水在代谢过程中存在的水量和水质的各种变化，及这些变化包含的各种有利和不利的部分。在水代谢过程中有利的部分促进水再生，可提高水环境承载力，进一步促使水循环过程朝健康的方向发展。因此，分析水代谢系统的整个代谢过程，研究系统面临的问题，是从水量和水质两个方面更为全面地反映出流域/区域的水问题，并提出有效的破解对策和相应措施的关键依据。具体研究内容如下。

采用基于 PLS 的结构模型方法建立驱动因素分析模型，识别出主要影响城市水代谢的驱动因素并得到各因素的作用效果。

构建基于水足迹理论的评价模型，并设立评价指标约束值，初步分析系统的整体代谢效果。评价模型分别从水质补充和水量补充两个方面进行考虑。选取四类污染物进行各产业污染物和生活污染物对应的灰水足迹核算，并以其中的最大值作为最终结果用于评价水质补充模型。同时，将灰水足迹理论运用到城市水代谢系统内部各种水质变化过程的量化研究中，并针对它们的不同特点，建立不同的量化公式并核算出量化结果。

分析城市水代谢系统边界代谢研究的核算原理，并核算系统边界的水代谢通量。构建评价模型，研究系统在与外界的相互作用下是否受到影响。以投入产出法核算输入、输出水代谢通量中需计算的虚拟水值，得到了系统边界的水代谢通量结果。将该结果与所需的其他指标值代入研究影响情况的评价模型中，分析与外界相互作用下系统对其自身是否带来影响。

采用生态网络分析方法，从城市水代谢系统的水量和水质两个方面，分析水代谢系统内部节点间的作用方式和系统的协作性。通过建立系统内部水量变化的网络结构模型和水质变化的网络结构模型，采用生态网络分析方法中的通量分析，研究代谢路径数量和连通性的变化关系，以此确定两个网络结构模型中每个节点对系统的"贡献"；另外，基于网络分析方法中的利用分析原理，根据矩阵中正负号的分布、数量比值来确定参与水量和水质变化的各节点间的生态关系和共生状况。

建立昆明市水代谢系统综合模拟研究模型，预测基准年状况下，未来昆明市的人口和经济发展，以及用水和排污情况。该综合模型采用 SD 模型作为操作平台，将人口-经济、水消耗和污染负荷、水供给、污水处理模型和受纳水体模型耦合在一起，作为该综合模型下的子模型进行模拟研究。基于该综合模型的特点，可以在灵敏性分析时将各种措施作为参数，通过变化这些参数，得到对人口和经济发展、用水和排污的作用效果。

应用地统计学原理，利用普通 Kriging 方法对水资源自然可再生能力的主要影响因子——降水和蒸发的空间变异规律进行分析。利用基于 GIS 的水量平衡模型，以泾河流域为例进行水平衡模拟，包括降水、蒸发、土壤水蓄水、地下水蓄水及网格内形成的径流总量等水文循环因子。在泾河流域水量平衡模拟的基础上，根据模拟结果计算水资源自然更新率，对泾河流域 1996 年水资源自然可再生能力进行分析评价。

对影响到城市水资源社会再生能力的因子进行分组，在实践层面，从绝对再生量和相对再生效率两个方面分析评价各个城市的水资源社会再生能力。在评价过程中，选用人工神经网络的方法，对由各项指标的全国最大值和最小值换算而得的等级标准数据进行训练，当网络获得足够经验后对各城市水资源社会再生能力进行评价。利用 WebGIS 建立黄河流域主要城市水资源社会再生能力评价信息发布系统，将评价结果通过互联网进行发布。

在城市水代谢系统反馈回路分析的基础上，将水质水量综合表征方法及人口和经济规模表征方法相结合，建立一套科学合理的水环境承载力量化方法；在此基础上，用水质水量调整因子来表示水环境承载力对城市水代谢的约束；构建基于城市水代谢的水环境承载力系统动态仿真模型。以海河流域典型城市区域通州区为例对理论与模型进行验证。

全书包括 11 章，第 1 章由曾维华、吴波、杨志峰完成，第 2 章由曾维华、吴波、杨志峰、刘静玲完成，第 3 章由曾维华、吴波完成，第 4 章由曾维华、吴波完成，第 5 章由曾维华、吴波完成，第 6 章由曾维华、吴波完成，第 7 章由曾维华、吴波完成，第 8 章由孙强、曾维华、杨志峰、李春晖完成，第 9 章由祝捷、曾维华、杨志峰、张永军完成，第 10 章由柴莹、曾维华、刘静玲完成，第 11 章由曾维华、吴波完成。全书由曾维华教授与吴波博士统稿，杨志峰教授与刘静玲教授校稿。

本书是作者在对所参与的水体污染控制与治理科技重大专项（水专项）"滇池流域水污染控制环境经济政策综合示范"（2011ZX07102）、973 计划项目"黄河流域水资源演化规律与可再生性维持机理"（G19990436）和"海河流域水循环演变机理与水资源高效利用"（G1999043605）三个课题研究成果进行综合提炼整合的基础上完成的，并受到这三个课题与"十一五"水专项课题（项目号：2008ZX07633-05-06 与 2009ZX07212-002）

资助。本书是研究团队集体智慧的结晶，同时还得益于北京师范大学环境学院求实创新的学术氛围，并通过与环境学院沈珍瑶教授等其他973计划、国家高技术研究发展计划(863计划)研究团队的学术交流，使学术思想的火花得到启发和升华。课题研究过程中还得到了首席科学家刘昌明院士与王浩院士，以及中国水利水电科学研究院、黄河水利委员会与海河水利委员会等科研机构与管理部门的大力支持，在此一并表示衷心感谢！

  本书涉及环境科学、水文学、水资源学和生态学等诸多学科的相互交叉与渗透，密切结合本领域研究的科学前沿和热点问题，可作为高校中环境科学及水文与水资源学等专业的研究生参考书，也可作为流域各类环境和非环境专业技术与管理人员的培训教材。希望我们的研究成果能够推动流域/区域水环境管理系统的研究，提升流域/区域水环境管理的总体水平，引起社会各界对流域/区域水科学管理和水资源有效利用中亟待解决的科学问题的关注和探索，为流域/区域水系统的科学管理提供决策依据。由于本书著者水平有限，书中不当之处还请读者批评指正。

曾维华
2014年12月2日于北京师范大学

第二版改动说明

　　本书第二版在第一版内容的基础上,重点对水代谢理论与研究方法进行系统的论述和研究,着重分析伴随着水循环,水在代谢过程中水量和水质的各种变化,以及这些变化的各种有利和不利作用。在水代谢过程中有利的作用促进水再生,可提高水环境承载力,进一步促使水循环过程朝健康的方向发展。因此,分析水代谢系统的整个代谢过程,研究系统面临的问题,可从水量和水质两个方面更为全面地反映流域/区域的水问题,进一步提出更有效的破解对策和措施。鉴于此,本书第二版内容增加了对水代谢系统较详细的研究方法的论述和案例分析的内容。

目　　录

总序
第二版序
第二版前言
第二版改动说明

第 1 章　绪论 ·· 1
　1.1　研究背景与意义 ·· 1
　1.2　国内外相关研究综述 ··· 2
　　1.2.1　水代谢的研究进展 ·· 2
　　1.2.2　水再生的研究进展 ·· 5
　　1.2.3　水环境承载力研究进展 ·· 7
　1.3　本书的内容框架 ·· 9

第 2 章　水代谢、水再生与水环境承载力概述 ·· 12
　2.1　水代谢、水再生及水环境承载力之间的关系 ··· 12
　2.2　水代谢系统的内涵、组成与研究对象 ··· 13
　　2.2.1　水代谢系统的内涵 ·· 14
　　2.2.2　水代谢系统组成及其边界分析 ·· 15
　　2.2.3　城市水代谢系统的研究对象 ·· 16
　2.3　水再生系统组成、特征与功能 ·· 18
　　2.3.1　水再生系统的组成 ·· 19
　　2.3.2　水再生系统基本特征 ·· 20
　　2.3.3　水再生系统功能 ·· 21
　2.4　水环境承载力的概念辨析及其特征 ··· 21
　　2.4.1　环境、资源与生态概念及其间关系的界定 ······································· 21
　　2.4.2　水环境承载力 ·· 22
　　2.4.3　水环境承载力的主要特征 ·· 24
　2.5　水代谢、水再生和水环境承载力的理论基石 ··· 25
　　2.5.1　城市水体的可持续发展观 ·· 25
　　2.5.2　城市水代谢系统健康运行与水体可持续利用的关系 ······················· 27
　　2.5.3　基于循环经济理论的城市水代谢系统健康运行的理论依据 ··········· 28
　2.6　水代谢的驱动因素研究 ·· 29
　　2.6.1　对水代谢影响的自然驱动因素 ·· 29

    2.6.2 对水代谢影响的人类活动驱动因素 ································· 33
第3章 基于PLS结构模型的城市水代谢系统的驱动因素分析——以昆明市为例 ····· 35
  3.1 基于PLS结构模型的驱动因素作用效果评价方法 ······················· 35
  3.2 城市水代谢系统驱动因素的PLS结构模型 ····························· 38
    3.2.1 假设模型的构建 ··· 38
    3.2.2 样本选择与处理方法 ··· 39
  3.3 研究区域昆明市概况 ··· 40
    3.3.1 总体概况 ··· 40
    3.3.2 社会经济发展概况 ··· 41
    3.3.3 水资源概况 ··· 41
    3.3.4 水环境状况 ··· 46
  3.4 基于PLS结构模型的案例数据分析 ··································· 53
    3.4.1 数据来源 ··· 53
    3.4.2 模型检验与结果 ··· 54
第4章 基于水足迹的城市水代谢系统整体代谢效果评价——以昆明市为例 ······· 58
  4.1 基于虚拟水与水足迹的代谢效果评价方法 ····························· 58
  4.2 综合水质和水量的城市水代谢系统代谢效果评价 ······················· 60
    4.2.1 简介 ·· 60
    4.2.2 基于水足迹的评价方法中的相关概念 ··························· 61
    4.2.3 评价城市水代谢系统整体代谢效果的评价方法 ··················· 61
  4.3 城市水代谢系统中各种水质变化过程的量化 ··························· 62
    4.3.1 城市水代谢系统中存在的各种水质变化过程 ····················· 62
    4.3.2 基于GWF的城市水代谢系统中水质变化过程的量化 ················ 64
  4.4 昆明市水代谢系统的整体代谢效果评价 ······························· 66
    4.4.1 基于GWF量化各水质变化过程量化结果 ·························· 66
    4.4.2 昆明市水代谢系统整体代谢效果评价 ··························· 70
第5章 基于虚拟水的城市水代谢系统边界与代谢功能研究——以昆明市为例 ······· 73
  5.1 城市水代谢系统边界与代谢功能的逻辑关系分析 ························ 73
    5.1.1 城市水代谢系统边界与代谢功能的分析思路 ······················ 73
    5.1.2 城市水代谢系统边界与代谢功能的逻辑关系分析 ·················· 73
  5.2 城市水代谢系统边界水代谢通量核算原理及评估指标的建立 ·············· 75
    5.2.1 系统边界的水代谢通量核算原理 ································ 75
    5.2.2 构建系统边界代谢影响评价指标 ································ 76
    5.2.3 城市水代谢系统边界、水代谢通量核算的数据准备——虚拟水的计算 ··· 77
  5.3 昆明市水代谢系统边界与代谢功能研究 ································ 79
    5.3.1 边界代谢研究中所需指标核算 ·································· 79
    5.3.2 昆明市水代谢系统边界的代谢影响分析结果 ······················ 81

目 录

第6章 基于 ENA 的城市水代谢系统内部结构分析与评价——以昆明市为例 ………… 83
- 6.1 用以描述系统内部结构的生态网络分析方法 ………………………………… 83
- 6.2 基于 EWA 的城市水代谢系统内部结构分析 ………………………………… 85
  - 6.2.1 水代谢系统中参与水量变化过程的各节点间的作用关系 ……………… 85
  - 6.2.2 水代谢系统中参与水质变化过程的各节点间的作用关系 ……………… 86
  - 6.2.3 研究城市水代谢系统内部结构的生态网络分析方法 …………………… 88
- 6.3 昆明市水代谢系统内部结构分析 …………………………………………… 89
  - 6.3.1 基于水量变化的昆明市水代谢系统内部结构分析 ……………………… 89
  - 6.3.2 基于水质变化的昆明市水代谢系统内部结构分析 ……………………… 99

第7章 城市水代谢系统模拟仿真与措施优化设计——以昆明市为例 ……………… 110
- 7.1 城市水代谢系统模拟仿真模型 ……………………………………………… 110
  - 7.1.1 城市水代谢系统模拟仿真模型研究进展 ………………………………… 110
  - 7.1.2 系统动力学方法 …………………………………………………………… 111
- 7.2 SD 与水环境质量耦合模型概述 …………………………………………… 112
  - 7.2.1 模型中包含的独立模块 …………………………………………………… 112
  - 7.2.2 模型耦合 …………………………………………………………………… 115
- 7.3 昆明市水代谢系统模拟仿真模型的建立 …………………………………… 116
  - 7.3.1 输入参数 …………………………………………………………………… 116
  - 7.3.2 参数率定 …………………………………………………………………… 118
  - 7.3.3 模型检验 …………………………………………………………………… 118
- 7.4 昆明市水代谢系统驱动力分析及有效措施设计 …………………………… 119
  - 7.4.1 昆明市水代谢系统主要驱动因素的发展趋势 …………………………… 120
  - 7.4.2 昆明市水代谢系统健康运行措施的优化设计 …………………………… 121
- 7.5 未来发展情景对昆明市水代谢系统的影响预测 …………………………… 124
  - 7.5.1 基准情景分析 ……………………………………………………………… 124
  - 7.5.2 不确定性讨论 ……………………………………………………………… 126
- 7.6 各种措施对昆明市水代谢系统的作用效果及措施优选 …………………… 126
  - 7.6.1 各种措施对昆明市水代谢系统的作用效果 ……………………………… 126
  - 7.6.2 基于多目标分析方法的措施优选 ………………………………………… 130

第8章 基于 GIS 的流域水资源自然再生能力评价——以泾河流域为例 …………… 133
- 8.1 相关研究进展 ………………………………………………………………… 133
  - 8.1.1 水资源评价研究 …………………………………………………………… 133
  - 8.1.2 水量转化规律和水平衡模型研究 ………………………………………… 134
  - 8.1.3 地统计学在环境和水资源领域的应用研究 ……………………………… 135
- 8.2 流域水资源自然再生能力评价方法 ………………………………………… 136
  - 8.2.1 水资源自然可再生能力综合评价方法 …………………………………… 136
  - 8.2.2 水资源自然可再生能力单指标评价方法 ………………………………… 136

8.2.3 基于 GRID 的流域水资源自然可再生能力评价方法 ·········· 138
8.3 基于 GIS 的流域水量平衡模拟 ·········· 139
8.3.1 模型输入 ·········· 140
8.3.2 模型系统集成及模型参数率定 ·········· 142
8.4 案例研究 ·········· 143
8.4.1 泾河流域概况 ·········· 143
8.4.2 泾河流域水资源自然再生能力影响要素分析 ·········· 147
8.4.3 流域水平衡模拟 ·········· 154
8.4.4 泾河流域水资源自然再生能力评价 ·········· 159

第9章 城市水资源社会再生能力评价——以黄河流域主要城市为例 ·········· 162
9.1 相关研究进展 ·········· 162
9.1.1 城市水资源评价的研究现状与进展 ·········· 162
9.1.2 常用评价方法 ·········· 164
9.2 城市水资源社会再生系统分析及其功能 ·········· 165
9.2.1 城市水资源社会再生系统分析 ·········· 165
9.2.2 城市水资源社会再生系统的功能表征 ·········· 167
9.3 城市水资源社会再生能力评价指标体系 ·········· 167
9.3.1 指标体系的构建 ·········· 167
9.3.2 各指标解释 ·········· 169
9.3.3 综合评价指标 ·········· 170
9.4 城市水资源社会再生能力评价方法概述 ·········· 171
9.4.1 评价方法的选择 ·········· 171
9.4.2 人工神经网络方法简介 ·········· 172
9.4.3 基于人工神经元网络评价模型 ·········· 174
9.4.4 评价标准的建立 ·········· 175
9.4.5 基于 MATLAB 城市水资源社会再生能力评价模型 ·········· 176
9.4.6 基于灰色关联的城市水资源社会再生能力评价方法 ·········· 178
9.5 案例研究 ·········· 179
9.5.1 黄河流域概况 ·········· 179
9.5.2 数据预处理 ·········· 180
9.5.3 2000 年黄河流域主要城市水资源社会再生能力评价 ·········· 186
9.5.4 水资源再生效率动态评价 ·········· 194
9.5.5 基于 WebGIS 城市水资源社会再生能力评价信息发布 ·········· 198

第10章 基于城市水代谢的水环境承载力动态调控——以北京市通州区为例 ·········· 206
10.1 水环境承载力量化方法的相关研究进展及方法选择 ·········· 206
10.1.1 水环境承载力量化方法的相关研究进展 ·········· 206
10.1.2 确定量化方法 ·········· 208

10.2 基于城市水代谢提高水环境承载力的方案设计 ······ 210
10.2.1 水环境承载力的双向调控 ······ 210
10.2.2 传统城市水代谢下提高水环境承载力的对策 ······ 211
10.2.3 新型城市水代谢下提高水环境承载力的方案设计 ······ 212
10.3 系统动力学建模 ······ 213
10.3.1 确定问题 ······ 213
10.3.2 划定系统边界 ······ 213
10.3.3 确定反馈回路 ······ 213
10.3.4 构建城市水代谢模型 ······ 213
10.3.5 模型验证 ······ 214
10.3.6 灵敏度分析 ······ 214
10.3.7 模型校正 ······ 214
10.3.8 模型证实 ······ 214
10.4 城市水代谢系统反馈回路分析 ······ 214
10.5 城市水代谢动态仿真模型 ······ 217
10.5.1 变量和参数的选择 ······ 217
10.5.2 水代谢动态仿真模型结构设计 ······ 217
10.5.3 模型中方程式的建立 ······ 218
10.5.4 模型参数选择 ······ 218
10.6 基于城市水代谢的水环境承载力动态调控模型 ······ 219
10.7 案例研究 ······ 221
10.7.1 研究区概况 ······ 221
10.7.2 模型参数来源 ······ 223
10.7.3 通州区水环境承载力情景设计 ······ 224
10.7.4 情景模拟结果 ······ 234
10.7.5 模型灵敏度分析 ······ 237

第 11 章 结论与建议 ······ 241
11.1 结论 ······ 241
11.2 建议 ······ 243

参考文献 ······ 245
附录 1 模型变量和参数列表 ······ 256
附录 2 模型结构图 ······ 259
附录 3 模型公式 ······ 266
索引 ······ 271

第1章 绪 论

1.1 研究背景与意义

水是人类社会最基本的生命物质之一，它的重要作用体现在生产、生活的各个方面。尽管地球上70%多的面积被水覆盖，总水量为1.8×10^{21}L，但是其中海水占总体积的97.2%，大陆水体占2.8%，在大陆水体中极地和高山地区的冰体约占其体积的78.6%，河流湖泊的水仅占总量的0.01%，至于雨水只占总量的0.001%，而且大部分落在海洋中。陆地上每年径流总量约为$4.1\times10^{13}\mathrm{m}^3$，其中，78%以洪水形式从无人区流入大海，只有22%可供人类开发利用。所以，在现有条件下，地球上可开发的水量大约只有$1.065\times10^{16}\mathrm{m}^3$，仅占水资源总量的1%左右。尽管从理论上说，每年流入河流和渗入地下的淡水人均拥有量为7000m^3，但世界上已有18个国家的人均可再生水资源拥有量不到1000m^3。世界资源研究所的一项报告表明，世界上有3.4亿人口平均每天只能得到50L水。而且随着社会的发展，人类对水的需求量越来越大，水资源受到人类的影响越来越强，用水形势也就越来越严峻。1972年6月，在瑞典斯德哥尔摩举行的"联合国人类环境会议"上，水荒和水污染问题被提到比任何其他问题都更为突出的地位，会议指出："遍及世界的许多地区，由于工业的膨胀和人均消费的提高，需水量已经增加到超过天然来源水量的境地。地下水枯竭，而且受到污染。为不断增长的人口和膨胀的工业提供适当清洁的水，已是许多国家的一个技术、经济和政治上的复杂问题。"

对于中国而言，尽管水资源总量在巴西、俄罗斯、加拿大之后居世界第四位，但是我们的人均水资源量仅为世界平均水平的1/4。我国是一个水资源十分缺乏的国家，而且生活用水和工农业用水浪费非常严重。据统计，目前我国工业用水的利用率不足发达国家的一半，重复利用率不足60%。

在我国北方地区，水资源紧缺与水环境污染问题突出，特别是黄河流域所处的西北地区属于干旱、半干旱地带，降水量少，蒸发量大，原来水资源就十分短缺，目前，该地区经济产业迅速发展，水资源使用更是捉襟见肘。加之很多地方超采地下水，以不加控制地排污等不可持续的方式使用水资源，更加剧了水资源的不足。在过去，北京、天津等地由于过度开采地下水资源，造成地面沉降，不加控制地排污也使这些地区的水质严重污染、水量严重缺乏，造成河流水量减少形成干涸。随着社会的发展和大量的人类社会活动，对水的需求量将会越来越大，用水形势也就越来越紧张，从而引发更多尖锐的水资源供需矛盾，导致一系列的环境生态问题，使某些地区水资源短缺、洪水灾害加剧、水体退化严重等严峻的局面一一出现。这些问题的出现已经成为制约我国经济发展的瓶颈，如何解决这些问题，实现我国流域/区域水资源与水环境的协调、持续发展已成当务之急。

为了缓解水资源危机，实现水资源的可持续利用，可以采取两种有利的途径：一是加强水文学水资源学的基础研究，探讨水资源可循环利用的物理机制。通过调整水循环、水代谢过程，提高水资源再生能力。二是加强水资源可持续利用及其过程监管方面的研究，明确水环境的水资源供给能力和水环境对水污染的承受能力，使人们改变观念，使水资源可持续发展。

近年来，随着水资源紧缺与水环境污染问题日趋严重，人类开始关注水资源的一些重要的属性——循环性、代谢性与再生性。其中，代谢性，即水代谢过程既涉及水量的变化又包括水质的变化，可以综合反映出流域/区域的水问题，从而逐渐引起学者们的关注。可以通过调节水代谢过程，提高水资源的再生能力与水环境承载力，减少由于人类活动而导致水代谢过程紊乱所引发的城市用水危机、暴雨危害、水环境污染等一系列水问题。这一关键即是建立一套研究水代谢的理论方法体系，识别导致水代谢过程紊乱的驱动因素、模拟分析当前水代谢系统所面临的问题，通过制定有效措施予以缓解和解决，使整个代谢过程实现水的再生。

另外，深入研究水资源的水环境承载力，在可持续发展利用的框架内，从人口、资源、环境与经济发展之间的关系着手，研究水资源开发利用、自然生态保护、社会经济发展与人口承载量的关系，可以进一步开发水环境的潜力，由此，不仅可以更全面地考察人类活动与水代谢过程的关系，而且，探索提高水环境承载力的有效途径与措施，进而实现水资源的可持续利用，对于缓解水资源供需矛盾、改善水环境质量具有实际研究价值。为此，本书针对我国部分典型地区水资源紧缺与水环境污染问题，从水代谢过程研究入手，建立一整套基于水代谢、水再生与水环境承载力研究的理论框架与方法体系；进一步将其应用到实例研究中，有助于系统、全面地了解城市的水问题，有利于提出综合调控手段满足各方要求。

1.2 国内外相关研究综述

1.2.1 水代谢的研究进展

在城市水代谢的研究中，有的偏重理论基础的研究；有的偏重水资源使用过程的研究；有的偏重以水代谢系统为研究对象，通过不同的方法研究其内部的组成和相互之间的关系；有的偏重水资源、水环境问题的城市水代谢研究；有的偏重可持续的城市水代谢系统研究。这些研究中，依照不同的侧重点和不同的尺度（即研究边界），存在不同的研究内容和结果，具体如下。

在前人的研究中，大多数是站在城市水代谢系统结构的角度上研究的，最初只是作为城市代谢研究的一个重要组分，由于其比较复杂，除了城市代谢中仍对其进行初步研究外，很多学者开始单独对城市水代谢系统进行详细的系统研究。这些研究趋于两种：一种是使用可以用来描述自然或者人工能量的资源代谢来进行研究，例如，Liang 和 Zhang (2012) 等预测了苏州市在 2015 年的城市代谢，并使用物理的投入产出模型来阐明整个水循环中四类物质（废轮胎、食品废物、粉煤灰和污泥）对城市代谢的影响。同类的对城市代谢的研究很多（Browne et al.，2009；Zhang et al.，2009a；2009b；2009c），研究的边界也出现了变化，出现了工业系统的代谢研究，还有企业的、社区的和单一建筑的代谢研究，这些研究为代谢流进程的研究提供了价值基础。另一种是使用能描述水、物质和营养盐代谢的质量流进行研究，主要关注的是城市代谢中各种资源的使用过程（水的使用、排放、处理的一系列过程）。从而，对水代谢的单独研究逐渐发展起来，研究内容也越加细化，研究中加入系统的概念并有效地联系实际问题。例如，钱家忠等（2000）等从系统的观点出发，提出了地球水循环过程中地下水代谢的概念，分析了地下水代谢过程并制定了极限代谢条件方程，阐述了解决水资源问题的根本出路在于：最大限度地发挥水资源的恢复功能、调节功能与重复利用功能。颜京松和王美玲（2005）认为水资源的供需矛盾、水旱灾害威胁增大、水质污染日益加剧、地下水超量开采、地下水水位下降、水体生态系统结构与功能的失调和破坏，以及忽略自然生态用水，破坏了原有自然景观和生态平衡等问题的生态实质和根本原因是水资源代谢在时间、空间尺度上的生态滞留或耗竭，即水环境代谢的失衡造成的城市水系统的问题。

在此之后，学者们开始就水代谢模型的构造展开一系列的研究。例如，熊家晴等（2006）分析了城市水代谢系统的代谢机理，开发了一个可以提升系统先天代谢功能的概念模型，并研究了系统内部的机制来提高水循环和水环境的承载能力；最后总结出城市水环境代谢系统与人工生命系统的相应机制具有类似性质。黄志（2007）通过分析近代城市给水排水系统的局限性，面对人口剧增、资源和能量消耗巨大的 21 世纪，阐述了对现代城市新型水环境代谢体系的基本构思。邵田（2008）定义了城市水环境代谢的概念、内涵和功能。针对农业用水总量、农业万元 GDP 耗水量、工业万元 GDP 用水量、工业废水排放量与工业用水量的比值、生活污水排放量 5 项指标构建水环境代谢安全模型，对上海城市化过程中水环境代谢的动态特征及水环境代谢安全状况进行了分析与评价，进而提出了解决问题的途径和对策。Jenerette 等（2006）通过使用水足迹和系统动力学方法来研究水代谢系统中淡水水体的使用情况和影响因素。柴莹（2009）通过对传统城市水代谢和新型城市水代谢的特征及优劣进行系统分析后，构建了新型城市水代谢系统的动态仿真模型；并将水质水量综合表征方法及人口和经济规模表征方法相结合，开展了基于水代谢的城市水环境承载力动态仿真研究，提出基于新型水代谢下缓解城市社会经济发展与水环境承载力矛盾的具体对策。Wang 和 Chen（2010）以热力学第二定律为基础，对基于水代谢理念的水系统构建作了进一步研究，认为水系统应被看做是自然水循环和人工水循环过程叠加的体系；并论述了熵值增加与代谢容量之间的关系，得出健康的水环境是需要减少由于人类干扰而产生的熵增加值，以及确保水系统的人工或工程部分尽可能接近自然状况才能得到。Zeng 等（2014）等分析比较了传统水代谢系统与新型水代谢系统的差异，利用系统思考中反馈回路分析方法论证了通过"双向调控"建立新型水代谢系统，才能使城市水代谢系统进入良性循环的具体对策；并采用系统动力学的方法模拟了新型水代谢系统的各组分之间的关系，为提高城市的水环境承载力提供重要研究价值。

同一时期里，前人对城市水代谢的研究更注重可持续发展研究，并由此引入了生态学的理念，将其运用到代谢系统中以实现城市中各种资源的有效利用和可持续发展。比如，Bodini 和 Bondavalli（2002）使用生态网络分析的方法研究了意大利萨马托市的城市水代谢系统，并发展了一个将系统分为农业、工业、家庭、服务、地下水源和河流为单位的网络模型。通过计算各种各样的指标，如各单位的相关性、循环水、网络路径的长度和水路径的构成，来描述水资源，分析该市水资源利用的可持续性。Marc 等（2006）建立了一个评价江河代谢率的生态网格代谢指示器，来预报水文的变化是否影响江河的代谢率、再生与可持续发展的能力及河体是否受损的情况。Zhang 等（2010）采用生态网络方法分析了城市水代谢系统中各组分之间的关系（分为生态环境、雨水收集系统、工业部门、农业部门、家庭部门及废水收集系统 6 个组分），以北京市作为案例，从时间尺度上研究水代谢系统的功能特点，为水资源可持续的健康发展提供决策依据。还有一些学者以生态系统的角度研究城市水代谢的同时，加入了一些评估方法，比较常见的有水足迹法，也有少量采用系统动力学法、物质流分析法等。比如，Van Leeuwen 等（2012）采用城市代谢、水足迹和生态系统方法论的理念制定了一个用以评估城市水循环可持续能力的城市蓝图以确定城市水的可持续性。Huang 等（2013）在城市水代谢效率评估中，综合分析可用水和虚拟水，建议使用基于物质流分析的方法研究城市水代谢系统运转状况；根据所得结果建立综合评估可用水和虚拟水的水代谢效率指标体系，并以此评估如何减少城市化带来的水代谢问题，以使其能够实现可持续发展。

综合国内外学者对城市水代谢的研究发现，已有的研究并不像对城市代谢、物质代谢的研究那么成熟。虽然对于城市水代谢系统的理论、结构、问题及可持续发展等内容的研究已展开探索，但是，目前的研究体系仍然存在一些不足之处，具体如下。

1）城市水代谢的理论基础和水代谢系统基本特性的研究有待深入。在已有的研究中，缺乏对城市水代谢系统的组成、结构、性质及理论依据的深入、细致的研究。特别是城市水代谢系统涉及社会、经济、环境、资源、生态等多个方面，更与人类社会的可持续发展密切相关，只有健康的城市水代谢系统才会有利于其内部水的补给与再生，进而实现社会经济发展的持续使用。因此，需要将城市水代谢系统运行状况与可持续发展的概念性理论相契合，使具体研究有章可循，实现研究成果可以对人类社会进步和城市发展起到推动作用。

2）在城市水代谢的相关研究中，基于水代谢过程中水质和水量的变化，特别是水质变化的研究相对匮乏，有待研究。因为水体的水质和水量变化是互相促进、相互影响的，在整个水代谢的过程中，如果仅根据水量在代谢过程中的补充来衡量水代谢的效果是不全面的。比如，经过污水处理厂处理的污水，其水质浓度仍未达到地表水环境功能区划要求，而用于补充河道，给受纳水体的自净过程带来很大压力。这种水代谢过程中，仅补充水量，而水质没有得到改善的方式是无法实现水体"再生"的，也不能就此判断这种水代谢的效果是有利的。因此，需要从水量和水质两个角度来评价城市水代谢的整体效果，才能更全面地反映出城市水代谢系统的真实情况及系统的可持续性。

3）在已有的研究中，大多围绕城市内的水代谢进行研究，对于城市水代谢系统边界的水代谢通量研究相对较少，有待进一步研究，可以通过系统边界水代谢通量的研究判断进出系统边界的实体水和虚拟水对整个城市水代谢系统的影响。

1.2.2 水再生的研究进展

水资源的可再生性是指水资源存储量可以通过某种循环不断补充，且能够重复开发利用的特征，这是水资源的一个基本属性，这种特性使得水资源可以通过水文循环不断更新再生。然而这种更新再生也是有一定限度的，国际上一致认为水资源最大利用量不能超过其再生量。曾维华等（2001）从水资源可持续开发的角度提出开发度的概念，并指出水资源的开发不能超过水资源生态系统的承受能力（开发度）。法国在水资源管理中把水资源可再生性作为流域管理的主要原则之一。由此可见，水资源可再生性的研究有着重要意义。

众学者对水资源的可再生性的理解大致相同，曾维华等（2001）将水资源可再生性定义为流域/区域水资源能够通过水资源循环不断得到补充、再生，周而复始地重复利用的特征。杨志峰等（2002b）将水资源可再生性定义为水资源通过天然作用或人工经营能为人类所反复利用的特性。水资源的可再生性有两方面的含义：水质恢复和水量再生。水质恢复包括自然净化引起的水质恢复和人工处理净化引起的水质恢复，水量再生包括自然循环的水资源量再生和社会循环的水资源量再生（李春晖和杨志峰，2004）

近年来，水资源的可再生性受到研究者越来越多的重视。早期的水资源可再生性研究是在国家重点基础研究发展计划项目"黄河流域水资源演化规律与可再生性维持机理"的支持下完成的，曾维华等（2001）从水资源及其基本特征分析入手，系统阐述了水资源可再生能力及其影响因子，提出水资源可再生能力分类体系与概念模型，为建立水资源可再生性理论奠定了一定基础。在水资源可再生性的量化问题上，夏军等（2003）通过对黄河断流的情况、危害和成因进行分析，根据系统理论的方法，从河流水循环系统的稳定性和抗干扰能力出发，提出度量和评价河流水体水资源量可再生性的指数，进而对黄河干流河段可再生能力进行了定量评价。

水资源的可再生性包括自然再生和社会再生，而水资源的可再生能力是由可再生性决定的，具有相对性、波动性和时空分布变异性的特征；水资源的自然再生能力取决于水资源的自然循环：降水、径流、蒸发、地形及水文地质条件等。自然再生是指水资源在自然环境下通过参与自然循环而得到再生，在此，水资源的可再生性与传统的可更新性或可恢复性同义（杨志峰等，2002b）。社会再生是指水资源在城乡地区通过参与社会循环，即人类的干预而再次获得使用价值的过程（曾维华等，2005c）。

在水资源的自然再生能力方面，孙强（2003）主要就流域水资源自然再生能力，初步探讨了采用基于 GRID 的水资源可再生能力评价方法，并利用地统计学进行流域降水量、蒸发量的空间变异分析；最后采用基于 GIS 的水量平衡模型对流域进行水平衡模拟所得出的数据计算水资源自然更新率，以对泾河流域 1996 年水资源自然可再生能力进行评价。曾维华等（2005a）在水的自然再生能力的基础上，提出了的网格水文单元水资源自然更新率的概念，来表征该网格水文单元的水资源自然再生能力，并建立的全新水资源自然再生能力评价方法，该方法很好地模拟出了河流的自然再生能力。另外，在水资源自然可再生性（能力）评价方面，沈珍瑶等（2002，2006）在定性分析的基础上，建立黄河流域水资源可再生性评价指标体系，利用灰色关联方法与主成分分析方法进行指标筛选，并对评价指标进行赋权；进一步利用灰色关联分析方法与模糊综合评判法对黄河流域水资源可再生性进行了评价；在此基础上，提出水资源的自然可再生性的量化方法，将水资源自然可再生能力与水资源的更新速率联系起来。他们的研究结果表明用单位面积、单位时间的可更新水资源量来表述水资源天然可再生能力，是一条可行之路。

在水资源社会再生能力方面，祝捷（2002）研究了以黄河流域主要城市水资源的再生能力为核心的水资源问题。首先提出了水资源的社会再生能力的概念，并从绝对再生量和相对再生效率两个方面分析评价各个城市的水资源社会再生能力。最后，利用 Web-GIS 建立了黄河流域主要城市水资源社会再生能力评价信息发布系统，将评价结果通过互联网进行发布。这一研究对其水资源开发利用政策的制定起到了一定的辅助决策的作用。曾维华等（2004）提出了以城市基础、工业用水、生活用水、农业及景观用水为社会再生能力评价指标；利用人工神经网络的方法，建立城市水资源社会再生能力评价模型；并利用 Web-GIS 建立了黄河流域主要城市水资源社会再生能力评价信息发布系统，将评价结果由互联网进行发布。其研究评价的结果为水资源开发利用政策的制定起到了辅助决策的作用。曾维华等（2005）在城市水资源社会再生能力概念和内涵的基础上，建立了城市水资源社会绝对再生能力与相对再生能力的评价指标体系和基于人工神经网络的城市水资源社会再生能力评价模型，这种将评价问题转换成人工神经网络所擅长的分类问题，使得评价结果更直观、更易于理解。丁晓雯等（2005）针对黄河流域提出了基于若干指标来综合表征缺水城市水资源社会可再生性的方法，并在此基础上对该流域 8 个典型城市的水资源社会可再生性进行了评价，得出了这些城市水资源社会可再生性的差异，以此提出了增强这些城市水资源社会可再生性的途径。

尽管，在水的可再生性理论及其评价研究方面已取得很大进展，但是，还存在一些有待进一步解决的问题，具体如下。

1）影响流域水资源可再生性的因子错综复杂，如何从众多影响因子中筛选主要因子，构造反映流域水资源可再生能力的综合指标，进行流域水资源可再生能力单指标评价，是目前有待解决的问题之一。

2）流域水的可再生能力影响因子中有些是定量的，有些则是定性的，如何才能把定性和定量的指标综合起来评价水资源的可再生性。

3）流域水可再生性的物理意义研究已取得一定的成果，但对于其数学表达的研究还处于起步阶段。

4）目前，国内水资源评价，包括流域水资源可再生能力评价，大多是在流域分区基础上实现的；往往以流域分区作为研究单元进行水平衡计算，确定各分区的水资源量或水再生能力；基于栅格（GRID）的流域水资源可再生能力评价刚刚起步，有待在实践中进一步应用。

1.2.3　水环境承载力研究进展

承载力的理念最早可追溯到 18 世纪末的人类统计学领域,其概念是从工程地质领域里转借而来,现已成为描述发展限制程度的最常用的概念。1798 年 Malthus 提出了资源环境对人口增长的限制理论。随后,比利时数学家 Vethulst 用逻辑斯谛方程将 Malthus 的基本理论以数学形式描述出来,用因子 K 代表了一定资源空间下承载人口的最大值,称为负载量或承载量,这是承载力概念最原始的数学表达形式。1921 年,Park 和 Burges 在人类生态学领域首次使用了承载力的概念,即"某一特定环境条件下(主要指生存空间、营养物质、阳光等生态因子的组合),某种个体存在数量的最高极限"。这个时期承载力是一个绝对数量的概念,没有机制的探讨,研究对象的范围也极其有限。随着工业化国家经济的迅速发展,资源短缺与环境污染问题日渐明显,资源承载力、环境自净能力、环境容量、环境承载力等概念相继被提出,并受到了世界各国的普遍重视与广泛应用。20 世纪 60 年代以后,随着人口、资源和环境问题日趋严重,人口和环境承载力得到了较多的研究和探讨,承载力成了一个探讨可持续发展问题所不可回避的概念,与此同时,生态破坏引起了人们对资源消耗与供给能力、生态破坏与可持续发展问题的深入思考,人们不得不开始从整个生态系统的角度考虑问题,进而提出了生态承载力的概念,目前已在生态规划与管理等多个领域得到广泛的应用。20 世纪 90 年代以来,国内学者开始以区域资源、生态环境要素综合体为对象进行区域承载力研究。"承载力"这一术语被应用于土地、资源、环境等各个领域,产生了不同的承载力概念和相应的承载力理论,如土地承载力、资源承载力、水环境承载力等。如今,承载力概念广泛应用于环境、经济和社会等各个领域,尤其是区域的可持续发展决策与调控领域。

而"环境承载力"(carrying capacity of environment)一词,在国内外文献中时有采用,但往往沿袭生态学中"承载力"一词的含义,即"某一自然环境所能容纳的生物数目之最高限度",由此派生了"土地承载力"与"人口承载力"等十分相近的概念。本书所述及的环境承载力并非局限于此,其落脚点是人类活动(包括生活活动与开发活动),即指在某一时期,某种状态或条件下,某地区的环境所能承受的人类活动作用的阈值。这里,"某种状态"或"条件"是指现实的或拟定的环境结构不发生明显改变的前提条件,所谓"所能承受"是指不影响环境系统发挥其正常功能为前提(曾维华等,1991)。

以环境承载力的内涵为基础,本书开始研究水环境承载力研究进展。水环境承载力(water enviromental carrying capacity, WECC)是承载力概念与水环境领域的自然结合,目前有关研究主要集中在我国,国外专门的研究较少,一般仅在可持续发展文献中简单地涉及(潘军峰,2005)。到目前为止,国外对"水环境承载力"的概念尚无清晰界定,相关研究大多具体到某一城市、湖泊或水域,未对水环境承载力进行系统、专门的研究。例如,美国的四城镇资源委员会(Four Township Resources Council)于 2002 年研究了 Pine Lake、Upper Crooked Lake、Gull Lake、Sherman Lake 等四个湖泊的环境承载力,随后又于 2005 年对 Fair Lake 的环境承载力进行了研究。研究认为,湖泊环境承载力是在水质不发生退化的前提下湖泊能够容纳污染物输入的能力；并从预防富营养化的目的出发，计算了允许进入湖泊的磷酸盐量。由此可见，国外对水环境承载力的定义更接近于"环境容量"，即从水质角度研究水环境对水污染的承受能力。而从水量角度研究水环境的水资源供给能力一般仅在可持续发展文献中涉及，类似概念如"可持续利用水量"（sustainable utilization of water）、"可获得的水量"（available water resources）等。

在我国，已有学者界定了水环境承载力的概念，并开展了大量的研究。我国对水环境承载力的研究始于20世纪90年代初期，郭怀成等（1994）在本溪市新经济开发区水环境规划中提出了"水环境承载力"的概念，即某一地区、某一时间、某种状态下水环境对经济发展和生活需求的支持能力。其后，水环境承载力的研究渐渐兴起，1995~2000年其研究达到了空前鼎盛，多个"九五"攻关项目和自然科学基金课题都涉及这一领域。例如，崔凤军（1998）分析了城市水环境承载力的概念、实质、功能及定量表达方法，并利用系统动力学方法进行实证研究，对决策因子进行预测、优化。蒋晓辉等（2001）从水环境、人口、经济发展之间的关系入手，采用多目标模型最优化方法建立区域水环境承载力大系统分解协调模型，将模型应用于陕西关中地区，得到关中地区不同方案下的水环境承载力，进一步提出提高水环境承载力的策略。潘军峰（2005）从水生态、水环境出发，以环境与经济协调发展为目标，对永定河上游水环境承载力进行研究。通过建立河流水环境承载力研究的理论基础，建立了河流水环境承载力指标体系，最后以系统动力学为手段，建立了永定河上游——桑干河流域水环境承载力量化模型，并以桑干河流域为实例研究了河流水环境承载力。刘占良（2009）在水环境承载能力研究的基础上，对流域内各类污染源入河污染物进行核算研究，确定不同污染源对水环境的贡献率，对比入河污染源、流域容量及使用功能，提出削减指标及污染治理计划；通过对2015年"十二五"末经济、社会发展进行预测分析，进行各类污染源对流域的污染影响预测方法研究，结合流域使用功能调整相关区域发展定位，核算需要削减的污染物量，提出有针对性的污染治理计划。柴莹（2009）在将水质水量综合表征方法及人口和经济规模表征方法相结合的基础上，开展基于水代谢的城市水环境承载力动态仿真研究，在水质水量约束下确定城市水环境承载力。最后提出基于新型水代谢的缓解城市社会经济发展与水环境承载力矛盾的具体对策。近年来，水环境承载力研究广泛应用于环境管理、环境规划与区域开发等领域中，从而促使水环境承载力研究进入快速发展阶段。

与水环境承载力含义相近的概念还有"水资源承载力"，其相关研究也主要集中在我国。我国对水资源承载力的研究始于20世纪80年代后期，其中以1985年新疆水资源承载能力的研究为代表，施雅风和曲耀兴（1992）在1989年，第一次明确提出了"水资源承载力"的概念，即某一区域的水资源在一定社会历史和科学技术发展阶段，在不破坏社会和生态系统时，最大可承载的工业、农业、城市规模和人口的能力，是一个随社会、经济、科学技术发展而变化的综合指标。其后，水资源承载力的研究逐渐兴起，1995~2000年水资源承载力的研究空前鼎盛，若干"九五"攻关项目和自然科学基金课题都涉及这一领域。王建华等（1999）采用系统动力学方法对乌鲁木齐市1993~2020年水资源承载力进行预测分析，为西北地区城市发展规划提供参考意见和研究方法。徐中民（1999）采用多目标模型最优化方法对黑河流域水资源承载力进行研究，分析不同情景组合下水资源承载力对该地区经济和粮食占有量的影响。汪恕诚（2001）对水资源承载力研究十分重视，提出水资源承载力的研究思路与主要内容，引起新的研讨热潮。夏军和朱一中（2002）认为，资源承载力计算应从流域/区域的水资源供需平衡入手，判断流域是否可承载。当水资源可利用量小于需水总量，应通过调水、节水等措施使流域水资源对应的人口和经济规模是可承载的；当水资源供大于需，应计算系统水资源供需平衡达到临界状态的可供水资源量所对应的人口数和社会经济规模。

近年来水环境承载力研究在概念体系和量化方法等方面日趋完善，可操作性和应用性不断提高，研究成果被广泛应用于水环境管理与水环境规划中，但仍存在一定问题，具体如下。

1）水环境承载力概念界定模糊，承载对象不明确，并与水资源承载力相混淆。今后的研究应重点探讨水环境承载力的概念和内涵，准确界定水环境承载力的承载对象，解决目前水环境承载力与水资源承载力混淆的局面。

2）水环境承载力研究方法大多停留在"评价"的阶段上，较少涉及真正的"量化"；有必要建立一整套科学合理的水环境承载力量化体系，实现真正的"量化"。

1.3 本书的内容框架

本书针对水代谢、水再生与水环境承载力研究中存在的问题，在分析伴随着水的循环所发生的水代谢与水再生之间相互关系的基础上，探讨其变化对于水环境承载力的影响。

从分析水代谢与水再生的主要影响因素，包括自然因素及社会因素入手，进一步对影响水代谢系统演化的驱动因素及其作用效果进行研究。本书构建了基于PLS的结构方程来定量分析影响城市水代谢系统的各种因素，通过对影响因素的辨识来确定主要的驱动因素，进而揭示导致系统紊乱的根源和促进系统健康运行的动力，并为后面的研究指出重点研究的范围。

由于有利的和不利的驱动因素同时作用于城市水代谢系统，需要初步判断系统在这些驱动因素的作用下所反映出的状况。本书基于水足迹的方法，构建可以初步评价城市水代谢系统整体代谢效果的评价模型，该模型分为水质和水量两个方面，以初步判断整个系统的代谢效果，以及在这些驱动因素的作用下，系统是朝健康的方向运行还是朝紊乱的方向发展。

评价系统边界的代谢情况。进出城市水代谢系统的水包括实体水和虚拟水两项，它们在进出城市水代谢系统边界的同时维持着系统内部的人类生存与活动，同时又与外界进行着交换和作用。这些连通关系的存在，引起城市水代谢系统对外界及外界对系统的影响，而这种影响主要以"量"的交换形式表现出来，一旦城市水代谢系统受到外界的影响较大则对系统内部水量的使用造成一定的压力。所以，在外界的作用下城市水代谢系统所受到的影响是需要细致研究的。本书在制定评价指标的基础上，结合投入产出表对边界的水代谢通量输入、输出的情况进行分析研究。

判别系统内部的结构关系。城市水代谢系统内部受到人类活动的影响出现各种变化和反应，这些影响以各种组分的形式存在于系统之中，相互作用又存在一定束缚，其中某个组分发生较大变化后会打乱原有的协调，整个系统会出现变动甚至紊乱，因此，需要对系统的内部组分关系进行识别。本书基于 ENA 方法研究城市水代谢系统内部参与水质和水量变化的各组分之间的协作关系。其中，在对参与水质变化的各组分之间的作用关系进行研究时，主要采用灰水足迹理论量化水质变化的各个过程，进而用于分析组分关系和整体的协作性中。

基于驱动因素分析结果和系统的整体、边界及内部情况的分析结果，本书总结当前可优化城市水代谢的关键措施，并结合昆明市的实际情况，从中筛选出适合研究案例近期发展的措施，有利于进一步研究昆明市水代谢系统未来实现优化发展的途径。

对城市水代谢系统进行整体模拟与预测，评价各种措施对促进城市水代谢系统健康发展的效果。通过建立能够模拟城市水代谢系统的综合模型预测未来昆明市的发展情况。结合前面提出的适于昆明市近期发展的有利措施，评价这些措施对解决城市水代谢系统实际问题的效果，以期找到合适的措施实现系统的健康运行和可持续发展。

在此之后，从水的自然循环与社会循环两个方面，对流域水系统进行调控，考虑水代谢系统与人类活动之间的关联，即通过研究某一流域/区域的供水、排水和循环利用等过程对自然环境和区域环境的影响，研究目前城市水代谢系统是否完善，以及是否与自然属性具有一致性等问题，并通过研究找寻完善传统水代谢系统的方法；同时根据水的再生性能，加入水再生系统理念，使水系统通过提高水资源自然再生与社会再生能力，促进水资源的有效利用，减少自然水体的使用，使水代谢系统正常运转，以此来解决人类活动对水再生系统造成的影响，有效地提高水环境的承载能力，以缓解对水系统的压力。整体内容框架见图 1-1。

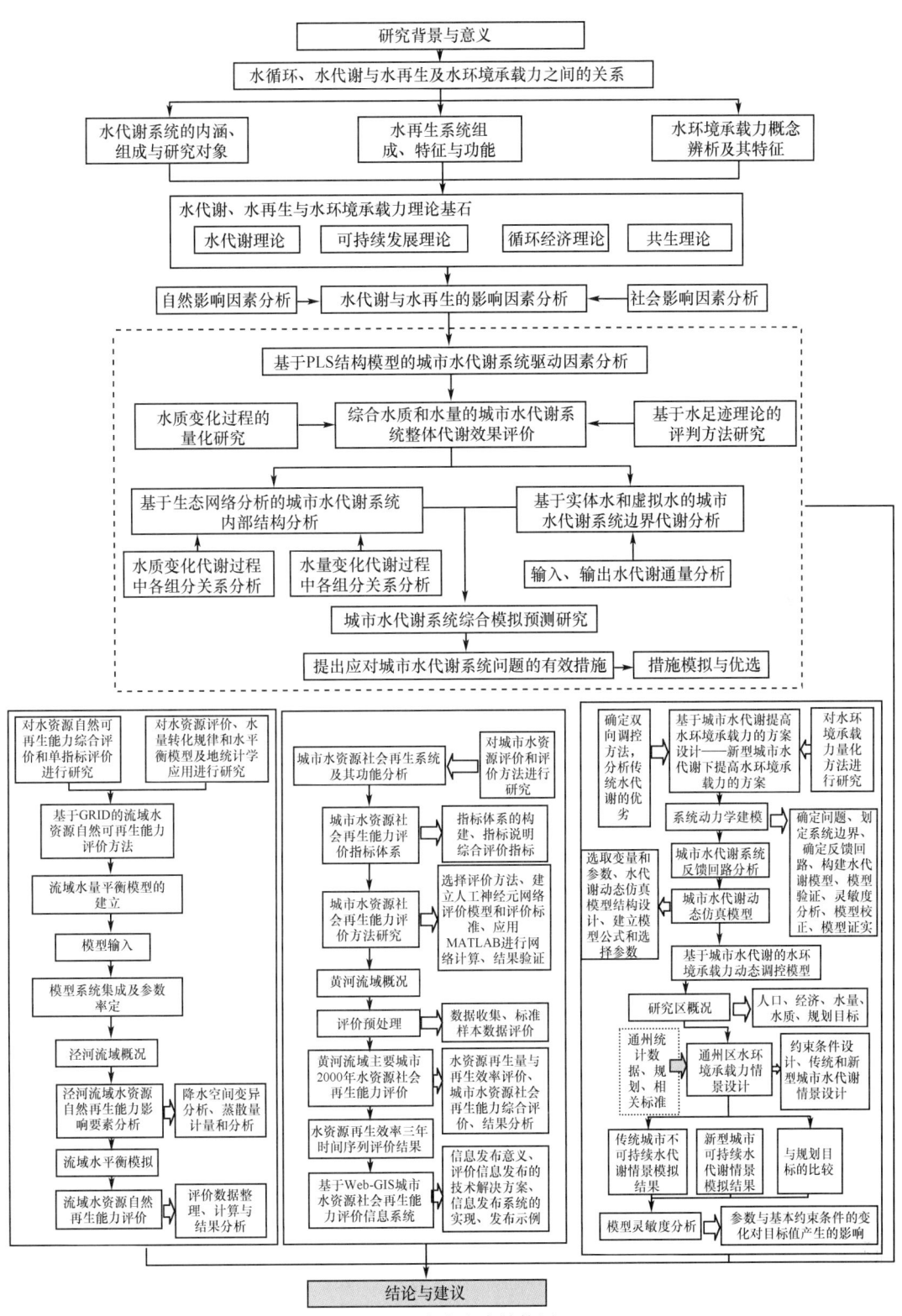

图 1-1 本书内容结构图

第 2 章　水代谢、水再生与水环境承载力概述

2.1　水代谢、水再生及水环境承载力之间的关系

水代谢与水再生及水环境承载力之间的关系见图 2-1。由图可以看出，水代谢和水再生是伴随着水的循环而发生的过程，水代谢作用于水再生，而水再生反过来也促进水代谢；它们共同决定水环境承载力。

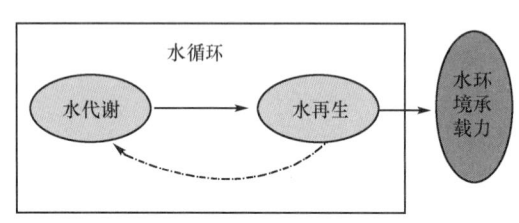

图 2-1　水代谢、水再生及水环境承载力之间的关系图

水代谢更多地强调的是用水过程中质和量的演替过程，通过优化调整水体代谢过程（特别是社会水代谢过程），使水体在水量和水质上实现变化。水再生强调的是水量和水质通过水代谢过程不断地补充和改变，由此得到开发利用的特征。由此可见，水再生包括量的再生与质的再生。水代谢是水再生的基础与条件，水再生是水代谢的结果。

水循环是水代谢和水再生的先决条件。只有水体在不断循环的过程中，才能实现水的代谢，进而实现水再生。若水的自然与社会循环中的每个环节都能健康运行，不断通过代谢过程实现量的补充和质的提高，则可以不断提高水资源的自然与社会再生能力，在有限的水环境承载力约束下，实现流域/区域水资源与水环境持续健康发展。

水代谢是再生水水质保证的前提。只有通过水体代谢，实现量的补充与质的优化，才有可被利用的再生水。若水代谢功能与路径得到优化，则水再生的效率提高，更可以满足人类生产、生活的需求。

另外，水的自然再生与社会再生对水代谢起着重要的促进作用。水体的再生可以更好地补充水量、优化水质，更好地实现水的代谢"顺畅"，有利于水体实现健康循环。

水循环、水代谢与水再生是流域/区域水系运转过程的重要组成部分。而水环境承载力是流域/区域水系统的重要属性特征，是水系对外表现的主要功能之一，用以表征水系承载人类生产与生活用水、排污活动强度阈值。它既强调水环境供给水资源的能力，又强调水环境消纳污染物的能力，还强调水环境支撑水生态系统的能力，并将水环境与人类活动有机联系在一起。作为水系对外表现功能的水环境承载力的大小取决于水代谢与水再生过程。通过改善水代谢过程，可维持持续、健康的水代谢，有利于水的再生，在维持水体健康持续发展的同时，提高水环境承载力。

2.2 水代谢系统的内涵、组成与研究对象

"代谢"一词最早用于表示生物体摄取养分、合成肌体组分、排出废物的微观生命过程。有机体生命代谢与物质在自然界中的物理迁移和化学转化共同构成了物质的自然循环过程。城市代谢系统是最早基于生命代谢引申出来的理念,最早论述它的是 Wolman (1965),他在《城市代谢》一书中提出城市代谢系统概念。城市代谢包括用来维持城市居民的生活、生产和活动的所有材料和商品,并认为城市代谢必须是可持续的,这样才能维持城市的发展。加州大学的 Hermanowicz 和 Takashi (1999) 认为 Wolman 描述的城市代谢的概念最适用于城市内的水循环,从城市代谢过渡到了城市水代谢,这就是城市水代谢的雏形。日本学者丹保宪仁 (1981;2002) 早在 20 世纪 70~80 年代就著有多篇文章论述城市水代谢,他相继提出了"水资源按用途分类并重复利用"、"供给必须同时满足水量和水质要求"、"用水和排水的城市要对水环境负直接责任"、"城市水系统的水质污染实际上是城市物质代谢失衡的结果"等理论,同时,他通过分析近代给排水系统的局限性,阐述了对现代城市新型水环境代谢体系的基本构思,提出了在水文大循环的体系中对水环境按"保护"和"使用"进行功能分区、对水资源按"质"和"量"合理使用的新型系统构成,他的理论研究成果为城市水代谢理论奠定了基础。

近年来,"城市水代谢"、"城市水体代谢"、"水环境代谢"等表述被国内外学者相继提出,用以描述城市(或流域)水体在循环过程中受到各种因素的作用,从而发生物理、化学和生物反应,导致水质和水量发生变化(好的变化和坏的变化)后城市的水体状况。这些表述的含义都是相同的,而其中城市水代谢是应用频率最高的。最初提出的城市水代谢,仅被定义为城市中自然界的水代谢,认为其是伴随水文循环中的蒸发、降水、径流等一系列维持水量平衡、植物吸附和水体自然净化等作用的过程(Hermanowicz and Takashi,1999)。它的机理是将自然界的水文循环比拟为一种"代谢",它类似于有机体维持生命活力而发生的化学反应(Smith and Morowitz,2004),即水在有机体内部的运行过程中,水与有机体内部环境之间水分交换且反复循环利用,最终导致"水质"与"水量"发生变化后排出有机体外的整个过程。在自然水体为人类提供维持生存所必需的淡水资源后,随着工业化和城市化的推进,人类活动因素起到越来越大的作用,并已成为主导水代谢过程的决定性因素,逐渐地,社会水代谢系统形成,虽然在社会水代谢系统之中存在类似自然水代谢的"水质更新"的过程,但是整个社会水代谢系统对城市水体在水代谢过程中的变化还是带来了前所未有的影响。到此后,城市水代谢的意义进一步深化,被扩展为水体在循环时,经过城市内部的自然界和人类社会"使用"和"处理"后,其水量和水质发生变化的整个过程。相比有机体水代谢的内涵,增加人类活动影响的城市水代谢更加复杂,它模拟的是水经过自然与人类社会的双重作用的过程。而相应的水代谢系统从系统整体的角度出发,连接了自然环境与人类社会经济系统,不仅要考虑水代谢过程中水量与水质的变化,而且要分析由此引起的社会、经济和环境影响。

如同有机体的水代谢状况和最终效果可以反映出有机体的健康状况一样,城市水代谢

系统的健康与否，也可以通过水代谢状况和效果来反映。当城市水代谢的运行畅通，水在代谢过程中实现了水质与水量的补充时，那么城市水代谢系统是健康的，反之则表现为系统紊乱。紊乱的状况有下面两种形式：一方面，在整个水代谢过程中，水流到某一过程出现断流或水体聚集，通常表现出城市水荒或内涝；另一方面，人类活动影响，导致水质改变而不能实现正常补充，表现为城市的水污染。另外，在水体代谢的整个过程中，存在部分因素可以使水体水质变好的代谢过程，这些代谢过程可以改善水质，促进水量再生，间接地减少了城市水问题的发生概率。

2.2.1 水代谢系统的内涵

"水代谢"这个名词的提出，是将自然水循环过程与社会水循环中水质和水量发生变化的过程，比拟成有机体内的代谢过程。有机体吸收高能量、低熵值的物质（如水分）以维持生命和机体功能，剩余的物质促进生长和循环再利用，同时也存在排出废物的过程。以人类为例，水进入人体后，起到输送物质和热量的作用，水的耗用量非常大，经过20多次的循环再利用后从质与量上都发生变化再排出体外。而城市水体在流动的过程中也有其自身的代谢过程。在这个过程中，自然界的水体通过自身与外界的作用，不断地代谢以实现自身修复和维持城市中各种生物体的生命活动。另外，自然水体在供给人类活动使用的过程中，通过供水系统进入，在管网中运输至各用水单元以满足各种用水需求，并以产品的形式实现各种价值。最终，淡水水体在使用过后变成污水通过排水系统排放到水处理系统进行处理后再次利用，或者直接排出系统外。同样，以水代谢的角度看待城市水问题，也可以参考人体的水代谢过程出现的问题进行理解。一旦人体的代谢系统出现紊乱，身体里利用后的水不能正常代谢到体外，多余的水留存在体内，人会出现水肿、毒素残留，类似于城市的内涝灾害；相反，如果人体内的水不受控制，喝水立排、不能固摄水液，则会导致体内缺水，出现皮肤干燥、血液黏稠度过高、无法排毒，可理解为城市的水资源短缺和水污染问题。

当然，简单地把自然界和人类社会共同作用的水代谢过程比拟为人体内的水代谢是不够严谨的。人类所处的环境系统并不是简单意义上的一个集团，并且人类在这个组分中起关键性作用，它集中地把持能源，具有极高的资源消耗密度；这个集团不是单独存在的，它受到其内部和外部环境的影响。因此，不能将人类作用的水代谢与人体内部代谢混为一谈，这就要求必须建立一个全面的水代谢系统，这个水代谢系统要具有明确的、可控制的组织边界（如城市）；并认为这种水代谢系统不只是单纯的自然生态系统中的代谢体系，也不单纯受人类活动影响，而是自然系统与人类活动和社会行为双重影响的自然代谢过程与社会代谢过程相结合的新型体系。基于此，城市水代谢系统应运而生。它包括水体在流动过程中，经过城市内部的自然界和人类社会"使用"和"处理"后，其水量和水质发生变化的水代谢过程；同时也包括与周围城市和环境不断进行物质和能源交换的过程（即包括实体水的输入和输出，也包括虚拟水的输入和输出）。它既是自然系统、社会和经济系统共同耦合的结果，又是水质和水量共同耦合的结果。

在分析城市水代谢系统内涵的基础上,本书总结了城市水代谢系统的基本特征,主要如下。

1)主观性。水代谢过程和人类活动强度密切相关。随着经济发展、城市扩张,人类活动的强度不断增加,水代谢系统中水的流动方式被改变了,人类成了决定性因素,因此城市水代谢系统具有主观性。

2)开放性。水代谢过程是个复杂的、开放的生态环境过程,生态链上任何一个环节发生问题都会引起整个过程的失调。比如,过量的污水直接排放到自然环境中,破坏了受纳水体的自然净化效果,导致水体再生能力下降,甚至逐渐干涸,无法再实现供水要求。因此,城市水代谢系统具有开放性。

3)整体性。城市水代谢系统包含水参与的各个过程。水在这些过程中实现着不同的作用,可以提供能量、吸纳污染物;同时,在各种因素的作用下,又发生着各种变化,水量减少或者水量得以补充,水质恶化或者水质得以提高。因此,对城市水代谢系统的研究可以全面地反映城市中水的整体状况,有利于综合调控,统筹兼顾,优化发展。

2.2.2 水代谢系统组成及其边界分析

2.2.2.1 水代谢系统组成

城市水代谢既受到自然界影响,也受到人类活动的影响,因而,是自然与社会复合的水代谢系统(图2-2)。

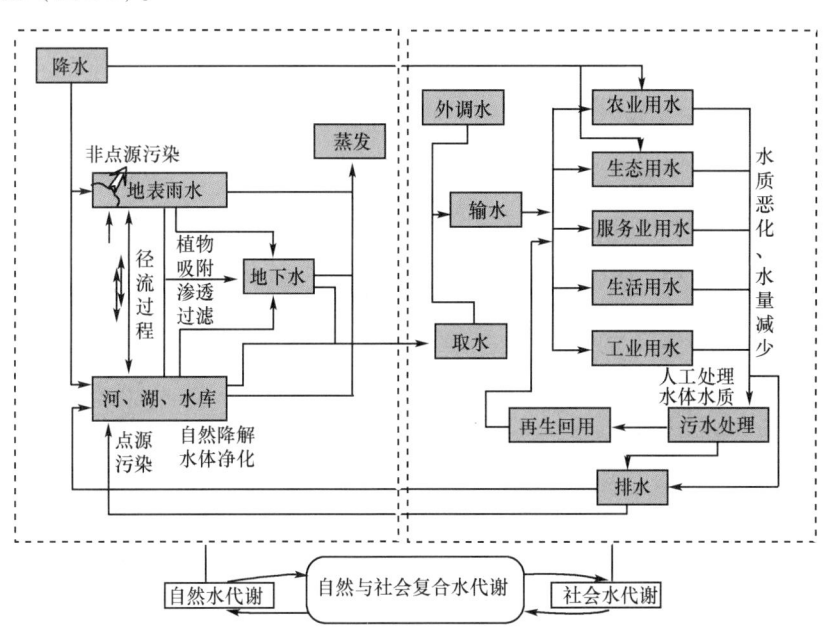

图 2-2 自然与社会复合水代谢系统的结构

自然水代谢是水体最初所具备的特征,它伴随着自然界水文大循环而进行,在循环的过程中,不断接受排入到自然水体的废物并消纳它们,使水体得以净化并不断地实现水循环。随着人类活动的加大，自然水代谢包括的内容逐渐扩大，使得水在循环利用时参与人类生存和生产使用的过程，吸纳了人类活动产生的废水和废弃物，通过自身的自然稀释、降解或者自然界的植物吸附净化之后，污染物的浓度降低，使水的质与量得以再生，形成了新的自然水代谢。

随着经济发展和城市扩张，人类活动强度不断增加，城市水代谢的循环过程和流动方式被改变，人类活动成了决定性因素，给水的代谢过程添加了很多不确定的因素，既有有利的，又有不利的，进而形成了社会水代谢。社会水代谢是指城市的水资源经过城市系统中的生产、生活、娱乐等方面的利用后，经过人工处理、循环利用后（如污水处理厂处理、生产企业中水回用、景观循环用水等），除去消耗掉的部分水量，大部分水质都发生了变化，最终排入自然界水体的整个过程。社会水代谢的特点是：水在供给生产和生活使用后，产生了大量的污水，通过污水处理设施治理大量污染物，减少其对受纳水体的危害；同时，随着城市的逐步发展，在污水处理设施的基础上又添加了再生水回用、雨水收集等设施，既可以实现自然水代谢的净化能力，又可以实现供给能力。但是，人口的增加和经济的发展导致用水和排污量逐年加大，这对社会水代谢的代谢效果要求也逐渐增大。当前我国城市的社会水代谢还不完善，特别是在暴雨时期，许多城市缺乏完善的雨水收集系统和污水处理系统，往往导致城市出现洪涝灾害和水体严重污染问题，进而严重影响自然水代谢过程，同时对社会水代谢也会有影响。

通过以上研究可以看出，城市水代谢将自然水代谢与社会水代谢联系在一起，组成了一个复杂的综合过程。

2.2.2.2 城市水代谢系统的边界分析

城市水代谢系统的边界，主要是指水代谢过程的时间和空间边界，不同的时空边界，水代谢的过程与特点存在很大的差异。

城市水代谢核算时间边界是指由于各种因素影响所引起的代谢变化的时间范围，主要是对获取数据的时间进行界定，本书考虑到各种数据的可获取性，所有的数据均以"年"为时间单位进行收集和整理。

城市水代谢核算空间边界，一方面，是指以城市的行政区域为边界的范围界定，因此可以从出入该城市的实体水和虚拟水进行划分，识别城市内外水的转移和平衡，得到进口、出口及本地抽取、收集、消耗和排放的两种水量；另一方面，空间边界的含义是指人类活动的社会水代谢与自然水代谢之间的边界，自然环境中的水通过这个边界进入到社会水代谢中，通过加工、分配、使用，最后又通过该边界排放到自然环境之中（Yang et al., 2012）。

2.2.3 城市水代谢系统的研究对象

2.2.3.1 研究对象

在城市水代谢系统中，研究水的代谢过程仅仅考虑实体水是不能给出完全展示的。水即是经济资源也是自然资源,可以作为实体水和虚拟水进行分析。基于此,本书借用 Huang(2009)对城市水代谢系统中实体水和虚拟水的划分成果作为依据(表 2-1),为后续的城市水代谢系统研究奠定基础。

表 2-1 城市水代谢系统中基于水的有效性和功能的分类说明

种类	可用性	功能或作用	
实体水	有害水	不可用,但是通过社会、经济和技术发展可以变得可用,如洪水、被污染的水	对于生存环境和社会经济系统功能是有害的
	生态水	对于维持生态系统功能是不可获取的,虽然是可用的却是不可持续使用的	维持生物的生存环境
	可用水	可用的并且可以持续使用	在不危害到生态系统情况下决定了社会-经济系统的承载力
虚拟水		可以反映已经用于生产产品或者服务的实体水量	用来计算给定的产品或服务所用的直接和间接实体水的量。为了实现水能够被更好地使用并提高社会经济的发展

城市水代谢系统是一个由人类控制的代谢系统,在人类活动对城市水代谢的影响中,无论是避免不可持续地使用自然水体,还是进行有害水的净化和再使用,都直接取决于供给人类活动的可用水量。同样的,城市对水需求的程度必须达到对实体水和虚拟水的质与量的要求。为了弄清城市水的使用是否是可持续的,必须同时考虑可用水和虚拟水的代谢(图 2-3)。

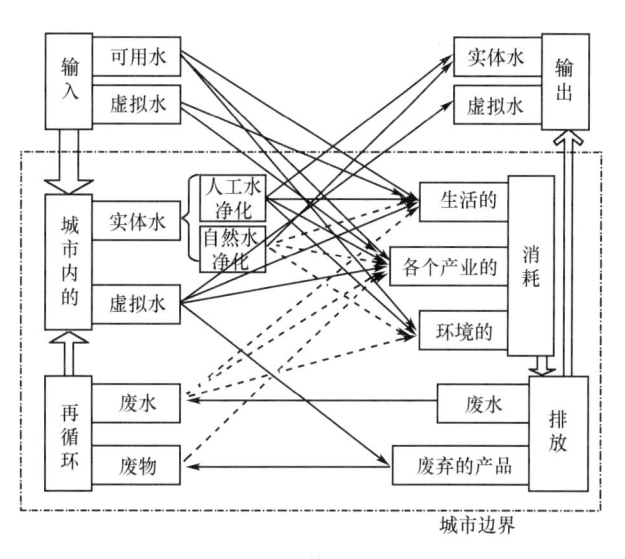

图 2-3 城市水代谢系统中实体水和虚拟水参与的代谢过程

虽然虚拟水代谢分析相较于实体水代谢分析对社会经济系统展示的更多是间接的影响,但虚拟水代谢研究却是基于实体水代谢研究的。这是因为对一个城市所消耗的商品供给需要实体水输入到外部或内部的产品供给地,计算体现在这些商品中的虚拟水基本上取决于实体水的量化。基于生产和消耗场所的水代谢特点，结合实体水和虚拟水代谢的分析，有助于评价虚拟水和实体水的输入和输出是否会对城市的整体水代谢造成影响；同时，也可以评价虚拟水贸易是否有助于输出和输入的区域实现可持续发展。

基于此，本书所研究的城市水代谢系统中所指的水，一方面是从所研究的城市范围内或其他区域自然环境系统进入到所研究的城市中，在城市水代谢系统内经过自然和人类活动的加工、存储、消耗、流动，最后排放到自然环境系统中的实体水；另一方面是从本城市生产的产品或者服务输出到城市外的其他区域，以及从其他区域输入到本城市的产品或者服务中所含的虚拟水。

而实体水和虚拟水又以城市内水体和城市外水体来划分，主要取决于水在抽取或收集的地点是否在城市内，以及是否虚拟水是经过其他区域进口得到的。

2.2.3.2 研究对象的类型划分

本书从代谢环节上考虑，分为水的输入、输出和流动三个主要环节，具体的环节包括：本地抽取和收集的各种水源、进出口的水、系统内流动的水、排放的废污水、处理后再生回用的水、耗散性损失水、平衡项和虚拟水八类。每个类型的具体含义如下。

1）本地抽取和收集的各种水源。指在城市的地域范围内，通过人类活动所收集的自然水资源，一般是指地表水和地下水，也有经过雨水收集设施而收集到的雨水。

2）进出口的水。指进入和流出城市水代谢系统边界的水，而不是一般意义上的以国家界限为系统边界的"进出水"。在本书中是通过从水资源丰富的地区调水以供给缺水地区的城市，包括缺水地区的调入水和水资源丰富地区的调出水。它体现了城市经济发展过程中，本地区水的利用变化和相应水代谢变化给其他地区带来的影响。

3）系统内流动的水。指在城市社会水代谢中，水通过流动和转化存在于"三产"、家庭生活和公共服务中的水。

4）排放的废污水。指排放到自然界中经过处理的和未经处理而直排的废污水。废污水的种类不同，包括生活污水和生产废水。类型不同，有点源污染的废污水（工业废水和生活污水）和非点源污染的废污水（包含农业非点源的水体、包含城市非点源的径流）。

5）处理后再生回用的水。指经过污水处理厂处理后，再生回用供给"三产"、家庭和公共服务使用的水。

6）耗散性损失水。主要指在三个产业活动过程中损耗的水量，也包括污水处理后存在污泥中的水量。

7）平衡项。指在系统运行过程中，人和动物所消耗的水，它们只存在于生物体内，并不包括排出的量。

8）虚拟水。指人类为了生产获得有用的产品而由此产生的未直接进入水代谢系统中参与供给消耗，而是以存储在所使用的产品中的水。

2.3 水再生系统组成、特征与功能

水的再生是指水资源存储量可以通过某种循环不断补充，且能够重复地开发利用的特

征，这是水的一个基本属性。这种属性决定了水在一个循环系统内的使用量可以大于总输入量。这是水资源的一个重要属性，它使得人类用有限的水资源实现无限的用水需求成为一种可能。同时，这也是一个多层次的概念，从不同的研究角度，水再生可以有多种分类。例如，我们可以将其分为自然再生与社会再生，这是指水再生的不同途径；另外，从水再生的实现方式来分，它还必须包括水质再生与水量再生两个方面的内容，这表明水再生可以由水量的增加和水质的改善两方面实现，这又意味着水再生的途径可以极大地扩展。由此可见，水资源的可再生能力研究是一项多层次、复杂的工作；同时，它又是很多其他工作的基础。

2.3.1 水再生系统的组成

所谓水再生系统，是指流域/区域水资源能够通过水循环不断得到补充、再生，周而复始地重复利用的构成。因此，可以认为水资源是不可耗竭型的具有可再生能力的资源。但是随着社会、经济的飞速发展，水资源需求不断扩大；当水资源需求大大超过流域/区域水资源承载力时，人们需要通过工业手段使其人为再生，即在利用天然水体的自净能力的基础上，采取生物的和工程的多种措施，实现水资源再生和资源化。可通过减少污染物排放、人工增雨等途径促进自然水体再生性能增大，或者通过采用经济合理的管理程序，使同一水资源在消费过程中多次反复使用，在使用过程中形成社会再生形式。

通过这些方法我们可以将水体再生能力分为自然再生与社会再生。

2.3.1.1 水的自然再生

水资源的自然可再生能力取决于水资源的自然循环。水资源通过蒸发、降水与径流周而复始地不断循环运动，水资源在"量"上得到不断补充，在"质"上也得到自净。因此，水资源的自然再生能力又包括"量"的再生与"质"的再生。严格地讲，二者是不能截然分开的，"质"的再生确保了"量"的再生，而"量"的再生也离不开"质"的再生。最终，水资源的自然再生能力集中体现在水资源的"量"的再生能力上，"质"的再生只是"量"的再生的一种手段。

水资源的自然可再生能力可以年某种形式水资源的再生量度量：

$$q(t) = Q(t)/T \tag{2-1}$$

式中，q 为水资源的自然可再生能力；Q 为某种存在形式的水资源的天然储量；T 为水资源自然更新周期。

水资源自然再生能力取决于水资源的自然循环：降水、径流与蒸发，以及区域地形、地貌特征与水文地质条件等。一个地区降水量越大，无疑其水资源再生能力也越大；相反，蒸发量越大，其水资源的自然可再生能力越弱。径流的形成过程，也是水资源再生过程，有利于蓄水（截留、下渗、吸收）的水文地质环境与地貌特征，也就有利于水资源再生，其水资源再生能力也必然强大。比如，森林植被对提高水资源再生能力有利。

根据水资源存在形式，水资源的自然可再生能力可分为地表水资源再生能力、地下水资源再生能力、土壤水资源再生能力、植物水资源再生能力与大气水资源再生能力。一定区域的水资源可再生能力取决于该区域各种水资源可再生能力叠加。

水资源自然再生能力取决于水资源的自然循环：降水、径流与蒸发，以及区域地形、地貌特征与水文地质条件等。一个地区降水量越大，无疑其水资源再生能力也越大；相反，蒸发量越大，其水资源的自然可再生能力越弱。径流的形成过程，也是水资源再生过程，有利于蓄水（截留、下渗、吸收）的水文地质环境与地貌特征，也就有利于水资源再生，其水资源再生能力也必然强大。比如，森林植被对提高水资源再生能力有利。

2.3.1.2 水的社会再生

从水资源社会循环角度，由于人类不断开发利用水资源而使之"质量"不断下降，失去其作为资源的使用价值。失去使用价值的水，一方面可通过自然再生，恢复其资源的使用价值；另一方面，还可通过人为处理，废水资源化，而恢复其使用价值，这一废水资源化与回用过程即为水资源的社会可再生能力（或称之为水资源的人为可再生能力）。总结前人的研究，定义水资源的社会再生是指：水资源在城乡地区通过人类的干预而再次获得使用价值的过程。再生能力则是指再次获得的使用价值的大小。这个概念中强调的是水资源在社会系统内部的重复利用及其价值的多次重现。

水资源的社会可再生能力取决于社会经济实力与科学技术发展水平。水的自然可再生能力与人为再生能力通用是相辅相成的。人类对水自然循环的认识水平的不断提高，使人类干预水资源的自然循环成为可能，人工降雨、修建水利设施等均可提高区域水资源的再生能力，而这些则属于水资源的社会可再生能力范畴。

水资源的社会可再生能力是社会经济投入的函数，投入越多，水资源的社会再生能力越强。但因一定功能结构的水环境所能提供的水资源数量不是无限的，因此水资源的社会可再生能力也是有限的。

2.3.2 水再生系统基本特征

（1）相对性

水资源是一个客观的量，是水系统的一种客观属性，是客观存在的。一定功能结构的水系统，其水资源再生是一定的；同时，水资源再生能力又在很大程度上取决于使用功能与技术经济水平。由此可见，水资源及其再生系统是一个相对值，相对于不同时期、不同地区与不同衡量标准。

（2）主观性

水再生系统在很大程度上可以由人类活动加以控制。人类在掌握水循环运动变化规律的基础上，根据人类各种活动的实际需要，可以对水环境进行有目的的改造，变灾害水为可利用水，变不可利用水为可利用水资源，从而达到合理开发利用水资源的目的。

（3）波动性

水再生系统具有的波动性分为自然的和人为的两种。自然的波动性表现在水资源再生过程空间分布和时程降水上。水资源波动性在空间上称为区域差异性，其特点是显著的地带性规律，即水资源在区域上分布极不均匀。水资源时程变化的波动性，表现在季节间、年际间和多年间的不规则变化。

(4) 时空变异性

决定水再生系统的各种因素（诸如降水与区域社会经济发展水平等）在时空上分布极不均匀，在各年之间和年内各月之间，以及各区域之间都不均等，且经常变动，变化规律各地差异很大；同时，在各因素相互影响的同时，各单个因素在时空上也是相互关联的；由此构成具有一定内在规律的水再生系统的时空变异性特征。

2.3.3 水再生系统功能

水再生系统最主要的功能就是可以促进水资源的再生能力。水体在循环的过程中，通过自然界的蒸发、降水、地表与地下径流、土壤渗透、植物吸附，以及人类社会中的供水系统、输水系统、耗水系统、污水处理系统、再生水系统等过程实现了水的量与质的再生，同时也构成了水再生系统。而这些过程也决定着水资源的再生能力，如降雨量越大，水资源的自然可再生能力越强；污水处理系统中设备的处理能力越强，则水资源的社会可再生能力越强。因此，水再生系统最主要的功能即是可促进水资源的再生能力。

2.4 水环境承载力的概念辨析及其特征

2.4.1 环境、资源与生态概念及其间关系的界定

目前学术界对于环境、资源与生态三个概念混淆不清，针对其中之一的研究常常囊括了另外两项。本书认为，环境是总是相对于某一种中心事物而言，围绕中心事物的外部空间、条件与状况，构成中心事物的环境。我们通常所称的环境是指人类的环境，即以人类为中心，围绕人类客观存在的物质世界中同人类、人类社会发展相互影响的所有因素的总和，资源和生态是其内涵中的一部分。

2.4.1.1 环境与资源的关系

"资源环境"这个词在各种文献中出现的频率很高，常常并列使用，但均没有区分其关系和区别。有的学者认为资源包括环境，也有学者认为环境包括资源，致使两个词表述不清。

本书认为，资源是指人类在生产与生活中可以利用、相对集中的物质资料，是人类生产和生活资料的来源。环境则是围绕人类客观存在的物质世界中同人类、人类社会发展相互影响的所有因素的总和。也就是说，资源是对人类有用的一种环境要素，是环境内涵中的一部分。

2.4.1.2 环境与生态的关系

"生态环境"这个词在各种文献中出现的频率很高，但一直是概念模糊、界定不明。国内外学者也常常探讨其含义：究竟是并列关系，表述"生态和环境"，还是偏正关系，表述"生态的环境"。

本书认为，并列关系是不成立的。从英语的词源来说，英文中有三种词描述环境，environmentology（环境学）、environment（环境）、environmental（与环境有关的）。但是描述生态的只有两种词，ecology（生态学）和 ecological（有关生态的）。也就是说，没有专门表示"生态"这种英语名词跟 environment（环境）对应。因此，将生态和环境并列是说不通的。从两者的定义来说，生态是生物与环境、生命个体与整体间的一种相互作用关系，落脚点在"关系"上，这个"关系"连接的是"环境"和"生物"这两个客体，从这个意义上来说，将"关系"和"客体"归结为并列关系显然是说不通的。

而偏正关系是可以接受的。环境是围绕人类客观存在的物质世界中同人类、人类社会发展相互影响的所有因素的总和。这里的"因素"可分为多种类别，涉及社会，这种环境就是社会环境；涉及经济，这种环境就是经济环境；涉及地理，这种环境就是地理环境；涉及生态，这种环境就是生态环境。生态环境强调生态关系，只有具有一定生态关系构成的系统整体才能称为生态环境。因此，本书认为生态环境是偏正关系，是环境内涵中的一部分，"生态"描述的是"环境"的一种功能，是功能性的定语。应该说，生态环境是包括人在内的生命有机体的环境，是有生物网络、有生命活力、有进化过程、有人类影响的环境。

2.4.2 水环境承载力

2.4.2.1 基于水系统功能的水环境承载力概念界定

由以上的辨析可知，水环境是"与水有关的空间存在"，其主体是人，是以人为核心，周边所有涉水物质的集合，它具有以下三方面功能（图 2-4）。

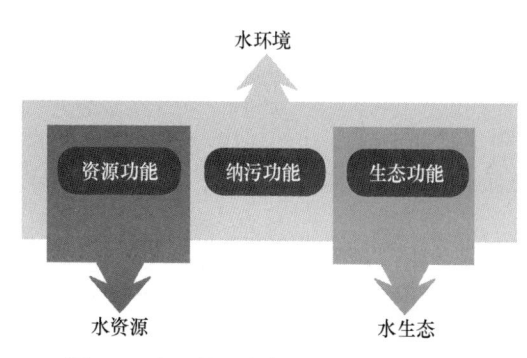

图 2-4 水环境、水资源、水生态的关系

1）资源功能。水的循环使水环境能够为生活和生产提供各种形式的水资源，并能够不断补充和再生，保障这种资源功能。

2）纳污功能。水的流动使水环境具有接纳污染物的能力，同时水的物化反应使水环境能够在一定程度上净化和恢复水质，维持这种纳污功能。

3）生态功能。水中的生命组分使水环境通过生物链的物质循环和能量流动为水的生态系统提供生态用水，滋养水生生物，保持水生态系统的自我组织和自我调节能力。

水资源强调的是水的资源功能，水生态强调的是水的生态功能。由此可见，水环境综合了水量、水质和水生态三个方面，包含了水资源和水生态的含义。

基于水环境、水资源与水生态三者的关系，可以区分水环境承载力与水资源承载力、水环境容量、水生态承载力的概念（图2-5）。

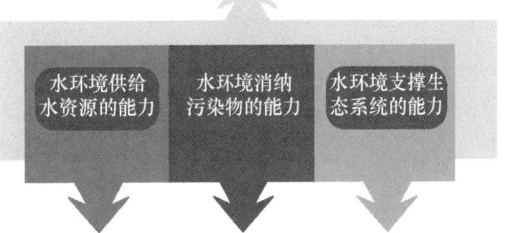

图 2-5 水环境承载力、水资源承载力、水环境容量与水生态承载力的关系

水资源承载力侧重的是水环境供给水资源的能力，这一能力是有限度的，是反映水环境的"水量"方面的承载能力。水环境容量则侧重的是水环境消纳污染物的能力，该能力也有一定限度，是反映水环境的"水质"方面承载能力。水生态承载力侧重的是水环境为生态系统提供生态用水、滋养水生生物的能力，这是反映水环境的"水生态"方面。

水环境承载力则是对以上三个概念的综合，是与水有关的综合承载力，它既强调水环境供给水资源的能力，又强调水环境消纳污染物的能力，还强调水环境支撑水生态系统的能力，并将水环境与人类活动有机联系在一起。

总之，水环境承载力是一个与水资源承载力、水环境容量与水生态承载力既有联系又有区别的概念。联系体现在它们的表征对象都是水系统，区别在于水资源承载力、水环境容量与水生态承载力只是考察了水系统的某一方面的功能和特性，而水环境承载力则是全面考察了水量、水质与水生态，以及与之相应的对人类活动的综合承载能力。

基于上述分析，水环境承载力可定义为，在某一流域/区域内，在某一时期特定技术经济水平和社会生产条件下，水环境维持水系统功能结构不发生明显改变的情况下，所能承载的人口与工农业发展规模阈值。

2.4.2.2 水环境承载力相关概念比较

我国对水环境承载力和水资源承载力的研究偏重于应用和量化方法，对概念内涵的探讨较少，使得学术界对这两个概念的界定仍十分模糊。

对于水环境承载力与水资源承载力的定义方式，目前学者的观点还处于百家争鸣阶段（表2-2），有三种定义方式，包括"能力"、"人口和经济规模"与"容量"。

对于水环境承载力与水资源承载力的承载对象，相关学者的观点也不统一（表2-3），水环境承载力的承载对象有人口、经济规模、污染排放强度等，水资源承载力的承载对象则包括人口、经济规模、水资源利用强度等。

表 2-2　水环境承载力与水资源承载力的定义方式

举例	定义方式		
	能力	人口和经济规模	容量
水环境承载力	某一地区、某一时间、某种状态下水环境对经济发展和生活需求的支持能力	某一区域或流域在特定历史阶段的特定技术和社会经济发展水平条件下，以维护水生态环境良性循环和可持续发展为前提，水系统可支撑的最大社会经济活动规模和具有一定生活水平的最大人口数量	为了保证一定水域环境的水资源能够被继续使用，即水质符合规定级别，且能可持续保持良好生态系统，水域所能容纳污水和污染物的最大能力
水资源承载力	在一定的技术经济水平和社会生产条件下，水资源可最大供给工农业生产、人民生活和生态环境保护等用水的能力	在现有的或可预见的经济技术条件下，在没有大量虚拟水流的情况下，一个区域内的水资源通过优化配置所能支撑该区域包括可接受的生态与环境质量、最大人口规模、最大经济规模等目标的能力	在一定社会技术经济阶段，在水资源总量的基础上，通过合理分配和有效利用所获得的水资源开发利用的最大容量

表 2-3　水环境承载力与水资源承载力的承载对象

举例	承载对象		
	人口和经济规模	污染物的排放强度	水资源的利用强度
水环境承载力	某一区域或流域在特定历史阶段的特定技术和社会经济发展水平条件下，以维护水生态环境良性循环和可持续发展为前提，水系统可支撑的最大社会经济活动规模和具有一定生活水平的最大人口数量	为了保证一定水域环境的水资源能够被继续使用，即水质符合规定级别，且能可持续保持良好生态系统，水域所能容纳污水和污染物的最大能力	—
水资源承载力	在现有的或可预见的经济技术条件下，在没有大量虚拟水流的情况下，一个区域内的水资源通过优化配置所能支撑该区域包括可接受的生态与环境质量、最大人口规模、最大经济规模等目标的能力	—	在一定社会技术经济阶段，在水资源总量的基础上，通过合理分配和有效利用所获得的水资源开发利用的最大容量

对于二者的承载条件，学者的看法基本一致，即要限定在具体的时期和具体的流域内，并与一定的社会生产条件和经济技术水平有关。

2.4.3　水环境承载力的主要特征

水环境承载力具有以下主要特征。

1）客观性。水环境承载力与社会生产条件和经济技术水平有关，一定时期的社会生产条件和经济技术水平是有限的，因此水环境对社会经济发展总有一个客观存在的承载阈值。

2）主观性。水环境承载力与人们对生活质量的期望水平有关，也与水资源开发利用水平、产业结构形式和生产力水平有关，这些都是具有主观能动性的。

3）时间性和空间性。由于水环境具有较强的时间性和空间性，它对社会经济发展的支撑也具有较强的时间性和空间性。

4）模糊性。由于水环境的复杂性、影响水环境的因素的不确定性、人类认识自然的能力的局限性，水环境承载力的指标和数值具有一定的模糊性。

5）可更新性。自然界的水体具有很强的自我更新能力，科技的进步和经济的发展也使得人类有能力提高水体的人工更新能力，如污水处理和海水淡化。如果更新速度赶不上污染速度，水环境质量就会日益恶化，水环境承载力就会不断下降，反之则会提高。

6）可调控性。人类可以对水环境承载力进行一定程度的控制和干预，使之符合人们的需要，如修建水利工程和污水处理工程来直接调控水环境承载力，或者控制自身的开发利用强度来间接调控水环境承载力。

2.5 水代谢、水再生和水环境承载力的理论基石

2.5.1 城市水体的可持续发展观

可持续发展理论是科学的发展观，它的定义是"既能满足当代人的需要，又不对后代人满足其需要的能力构成危害的发展"。这个定义指出可持续发展的重要目标是社会进步、促进发展、保护资源和环境，使珍贵的自然资源在人类的使用和努力维护下不被破坏，保证不对子孙后代的需求和持续发展构成危害。而水在整个地球的生态环境中发挥着不可替代的作用，它是人类进步与发展的重要载体。但是，在人类使用生活与生产用水的同时，大规模的水资源开发和水环境污染问题不仅破坏了原有的平衡，更产生了严重的生态环境问题，因此，以可持续的发展观指导水的有效利用是一项具有现实意义和深远意义的重要工作，人类应该按照自然资源的可持续性发展理论开发和利用好水资源。

当前，已有超过50%的世界人口居住在城市，超过500个城市拥有居民已超过100万人（United Nations，2010）。城市化进程的快速发展显著影响着城市的水体。由于城市的地域范围小、人口密度高、经济规模大，人类行为的集中化加强了对当地各种资源的竞争，水是其中最为至关重要的资源，进而对水的需求量不断增加，已很难找到新的水源进一步满足用水需求（Niemczynowicz，1999）。水被农业、工业和服务业过度使用致使较多河流水体受到严重污染，进而又威胁到水源的供给。一方面，人类的生存和生产大量用水导致水资源短缺，不利于水体实现自身净化和自然再生，更加剧水资源缺乏，特别是干旱时期水体干涸状况越加严重，迫使部分城市不得不将用水需求转向城市的地下水资源，造成地下水资源过度开采而引起地下水位持续下降、地下水污染等问题；另一方面，由于城市化导致土地类型转变，加之没有有效的城市排水系统，在暴雨情况下，各种洼陷地区出现积水，大量非点源污染影响城市的水环境。此种情况已严重破坏了水体的水质，大量污

染物累积也使水体无法自行净化，水环境承载力已趋于零，久而久之更影响水量和水质的再生（曾维华等，2001），无法实现水体的有效使用。

由此可知，解决问题的出路在于实现人自身的转变，实现从"不顾自然水体环境的人类发展"模式向"人与水和谐相处的发展"模式转变，形成可持续的发展观。支持从现在到未来城市社会、经济、生态环境的协调发展，努力建立人与自然和谐发展的生态环境之间的动态平衡，把城市水体的自然环境与社会环境紧密结合起来；不仅遵循整体、协调、优化与循环的思路，还需应用系统的方法，寻求各方"利益"均衡和高效发展；实现合理用水、节约用水和污水资源化，最大限度地降低单位产出的水资源消耗量，最大限度地减少对环境的影响，在提高经济效益、实现经济增长的同时确保可持续的水资源供给和水环境维持。基于此，水体的可持续利用不仅关系到水的自然生态环境与人类生存、生产用水和排污的协调管理，还融入了季节变化、人口增长、经济发展等诸多自然与社会因素的内容。最终使城市中不同时期、不同情况下所出现的水问题得到有效的研究和解决，以实现城市水体的可持续利用（图 2-6）。

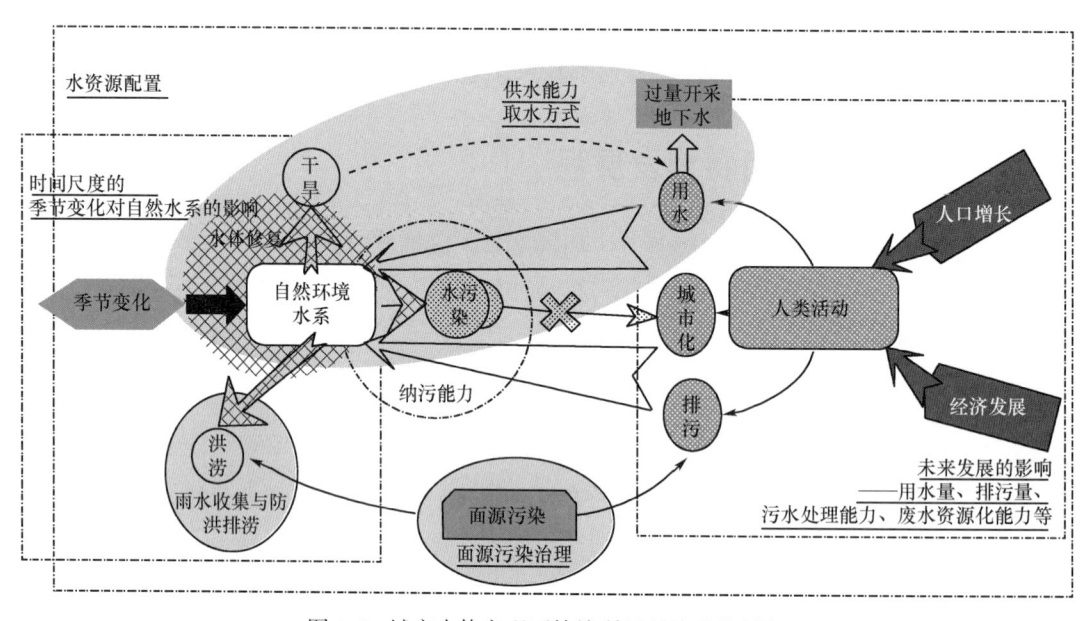

图 2-6 城市水体实现可持续利用所涉及的研究

根据以上分析，研究导致城市出现水问题的动因并提出解决方案、实现可持续发展的整个过程过于繁复，可以归结为：研究城市水体的水质与水量在自然与社会两个系统的驱动下，通过不同的过程而产生不同的变化（包括好的变化与坏的变化），在人类有目的地统筹规划和协调配置下使水体的水量和水质得以永续再生，进而可持续地使用的整个过程（图 2-7）。这样转化以直观的两个量将不同层面的问题串联起来进行衡量，不仅很好地将原来复杂的理论关系简单、直观地表述，也可以很好地替代繁复的、分散的城市水问题与城市可持续发展的研究。这是由于一般研究城市水问题及其与人口、经济、季节变化的关系都是单独存在于某个体系中，或单独以某个方法进行研究，不仅工作量大，而且各个研究之间的相关联系比较松散，理论关系较复杂，测量变量与单位不统一，并且还存在重复研究的问题。而运用水质和水量变化情况来研究经过各种影响因素作用后各过程出现的结果，可以很好地反映各种问题与影响因素及各个过程之间的作用关系。

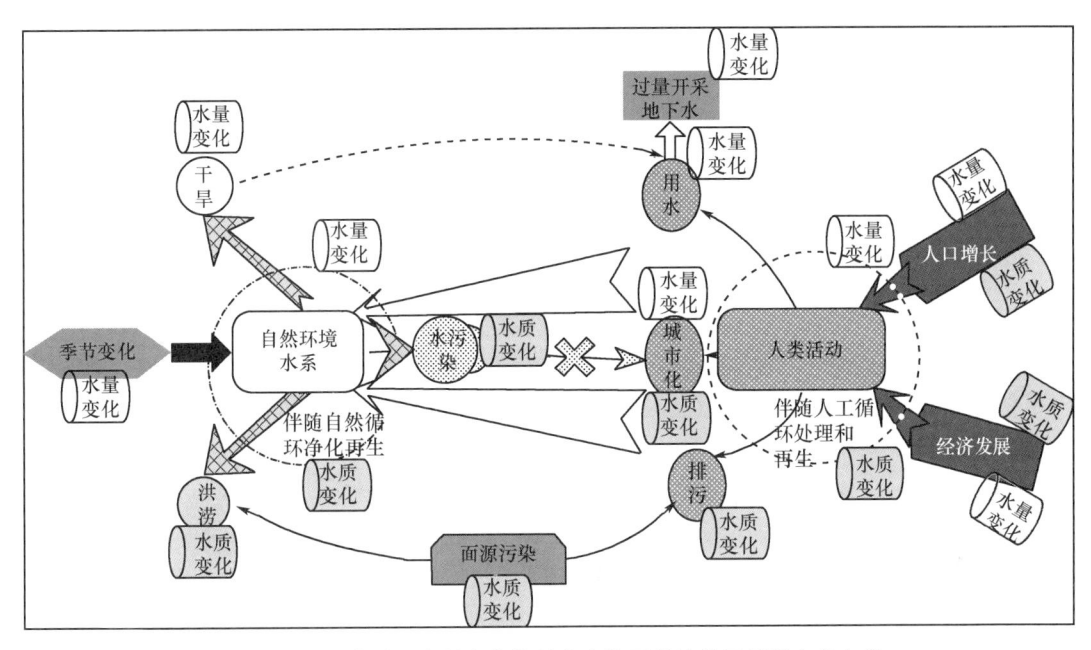

图 2-7　基于水质和水量变化的城市水体可持续使用需研究的内容

2.5.2　城市水代谢系统健康运行与水体可持续利用的关系

站在本书的研究视角上，可以将城市水体可持续利用研究中复杂的自然水体与人类活动用水、排污的相互作用关系，以及受季节变化、人口增长和经济发展影响的多层次的研究内容，转化为城市水体受到各方面影响导致水质和水量变化，以及如何调控促进其再生的问题，它们实际上就包含在城市水代谢系统的研究中。因为人类对水需求的同时导致城市过量的水消耗，改变了水文系统（Grimm et al., 2008），引起了水污染、洪涝灾害、水短缺和过量抽取地下水，从而造成地面下沉等严重问题，制约了城市水体的可持续利用，而实际上这些议题归根结底就是水质和水量的变化趋向不利方向而导致整个水代谢不畅的问题（Yan and Wang, 2005）。

城市水代谢的含义是，城市的水体在经过城市的自然环境作用，以及人类使用和处理后，使其水质和水量发生变好和变坏的整个过程。当水体的水质变好、水量增加后，利于水体的再生，使得城市内的水量充足、水质达标，利于水代谢系统的健康运行；而健康的水代谢意味着水代谢系统中的各组分和影响因素相互协调，使水体在水代谢系统中经过不同过程和多种因素影响后，水质和水量能够补充和再生（Creighton and Langsdale, 2009）。因此，城市水体能够可持续利用，准确来讲就是城市水体的水质和水量经过一系列过程后得以补充，进而提高了水资源量和水环境承载力，即健康的城市水代谢系统。把城市水体实现可持续使用的研究中引申到城市水代谢系统的研究，一是因为城市水问题可以用水代谢的理论描述，二是因为通过研究城市水代谢系统，可以清楚地显示水质与水量整体的变化及导致它们变化的各因素之间的复杂关系（图 2-8）。

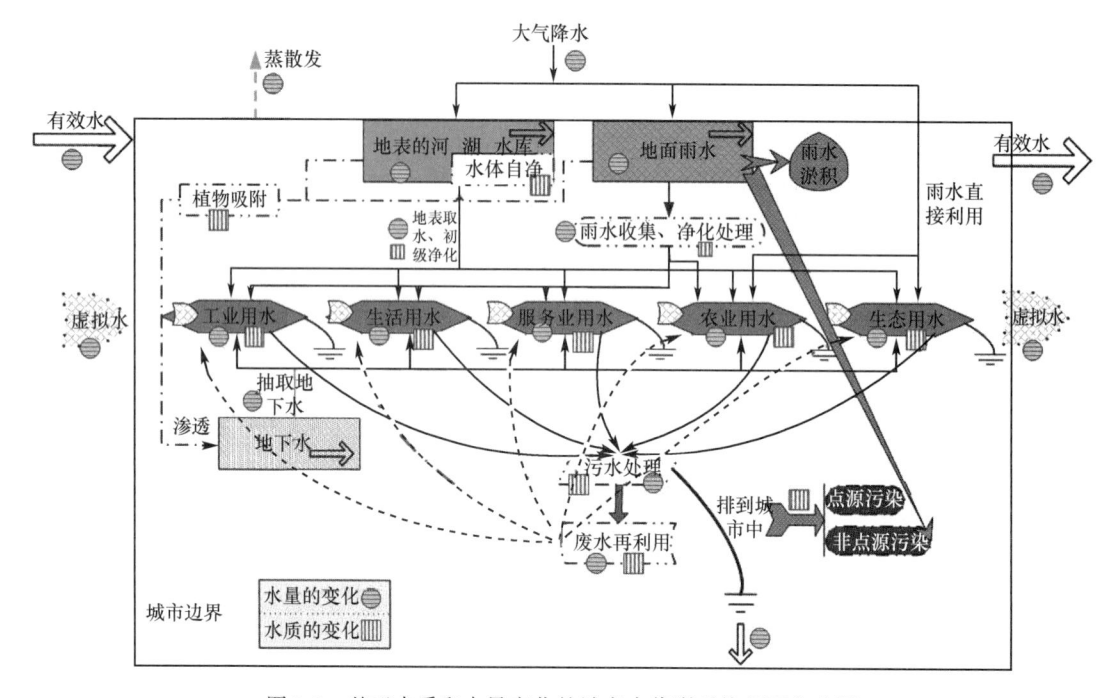

图 2-8　基于水质和水量变化的城市水代谢系统的研究范围

2.5.3　基于循环经济理论的城市水代谢系统健康运行的理论依据

循环经济强调的是建立一个物质闭环流动的经济系统，包括：减量化（reduce）、再利用（reuse）和再循环（recycle）。实现水的循环经济，实际上建立的是一种新形态的水使用流动型经济，不同于过去水资源供给—消耗—污水排放的单向流动的线性经济，而是水资源供给—消耗—污水再生处理—供给—使用的往复循环流动的过程。它的功效如下：①减少淡水的使用。通过实现雨水资源化利用，以及清洁生产、提高水资源利用效率等技术措施减少淡水的消耗和废污水的排放。②水再生利用。通过建设再生水设施，将工业、服务业和生活污水净化以再次供给工业自身、城市绿化、道路喷洒等公共服务业使用，有效地减少了用水量和排污量。③水体再循环。将进入污水处理厂的雨水和废污水进行处理后回补给河道和地下水，有效地缓解了水短缺，有利于水体在代谢过程中实现水量与水质的补充。

基于此，循环经济理论为水体的可持续利用提供了重要的研究视角，可以满足人类经济社会及生态系统的水量需求，并保障人类与生态系统健康的水质安全。由于人类对水资源的数量和水环境质量的需求越来越高,生产用水、生活用水和生态用水的矛盾也越来越突出,要想解决水短缺、水污染等水问题,最根本的出路就是实现水的循环经济。因此,循环经济理论为实现健康的城市水代谢提供了有效的理论支撑。

2.6 水代谢的驱动因素研究

城市水代谢系统的代谢过程涉及多种驱动因素的影响,包括自然界的和人类活动的影响。自然驱动因素主要是由于季节变化导致的降雨、蒸发、径流量的不同,这些因素主要作用于水体的水量,对水质变化的影响较小;人类活动驱动因素包括:城市规模、经济增长、产业结构、城市化导致的土地利用变化、政策因素和技术升级等。这类因素不仅多且由于共同作用于水代谢系统,使代谢过程存在诸多不确定性,因此很难准确地评估其对城市水代谢系统的作用效果如何。在此,本书首先对影响城市水代谢系统的各类驱动因素进行分析,初步得出各种驱动因素是如何作用于城市水代谢系统的。

2.6.1 对水代谢影响的自然驱动因素

在城市化和工业化发展以前,人类活动对任何尺度的水代谢过程产生的干扰很小。在水质方面,人类和自然界的动植物排泄物和腐败物对自然水体的影响极小;在水量方面,由于没有大规模地用水进行生产活动,水体一直遵循着自然界的水循环过程。这意味着在城市化和工业化之前,主导水代谢的主要是自然因素。但是随着人类活动的增加,自然驱动因素的影响逐渐降低,它对水代谢的影响力在现代城市水代谢系统中逐渐被人类活动的干扰淹没,并间接受到人类活动驱动因素的作用。至此,当前城市水代谢过程的自然驱动因素主要为季节变化,它通过各种形式表现出来,如蒸发、降水、地表径流等。

(1) 蒸发

蒸发是影响水代谢与水再生的因素之一,对于蒸发率大的地区,其水资源量会减少,导致水的循环、代谢与再生能力相对较弱。

自然条件下的蒸发是很复杂的,大气边界层中的气象条件对蒸发有明显的影响。风和湍流的增强,有利于蒸发面附近潮湿空气的输送和扩散,可使蒸发速度加快。蒸发率 E 计算如下:

$$E = \frac{\rho K^2 (q_1 - q_2)(\bar{u}_2 - \bar{u}_1)}{\left(\ln \frac{z_2}{z_1}\right)^2} \tag{2-2}$$

式中,q_1、q_2、$\bar{u}_1$、$\bar{u}_2$ 分别为高度 z_1 和 z_2($z_2 > z_1$)上的比湿与平均风速;$K = 0.38$ 为卡曼常数;ρ 为空气密度。可见风速梯度越大,蒸发越快;水汽含量的梯度越大,蒸发越快;另外气温越高,蒸发速度也越高。

陆面蒸发包括各种水体(河流、湖泊、水库等)的水面蒸发、土壤蒸发、植物散发、冰雪蒸发和潜水蒸发。陆面蒸发与土壤的结构、含水量及植物覆盖的情况有关。当土壤有足够的水分时，蒸发量主要取决于辐射差额；在干旱的地区或干旱时期，因土壤含水量不足，蒸发量就减少，在沙漠和半沙漠情况下，蒸发量最小。森林地带充分潮湿时，能蒸散出大量的水分；特别是夏季，森林蒸散的水分甚至比水面的蒸发还多。水面蒸发与水的相态（水或冰）、温度、水面大小和水中所含杂质情况有关。较小的蓄水池的水面蒸发比大面积水面快。海洋的蒸发还与海水中所含盐分有关。海水的含盐浓度通常为35‰，空气的相对湿度较低时，含盐浓度对蒸发的影响不大，当相对湿度较高时，影响较大，如相对湿度为90%时，海水的蒸发量仅为淡水的80%；相对湿度为95%时，则为60%。

水面蒸发：水面的水分从液态转化为气态逸出水面的过程。水面蒸发包括水分化汽（又称汽化）和水汽扩散两个过程。水面蒸发的影响因素包括水汽压差、风速、气温和水质等。水汽压差指水面温度的饱和水汽压与水面上空一定高度的实际水汽压之差。它反映着水汽浓度梯度，根据扩散理论所提供的概念，蒸发率与水汽压差成正比变化。风速的大小，决定着紊动扩散的强弱。一般认为，风速越大，水面蒸发率也越高。气温主要控制空气湿度，间接影响水面蒸发。按照道尔顿定律，如风速和相对湿度不变，温度升高10℃，蒸发量增加1倍。水中含有盐分，盐分子会增加分子的吸力，减少蒸发。在同一环境下，海水的蒸发比淡水的少2%~3%。

土壤蒸发：是指土壤中的水分通过上升和汽化从土壤表面进入大气的过程。土壤蒸发影响土壤水资源量的变化，是水资源的自然循环的一个重要环节。除影响水面蒸发的相同因素外，尚有土壤含水量、地下水埋深、土壤结构、土壤色泽、土壤表面特征及地形等。①当土壤含水量接近饱和时，由于不规则的土壤颗粒构成了较大的总的蒸发面，蒸发机会比水平面积相同的自由水面的蒸发机会多。土壤表层3~5cm范围内含水量对蒸发起决定性作用，往下影响较小。②如果地下水埋深小，潜水位经常保持在毛细管作用范围内，则土壤含水量能持久地得到补充，蒸发均匀；反之，如果地下水埋深大，则蒸发率减小的变化幅度大。③团粒结构的土壤，蒸发量小；非团粒结构的土壤，蒸发量大。④土壤色泽改变土壤表面反射率，从而影响蒸发，土壤颜色越深，蒸发量越大。棕色土壤的蒸发量比白色土壤的大19%，黑色土壤的蒸发量比白色土壤的大32%。⑤土壤表面特征影响风的紊动作用，粗糙地面的蒸发量比平滑地面的大；地形高处风速大，高地蒸发量比盆地的大；地表坡向不同，影响吸收辐射，蒸发量也有所不同。

植物散发：是指在植物生长期，水分从叶面和枝干蒸发进入大气的过程，又称植物蒸腾。植物根系从土壤中吸收水分，经导管向上移动，在根压和蒸腾拉力作用下，水分移动可达树梢的叶子。叶子由许多薄壁细胞组成，叶子表皮有许多气孔，气孔在两个保卫细胞之间，水分进入保卫细胞时，细胞膨胀，其毗连薄壁分开，使气孔打开，进行散发。如果水分减少至一定程度，保卫细胞松弛，气孔关闭。影响气孔开闭的主要因素是光线强度，叶的水分补给，空气的温度、湿度和生物化学变化。气孔通常白天开着，黑夜关闭。植物散发主要在白天进行，散发强度中午最大，夜间仅及白天1/10。温度在4.5℃以下时，植物几乎停止生长，散发极少；在4.5℃以上时，每增加10℃，散发强度约增1倍，在40℃以上时，植物失去气孔调节性能，气孔大开，散发大量水分。

潜水蒸发：潜水向包气带输送水分，并通过土壤蒸发或（和）植物散发进入大气的过程。由于土壤蒸发或（和）植物散发，在土壤表层或根系层中消耗水分，潜水通过毛细作用不断向上补给水分，保持土壤蒸发和植物散发持续进行。单位时间内潜水的蒸发量称潜水蒸发率（常以毫米/日表示）。影响潜水蒸发率的主要因素如下：①气候条件。太阳辐射强、气温高、相对湿度小、风速大时，潜水蒸发率大，反之则小。②潜水埋藏深度。埋深小，潜水蒸发率大；埋深越大，潜水蒸发率越小。③包气带岩性。它是一个很复杂的影响因素。岩性本身的颗粒组成、结构排列、密实程度、孔隙构成、通道形式和土壤生化物质等因素在参与蒸发过程中所发生的能量、热量和水量的转变和交换现象都是十分复杂的。岩性不同，潜水蒸发率也不同。④植被。裸露的地面，无植物生长，潜水蒸发率小。有植被的地面，由于植物的散发，潜水蒸发率增大。植被覆盖越密，潜水蒸发率越大。不同植物（包括同类植物而种不同）有不同的潜水蒸发率。同一植物在不同生长期，潜水蒸发率也不同。

蒸发和植物散发是潜水在自然条件下垂直排泄的主要方式。在干旱和半干旱地区，地下水埋藏浅时，潜水蒸发强烈，引起盐分上升并在地表积累，使土壤盐渍化。减少潜水蒸发损失，可增加地下水资源的可利用量。

蒸发是影响水在循环过程中代谢与再生的关键因子之一，75%的降水通过蒸发回到大气中。

（2）降水

降水作为水资源的收入项，决定着不同地区与时间条件下地表水资源的丰富程度与时空分布状态，制约水资源的可利用程度与数量。

从宏观上讲，降水的特征主要取决于上升气流、水汽供应与云的微物理结构，其中以上升气流最为重要，水汽供应取决于蒸发、大气输送与大气环流。从微观上讲，地形、都市的发展造成下垫面的改变等，都是降水的重要影响因素。在山区，地形强迫气流上升，而在迎风坡造成较大降水。地形的摩擦作用引起大气发生动力学扰动，导致对流的发生与发展，使气流的垂直运动增强而导致降水。在都市，建筑林立，使下垫面变得更加粗糙，使过境流的层结发生变化。城市热岛就像山地一样，使气团的平流运动发生变化。城市空气污染，水汽的杂质增多，而易形成凝结核与冰晶核。这一切均为降水创造了有利条件。

由于降水增加对水资源再生能力循环、水代谢与水再生的影响比降水减少更大，因此降水量的大小，特别是净降水量是决定流域水代谢与水再生的最重要的因子。

（3）径流

径流是形成水系统运行过程的重要条件。按其形成及流经路径可分为如下几种：①地面径流，生成于地面并沿地面流动的水流；②表层流（也称壤中流），沿土壤表层相对不透水层界面流动的水流；③地下径流，从水头高处向水头低处流动的地下水流。通常所称的径流由这三种径流组成，这些组成使陆地上出现水的循环过程。径流量越大，越促进其水体循环与代谢运行正常，水的再生能力越强。

（4）气温

气温主要影响蒸发和融雪径流，温度越高，蒸发越大，陆面由于蒸发量大水量减少，不利于水的循环与代谢，水的再生能力减小；温度越高，融雪径流越大，利用水的循环与代谢，使水的再生能力越强。

（5）湿度

湿度影响降水与蒸发，湿度大，降水大，蒸发小，从而对水的循环、代谢与再生起到正作用。

（6）高程

有研究表明，海拔是影响大尺度地理范围降水量的主要因素。对于中小尺度的地理范围，坡面方位影响降水的一般情况是：迎风坡降水大于背风坡，且降水量随地面升高而加大。蒸发量分水面蒸发与陆面蒸发两种，两者一般都随高程增高而减少。径流量与高程的关系因地理范围尺度而异；对于中小尺度范围，径流量随高程增大；对于大尺度范围，径流量则随着高程增高而减少。由此看出，高程也影响着水代谢与水再生。

（7）土壤

土壤对陆地蒸发、降水径流都有很大影响。首先是土壤蒸发，它是指土壤中的水分通过上升和汽化从土壤表面进入大气的过程。土壤蒸发影响土壤水资源量的变化，是水资源自然循环的一个重要环节。另外还有土壤含水量、地下水埋深、土壤结构、土壤色泽、土壤表面特征及地形等（具体可见前面研究的土壤蒸发内容）。

（8）植被

森林植被对流域水资源再生影响很大，主要如下。

对蒸发的影响。森林地区的降水，为林冠枝叶和林下枯枝落叶层截留。截留作用主要发生在降雨初期，一次降雨最大截留量有一定的数值。林冠枝叶截留的雨量最终消耗于蒸发，它与散发量（通过根、茎、叶向大气逸散的水量）、林内地面蒸发量共同构成林地蒸散发。林地蒸散发中散发量占很大比重，地面蒸发量较小。气候湿润、有充沛水分供给蒸发的地区，森林对流域的蒸散发影响不大；气候干燥，水分供应不足的地区，林区蒸散发比非林区大。

对降水的影响。一般认为，由于林冠大量蒸腾，林区上空水汽含量增多，湿度大；大气中水平气流经森林阻碍被迫抬升等，都有利于降水；林区内多水平降水。

对下渗与地下径流形成的影响。林下土壤的下渗强度一般比非林地要大得多。这与林地落叶层能减缓地表径流流速、森林土壤中根系发育、土壤中有机质多、团粒结构发育等有关。

对径流的影响。包括对洪水、枯水、年径流量和径流年内分配等的影响。对于一次孤立的洪水，森林有明显的降低洪峰、减少洪水流量、延缓洪水过程的作用。对于连续洪水，林区洪水流量通常比非林区大。在一般情况下，流域内林区枯季径流量比非林区大，年内分配也较均匀。森林对年径流的影响比较复杂。森林流域年径流量比无林流域小，森林砍伐后会使年径流量增加。大面积森林因气候和下垫面性质不同，其结果也大不相同。

需要说明的是，城市水代谢系统由于具有主观性，受到人为活动影响剧烈，同时由于自然驱动因素无法受到人为活动调控，因而未来的变化趋势很难有效把握，也很难依照自然环境的变化来模拟和预测系统的发展，因此本书对自然驱动因素的影响不作量化分析，但实际上自然因素的影响是很主要的。

2.6.2 对水代谢影响的人类活动驱动因素

城市化和工业化开始以后，人类活动开始干扰并逐步主导城市水代谢的过程。特别是到20世纪末期，人类活动的影响已使全球各国城市的水代谢系统出现前所未有的改变。在所有人类活动中，人口增长是人类生存的根本，经济发展是人类实现优越生活环境的前提，在满足人口基本的食物需求和生存环境需求的情况下，人类活动会大大驱动城市水代谢系统的整个代谢过程；在有利的作用下，促使水代谢系统的代谢强度增加，有利于水质与水量的补充；在不利的作用下，强度减小，不利于补充。大量的相关研究表明，城市水代谢最主要的驱动因素是人类活动，而水代谢系统中的各个过程都是人类为了满足自身的发展需求而实施的行为，从无论是何种路径的水利用到污水排放都反映了人类活动长期对城市水体的开发和利用的过程，因此对这些驱动因素进行分析对认识城市水代谢系统的代谢过程具有重要意义。这些驱动因素主要如下。

1) 城市规模。城市化的高速发展，使大量人口涌入城市，导致生活用水量和污水排放量大大提高。在人类的参与下，原来水体的自然代谢过程被打破，加入的社会水代谢增加了很多不确定的因素，如水供给使自然水体的水量减少，废污水的排放又使自然水体的水质恶化，这些因素改变了水体原有的健康代谢过程，对城市水代谢系统构成了消极的影响；与此相反，在人口增加的同时，水短缺的城市由于需水量的增加，其水资源利用率增高，又表现出对城市水代谢系统积极的影响。因此，城市规模是驱动城市水代谢系统代谢强度变化的主要因素。

2) 经济增长。根据环境库兹涅茨曲线的假设，在经济发展过程中，环境状况先是恶化而后得到逐步改善，呈现出"倒U形"的曲线样式。可以解释为，经济增长导致各产业用水和排污量的大大增加，对城市的水代谢过程造成很大的影响，导致水量和水质补充困难，对城市水代谢系统具有不利的驱动作用。经济发展增加了环境保护的投入，也注重提高节水治污、雨水利用、污水回用等技术水平，实现了水资源消耗总量的零增长和环境退化的零增长，有利于城市水代谢系统水量和水质的补充，表现出有利的驱动。由此看出，经济发展是影响城市水代谢系统代谢强度的主要驱动因素。

3) 土地利用变化。为了满足人类活动的需求，对土地进行开发、利用和整治，导致自然地形地貌及土地利用方式、结构和空间发生各种变化，城市道路的铺装以不透水地面铺砌代替了原有的透水土壤和植被，造成下渗与蒸发显著减少，直接改变了城市的水文现象。在同强度的暴雨下，改变后的土地形成的地表径流量增大，洪峰值增加，致使大量水体聚集在低洼的不透水地面形成内涝，严重影响水代谢系统的代谢强度；而城市暴雨径流中含有营养物、病菌、沉淀物及重金属等多种污染物，成为城市水体水质破坏的主要原因。土地性质的改变，使得城市水代谢过程中的水质和水量都受到很大的影响，因此，土地利用变化也是影响城市水代谢系统代谢强度的主要驱动因素。

4) 政策因素。在我国的循环经济政策体系下，政府制定一系列政策促进各行业实现水资源循环利用、废污水再生利用与雨水资源化利用，有效地减少了淡水的使用和废污水的排放，对保护自然水体，促进城市水代谢系统中水量和水质的补充具有积极的作用。此外，政府所制定的一系列措施也有效地缓解了城市的用水难问题，如区域调水、虚拟水贸易等。因此，政策因素也是影响城市水代谢系统代谢强度的重要驱动因素。

5）技术发展水平。随着经济的发展，各种环保技术水平也得到升级，改善的节水技术和水处理与再生技术大大地减少了水资源使用过程中的浪费，提高了水资源的使用效率，同时降低了对自然水体的使用和污水的排放，对城市水代谢系统中的水量和水质的补充具有极大的促进作用，对城市水代谢系统代谢强度也具有重要影响。

6）产业结构。随着高新技术产业的发展，原来占城市主导地位的第一和第二产业的比重慢慢降低，第三产业的比重逐渐增高。这种产业结构的变化也促使城市的用水和排污情况发生了变化。由于第一和第二产业分属于高耗水和高排污的产业，在转化成用水效率较高、污染排放相对较低的第三产业时，在提高水资源使用效率和减少水污染排放上具有一定的作用，这也就减少了对水代谢系统的压力。因而，城市的产业结构对城市水代谢系统的代谢强度具有重要的影响。

综上所述，人类活动驱动因素对城市水代谢系统发挥着显著驱动作用。而自然驱动因素对系统虽也起到关键的作用，但对系统驱动的影响结果是随机的，无法准确量化及人为控制；并且这种驱动主要表现为有利于水代谢系统，即使不利于水代谢系统也通常是受到人为干扰，因此，可忽略其影响。人类活动驱动因素可按照人类的行为方式进行调节，对水代谢系统的驱动有着绝对性的作用。因此，本书在接下来几章的研究中，主要评估各种人类活动驱动因素对水代谢系统的驱动影响。人类活动驱动因素对城市水代谢系统的影响存在利和弊两个方面，只有通过实施有效的措施和手段，减少其对水代谢的不利驱动部分，增大有利驱动部分，才能有效调控城市水代谢系统朝健康和可持续的方向发展。下面的章节中将对人类活动驱动展开具体的讨论，通过对驱动机制的分析和量化模型的构建，来研究城市水代谢系统的各种驱动因素的影响程度和作用效果。

第 3 章 基于 PLS 结构模型的城市水代谢系统的驱动因素分析——以昆明市为例

我国正处于社会经济发展和自然环境快速变化的时期，这就导致城市水代谢受到多种驱动因素的影响，有自然界的，也有人类活动的，这些驱动因素与城市水代谢过程紧密结合，形成了复杂的城市水代谢系统。由于多种因素共同作用，很难准确地评价各种驱动因素对城市水代谢的作用效果如何。因此，对驱动城市水代谢的各种因素的作用程度、方向的量化研究，不仅可以准确地了解各种驱动因素对城市水体的作用情况，也有利于通过人为的干预引导系统朝不断优化的方向演进，从而最终实现城市水代谢系统的可持续发展。

3.1 基于 PLS 结构模型的驱动因素作用效果评价方法

结构方程模型由瑞典科学家瑞斯科克（Jereskog）首次提出，它是一种运用统计的手段和假设检验来分析研究对象内在结构的统计方法。该模型成功地结合了因子分析与路径分析两大统计分析方法，并利用因子分析技术有效地解决理论变量的测量问题，以及利用路径分析技术验证并探索理论变量之间的结构关系。结构方程模型包括测量方程和结构方程两项。前者描述了潜变量（理论变量/结构变量）和测量指标（测量变量/观测变量）之间的关系，后者描述潜变量之间的作用关系（Kline，1998）。模型中，潜变量表征无法直接测量的对象或问题，测量指标表征可以直接测量的对象或问题。模型包括自变量的测量方程［式（3-1）］和因变量的测量方程［式（3-2）］。用于描述各潜变量之间相互关系的结构模型见式（3-3）。

$$X = \Lambda_x \xi + \delta \quad (3\text{-}1)$$

$$Y = \Lambda_y \eta + \varepsilon \quad (3\text{-}2)$$

式中，ξ 是 n 个外生潜变量组成的 $n \times 1$ 向量；X 是 ξ 中潜变量的测量指标所组成的 $q \times 1$ 向量；Λ_x（$q \times n$）为外生潜变量的因子载荷矩阵，可反映外生指标与外生潜变量之间的关系；δ 是测量方程的测量误差组成的 $q \times 1$ 向量；η 为 m 个内生潜变量组成的 $m \times 1$ 向量；Y 为 η 中潜变量的测量指标组成的 $p \times 1$ 向量；Λ_y（$p \times m$）为内生潜变量的因子载荷矩阵，可反映内生指标与内生潜变量之间的关系；ε 是测量方程的测量误差组成的 $p \times 1$ 向量。

$$\eta = B\eta + \Gamma\xi + \zeta \quad (3\text{-}3)$$

式中，B 为内生潜变量 η 之间相互影响的 $m \times m$ 路径系数矩阵；Γ 为外生潜变量 ξ 对内生潜变量 η 影响的 $m \times n$ 路径系数矩阵；ζ 为结构方程的 $m \times 1$ 残差向量。

由于结构方程模型在求解的过程中是以协方差矩阵的方式进行，且假设测量指标要服从正态分布，一般需要很大样本才能满足。因此，前人在研究中应用偏最小二乘算法对结构方程模型进行改进（Tenenhaus et al.，2005），使其对样本的统计特征要求降低，可以适用于样本量较少的研究，它允许测量指标、潜变量是非正态分布；同时还可以较好地处理多种共线性问题。基于PLS的结构方程模型也包括结构模型和测量模型。前者用于反映因果关系网络，由潜变量和它们之间的影响路径共同构成；后者利用测量指标来测量潜变量，由这些测量指标和潜变量构成。PLS建模的理论基础是"预测条件"，即对于 $y=\beta_0+\beta_1 x+\varepsilon$，有 $\hat{y}=E\left[\dfrac{y}{x}\right]=\beta_0+\beta_1 x$，要求 $E[\varepsilon]=0$，$\text{Cov}[x,v]=0$。首先要对模型进行参数估计，这时模型参数被分为若干个分支，假定在其他分支的参数值给定的情况下，对某个分支的参数通过运用普通多元线性回归方法进行估计。参数估计的目标是使残差方差最小化，需要分别对不同种类的残差进行单独处理。对于所有内生变量，则最小化 $\text{Var}(\xi)$；对于所有向外模型，最小化 $\text{Var}(\varepsilon)$；对于所有向内模型，最小化 $\text{Var}(\delta)$。

PLS算法是一个迭代算法，具体的过程如下。

1) 测量指标中心化。对每个测量指标 x_{ij}、y_{ij} 都对应 n 个观测值，因此，

$$x_{ij}=(x_{ij1},\ x_{ij2},\ \cdots,\ x_{ijn}) \tag{3-4}$$

$$y_{ij}=(y_{ij1},\ y_{ij2},\ \cdots,\ y_{ijn}) \tag{3-5}$$

首先使 $E(x_{ij})=E(y_{ij})=0$，其中 $i=1,\ 2,\ \cdots,\ k_1$（k_1 为外生潜变量中测量指标的个数），$j=1,\ 2,\ \cdots,\ k_2$（k_2 为内生潜变量中测量指标的个数）。对于 i 和 j 的定义整个迭代过程都相同。

2) 外部近似：生成潜变量的外在估计值。

$$X_i^{t+1}=f_i^{t+1}\sum_{j=1}^{k_1}(\overline{\omega}_{ij}^{\,t}\times x_{ij}) \tag{3-6}$$

$$Y_i^{t+1}=g_i^{t+1}\sum_{j=1}^{k_2}(\overline{\omega}_{ij}^{\,t\,*}\times y_{ij}) \tag{3-7}$$

式中，X_i^{t+1} 和 Y_i^{t+1} 分别为潜变量 ξ_i 和 η_i 第 t 次迭代后的外在估计值向量；$\overline{\omega}_{ij}^{\,t}$ 和 $\overline{\omega}_{ij}^{\,t\,*}$ 分别为测量指标的权重；f_i^{t+1} 和 g_i^{t+1} 为标量，使 $\text{Var}(X_i^{t+1})=\text{Var}(Y_i^{t+1})=1$；$t$ 为迭代的标记。

迭代过程中，根据外部关系的选取，有两种不同方法确定权重 $\overline{\omega}_{ij}^{\,t}$，得到相应的潜变量的外部估计，具体如下。

1) 针对外生潜变量。如果 y_{kj} 是一系列被测变量，η_j 是预测变量，$y_{kj}=\omega_{kj}\eta_j+e_{kj}$。协方差系数（载荷）作为权重，则 $\overline{\omega}_{kj}=\text{Cov}[\eta_j,\ y_{kj}]$，通过对方程进行迭代，直到所有 $\overline{\omega}_{kj}$ 都收敛，得到主成分 η_j，它是 y_{kj} 的最佳预测变量。

2) 针对内生潜变量。如果 η_j 是被预测变量，y_{kj} 是一系列预测变量，则 $\eta_j=\sum_k\overline{\omega}_{kj}y_{kj}+d_j$。测量指标和潜变量之间的多元回归系数作为权重，即 $\overline{\omega}_{kj}=(y'_{kj}y_{kj})^{-1}\,y'_{kj}\eta_j$，$y'_{kj}$ 为 y_{kj} 转置矩阵，则 η_j 是最佳被预测变量。

3) 内部近似。生成潜变量的内在估计值。令下标 a 表示相邻潜变量（路径图中与某个潜变量具有路径联系的潜变量），则其内在估计值为

$$\xi_i^{t+1}=f_i^{t+1\,*}\sum_a(\theta_{ia}^{t+1}\times X_a^{t+1}+\tau_{ia}^{t+1}\times Y_a^{t+1}) \tag{3-8}$$

$$\eta_i^{t+1}=g_i^{t+1\,*}\sum_a(\theta_{ia}^{t+1\,*}\times X_a^{t+1}+\tau_{ia}^{t+1\,*}\times Y_a^{t+1}) \tag{3-9}$$

式中，ξ_i^{t+1} 和 η_i^{t+1} 分别为潜变量 ξ_i 和 η_i 第 t 次迭代后的内在估计值向量；θ_{ia}^{t+1}、θ_{ia}^{t+1*}、τ_{ia}^{t+1} 和 τ_{ia}^{t+1*} 分别为潜变量的内部权重；f_i^{t+1*} 和 g_i^{t+1*} 为标量，使 Var（ξ_i^{t+1}）= Var（η_i^{t+1}）= 1；t 为迭代的标记。

4）权重估计。确定测量指标的权重。

$$\xi_1^{t+1} = \sum_j (\overline{\omega}_{1j}^{t+1} \times x_{1j}) + \delta_{\xi, 1}^{t+1} \tag{3-10}$$

当迭代开始时，$t=0$，初始权重可以随意赋值。

5）迭代结束的判断。当一轮估计（包括外部近似、内部近似和权重估计）结束后，需要判断是否要结束迭代，如果没有达到停止的条件，将权重估计值的结果带到前面的外部近似处继续下一轮迭代。迭代的停止条件为

$$|\overline{\omega}_{ij}^t - \overline{\omega}_{ij}^{t+1}| < 10^{-5} \text{ 和 } |\overline{\omega}_{ij}^{t*} - \overline{\omega}_{ij}^{t+1*}| < 10^{-5} \tag{3-11}$$

6）求潜变量的值。利用经过迭代确定的权重，计算每个潜变量对应的向量。

$$\xi_i^T = \sum_{j=1}^{k_1} (\overline{\omega}_{ij}^T \times x_{ij}) \tag{3-12}$$

$$\eta_i^T = \sum_{j=1}^{k_2} (\overline{\omega}_{ij}^{T*} \times y_{ij}) \tag{3-13}$$

式中，计算出上标带 T 的数即为迭代结束后的计算结果。

7）求载荷和路径系数。利用潜变量和测量指标的值，分别进行普通最小二乘回归，计算载荷系数和路径系数。

除了建立假设模型和进行迭代计算之外，需要进行模型检验，包括测量模型检验和结构模型检验。测量模型检验用于评估模型中潜变量及其对应的测量指标之间的相互关系，来保证对潜变量的观察是正确的；而结构模型的检验用于检查模型中的因果关系假设是否可靠。前者主要考察可靠性，后者主要考察结构模型的交互验证效果。

(1) 可靠性检验

可靠性（也称信度），是指测量工具对所测指标测量的一致性和稳定性。一致性表示测评内部是否相互符合；稳定性表示在不同的测评时点下，测评结果前后一致的程度。可靠性指标多以相关系数表示，系数介于 0 和 1 之间，数值越大，可靠性越高。本书采用的评价方法为内部一致性的可靠性检验。内部一致性考察的是测量的各项内容之间的相关程度，检验这些项目是否反映了同一独立概念的不同侧面，主要包括折半信度、α 系数、基于因子分析的 θ 和 Ω 系数法，基于这些检验方法的适宜性，本书采用 α 系数方法用于可靠性检验。

α 系数法由克伦巴赫（Cronbach）提出，是目前社会研究中最常使用的信度指标，计算方法见式（3-14）。它是测量一组同义或平行"总和"的信度。α 系数的值在 0 和 1 之间，越接近 1，表明信度越高。一些学者指出：α 值大于 0.7 表示数据的可靠性比较高。

$$\alpha = \frac{q}{q-1} \left[1 - \frac{\sum_{i=1}^{q} \text{Var}(x_i)}{\text{Var}(H)} \right] \tag{3-14}$$

式中，q 为反映同一对象的内容总数；Var（x_i）为第 i 个内容的方差；Var（H）为全部内容的方差。

（2）结构模型质量检验

主要采用非参数检验方法评价模型的交互验证效果。基于 PLS 建模方法的结构方程模型具有预测功能，所以对模型进行预测能力的检验来验证模型的结构。利用共同度 H^2 对外部关系进行评价，利用 R^2 对内部关系进行评价，利用冗余度 F^2 对整体预测关系的进行评价。

1) 共同度（communality）H^2。共同度衡量了模型中潜变量对其测量指标的预测能力，等于测量指标的方差中由潜变量解释的部分所占的比例。采用计算公式如下：

$$H_i^2 = \sum_{j=1}^{k} \tau_{ij}^2 \bigg/ \left(\sum_{j=2}^{k} \tau_{ij}^2 + \sum_{j}^{k} \theta_{ij} \right) \tag{3-15}$$

式中，τ_{ij} 为第 i 个潜变量的第 j 个测量指标的载荷；k 为测量指标的个数；θ_{ij} 为第 i 个潜变量的第 j 个测量指标的测量误差。共同度可以判断潜变量的收敛有效性，当共同度越大时，说明潜变量的收敛效果越好，一般共同度指标应大于 0.5，表明潜变量解释的方差大于测量误差引起的方差。

2) 多元相关平方 R^2。R^2 用于衡量结构模型的解释能力，每一个内部方程可以利用 R^2 判断其解释能力。表示内部关系的预测能力，并不考虑外部的关系。

一些研究学者认为，R^2 达到 0.65 则认为模型具有重要的拟合效果。

3) 冗余度 F^2。冗余度用来评价模型整体预测关系，衡量了由外生变量预测内生变量的残差以分析预测能力。冗余度越大，则潜变量对应的测量指标由其潜变量解释的力度越大。如果用 H^2 评价外部关系，用 R^2 评价内部关系，则冗余度 F^2 就是前两者的乘积。

3.2 城市水代谢系统驱动因素的 PLS 结构模型

城市水代谢系统作为连接人类活动与自然环境范围的组织涵盖了社会、经济、环境等多方面的发展变化，也因而受到多方面的影响。本书引入基于 PLS 的结构模型，解析多种驱动因素对城市水代谢系统的代谢强度的影响。在研究之前需要构建各种因素影响城市水代谢的因果关系假设模型，然后利用基于 PLS 的结构模型对其进行验证，通过验证的模型来解释城市水代谢的各个驱动因素对城市水代谢系统的影响。

3.2.1 假设模型的构建

以上的诸方面驱动因素在前人所做的城市水资源与水环境的研究领域中曾经分析过，但是这些研究往往局限于对单一因素的影响作分析，很少考虑多种因素作用下的综合影响，本书建立的基于 PLS 的结构模型可以解决综合考虑各个驱动因素对城市水代谢系统的代谢强度的影响。针对以上驱动因素，构建针对城市水代谢假设模型的路径分析图，如图 3-1 所示。蓝色椭圆代表的是潜变量，这些潜变量之间的箭头代表了反映因果关系的结构模型。黄色矩形代表的是测量指标，连接它们与潜变量的箭头代表了反映测量关系的测量模型。以上考虑的诸因素在模型中被转化为相应的潜变量，图 3-1 的结构模型就是对城市水代谢的驱动模式因果关系的假设，共含有 8 个结构变量 $\xi_1 \sim \xi_6$ 和 $\eta_1 \sim$

η_2,其中城市水代谢系统的代谢强度和技术发展水平为内生潜变量,这是因为它们作为结构模型中的因变量出现,而其他的称为外生潜变量。通过前面所述的 PLS 结构模型的检验方法,对假设的结构模型的有效性进行检验。若模型通过检验,则城市水代谢系统的驱动模式中各个潜变量之间的因果关系可以通过因子载荷反映出来。这些载荷的正负可反映出各个潜变量间是正向影响还是负向影响,而载荷的绝对值大小则可反映出这种影响的强弱程度。

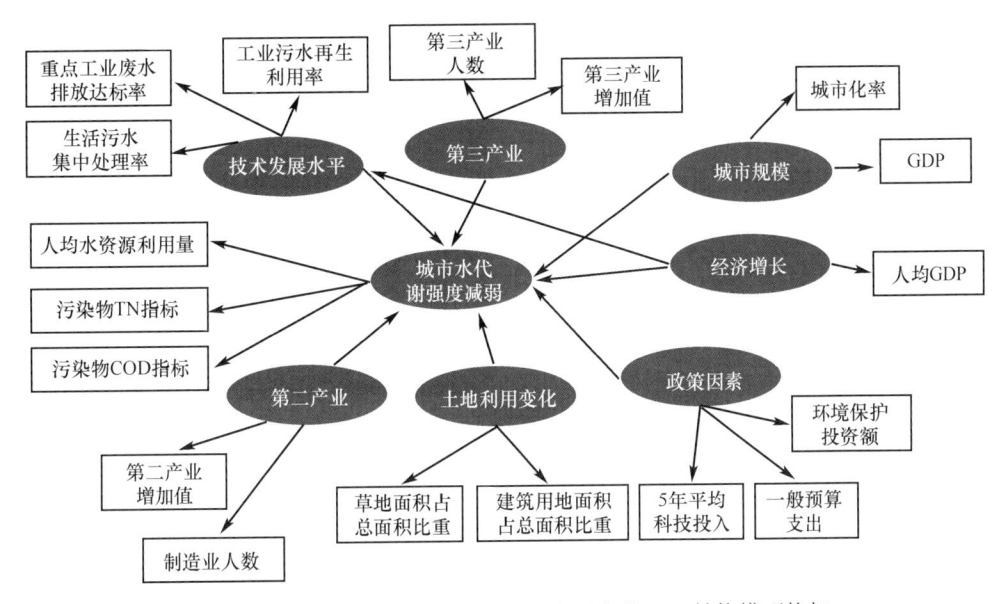

图 3-1 针对城市水代谢系统代谢强度研究的 PLS 结构模型构架

模型中共有 18 个测量指标,每个潜变量对应的测量指标个数依次为 2、1、2、3、2、2、3、3,潜变量排列次序为城市规模 ξ_1、经济增长 ξ_2、土地利用变化 ξ_3、政策因素 ξ_4、第二产业 ξ_5、第三产业 ξ_6、技术发展水平 η_1 和城市水代谢强度减弱 η_2。

3.2.2 样本选择与处理方法

本书受水体污染控制与治理科技重大专项滇池项目支持,选取昆明市作为城市水代谢系统研究案例进行研究分析。

首先将昆明市划分为 7 个小流域作为模型的样本,并采用 2011 年的截面数据进行分析。如图 3-2 所示,分别为直入金沙江散流流域、普渡河下游流域、小江流域、牛栏江流域、螳螂川流域、滇池流域,以及南盘江干流及其支流流域。为了保证结构模型所分析的结果稳定并且是可信的,结构方程模型在使用过程中必须使用较大的样本作为支撑(邱政浩,2009)。有的学者认为使用 PLS 方法一般要求所需的样本量不能低于待估参数数目的 4~5 倍,最好在 230 以上(Joreskog,1982),因此,本书考虑到结果的稳定性,利用 Bootstrap 方法(Dicicco and Efron,1996)对样本进行"增加",以此来解决结构模型分析对较大样本量的需求。该方法是美国 Stanford 大学教授 Efron 在 1977 年提出的一种增广样本统计方法，它适用于小样本下的统计推断（样本容量小于 30），通过再抽样过程使小样本问题成为大样本问题，可以解决实际研究中无法获得大量样本而导致推断出现失误的问题。

Bootstrap 方法可简单表述如下：要求在所研究的数据中，抽取随机样本 $X = [x_1, x_2, \cdots, x_n]$，$R(X, F)$ 为某个预先选定的随机变量，是 X 和 F 的函数。需要通过观测这个随机样本 $X = [x_1, x_2, \cdots, x_n]$ 来估计 $R(X, F)$ 的分布特征。设 $\theta = \theta(F)$ 为总体分布 F 的某个参数，F_n 是所观测的随机样本 X 的经验分布函数，$\hat{\theta} = \hat{\theta}(F_n)$ 是由 F_n 运用参数估计方法所得的 θ 估计，记估计误差为 $R(X, F) = \hat{\theta}(F_n) - \hat{\theta}(F) \stackrel{\triangle}{=\!=\!=} T_n$，要估计 $R(X, F)$ 的分布特征，计算步骤如下：①根据观测随机样本构造经验分布函数 F_n；②从 F_n 中抽取样本 $X^* = [x_1^*, x_2^*, \cdots, x_n^*]$，称其为 Bootstrap 样本；③计算相应的 Bootstrap 统计量 $R^*(X^*, F^*)$，

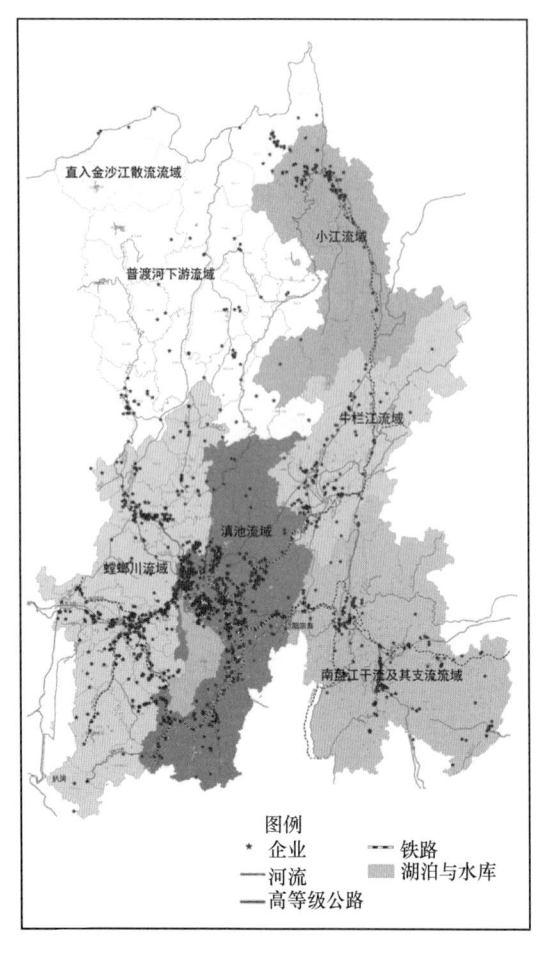

图 3-2　昆明市内包含的小流域

表达式为 $R^*(X^*, F^*) = \hat{\theta}(F_n^*) - \theta(F^*) \stackrel{\triangle}{=\!=\!=} R_n$，其中的 F_n^* 是 Bootstrap 样本的经验分布函数，R_n 为 T_n 的 Bootstrap 统计量；④再重复步骤②和步骤③所需次数（N 次），即可获得 Bootstrap 统计量 $R^*(X^*, F^*)$ 的 N 个可能取值；⑤用 $R^*(X^*, F^*)$ 的分布逼近所需求的 $R(X, F)$ 的分布，采用 R_n 的分布去近似模拟 T_n 的分布，即可得到参数 $\theta = \theta(F)$ 的 N 个可能取值，以及 θ 的分布和特征值。

本书采用 Bootstrap 方法再抽样生成 300 个模型样本用于接下来的分析。

3.3　研究区域昆明市概况

3.3.1　总体概况

昆明市位于云贵高原中部，地处北纬 24°24′~26°33′和东经 102°10′~103°41′之间，东西最宽 151km，南北最长 218km，全市面积 21 011km²。昆明市属北亚热带低纬度高原山

地湿润季风气候，年平均气温14.5℃，极端最高气温31.5℃，极端最低气温-7.8℃，7月平均气温19.8℃，1月平均气温7.7℃。昆明地区冬春、夏初极易出现干旱，夏秋多出现洪涝，对农业生产极为不利。2011年，昆明市的水资源总量更不到常年的50%，人均水资源量仅为3197m³。继2009年春夏干旱开始至2013年冬季，已形成了该地区少有的连续5年的连旱情况。各年中，还存在洪涝灾害的影响，在2011年的湿季，暴雨天气导致云南省148.2万人受灾，农作物受灾面积达到10.11万hm²，绝收粮食41.81万t，造成直接经济损失13.97亿元。从土地利用变化面积和比例上看，1990~2011年总体趋势是先减后增。林地面积占昆明市土地利用总面积的53.41%，草地面积占昆明市土地利用总面积的10.86%。水域、建设用地和未利用地的面积总体呈增加趋势。降水时间分布不均匀，较集中的强降水与植被覆盖度较低、地形坡度较大和土壤质地等多方面因素综合作用，易产生泥石流和滑坡等强破坏性的地质灾害。

3.3.2 社会经济发展概况

昆明市行政辖区包括五区（五华、盘龙、官渡、西山、东川）、一市（安宁）、八县（禄劝、富民、呈贡、嵩明、寻甸、宜良、石林、晋宁）。按2011年统计，市域土地总面积21 012.54km²，山地面积约占85%，平原约占15%，昆明市较宜作为建设用地的理论面积约为9200km²。中心城区由昆明主城、呈贡新区和空港经济区组成，总面积为1722km²。2011年年末昆明市常住人口为648.64万人，人口自然增长率为5.61‰。其中农业人口220.54万人，非农业人口428.1万人。

2011年，昆明地区国民生产总值（GDP）为2509.58亿元，同比增长14.0%，人均生产总值达38 831元。第一产业实现增加值133.83亿元，同比增长6.1%；第二产业实现增加值1161.18亿元，同比增长16.7%；第三产业实现增加值1214.57亿元，同比增长12.3%。三次产业结构由2007年的6.7：46.0：47.3，到2009年的6.2：45.4：48.4，再到2011年的5.3：46.3：48.4，产业显现出逐步优化趋势。2011年昆明实现农林牧渔业年总产值225.07亿元，比上年增长了6.8%。其中林业产值6.71亿元，农业产值120.32亿元，畜牧业产值85.66亿元，渔业产值4.77亿元。2011年，昆明实现工业增加值848.90亿元，比上年增长15.5%，在规模以上工业中，烟草工业实现增加值200.79亿元，冶金工业实现增加值86.32亿元，机电工业实现增加值68.64亿元，医药工业实现增加值34.94亿元。

3.3.3 水资源概况

3.3.3.1 河流水系

昆明市河流分属长江、珠江和红河三大水系。全市境内径流面积在100km²以上的河流有61条，分属长江流域的有53条，珠江流域的有7条，红河流域的有1条。昆明地区河流具有流程短、上下游相对高差较大、水流季节性强的特点。昆明市境内主要河流水系见表3-1。

表3-1 昆明市境内主要河流水系

水系名称	一级支流	二级支流	主要三级支流
长江	金沙江：境内长90km，流域面积约16 862km²，占昆明市总面积的80.25%	螳螂川—普渡河	滇池流域、鸣矣河、沙河、沙浪河、洗马河、掌鸠河
		牛栏江	杨林河、对龙河、弥良河、果马河、马龙河
		小江	
珠江	南盘江：境内长124km，流域面积3 875km²，占昆明市总面积的18.44%	西河	
		摆衣河	阳宗海
		贾龙河	
		樟子坝河	
		麦田河	
		巴江	
		普拉河	
红河	元江：流域面积274km²，占昆明市总面积的1.31%	绿汁江	扒河

资料来源：《昆明市水资源利用与再利用规划（2011~2015）》

昆明市境内主要湖泊有滇池、阳宗海和清水海。

1）滇池。南北长40km，东西宽12.5km，湖岸线长130km，最大深度10.9m，水面面积300km²，湖容量12.9亿m³，流域面积达2920km²。滇池具有城市供水、农灌、旅游、水产养殖和工业用水等功能，但水质已严重污染，超过国家地表水环境质量Ⅴ类标准，处于严重富营养化状态。

2）阳宗海。水面面积31.9km²，最大水深29.7m，总库容量6.04亿m³，昆明市境内自然流域面积59km²，人工引流面积100km²，共计159km²。阳宗海具有饮用供水、农灌、旅游、水产养殖和工业用水等功能。

3）清水海。平均水深20m，面积7km²，库容1.2亿m³，清水海成为昆明市在建的主要供水水源，水源工程包括清水海水库、石桥河引水枢纽、板桥河水库、新田河水库和塌鼻子龙潭；输水工程线路总长75.142km，其中隧洞总长58.159km，渠道长度14.606km；金钟山水库为末端水库。清水海水源保护区面积175km²。三个湖泊总储水量多年平均为22.2亿m³。

在2011年，昆明市蓄水总量为6.96亿m³，比2010年减少58%，地表水资源量22.9亿m³，折合径流深为109mm，比去年减少50.9%，比常年减少35%，地下水资源总量为5.78亿m³，地下水径流模数2.8万m³/m²。昆明市主城及各县（市）区饮用水源地主要包括15个地表水水库（湖泊），7个地下水水源。其中昆明主城主要饮用水水源8个，云龙水库引水工程向主城供水后，主城自来水供水量可达5.26亿m³/年（昆明市统计局，

2007~2012）。

3.3.3.2 降水和蒸发情况

昆明市每年的5~10月为雨季，降水量占全年的82%~89%，11月到次年4月降雨少，为枯水期，用水主要靠蓄积的水资源补充。多年平均年降水量1000mm，年平均相对湿度为71.8%（由昆明市气象局1961~2010年的统计资料所得）。昆明市中的滇池流域多年平均降水量为27.54亿 m^3，其中湖面降水2.78亿 m^3。

从昆明市的12个国家气象站[东川（新村）、富民、禄劝、昆明、寻甸、嵩明、安宁、晋宁、西山（太华山）、宜良、石林、呈贡]获得的2003~2012年月降水量和月蒸发量数据，见图3-3。从空间位置上看，上游水资源较充沛，中下游缺水严重，地区性特征明显。山区和高山区降水量大，径流量也大，平坝地区降水量少，径流量也小，降水量表现出自西向东递增的特点，蒸发量表现出自北向南递增的特点。以2012年为例，全市平均降水量为773mm（折合水量约162.41亿 m^3），比2011年的降水量591mm（折合水量约124.16亿 m^3）增加182mm，比多年平均值924mm减少151mm，是自1961年以来的第9个降水量最少的年份。各县（市、区）年降水量为486~1050mm，呈贡年降水量最少为486mm，宜良、晋宁和东川三个县区年降水量为600~700mm，禄劝、富民、石林和安宁四个县区年降水量为700~800mm，嵩明、寻甸两个县区降水量为900~1000mm，西山年降水量最多为1050mm，见图3-4。从昆明市环境状况公报获取的近50年的降水量见图3-5，可以看出降水量在逐年减少。

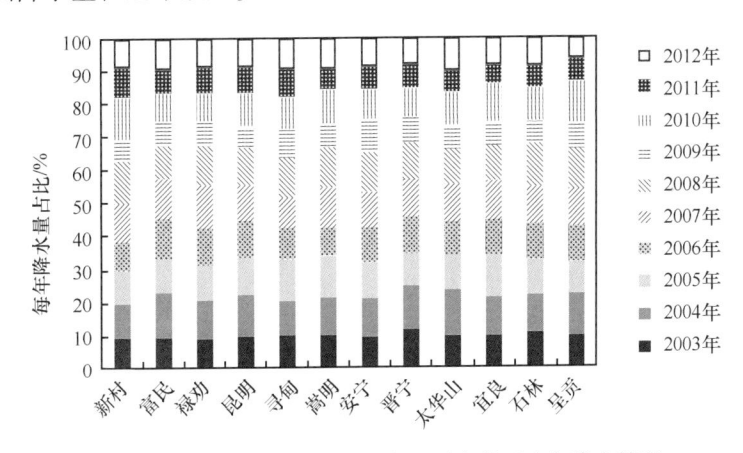

图3-3 昆明市各主要监测站点监测出的近十年降水情况

降水量年内分配不均，2011年1~4月的降水量占全年降水量的12.3%，5~10月的降水量占全年降水量的83.59%，11~12月的降水量占全年降水量的4.1%。6月份降水量最大，138.07mm。降水集中程度高，2011年昆明市逐月降水过程如图3-6所示。

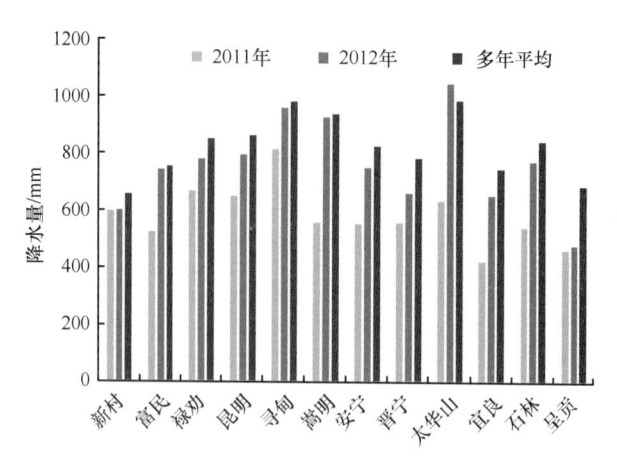

图 3-4　昆明市各主要监测站点监测出的 2011 年和 2012 年降水量与多年平均降水量情况

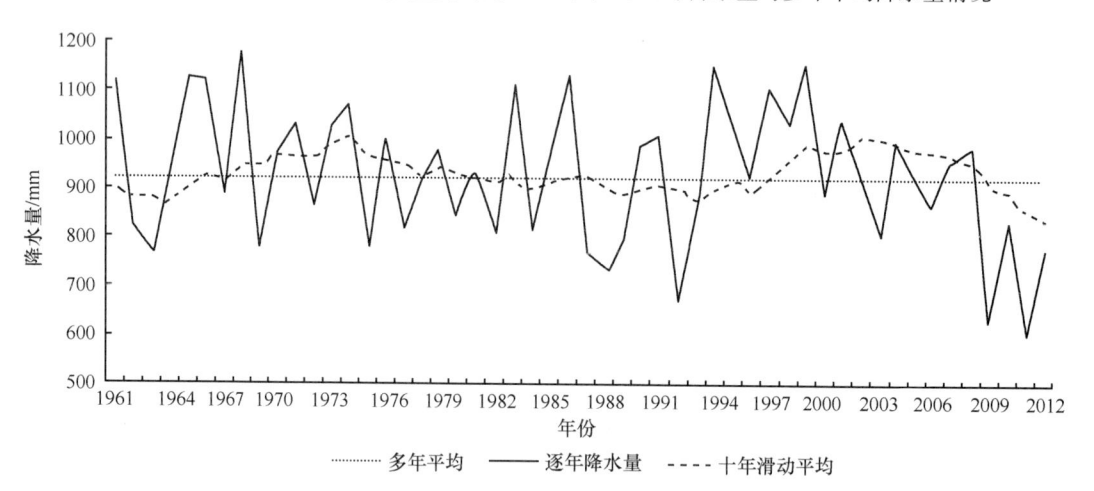

图 3-5　1961~2012 年昆明主城区年降水量逐年变化情况

资料来源：《2012 年昆明市环境状况公报》

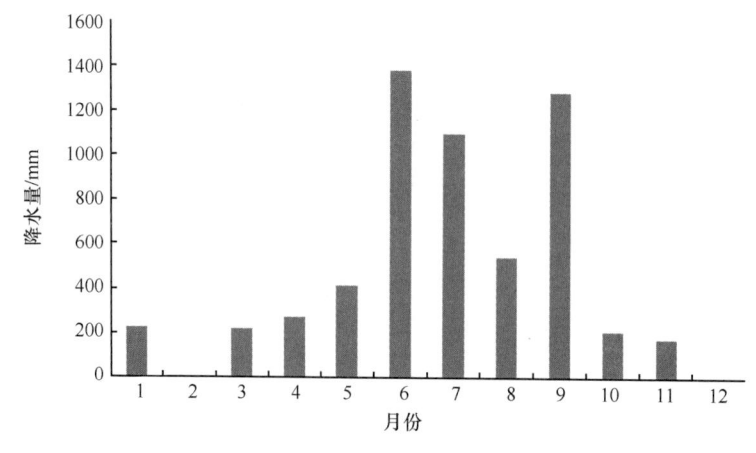

图 3-6　基准年 2011 年昆明市逐月降水过程图

3.3.3.3 水资源开发利用情况

在昆明市的供水水源中,地表水为主要的供水水源。2011 年,地表水供给占总供水量的 93.9%,地下水占 4.63%,其他水源供水占 1.48%。地表水源供水有蓄水工程、引水工程、提水工程等。其他水源供水主要为处理回用的污水,也包含少量收集到的雨水,因为当前昆明市的雨水资源化利用技术尚处于研究适用阶段,收集并利用的雨水量有限。2011 年昆明市用水量为 18.32 亿 m^3,为近年的最低值,见图 3-7。

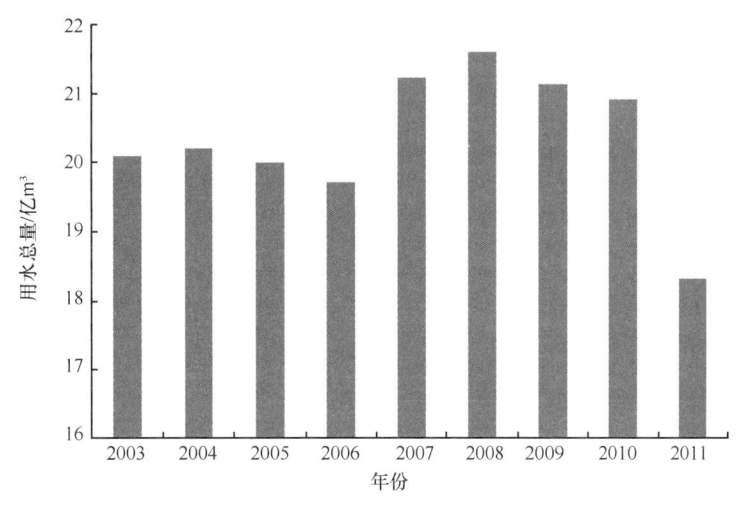

图 3-7 昆明市水资源使用量情况

水资源的使用分为生活用水、生产用水和生态用水三类,其中生产用水包括三大产业用水,第一产业农、林、牧、副、渔业用水;第二产业工业产品生产和基础设施用水;第三产业商业、餐饮业、服务业用水。2011 年昆明第一产业用水量 7.2741 亿 m^3,第二产业用水量 7.3037 亿 m^3,第三产业用水量 0.6748 亿 m^3,生活用水 2.8065 亿 m^3,生态环境用水 0.2601 亿 m^3,见图 3-8。由于降水量少,需要采取各种节水措施,用水量较 2010 年有所减少。2011 年的用水消耗量为 8.499 亿 m^3,比上一年年减少了 5.57%。昆明市近年来用水构成情况见图 3-9。

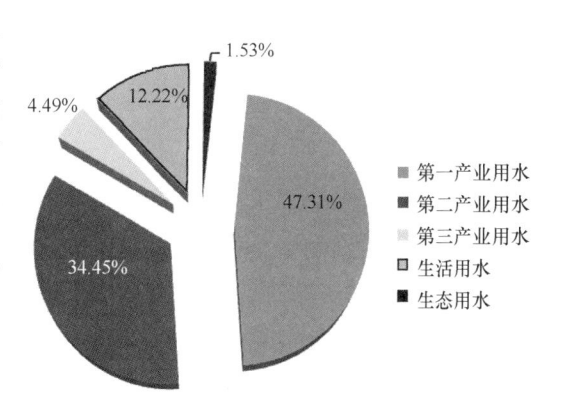

图 3-8 2011 年昆明市水资源供给情况

按划定区域的水资源开发利用统计结果为(表 3-2):全市人均综合用水量无论是与全省还是与多年平均相比变化不大;万元 GDP 用水量年际间呈显著下降趋势;万元 GDP 增

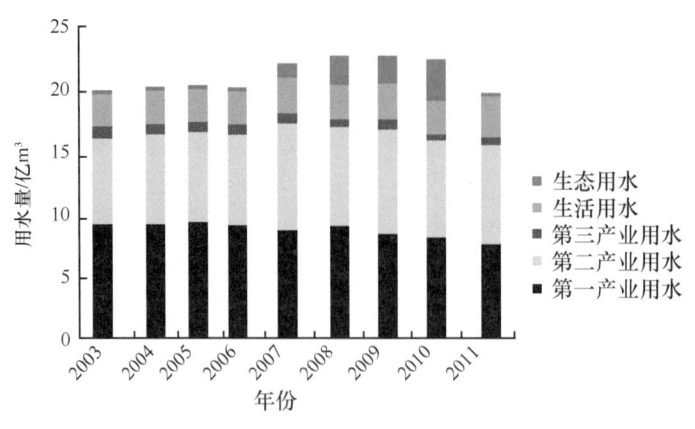

图 3-9　昆明市近年来的用水构成

加值用水量、农田亩①均用水量都随年际变化逐渐减少。水资源开发利用率是河道外供水量与多年平均水资源量的比值，昆明市的水资源开发利用率为全省最高。在"十二五"规划中，万元 GDP 用水量指标规划为全国的 1/8（昆明市水务局，2006~2011）。

表 3-2　昆明市 2011 年水资源开发利用的情况

行政分区	人均综合用水量/(m³/人)	万元 GDP 用水量/(m³/万元)	万元工业增加值用水量/(m³/万元)	农田亩均用水量/(m³/亩)	城镇居民生活用水量/(L/日)	农村居民生活用水量/(L/日)	水资源开发利用率/%
云南省	321	204	98	448	118	68	6.70
昆明市	325	99	100	403	118	82	32.2
滇池流域	331	111	99	412	122	75	39.2

3.3.4　水环境状况

本书按照《"十二五"时期昆明市环境保护规划》、《2011 年昆明市环境质量状况公报》统计的水环境资料，以及昆明市环境局所提供的所有水环境状况和污染物产生与排放情况，整理出以下内容：昆明市已面临水资源短缺、降水量分配不均、旱涝灾害严重、水环境恶化、地下水开采不合理等多种水资源问题。2011 年，全市的水质虽较 2010 年有所提高，但在昆明市的 42 条监控河流中，76% 的河流水质仍超过Ⅳ级地表水质量标准，水质达标率低，仍需大力改善，主要污染物包括 COD、TN、TP 和 NH_3-N。其中，发展最快的滇池流域虽在 2011 年点源污染的增长势头得到扭转，污染恶化趋势基本制止，但是，滇池的水体严重富营养化的状况还是不尽如人意，草海和外海的水质都为劣Ⅴ类。在入滇池的 35 条主要河流中，仅有 3 条河道水质属于优良，另外大多数河流的水质仍为地表水Ⅴ类和劣Ⅴ类标准。主要超标项目为 NH_3-N、TN、TP 等，营养级别为中营养化。从治理效果的年份来看，滇池的水质恶化趋势有所改善，但湖体富营养化问题还没能得到有效解

---
① 1 亩 ≈ 666.7m²。

决。表 3-3 为昆明市环保局提供的基准年入滇水体的检测结果，水质中主要的超标污染物为 NH_3-N、TN、TP。

表 3-3 滇池采样点水质检测结果

控制区	控制单元	类别	水体	断面名称	2011 年
草海控制区	草海陆域控制单元	优先	新河	积善村桥	劣Ⅴ
			老运粮河	积下村	劣Ⅴ
			乌龙河	明波村	劣Ⅴ
			大观河	篆塘河泵站	劣Ⅴ
			西坝河	金属筛片厂小桥	劣Ⅴ
			船房河	一检站	劣Ⅴ
			王家堆渠	湿地管理房旁	劣Ⅴ
	草海湖体控制单元	优先	草海	湖体监测点	劣Ⅴ
外海控制区	外海北岸控制单元	优先	采莲河	海埂公园正大门东侧入湖口	劣Ⅴ
			金家河	金太塘泵站	劣Ⅴ
			盘龙江	严家村桥	劣Ⅴ
			老盘龙江	新河村大河嘴	Ⅴ
			大清河	大清河泵站	劣Ⅴ
			金汁河	昆河铁路	劣Ⅴ
			海河	范家村新二桥	劣Ⅴ
			六甲宝象河	东张村	劣Ⅴ
			小清河	六甲乡新二村	劣Ⅴ
			五甲宝象河	曹家村	劣Ⅴ
			虾坝河	五甲塘	劣Ⅴ
			姚安河	姚安村	劣Ⅴ
			老宝象河	龙马村	Ⅳ
			新宝象河	宝丰村	劣Ⅴ
	外海东岸控制单元	优先	马料河	小古城桥	Ⅴ
			洛龙河	江尾下闸	Ⅳ
			捞鱼河	土萝村	劣Ⅴ
			南冲河	南冲河滇池入湖口	劣Ⅴ
	外海南岸控制单元	优先	大河	晋城小寨	Ⅴ
			白鱼河	白鱼河滇池入湖口	劣Ⅴ
			柴河	牛恋乡	劣Ⅴ
			东大河	东大河入湖口	Ⅳ
			中河（护城河）	昆阳码头	劣Ⅴ
			古城河	古城河滇池入湖口	劣Ⅴ
	外海湖体控制单元	优先	外海	湖体监测点	劣Ⅴ

在污染源排放方面，由于获取资料有限，本书在统计污染源的数据和信息中，仅获取到 2006~2011 年的数据，2006 年以前和 2011 年之后的数据和相关信息未曾获得，并不利于相关数据的计算，因此，仅能就 2006~2011 年获取的数据进行统计和说明。

3.3.4.1 企业污染源排放情况

本书将企业的点源污染来源分为工业、服务业及农业的规模化畜禽养殖业三个部分。根据 2007 年的《全国第一次污染源普查》（简称污普）及 2006~2011 年的动态调查研究结果，结合相关环境统计数据和资料，获得昆明市的工业、服务业及农业的规模化畜禽养殖业污染排放情况，并分为行政区域和子流域进行统计，结果如图 3-10~图 3-13 所示。

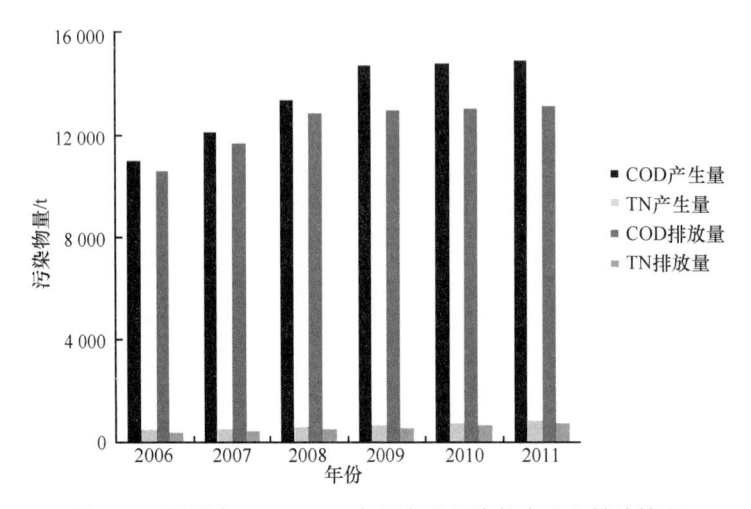

图 3-10　昆明市 2006~2011 年服务业污染物产生和排放情况

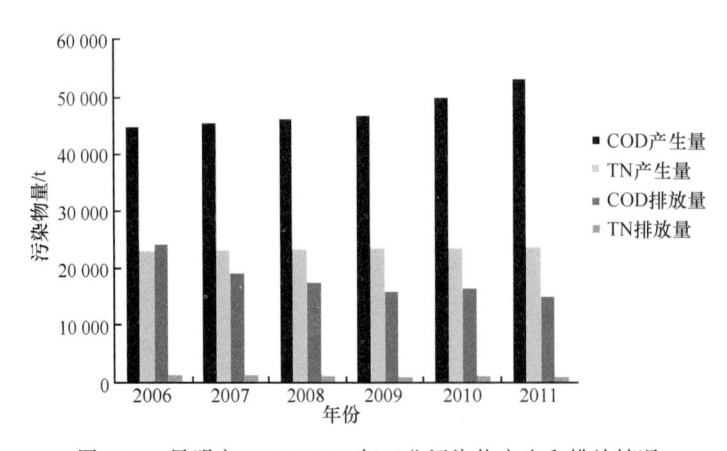

图 3-11　昆明市 2006~2011 年工业污染物产生和排放情况

在 2011 年，由污染普查数据得出各小流域工业污染物排放情况见图 3-13。

2011 年，昆明市含有 5405 个主要工业企业，从工业排放废水，经过自处理后再排到集中式污水处理厂，目前已没有未经处理的工业废水直接排入河里。然而，服务业和居民

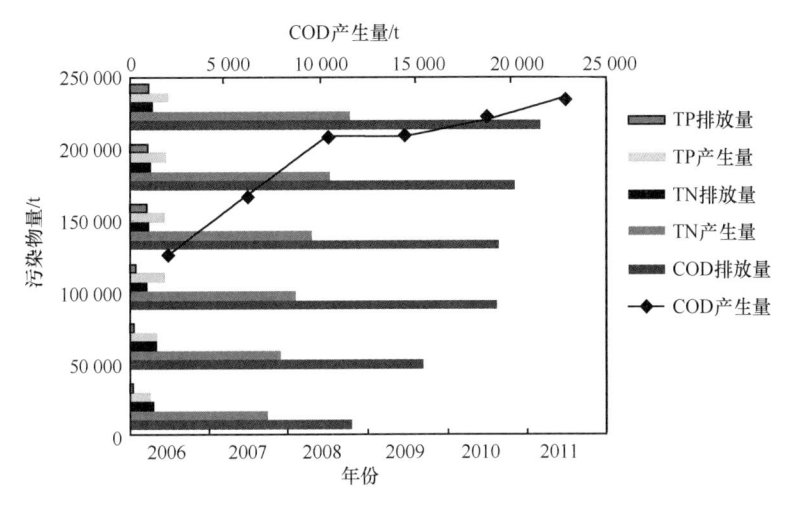

图 3-12 昆明市 2006~2011 年农业规模化畜禽养殖业污染物产生和排放情况

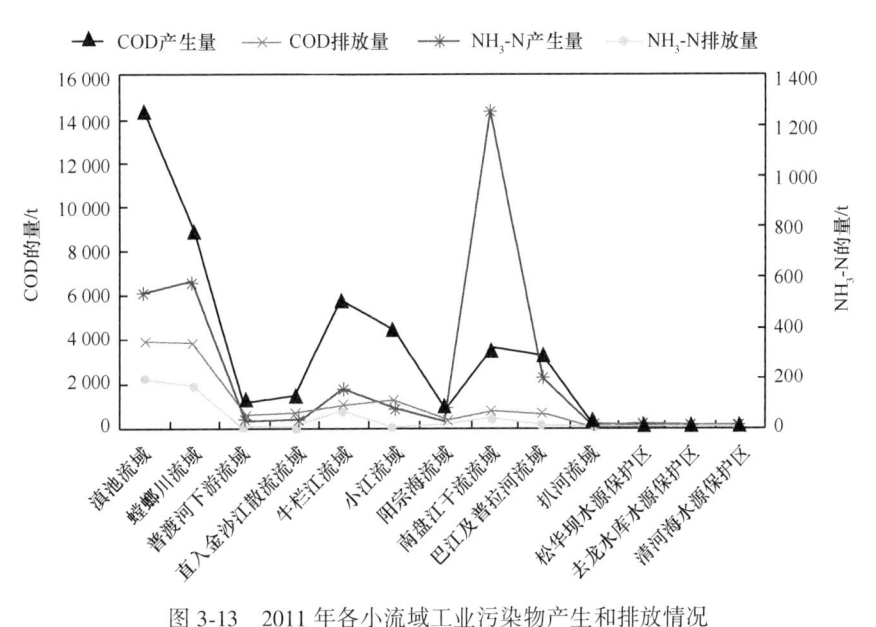

图 3-13 2011 年各小流域工业污染物产生和排放情况

日常生活的污水仍有大量未经处理直接排入河里，加上雨季进入河体的非点源污染，造成昆明市水污染问题非常严重。

3.3.4.2 城区和乡镇生活污染源排放情况

本书采用人均综合排放系数核算城镇生活污染源。以 2007~2011 年《昆明市统计年鉴》及《国民经济和社会发展统计公报》为基础，按照城区和乡镇尺度分别对昆明市城区和乡镇的各年末常住人口进行统计，与污染源普查中设定的城镇和农村人均综合排放系数相乘，核算出分行政区域和子流域的生活污染排放情况。

采用指数模型 $\hat{p}_t = p_o e^n$，估算出 2015 年、2020 年和 2030 年的人口数量，加上统计年鉴中得到的各年人口数目列于图 3-14。以上各年对应的城市生活和农村生活污染源排放情况见图 3-15。

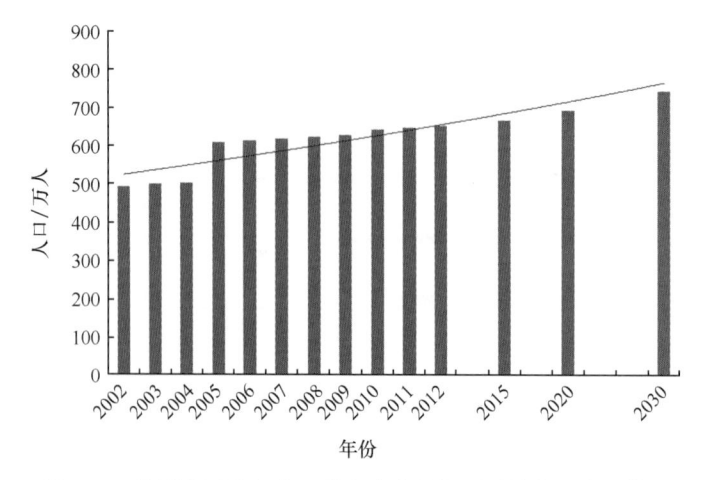

图 3-14 昆明市近几年人口数和未来几年预测的人口发展情况

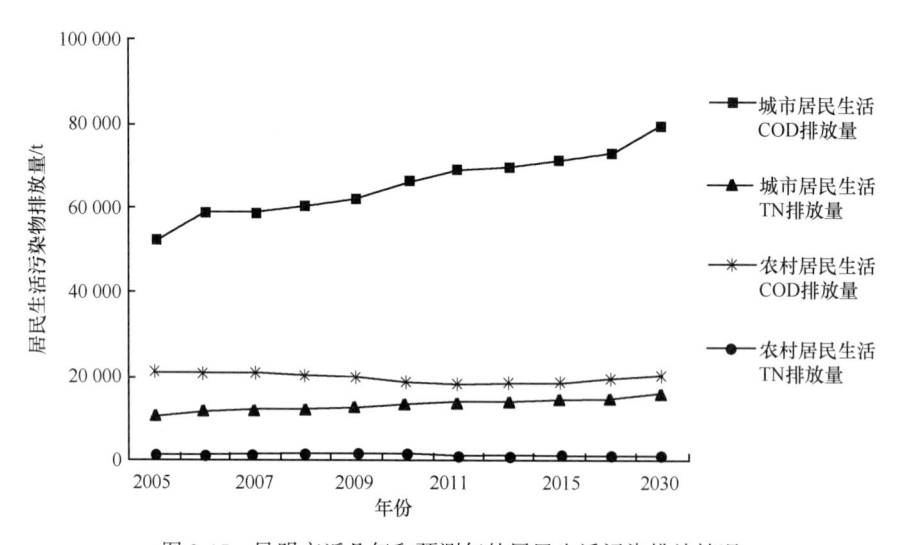

图 3-15 昆明市近几年和预测年的居民生活污染排放情况

3.3.4.3 城镇污水处理厂处理情况

本书从昆明市污水处理厂、排水公司及环境保护局等处理与监管部门收集到污水处理厂处理污染物的数据。对污染物削减总量、排放总量进行统计，从"十一五"时期到"十二五"时期，昆明市的污水处理能力由 123.5 万 t/天增加到 149.99 万 t/天。建造的中心城区、县城和集镇的污水处理厂陆续增加。在 2011 年，城市中已有 21 个污水处理厂运行，包括昆明市城市污水处理运营公司第一污水处理厂到第八污水处理厂（第七、八污水处理厂已合并)、东川区污水处理厂、呈贡县污水处理厂、晋宁县污水处理厂、嵩明第一污水处理厂、呈贡北洛龙河污水处理厂、呈贡南捞鱼河污水处理厂、经开区污水处理厂、高新区污水处理厂、安宁市污水处理厂、富民县污水处理厂、禄劝县污水处理厂、寻甸县污水处理厂、石林县污水处理厂、宜良县污水处理厂，总处理废水量为5.183亿t。对得到的2006~2011年昆明市污水处理厂的数据统计如图3-16所示（昆明市环保局，2006~2012）。

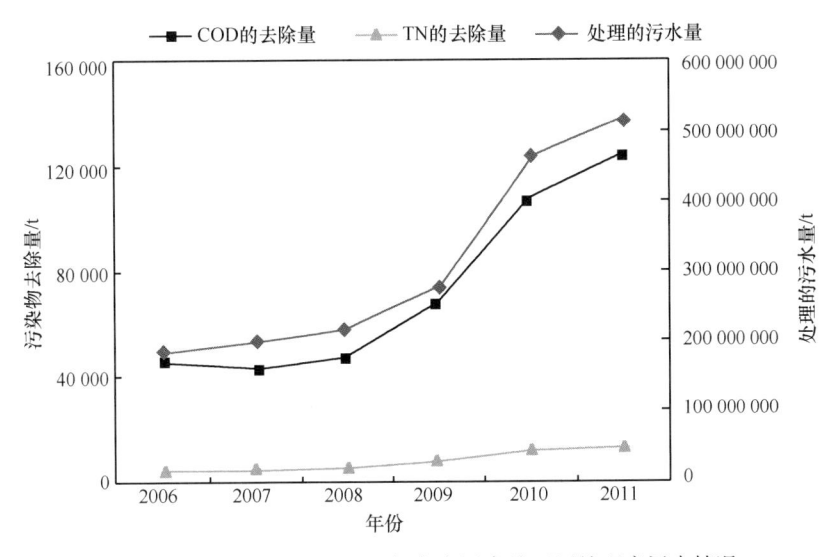

图3-16 昆明市2006~2011年集中污水处理厂处理废污水情况

3.3.4.4 农业非点源污染情况

基于乡镇中散养型畜禽养殖污染排放的特点，本书将其归类到企业点源污染物排放之中，在此所统计的农业非点源污染仅限于昆明市种植业化肥施用量，见图3-17。

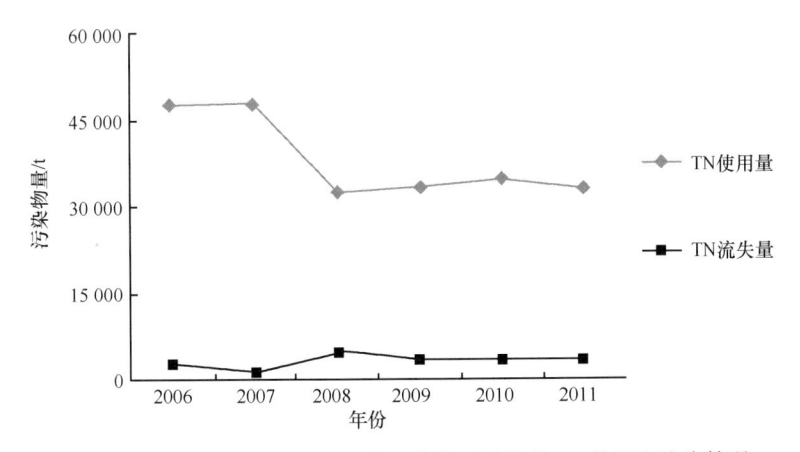

图3-17 昆明市2006~2011年农业非点源污染物TN使用和流失情况

3.3.4.5 城市地表径流非点源污染情况

本书收集了 2011 年昆明市市政排水管网数据、土地利用情况及降雨数据等资料后，通过采用 SWMM 模型模拟地表产流和汇流及污染物的累积结果（研究中未考虑管网输移过程），利用浓度法计算了城市暴雨径流产生的污染负荷，按照不同下垫面核算了各子流域的城市非点源污染排放情况。核算结果与北京大学所提供的 2010 年从滇池流域采样检测得到的非点源污染数据相比（北京大学，2012），差值为 3.6%。与昆明市环保局所提供的 2009 年昆明市各小流域降雨径流污染物监测结果比较，差值不到总数的 8%，本书又根据 2009~2011 年的降水量情况对核算数据作了调整，得到昆明市各流域的降雨径流非点源污染情况，见图 3-18。根据云南大学提供的 2010 年以前每两年的昆明市非点源污染数据值及历年降水量结果，核算得到历年昆明市降雨径流污染情况，如图 3-19 所示。

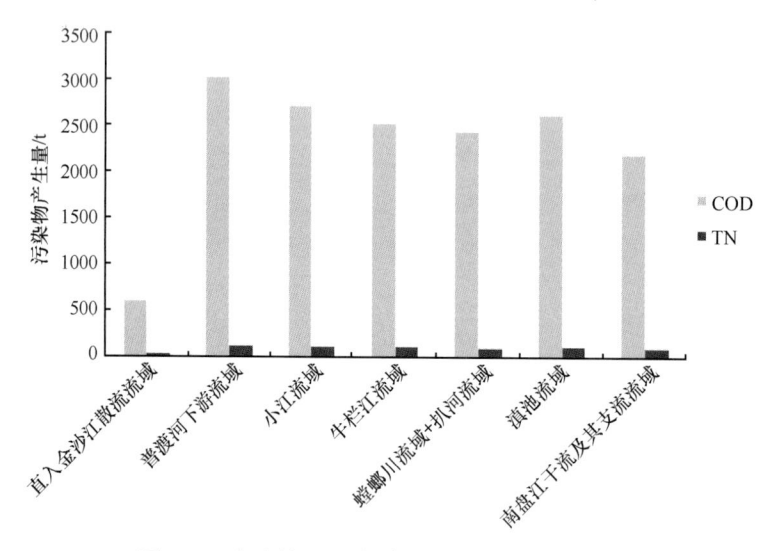

图 3-18 各流域 2011 年降雨径流非点源污染情况

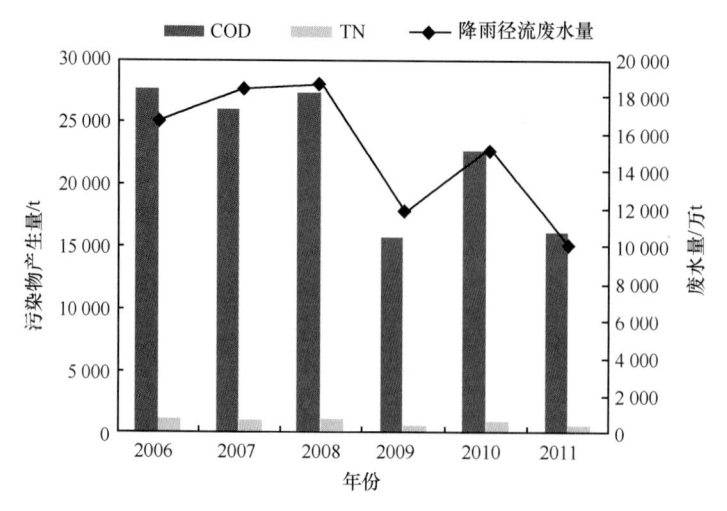

图 3-19 昆明市 2006~2011 年降雨径流非点源污染情况

3.3.4.6 滇池内源污染和大气沉降情况

从昆明市环保局获取"十二五"时期滇池流域内源污染 TN 的量 825t/年，每年的大气干湿沉降产生的污染物见图 3-20。

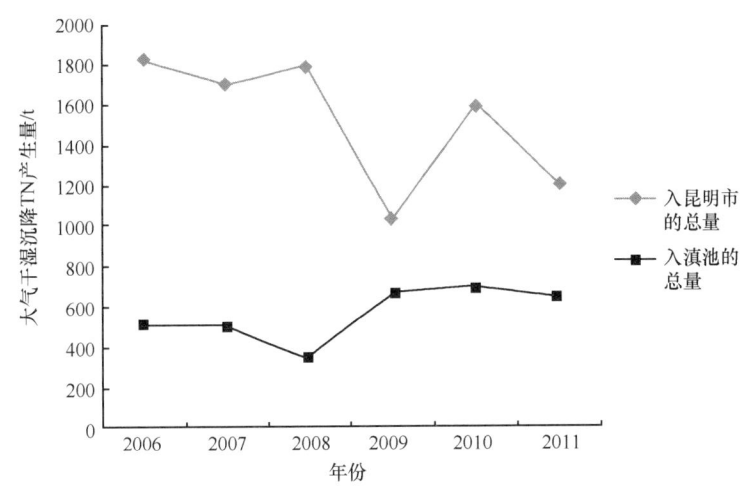

图 3-20 昆明市 2006~2011 年大气干湿沉降 TN 产生量情况

3.4 基于 PLS 结构模型的案例数据分析

3.4.1 数据来源

本书研究了昆明市土地利用状况，根据 2008 年的 Landsat TM 遥感影像，在 ENVI4.8 和 ArcGIS 9.3 的支持下对原始遥感影像进行几何校正等处理提取了土地利用的信息，并按照土地利用分类标准将研究区域分为耕地、林地、草地、水域、建设用地和未利用地六种用地类型，通过 ArcGIS 进行空间统计和栅格计算，得出土地利用类型面积（以昆明市 2007 年动态遥感监测土地利用现状图作为参考进行精度验证），并采用 Fragstats3.3 景观格局分析软件计算景观格局指数。表 3-4 中采用 Excel 软件计算并总结了 300 个模型样本中所有的潜变量、测量指标及其统计特征；并用 Excel 对样本的数值进行 z-score 标准化处理。

表 3-4 测量模型中的潜变量、测量指标及其统计值

潜变量	测量指标	单位	平均值	标准差
城市规模	城市化率	%	41.87	50.72
	GDP	亿元	179.26	185.63
经济增长	人均 GDP	万元/人	3.40	4.79
土地利用变化	草地面积占总面积比重	%	8.17	12.2
	建筑用地面积占总面积比重	%	16.93	18.59

续表

潜变量	测量指标	单位	平均值	标准差
政策因素	5年平均科技投入	万元	9 321.86	9 836.61
	一般预算支出	万元	378 031.9	396 231
	环境保护投资额	万元	94 978.57	96 877.12
第二产业	第二产业增加值	亿元	122	153
	制造业人数	万人	82.46	99.11
第三产业	第三产业增加值	亿元	190.3	220.12
	第三产业人数	万人	176.46	198.01
技术发展水平	重点工业废水排放达标率	%	100	100
	生活污水集中处理率	%	99.48	118.25
	工业污水再生利用率	%	86	130.55
城市水代谢强度减弱	人均水资源利用量	m^3/人	285	300.43
	COD 的平均监测值	mg/L	25.586	18.82

3.4.2 模型检验与结果

3.4.2.1 测量模型检验

1) 测量模型的因子确定性分析检验，以测量指标的线性组合作为一个潜变量的观测，测量指标线性组合的系数为它的载荷因子，使用载荷因子与标准差的商作为观测模型的检验指标。用所得检验指标与相应样本数量的相应显著性水平 t 检验值作比较，超过它们相应的 t 值则观测模型可靠，并且指标越大，就说明测量指标与潜变量之间的关系越显著。分析结果见表3-5，所有测量指标的检验指标都满足 0.01 显著性水平 t 检验，说明其与相应的潜变量之间的关系是显著的。

表 3-5 因子确定性分析

潜变量	测量指标	载荷因子	标准差	t 检验指标
城市规模	城市化率	0.992	0.125	7.89
	GDP	0.909	0.118	7.66
经济增长	人均 GDP	0.953	0.108	8.73
土地利用变化	草地面积占总面积比重	0.922	0.046	20.26
	建筑用地面积占总面积比重	0.913	0.065	14.11
政策因素	5年平均科技投入	0.732	0.009	80.14
	一般预算支出	0.813	0.012	16.27
	环境保护投资额	0.840	0.014	58.42

续表

潜变量	测量指标	载荷因子	标准差	t 检验指标
第二产业	第二产业增加值	0.839	0.041	20.97
	制造业人数	0.797	0.040	18.76
第三产业	第三产业增加值	0.837	0.026	29.41
	第三产业人数	0.772	0.035	22.18
技术发展水平	重点工业废水排放达标率	1.000		
	生活污水集中处理率	0.741	0.043	17.97
	工业污水再生利用率	0.801	0.023	35.21
城市水代谢强度减弱	人均水资源利用量	0.905	0.050	17.62
	COD 的平均监测值	0.899	0.028	30.10

2）测量模型可靠性检验，为了保证测量指标都属于同一个潜变量的观测。本书采用 α 系数检验，通过 SPSS17 软件计算样本的 α 值，结果见表 3-6，大部分的潜变量测量模型的 α 值都大于 0.7，满足要求，说明模型是可靠的。

表 3-6　测量模型可靠性检验结果

潜变量	α 值	潜变量	α 值
城市规模	0.948	第二产业	0.804
经济增长	0.953	第三产业	0.799
土地利用变化	0.912	技术发展水平	0.839
政策因素	0.786	城市水代谢强度减弱	0.900

3.4.2.2　结构模型检验

通过共同度 H^2、多元相关平方 R^2 和冗余度 F^2 评价整个预测关系的效果，见表 3-7。外生变量没有冗余指标。从共同度 H^2 角度看，所有测量指标和潜变量总体上都具有较高的共同度。从 R^2 上看，其均值为 0.7955，说明模型内部分析的整体解释功效和预测能力较强，估计效果基本可以接受。从 F^2 角度上看，模型的整体预测能力强，总平均冗余度为 0.689，大于 0.325 的标准（共同度的标准为 0.5，欧盟 R^2 标准为 0.65）（Chin，1995）。

表 3-7　结构模型质量检验结果

潜变量	H^2	R^2	F^2	潜变量	H^2	R^2	F^2
城市规模	0.861			第二产业	0.806		
经济增长	0.782			第三产业	0.802		
土地利用变化	0.724			技术发展水平	0.872	0.787	0.686
政策因素	0.718			城市水代谢强度减弱	0.861	0.804	0.692

该模型的拟合优度可通过 R^2 平均值和所有内生变量的平均共同度求得，公式如下：

$$\text{GoF} = \sqrt{\overline{\text{communality}} \times \overline{R^2}} = 0.744$$

根据前人所做研究，认为拟合优度达到 0.4 即可认为模型是可接受的，则本书的模型是可接受的。

3.4.2.3 模型结果

结构模型识别结果见图 3-21，其中箭头上的数字是外生潜变量到内生潜变量的路径系数，用来反映不同影响因素对昆明市水代谢系统代谢强度的影响力度和方向。一般认为，路径系统应该在 0.2 以上才有意义，并且大于 0.2 的说明其通过统计显著性测试，不大于的说明其没有通过。图中存在两个低于 0.2 的路径系数，主要是由于涉及的潜变量会受到一些复杂的环境因素或者内在因素共同作用的结果（Tenenhaus et al., 2005）。

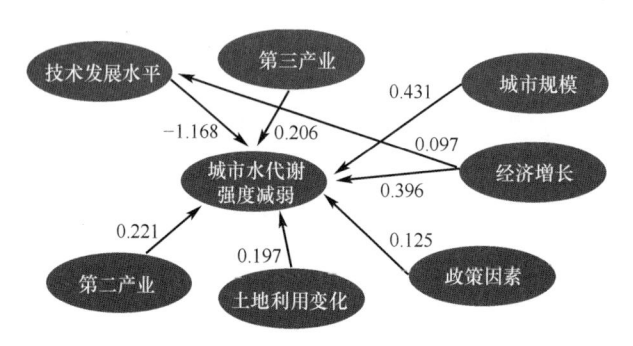

图 3-21 结构模型识别结果

从数据结果上看，有如下说明。

1）直接作用于昆明市水代谢使其代谢强度减弱的驱动因素中，包括城市规模、经济增长、政策因素、土地利用变化及产业结构，它们对昆明市水代谢强度减弱具有正向驱动作用。其中除了土地利用变化和政策因素外，其他因素的影响都大于 0.2，说明这些因素都是较强的驱动因素。而土地利用变化对其影响比较弱，这可能是存在其他外因的作用，导致它们之间的相互作用变得比较复杂。对于政策因素在对城市水代谢系统代谢强度的驱动中表现出促使代谢强度减弱的作用，可以解释为：当前昆明市政府所制定的政策中，与环境保护有关的支出在政府总支出中所占比例仍较低，还不能产生明显的影响；另外，本书选择 5 年的科技投入数据表征这个因素，可能不足以说明其改善水环境的作用。

2）技术发展水平与昆明市水代谢系统代谢强度减弱呈强负相关，说明技术发展水平的提高是增加昆明市水代谢强度的重要驱动因素。若要充分发展有利于节约水资源并且减少污染排放的技术，对提高城市水代谢强度至关重要，是促进水代谢系统健康运行的保障。

3）其中第二产业对减弱昆明市水代谢强度所起到的作用比第三产业要强一些，可以得出，调整产业结构对城市水代谢系统会有影响，未来发展以用水效率高、排污少的第三产业为主，对昆明市水代谢系统的代谢强度增加会具有积极的作用。

基于此结果，本书在下面的研究中重点关注作用于昆明市水代谢系统的强驱动因素，即城市规模、经济增长、政策因素、产业结构和技术发展水平，从这些驱动因素的作用方式和产生的效果入手，计划分为两个方面：一方面，对这些导致代谢强度减弱的正驱动因素对昆明市水代谢系统的负面作用展开研究，以评价昆明市水代谢系统因为这些因素的作用受到何种影响；另一方面，从促进昆明市水代谢系统代谢强度增加的正驱动因素出发，在各种减弱代谢强度因素的作用下，通过实施各种与技术水平提高相关的措施，预测昆明市水代谢系统在未来的发展情况，预测其是否可以实现健康运行。

第 4 章 基于水足迹的城市水代谢系统整体代谢效果评价——以昆明市为例

健康的城市水代谢系统是实现城市水体可持续使用的根本。随着城市化进程的加快，大量的人类活动打破了最初的自然水代谢系统的健康运行，过量地使用淡水和大量的废污水排放造成水体无法实现质与量的补充，导致城市中可用的淡水资源越来越少，水质情况越来越差。虽然随着人类技术的发展，大量的污水处理和再生设施，缓解了部分用水和治污的压力，但是经过处理排放到自然界中的水体，其水质仍低于我国城市水功能区划所制定的水质目标（我国污水排放标准实行一级 A 类标准）；加上人类活动带来的用水压力，以及特殊季节降水量的减少，对整个城市水代谢系统运行中水质和水量补充增加了很大的难度。若要充分研究城市水代谢系统，使水体能够可持续的使用，首先需要了解的问题就是城市水代谢系统的代谢效果如何，若代谢效果好则水质和水量可以有效地实现补充，反之不能有效补充，系统紊乱。因此，评估城市水代谢系统的整体代谢效果，可以初步把握城市水代谢系统的当前状况，给后续的详细分析提供参考。本书引入水足迹的理念制定出判断水量和水质补充状况的指标，以此作为衡量城市水代谢系统整体代谢效果的评判标准。其中涉及量化水代谢系统中各个阶段的水质变化过程，这是本书的创新点所在，水质变化的量化结果不仅需要用在本章的代谢效果评估上，还要用于第 6 章对系统内部的结构分析上。

4.1 基于虚拟水与水足迹的代谢效果评价方法

虚拟水（virtual water）的概念最初是由英国学者托尼·艾伦（Tony Allan）于 1997 年提出的，即某种产品在生产时的用水量（Allan，1997）。虚拟水是指包含在生产过程中的虚拟意义上的水，不是真实意义上的水，是以"虚拟"的形式存在的，它表现出进口虚拟水的国家或地区使用了非本国或本地区的水这一事实。这个概念的提出是为了通过国家或者地区之间的产品贸易来减轻贫水国家或者地区的用水压力，最初指的是农业产品生产所需的水量，之后发展成生产产品和服务过程中所使用的水量。虚拟水是从生产者角度来研究用水，是一维的水资源研究指标。它的主要研究对象是蓝水（存在于江、河、湖泊和含水层的地表水和地下水的总和，即通常所指的可见水资源）和绿水（含在土壤里的非饱和含水量包气带中的土壤水以蒸发的形式被植被所吸收利用的水资源）。

在虚拟水研究的基础上，水足迹（water footprint）的概念由 Hoekstra 在 2002 年提出，它是指从个人、家庭、部门、某行业、城市到国家在生产或者消费的产品中所包含的虚拟水数量。它用来表明水使用与人类消耗的关系。它作为一个多维的水资源的研究指标，不仅着眼于消费者和生产者对于直接水的使用，还包括间接水的使用（Chapagain et al., 2005），即为直接和间接水资源使用的指标。前人所做的研究表明，虚拟水比较适用于农产品生产中的理论用水量研究，在农作物气候、湿度和生长条件等方面来计算虚拟水量；而水足迹建立在虚拟水研究的基础上将研究范围进行了扩展，既包含消费者又包含生产者。除此之外，水足迹是一个测量量，它能够计算消费者消耗的所有产品、服务所需要的水资源量，以及产生的污水量（Hoekstra, 2002）。虚拟水考虑的对象是蓝水和绿水的消耗量，水足迹在此基础上增加了灰水（它是生产某产品产生的污水量，或者是稀释生产或消费过程中的污染物到排放标准所需的淡水量）的计算，即包括：蓝水足迹、绿水足迹和灰水足迹，其中，前两个水足迹的内涵完全是基于虚拟水的含义而演化产生的，灰水足迹与前两者的含义有很大区别，它用于度量生产或消费过程中产生的污染量，是更加完善的用水指标。控制产生灰水量最大的污染物数量能明显减少灰水足迹，所以灰水足迹可作为进行技术改进、减少污染量的依据（Yang et al., 2006）。本书涉及的虚拟水和水足迹的一些概念解释如下。

1）虚拟水进口量（virtual water import, VWI）是指一个国家或者地区中所有进口的产品或者服务中所含的虚拟水量（即相应的出口国家生产此类产品或提供服务所需的水量），对于进口区域来讲相当于一部分外来的水。

2）虚拟水出口量（virtual water export, VWE）是指一个国家或地区所有出口的产品或者服务中所含的虚拟水量（即生产这些产品或提供服务所需的水资源量），对于出口区域来讲相当于一部分流出的水。

3）虚拟水流（virtual water flow, VWF）是指通过贸易实现的产品或服务的流动促成了国家和地区之间的虚拟水流动，具有方向和大小，都是从虚拟水的出口区域流向进口区域。

4）虚拟水平衡（virtual water balance, VWB）是指一个国家或者地区在一定时间范围内虚拟水的净进口量（即虚拟水进口量与出口量的差），结果表现出正平衡和负平衡两面，前者表明虚拟水有流入（相当于可用水资源的流入），后者表明虚拟水有流出（相当于可用水资源的流出）。

5）城市水足迹（urban water footprint）是指该城市的居民所消耗的产品和所得到的服务在生产中所需的水资源量，一般以年为时间单位进行研究。

6）蓝水足迹（blue water footprint）是指蓝水资源的消耗量（地表水和地下水），消耗量是指蓝水在使用过程中蒸发或者合并到产品中的水量。因此，蓝水足迹常常小于取水量，因为一般有小部分取水量返回到地表和地下水中。

7）绿水足迹（green water footprint）是农作物生产过程中绿水（雨水）的消耗量。

8）灰水足迹（grey water footprint, GWF）是一个水资源污染等级的指标，定义为基于自然背景浓度或现有的环境水质标准下，需要稀释污染负荷的水资源量，灰水足迹并不是实际的水资源消耗量。

本书采用虚拟水的研究方法用于核算进出城市水代谢系统的水代谢通量情况，以此判断通过虚拟水贸易对城市水代谢系统起到的影响和作用，具体研究见第5章；采用水足迹方法主要是结合水足迹的内涵对城市水代谢系统的状况进行评估，见本章。另外，涉及水质变化的研究，本书根据灰水足迹的含义和特点，设定合适的公式对其进行量化。

在进行虚拟水的计算时，前人的研究普遍使用的方法有两种。一种是投入产出法；另一种是 Hoekstra 等提出的按照农作物产品的不同类型划分的区分计算法。由于第二种方法比较适合农业产品的虚拟水研究，对工业的虚拟水研究还没有形成准确的计算方法，计算时可能出现重复的问题（Chapagain and Hoekstra，2003；Zimmer and Renault，2003）。因此，本书采用投入产出法计算虚拟水。

投入产出分析法是一种数量分析方法，通常可用来研究系统内部各部门之间的投入、产出的相互依赖关系，也可用来评估进出系统的产品情况。该方法由经济学家西里·列昂惕夫提出，需要依靠投入产出表来实现。投入产出表的投入反映的是产品的价值，产出反映的是分配情况，投入产出表的运用可以分析物质、资源和能源的使用效率。投入产出法可以比较清晰地量化经济贸易中水调的配置，具有直观性，准确度比较高，很多学者采用该方法研究一个国家或者地区中虚拟水消费量大的部门（Velázquez，2006），或者研究区域的水资源储备情况及对应的虚拟水进出口情况（Guan and Hubacek，2007），以及某地区虚拟水的流向（Feng et al.，2012）。本书将投入产出法用在第 5 章的城市水代谢系统边界研究中，来衡量进出系统的虚拟水情况。

4.2 综合水质和水量的城市水代谢系统代谢效果评价

4.2.1 简介

从城市水代谢概念的由来和机理可以看出，城市水代谢系统供给的水量和水质必须在代谢过程中得到补充，才能继续满足人们使用时对水量和水质的需求。无论现代城市增添的污水处理系统或者水再生系统的效果如何，人类在生产和生活中最初最需要的也还是淡水资源（可归结为城市的地表水和地下水）。因此，水体实现可持续利用的最终要求即为淡水资源在使用和接纳污染物的过程中还能实现水量和水质的补充。由于二者的补充受到人类活动的强烈影响，本书站在使用者的角度（人类大量用水和人类利用自然界水体吸纳其排放的污染物），引入由于人类活动导致的水短缺和水污染两项指标，来评价城市水代谢系统的整体代谢效果。这是因为：如果城市中的淡水资源缺乏，即表明在人类用水过量的影响下，水量无法在代谢过程中实现补充；城市淡水资源受到人类大量排污的影响而严重污染，表明水体的水质无法在代谢过程中实现补充。因此，本书认为可通过淡水资源缺乏程度和城市水污染情况来衡量城市水代谢系统的代谢效果。

前人对于评价水短缺和水污染的研究很多，但大多都集中于其中的一个方面，很少有方法可以同时顾及两个评价目标，即使少数的研究中存在同时衡量水短缺和水污染的指标，也过于复杂，需要分别设立很多指标及大量的数据输入。本书通过查阅最近几年的一些理论方法，发现水足迹理论既可用于评价水短缺问题，也可评价水污染问题（Zeng et al.，2013），很适合评价城市水代谢系统中水量和水质的补充情况。因此，将该理论引入到城市水代谢系统整体代谢效果评价中,根据水足迹理论中蓝水、绿水和灰水足迹的含义,探索出使用水足迹来评价城市水代谢系统的代谢效果,以确定代谢过程中水体的水量与水质是否得到补充的评价方法。

4.2.2 基于水足迹的评价方法中的相关概念

在本书中,评价水代谢系统的代谢效果,主要基于水足迹理论中的蓝水、灰水及它们对应的水足迹。蓝水是指淡水湖、河流和含水层里的水,而灰水是污染的水。蓝水足迹是指在生产产品和服务中消耗的蓝水的量,灰水足迹与它有所区别,是指稀释水中的污染物达到水质要求所需要的淡水量。由此可知,蓝水足迹相当于使用量,蓝水是供给量;灰水是排污量,灰水足迹是稀释污染的可供给水量。一旦供给量无法满足使用和稀释的需求,则说明水量和水质的补充出现问题。因此,它们可用来衡量水代谢过程中水量和水质的补充情况。蓝水和蓝水足迹用来衡量水量的补充情况,灰水和灰水足迹用来衡量水质的补充情况。

需要说明的是,在 Hoekstra 等的水足迹研究中,绿水也是存在于城市中的一种水体,它储存在土壤中用于植被的生长,它是没有形成径流和补给地下水的那部分降水,所以城市水代谢系统中包括绿水的参与,但是绿水主要受到自然环境的影响(地面总的雨水蒸发量、自然界植被中的绿水的蒸发量、不能生产的土地的蒸发量),受到人类活动影响比较小,人类活动很少会影响到绿水在参与水代谢过程中的补充。而本书判断城市水代谢系统的代谢效果主要受到人类活动影响约束,所以,书中对绿水和绿水足迹不做研究,只采取蓝水、灰水及它们的水足迹来评价水代谢系统的整体代谢情况。

4.2.3 评价城市水代谢系统整体代谢效果的评价方法

本书设定城市水代谢系统代谢效果评价指标 ME 来综合评价水量与水质的补充情况,ME 值越大,水量和水质越能得到补充,说明代谢效果越好,即水代谢系统运行是健康的或者是朝着健康运行的方向发展。反之,ME 值越小,水量和水质的补充出现问题,说明代谢效果比较差,即水代谢系统紊乱或者趋向紊乱。

综上所述,蓝水和蓝水足迹、灰水和灰水足迹可分别用来衡量城市水代谢系统代谢过程中水量和水质的补充情况,而导致市水代谢紊乱的问题是水量和水质补充不及时造成的,因此:

$$\mathrm{ME} \in \mathrm{ME}_{\mathrm{blue}} \cup \mathrm{ME}_{\mathrm{grey}} \tag{4-1}$$

式中,$\mathrm{ME}_{\mathrm{blue}}$ 表示水量补充情况指标,它是某个特定时期(本书计算以"年"为单位)、某个特定研究区域内可利用的蓝水量(即淡水资源 MA,单位 $\mathrm{m}^3/\mathrm{年}$)与总的蓝水足迹($\sum \mathrm{WF}_{\mathrm{blue}}$,单位 $\mathrm{m}^3/\mathrm{年}$)的比值。$\mathrm{ME}_{\mathrm{blue}}$ 值越大,说明蓝水补充(水量补充)越好。$\mathrm{ME}_{\mathrm{grey}}$ 表示

$$\mathrm{ME}_{\mathrm{blue}} = \frac{\mathrm{MA}}{\sum \mathrm{WF}_{\mathrm{blue}}} \tag{4-2}$$

水质补充情况指标，它是某个特定时期、某个特定研究区域内流动的可以稀释污染物的水量（从人类的生产和生活排放污染源的特征上看，稀释污染物的流动水实际上就是该区域所含的地表水与地下水量之和，除去绿水不考虑，约等于可利用的蓝水量）与总的灰水足迹（$\sum WF_{grey}$，单位 $m^3/年$）的比值。ME_{grey} 值越大，说明排出的污染物越少，有利于水代谢过程中水质的补充。

$$ME_{grey} = \frac{MA}{\sum WF_{grey}} \quad (4\text{-}3)$$

Hoekstra 等的水足迹评价手册指出：若在某一时期内，蓝水足迹超过城市可供的淡水水量，城市已存在水短缺。将此说明用于评价模型，则 $ME_{blue} \geq 1$ 时，可利用的淡水资源充足，在自然界和人类活动的影响下整个水代谢的过程仍能实现水量的补充，水的供给量大于需求量，使整个城市的水体可以持续使用；若 $ME_{blue} < 1$，说明对水的需求已大于供给，水量补充较差已不能满足城市所需，在这种情况下继续用水（没有可替代淡水资源的其他水体补给），就会打破原有的水体代谢规律，造成水代谢系统紊乱。

同样对水污染状况进行了限值说明，如果灰水足迹超过城市现有的淡水水量，说明污染非常严重，即 $ME_{grey} < 1$ 时，表明大量污染物排放致使水在代谢过程中的水质补充能力大大降低；若 $ME_{grey} \geq 1$，说明区域的污染排放并没有超过水体所能承受的限值，可以实现水质的补充。

两个评价公式主要计算的量为蓝水足迹和灰水足迹。蓝水足迹为人类活动中所消耗的蓝水量，即除去使用过程中的损失量，生产和生活消耗蓝水量的加和；灰水足迹为各个产业的污水和生活污水排入自然界中所对应的灰水足迹值的加和，且 $\sum WF_{grey}$ 值应为各产业和生活排放的最大污染物的灰水足迹值之和，见式（4-4）。依照实际情况，各产业和生活废污水有直接排放到自然界的，还有经过污水处理厂处理后再进入自然界的，因此，计算时大多按照式（4-5）进行计算。

$$\sum WF_{grey} = WF_{grey农} + WF_{grey工} + WF_{grey服务} + WF_{grey生活} \quad (4\text{-}4)$$

$$\sum WF_{grey} = WF_{grey农} + WF_{grey工直排} + WF_{grey服务直排} + WF_{grey生活直排} + WF_{grey污水处理} \quad (4\text{-}5)$$

需要注意的是，在计算水量的补充情况 ME_{blue} 和水质的补充情况 ME_{grey} 时，本书探讨的是城市水代谢系统整体代谢效果的评价方法研究。实际上，一个城市的不同地区（如上游和下游）的蓝水足迹、淡水资源量、灰水足迹、污染物浓度等数据都存在差异，若以城市这个整体进行计算，结果会存在一定的误差，基于前人的研究中对水足迹计算的说明，若想得到准确的评价结果，将城市划分成小流域进行分流域计算，划分得越细，得到的结果越准确，同时也会明显地看出具体哪些地区的代谢效果较好，哪些地区的代谢效果较差。

4.3 城市水代谢系统中各种水质变化过程的量化

4.3.1 城市水代谢系统中存在的各种水质变化过程

在城市水代谢系统中，影响水质变化的主要因素是人类活动，最初由于人类活动导致水体的水质恶化表现为负面影响。慢慢地，人类认识到保护环境的重要性，开始建造污水处理厂以减少经济发展、人口增加对环境的危害，随后建造的污水回用和再生水回用设施，进一步减少了废污水的排放。这些措施的实施使得人类活动对水质的影响开始出现好的一面。但是，随着城市化、工业化进程的加快，人类生产和生活排放的污染物量十分巨大，由于人类活动方式的不同污染类型也存在多种形式，不仅有点源污染还有非点源污染，这些污染物的排放对自然环境产生巨大的影响，水体的自然降解能力早已失去功效，而建设的各种污水处理和回用设施，是否能够有效地减轻污染物对水体的危害还不能准确判断。因此，研究并量化整个水代谢系统中各种水质的变化过程，对于详细了解当前城市的各种污染排放情况，以及各种基础设施给减轻水环境污染带来的成效是十分重要的。基于此，本书详细研究了城市水代谢系统中所包含的各种水质变化过程，见图4-1。

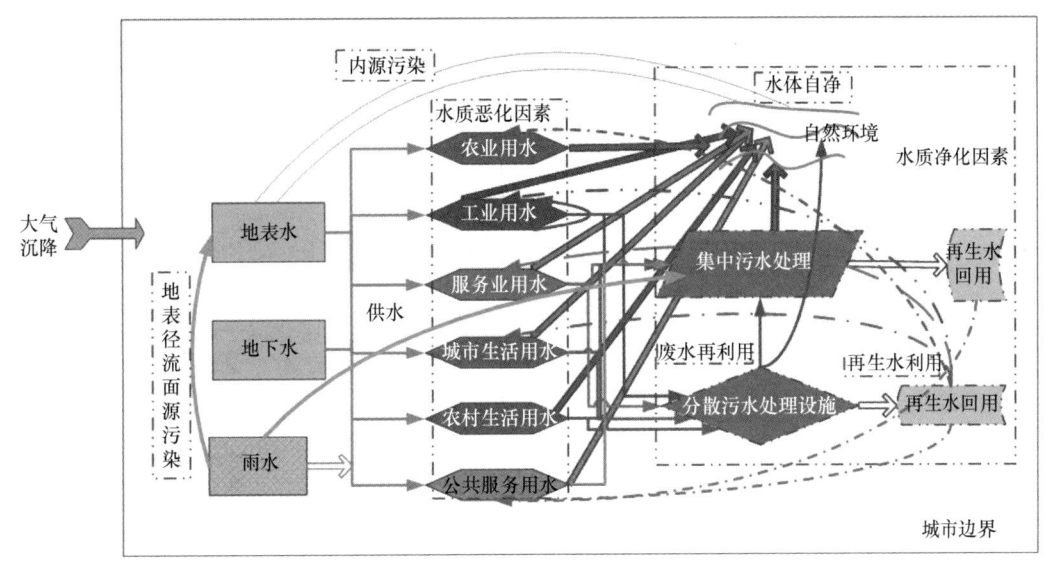

图4-1 城市水代谢系统中各种水质变化过程

在整个水代谢系统中，不同的用水和排污单位会产生不同的污染源，同时还存在水质变好的过程，采用有效的方法量化这些水质变化过程是研究城市水代谢系统的关键内容。结合图4-1，本书列出了城市水代谢系统中水质变化的各个过程，如表4-1所示。

表4-1 城市水代谢系统中各种水质变化过程

各过程简称	导致水质变化的因素及对应的过程	各因素的影响
G1	大气干湿沉降带来的污染	使水质恶化
G2	地表降雨径流直入自然水体的污染	使水质恶化
G3	水体自然降解	使水质变好
G4	通过相关技术治理湖泊的内源污染	使水质变好
G5	湖泊的内源污染	使水质恶化
G6	农业用水污染（农药化肥施用、畜禽养殖排放物等）（包括淡水、城市生活再生水、雨水的使用）	使水质恶化

续表

各过程简称	导致水质变化的因素及对应的过程	各因素的影响
G7	工业用水污染（包括淡水、自产废水、它产再生水、自产再生水的使用）	使水质恶化
G8	服务业用水污染（包括淡水、自产再生水、它产再生水、雨水的使用）	使水质恶化
G9	城市生活用水污染（包括淡水、自产再生水、它产再生水、雨水的使用）	使水质恶化
G10	农村生活用水污染（包括淡水、自产再生水、它产再生水、雨水的使用）	使水质恶化
G11	公共服务用水污染（污染较小时可忽略）（包括淡水、它产再生水、雨水的使用）	使水质恶化
G12	农业非点源污染物进入自然环境	使水质恶化
G13	工业废水直排到自然环境	使水质恶化
G14	服务业废水直排到自然环境	使水质恶化
G15	城市生活污水直排到自然环境	使水质恶化
G16	农村生活污水直排到自然环境	使水质恶化
G17	公共服务用水（绿化、景观、道路喷洒等）进入自然环境（污染较小时可忽略）	使水质恶化
G18	废污水经过集中污水处理厂处理后排到自然环境（处理过的废污水仍不达水质标准）	使水质恶化
G19	工业废水经过自身污水处理设施处理后直排入自然环境（处理过的废污水仍不达水质标准）	使水质恶化
G20	经集中污水处理厂处理的各种废污水（包括经过自身污水处理设施处理后的工业废水、没处理过的工业废水、服务业废水、城市生活污水、农村生活污水、冲洗公厕等公共服务业废水、随着径流流入的雨水）	使水质变好
G21	经自身污水处理设施处理的工业废水	使水质变好
G22	经分散污水处理设施处理的服务业废水	使水质变好
G23	经分散污水处理设施处理的城市生活污水	使水质变好
G24	经分散污水处理设施处理的农村生活污水	使水质变好

4.3.2 基于 GWF 的城市水代谢系统中水质变化过程的量化

灰水足迹是依照稀释已存在的污染负荷的淡水水量来表达水污染严重程度的指标，它与水质浓度密切相关。灰水足迹方法的含义是，人类活动产生的污染物量与稀释污染物使其达到可接受的水质标准时所需的水量是相关的。在该理论下，量化水质的影响可以与水使用的影响相比较。采用这种方法量化水代谢系统中的水质变化过程，为分析水质情况提供了一种新的途径。使用灰水足迹是依照稀释污染物的水量来表达水污染程度，所以它可以与同样用量来表达的水量消耗情况相比较。灰水足迹值越大，说明污染越严重。对于灰水足迹的计算，Hoekstra 等（2011）已开发了一个基础公式和若干转换公式以应对不同情况的灰水足迹研究。本书根据城市水代谢系统中的水质变化过程特点，将公式的使用方式和含义等内容做了更改，使其适于用在城市水代谢系统的研究中，并按照不同的水质变化过程确定了具体可使用的公式，内容如下。

1）灰水足迹（WF_{grey}，m³/年）的基础公式，适用于一般的水质变化过程研究。

$$WF_{grey} = \frac{L}{C_{max} - C_{nat}} \quad (4-6)$$

公式采用污染负荷（L，kg/年）除以周围环境中所选的污染物的水质质量标准（最大可接受浓度 C_{max}，mg/L）与受纳水体的自然背景浓度（C_{nat}，mg/L）的差值。该公式一般适用于污染物的浓度不需要考虑或者是无法考虑的情况，适于计算过程 G1、G4、G5、G6、G7、G8、G9、G10、G11、G20、G21、G22、G23、G24。例如，计算过程 G7 时，L 值为工业生产中产生的污染物量（C_{max} 和 C_{nat} 的取值后面有说明）。

2）浓度变化公式：

$$WF_{grey} = \frac{V_{effl} \times C_{effl} - V_{abstr} \times C_{act}}{C_{max} - C_{nat}} = V_{effl} \times \frac{C_{effl} - C_{act}}{C_{max} - C_{nat}} \quad (4-7)$$

式中，原来的污染负荷 L 可以用污水体积（V_{effl}，m³/年）与污水中污染物的浓度（C_{effl}，mg/L）乘积减去抽取水的体积（V_{abstr}，m³/年）与进入水的实际浓度乘积求得（C_{act}，mg/L）。当污水体积与抽取水的体积相等时，直接转化成后面的公式。该公式适用于存在浓度变化过程的计算，一般采用该模型计算污染物进入受纳水体后带给受纳水体的灰水足迹值。适于计算过程 G2、G13、G14、G15、G16、G17、G18、G19。例如，计算过程 G13 时，V_{effl} 为工业生产的废水直排入受纳水体的水量；C_{effl} 为直排入河的工业废水中污染物的浓度，本书采用浓度法计算得出；C_{act} 为受纳水体的背景浓度值。

式（4-6）和式（4-7）主要用于计算点源污染物的灰水足迹，如工业、服务业和家庭生活的污染源。

3）针对农业非点源的计算公式：

$$WF_{grey} = \frac{\alpha_r \times A}{C_{max} - C_{nat}} \quad (4-8)$$

式中，α_r 是径流浸出分数（the leaching runoff fraction），它表示所用的化学物质进入淡水水体的分数；变量 A（kg/年）代表所用的化学物质进入土壤的量。该公式适用于计算过程 G12。

4）针对水体自然降解灰水足迹计算（计算过程 G3）。在量化水体通过自然降解而减少污染物这一水质变化过程的灰水足迹时，主要依照当前水体的水环境容量值来计算，因为水环境容量即是水体所能容纳污染物的量或自身调节净化并保持生态平衡的能力，可根据灰水足迹基础公式（4-6）计算得出。

以上三个公式都包含变量 C_{max} 和 C_{nat}，根据 Hoekstra 等的建议，C_{nat} 可视为 0。而 C_{max} 值的选取，一般选择原国家环境保护总局所制定的国家标准中的Ⅲ类水标准。这是因为低于Ⅲ类水标准的水体可视为低水质的水体，并且研究灰水足迹时都是以排污量约束为前提的，即希望水体变好，所以选择较高的水质标准约束排污量。因此，C_{max} 值选择Ⅲ类水体的水质污染物浓度标准作为衡量基准。

计算各个水质变化过程时需要注意以下几点。

1）在计算每个水质变化对应的灰水足迹时，由于水中存在多种污染物，而污染物不同，计算结果也不相同。选取衡量灰水足迹的污染物越多则灰水足迹的计算值越准确，这是因为各产业和人们生活的污染排放物中最主要的污染物并不相同，治理废污水和评价污染等级都是基于最主要的污染物，如果选取多个污染物计算灰水足迹后，再从中选取最大的污染物灰水足迹值，研究结果更能反映出污染问题的危害程度。因而，每个过程的灰水足迹取值采用如下公式确定：

$$\text{WF}_{grey} = \text{Max}(\text{WF}_{grey1}, \text{WF}_{grey2}, \cdots, \text{WF}_{greyn}) \tag{4-9}$$

式中，n 为污染物的数量。计算时，虽然污染物种类很多，但是一般考虑各产业和生活废污水中的主要污染物 COD、NH_3-N、TN、TP（此时 $n=4$）。按照Ⅲ类水的标准，COD 的浓度为 $C_{max} = 20\text{mg/L}$，NH_3-N 为 $C_{max} = 1\text{mg/L}$，TN 为 $C_{max} = 1\text{mg/L}$，TP 为 $C_{max} = 0.2\text{mg/L}$。

2）在计算各个产业和家庭的灰水足迹时，如果碰到废污水和污染物排放的数据不是整体获得的，如工业污染物直排入自然水体、污水处理厂和自身的污水处理设施时，它们的灰水足迹计算需要累加得出，见式（4-10），式中的 m 是统计的工业排污口的个数。因为工业污染统计的数据都是按照各个单位统计的，并且各单位的排污情况和污染浓度不同，因此需要累加求出最终的工业污染排放对应的灰水足迹值。

$$\text{WF}_{grey} = \sum \text{WF}_{greyi} \quad (i=1, 2, \cdots, m) \tag{4-10}$$

同理，其他涉及累加计算灰水足迹的过程也需要按照此公式进行计算。

3）在计算过程 G20 时，因为各种处理和没处理过的废污水、雨水、渗透水都汇合进入污水处理厂，很难准确衡量各产业和生活污染源排入污水处理厂所产生的灰水足迹，并且该过程很难有效统计出污染物的量和浓度，如果按照污水处理厂的进水污染物浓度计算，相当于把排入污水处理厂的污染物平均分给各个产业和生活，结果不符合实际情况，计算值也不准确。本书认为可按照如下方法衡量，通过已知各产业和生活的污水和污染物排放量，计算出污染物浓度值，与减去直排入河污水量的剩余污水的体积相乘，即为进入污水处理厂的各产业和生活污染负荷 L 值。由于存在水流动过程中的渗漏和污染物沉降附着在排水设施上等情况，该计算结果可能大于实际值。但是灰水足迹概念本身是一个约束型的度量指标，值越大，越提醒人们注意保护水体环境，因而通过该规则计算水质变化过程的灰水足迹值符合实际需求。

4.4 昆明市水代谢系统的整体代谢效果评价

要得出水质评价指标 ME_{grey} 值需要获取到 $\sum \text{WF}_{grey}$ 值，计算该值时需要先计算 G12~G16、G18 和 G19 的灰水足迹。首先对昆明市水代谢系统中各水质变化过程进行量化并核算出各过程的灰水足迹值（计算 G1~G24）。

4.4.1 基于 GWF 量化各水质变化过程量化结果

在计算昆明市内水体的水环境容量时，依照前人对昆明市水环境容量的研究方法（刘丽萍，2011），计算基准年 2011 年的昆明市水体的水环境容量。这里特别说明：由于收集到的数据资料有限（仅获取到滇池和汇入滇池的 35 条河流的各种污染物浓度值），并且获取到水质资料的河流都处于滇池流域中和流域附近，污染物浓度值较高，计算得到的水环境容量值较低。这个结果对水体自净而引起水质变化过程的灰水足迹计算并不造成太大影响，一方面，本书所作的水质变化过程的量化研究，主要关注的是人类活动驱动因素对水代谢过程的影响；另一方面，水体的自然降解能力有限，而滇池流域又是昆明市的经济发展中心，污染物排放量属于全市各流域中的最大值，自然流域内水体的降解能力属于全市最低值。若以其他流域的水体降解能力或者全市平均水体降解能力作为衡量，则滇池流域的水污染情况不能准确评估。所以选择水体自然降解能力值时，采用最低值可以比较好地提醒监管部门注意有效控制污染、减少排污，不能一味依靠水体自然降解去除污染物。

以 TN 作为评估指标计算滇池和流入滇池的 35 条河流的水环境容量为 231t/年（因为滇池水体的污染物浓度值以 TN 统计），折合成灰水足迹为 1.54 亿 m³。

按照前面所述的方法计算昆明市各水质变化过程的灰水足迹值。采用四种污染物作为研究对象，计算后比较结果，选择最大的灰水足迹值作为每个过程的水质变化衡量结果，一般点源污染和治理的过程在估算时以 COD 作为衡量指标，其他污染物与 COD 相比排放量较低，计算出的灰水足迹值也略低；而涉及内源污染及其治理过程、农业方面除畜牧养殖业外，衡量的污染物通常为 TN 和 TP。对于式（4-8）中参数 α_r 的选择，由于研究案例位于我国南部平原，依照前人研究成果（Ju et al., 2009），设定其值为 1.85%。

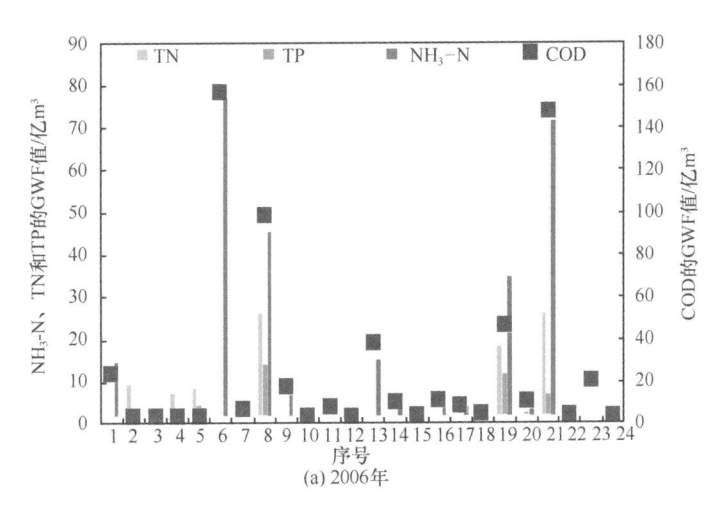

本书计算了 2006~2011 年昆明市水代谢系统中各水质变化过程的灰水足迹值，因为考虑了四个污染物作为指标，计算结果较多，暂不一一列出，可参照图 4-2。选出历年四种污染物计算出的灰水足迹的最大值，作为历年系统中量化水质变化过程的灰水足迹值，见表 4-2。

(a) 2006年

(b) 2007年

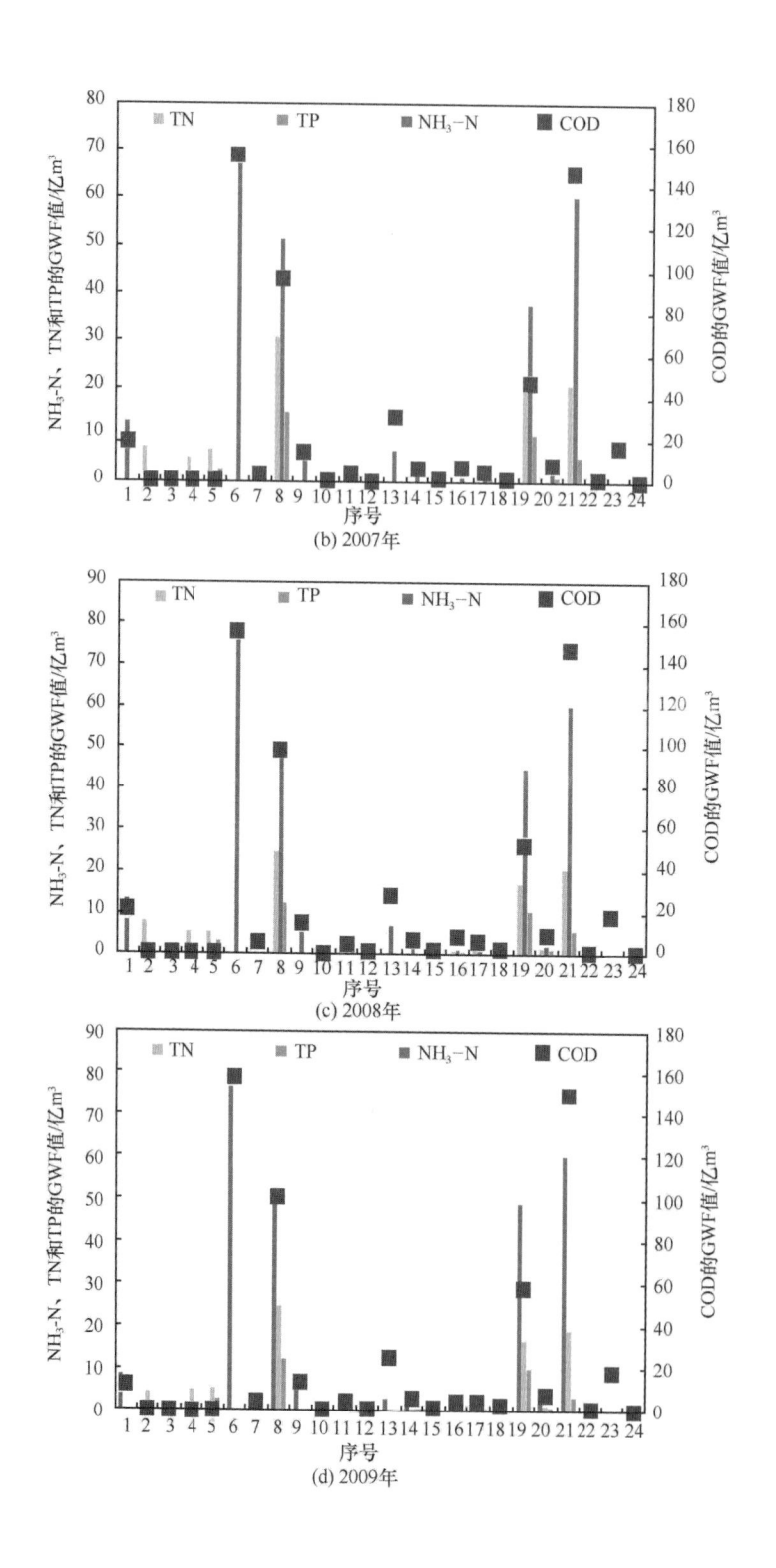

(c) 2008年

(d) 2009年

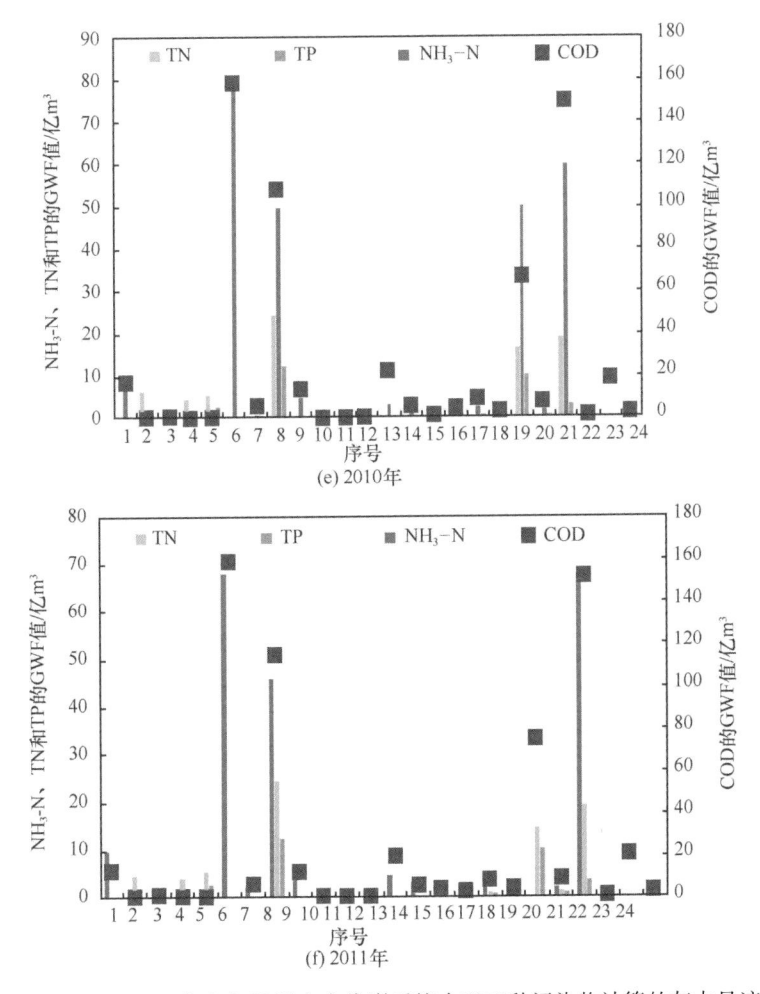

图 4-2 2006~2011 年各年昆明市水代谢系统中以四种污染物计算的灰水足迹值

表 4-2 昆明市水代谢系统中水质变化过程的量化结果　　　（单位：亿 m³）

序号	水质变化过程	2006 年	2007 年	2008 年	2009 年	2010 年	2011 年
1	大气干湿沉降	19.9	18.68	19.67	11.33	16.98	12.57
2	地表降雨径流非点源污染直入自然水体	7.78	7.30	7.69	4.43	6.38	4.53
3	水体自然降解及通过相关技术治理湖泊的内源污染	2.44	2.29	2.41	1.39	2.08	1.54
4	湖泊的内源污染	5.50	5.16	5.00	4.96	4.58	4.09
5	农业用水污染	6.76	6.87	5.06	5.33	5.60	5.52
6	工业用水污染	153.60	154.41	155.54	156.34	157.16	157.98
7	服务业用水污染	3.22	3.55	3.91	4.31	4.90	5.58
8	城市生活用水污染	95.41	96.23	98.61	100.72	108.34	112.55
9	农村生活用水污染	14.00	14.05	13.80	13.59	12.86	12.24

续表

序号	水质变化过程	2006 年	2007 年	2008 年	2009 年	2010 年	2011 年
10	农业非点源污染物进入自然环境	0.53	0.33	0.75	0.54	0.57	0.57
11	工业废水直排入河和经自身污水处理设施处理后直排入自然环境	4.24	4.05	3.82	3.81	0.00	0.00
12	服务业废水直排到自然环境	0.28	0.31	0.27	0.29	0.30	0.30
13	城市生活污水直排到自然环境	34.79	31.19	27.97	24.48	21.95	18.24
14	农村生活污水直排到自然环境	6.87	6.56	6.23	5.91	5.39	4.52
15	废污水经过集中污水处理厂处理后排到自然环境	1.17	0.52	0.93	1.15	1.41	2.60
16	含非点源的降雨径流进入自然环境	7.71	7.17	7.54	3.94	3.77	1.96
17	经集中污水处理厂处理的工业废水	5.34	5.39	4.78	4.00	8.14	7.40
18	经集中污水处理厂处理的服务业废水	1.42	1.76	2.17	2.65	3.23	3.92
19	经集中污水处理厂处理的城市生活污水	43.11	47.43	52.66	57.92	66.76	73.97
20	经集中污水处理厂处理的农村生活污水	7.13	7.49	7.57	7.68	7.47	7.72
21	经自身污水处理设施处理减少的工业废水	144.03	144.97	146.94	148.52	149.02	150.57
22	经分散污水处理设施处理的服务业废水	0.64	0.62	0.58	0.52	0.59	0.67
23	经分散污水处理设施处理的城市生活污水	17.02	17.17	17.59	17.97	19.33	20.08
24	进入污水处理厂的含有非点源污染的雨水	0.07	0.13	0.15	0.49	2.60	2.57

需要说明的是，根据前面所分析的方法，并结合昆明市的具体情况，本书认为在城市水代谢系统的各个水质变化过程中，公共服务用水污染、公共服务用水进入自然环境两项数据统计困难，主要是此两项未涉及大的污染，并且一般作水污染的相关研究也并不考虑公共服务的废水排放，故书中忽略。另外，无法准确估计通过相关技术治理湖泊所产生的效果，因此将其与水体自然降解结合在一起统计；2010 年以后所有的工业废水，无论是先前直排入河的还是经过自身污水处理设施处理后直排的，都要经过城市集中污水处理厂处理后再排入河，因此将二者放在一起统计（本书视工业园区的污水处理设施也为集中污水处理厂，并将其处理规模统计到"经集中污水处理厂处理的工业废水"一项中）；经分散污水处理设施处理的农村生活污水一项数据为 0，因为农村在基础年以前没有分散污水处理设施处理农村生活污水。

4.4.2 昆明市水代谢系统整体代谢效果评价

由表 4-2 的计算结果得到农业非点源污染物、工业废水、服务业废水、城市生活污水和农业生活污水直排入自然环境的灰水足迹，以及经集中污水处理厂处理后的直排入河的灰水足迹，将它们加和得到 $\sum WF_{grey}$ 值，进而可以评价 ME_{grey}；同时评价 ME_{blue}，从而得到昆明市在 2006~2011 年的水代谢系统整体代谢效果评价指标，结果见图 4-3。

根据 Hoekstra 等的建议，按照前面章节中昆明市的小流域划分方式，将七个小流域作

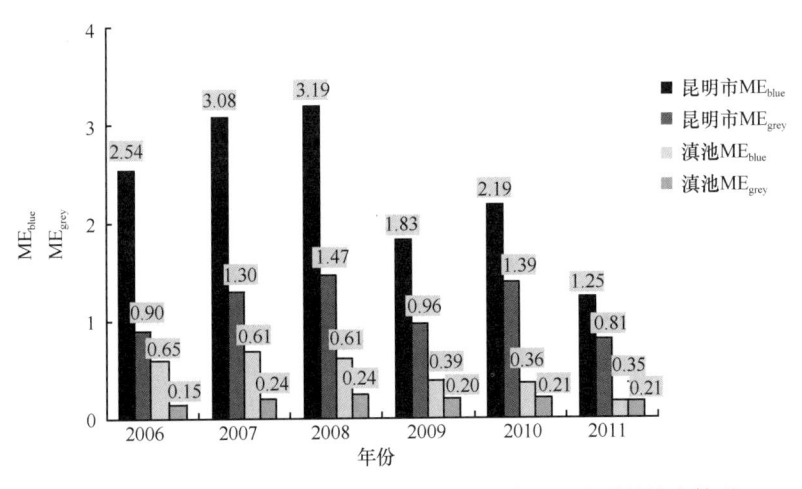

图 4-3　昆明市和滇池流域在 2006~2011 年水量和水质的补充情况

为研究对象进行研究。计算滇池流域在 2006~2011 年的水代谢系统整体代谢效果评价指标，结果见图 4-3，以及各小流域在基准年 2011 年的水质和水量补充情况（小流域为单元的水代谢效果情况），见图 4-4。

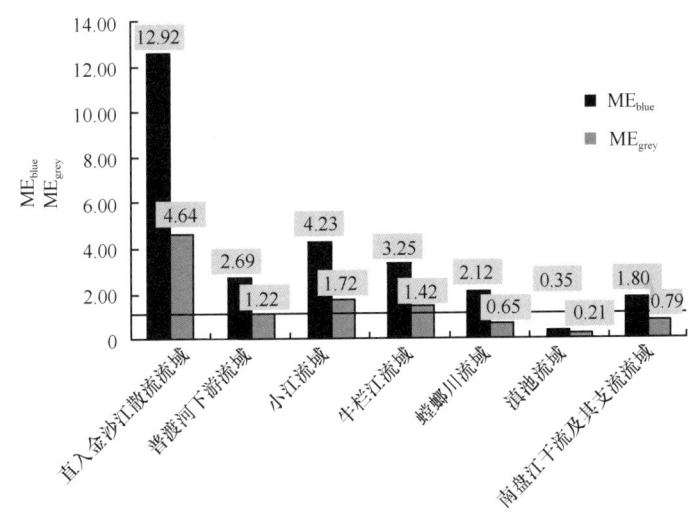

图 4-4　昆明市内部各小流域在基准年水量和水质的补充情况

从昆明市和滇池流域的历年结果上看，无论是水量还是水质的补充，滇池流域都没有达到该区域的需求，即评价指标值都小于 1，说明当前滇池流域的用水和排污都超过了该区域所能承受的范围，水量和水质的补充较差。虽然从 2006~2008 年滇池流域的 ME_{grey} 值缓慢增加，但是从 2009 年开始增加的程度减缓，加上滇池流域 ME_{blue} 值也在逐年下降，说明在强烈的人类活动影响下，滇池流域的水量已无法满足人类的需求，加上降水量自 2009 年开始逐年减少，更加剧了这一不利局面。从昆明市的 ME_{blue} 和 ME_{grey} 的结果来看，两项指标都呈现出略有提高后降低的趋势，各年的两个指标值都好于滇池流域。这主要是由于整个昆明市的地理范围比较大，存在用水量和污染排放量比较小的地区，而滇池流域是高用水和高排污地区，因而其汇总后要好于滇池流域。同样由于降水量在2009年逐渐减少，两项指标也开始下降。其中，2006年、2009年和2011年昆明市的ME_{grey}值降到了限值1以下，在2006年水质的补充效果比较差，说明当时的污水治理措施不到位，排放到自然水体的污染物量比较大，因而影响水质的补充；在2009年，由于降水量比较少，自然水体的水量补充也受到影响，在大量污染物排入水体的情况下，必然会影响到水质的补充；而基准年2011年的值低于限制，一方面是由于降水量比较小，另一方面说明城市化进程的加快，人类活动的污染物排放量也迅速增加，即使新建了污水处理设施，仍不能达到对当前污染物排放控制的要求，从而影响到昆明市水代谢系统中水质的补充和再生。

从图4-4中可以看到，在基础年2011年，滇池流域、螳螂川流域和南盘江干流及其支流流域的ME_{grey}分别为0.21、0.65和0.79，其他流域的指标值都大于1，在各自现有水量的基础上，说明这三个流域的排污较大，已影响到各自的水质补充。除滇池流域外的所有小流域的ME_{blue}都是大于1的，说明现有水量可以维系各自小流域的用水需求。而滇池流域地处昆明市的经济发展中心地带，加上周围工业企业很多，导致用水量和排污量都非常大，因而水量和水质的补充指标都远小于1。

另外，无论从近几年的结果，还是基准年的计算结果上看，灰水足迹对应的水质补充指标值都要比蓝水足迹对应的水量补充指标值小，说明导致昆明市水代谢系统紊乱的主导原因还是水质污染问题，由于排污量大、污染严重，水质在代谢过程中的补充出现困难。由于用水量大导致水量的补充困难为次要原因，因为随着降水量的不断减少，昆明市早已开始通过污水再生回用等措施缓解了一部分用水问题，但是污水回用措施却没有显著地减少污染排放，增加水体的水质补充能力。因此，昆明市的未来发展中仍需要加大力度减少污染物排放到自然水体中，以利于自然水体实现水量和水质的补充，才能够实现城市水代谢系统健康运行进而可持续发展。

从以上的分析结果可以看出：在滇池流域内，供水量远小于需求量，污染排放量已高于水体可承受能力，说明滇池流域的水质和水量的补充远远满足不了实际需求，目前以该区域为边界的水代谢系统已处于紊乱状态。

在昆明市水代谢系统中，虽然水量补充未降到限制以下，但是水质的补充却早已低于限制，并逐年减少。评价城市水代谢系统整体的代谢效果需要既考虑水量又同时考虑水质，其中一项不能达到目标要求，就可以得出城市水代谢系统的整体代谢效果较差且系统已趋于紊乱的结论。

第 5 章　基于虚拟水的城市水代谢系统边界与代谢功能研究——以昆明市为例

在初步研究了城市水代谢系统的整体代谢效果后，需要对系统的边界代谢情况进行详细研究。因为城市水代谢系统自身不断实现水体代谢的同时，也与周边区域和环境存在着作用关系。基于此，本章主要就城市水代谢系统与城市边界以外的系统之间不断进行的相互作用进行研究，这种相互作用以输入和输出的水代谢通量值来衡量。在第 2 章中分析城市水代谢系统的研究对象时已知：水代谢通量需要以进出城市的实体水和虚拟水量表示。希望通过本章的研究，能够进一步了解：在系统与外界环境进行相互作用下，对城市水代谢系统本身会带来怎样的影响。本章将水代谢系统视为一个整体看待，分析只对水流动过程中的输入、输出和消耗进行考虑，而系统内部各组分之间复杂的结构关系，则放在下一章节中进行详细研究。

5.1　城市水代谢系统边界与代谢功能的逻辑关系分析

5.1.1　城市水代谢系统边界与代谢功能的分析思路

城市水代谢系统的水流动除了本城市内供自身消耗的水之外，进出口水（这里的进出口水是指从本市地域以外的地区输入或者输出的水）在城市内外的交互流动过程也构成了城市水流动的基本组成部分，这种水为城市内部的水流动提供了必要的补给，同时也调出了该城市多余的水。在这种情况下，整个系统的水流动遵循质量平衡原理，即输入+进口＝系统存量净增+输出+出口。

5.1.2　城市水代谢系统边界与代谢功能的逻辑关系分析

（1）基于水流动过程的水代谢系统边界代谢状况分析

城市水代谢系统所包含的代谢过程错综复杂，即使以系统边界的代谢行为作为研究对象，也需要在进行核算之前，对水流动的路线和走向进行界定，以便后续进行清晰的跟踪式分析。需要以城市范围内水代谢的各种过程作为研究对象，具体结构如图 5-1 所示。输入部分包括该城市外部调入的水，以及以产品或服务形式直接输入到城市水代谢系统中的虚拟水。这些水直接存储在系统当中成为系统的水增量，通过系统内部消耗或循环利用后，一部分出口到其他区域的水代谢系统中，一部分则以代谢废弃物的形式排放到城市的自然环境中，还有一部分以耗散性损失和平衡项的形式排出系统。在该流程中，进出口过程成为联系城市水代谢系统与城市外自然环境和经济系统的关键环节。进口的水为本区域水流动添加了必要的补充，而出口的水作为本区域多余的产品予以调出，可使城市的经济贸易发展平衡得以实现。

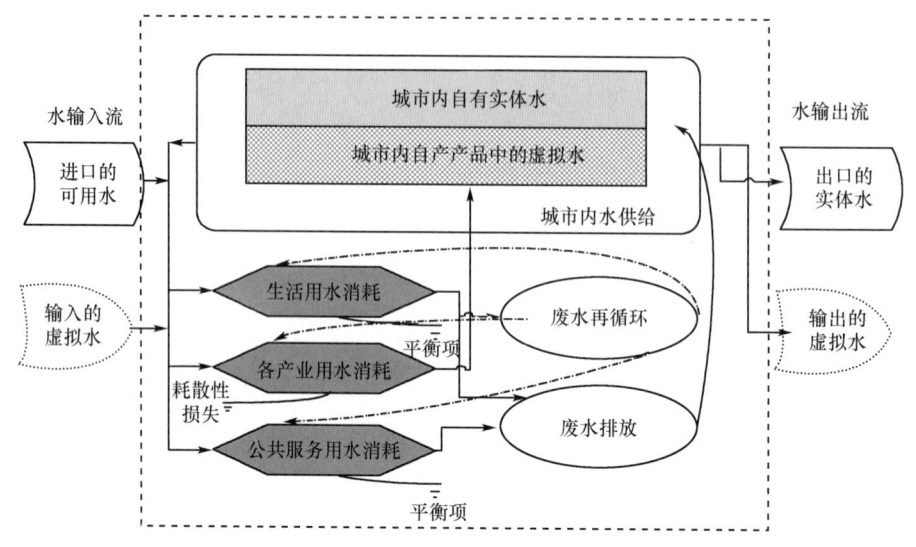

图 5-1 城市水代谢系统边界和内部的水流动简化示意图

（2）各组分在参与系统边界代谢过程分析

在城市水代谢系统中，为满足各产业和生活的用水需求，不仅需要提取城市内部的水资源，同时还通过水的进出口流动间接地影响着城市外的水流动（即外界区域的水代谢系统），如图 5-2 所示。

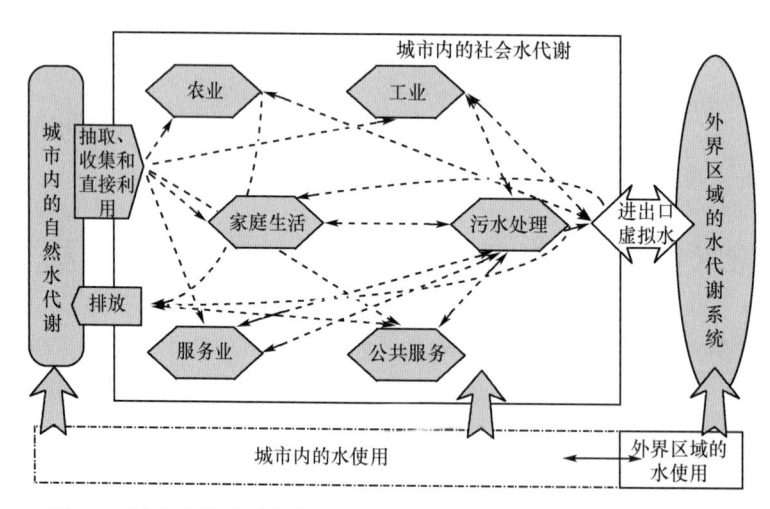

图 5-2 城市水代谢系统中各组分在参与边界代谢过程的简化示意图

农业、工业、服务业、家庭生活和公共服务作为城市内水使用的初始消耗组分，从自然界得到水供其使用，之后，部分水直接排入自然环境中，部分水排入污水处理设施进行处理实现再利用后排入自然环境。在这个过程中，为了满足城市内的用水需求、实现经济贸易发展，城市也获得了从外界区域调入的实体水以满足城市的生产和生活需求，并且从城市外进口虚拟水供给农业、工业、服务业及家庭生活所用；同时，三个产业生产的虚拟水也出口到城市外的区域以发展经济贸易。在这些过程中，城市水代谢系统不断地与外界环境进行着实体水和虚拟水的互换。

需要说明的是，由于我国城市现有的统计资料中，并未对区域之间的水流情况作细致的研究和统计，因此根据水的"位置优越性"，本书认为城市中各组分的水消耗首先考虑从本区域内部取得，当城市内部无法提供足够的水使用时，差额从外部（即其他区域）进口。

5.2 城市水代谢系统边界水代谢通量核算原理及评估指标的建立

5.2.1 系统边界的水代谢通量核算原理

城市水代谢系统边界核算的依据是质量守恒定律，即进出系统加上系统内部的整个代谢过程存在一个水量（以质量或者体积为单位）的平衡关系。图5-3已给出进出城市水代谢系统和系统内部的实体水和虚拟水的走向。实体水和虚拟水在后期参与的过程实际上是一个过程（即同种颜色和文字的部分），为了更明白地看出两种水体参与的代谢过程，本书在此分开表示。

根据图5-3，城市水代谢系统边界核算的计算式为

$$\Delta Q^t = Q^t + W^t + \Delta U^t_{IAV} - (VWP^t + D^t + \Delta S^t_{AV}) \tag{5-1}$$

式中，ΔQ^t 为第 t 年城市水代谢系统中水的存储量（m³/年）；Q^t 为第 t 年城市中自有的实体水量（m³/年）；W^t 为第 t 年向城市调入的水量（若城市要调出水量则 W^t 前面是"负号"）（m³/年）；ΔU^t_{IAV} 为第 t 年向城市水代谢系统净进口的作为原材料的虚拟水量（m³/年）；VWP^t 为第 t 年的虚拟水生产量（m³/年）；D^t 为第 t 年的居民生活和公共服务用水量（m³/年）；ΔS^t_{AV} 为第 t 年向城市净进口的作为原材料的虚拟水存储量（m³/年）。

从图5-3中也可以看出虚拟水的生产量跟虚拟水的城市消耗量、虚拟水的城市存储量，以及净进口的直接消耗的虚拟水有如下关系：

$$VWP^t = VWU^t + \Delta S^t_{PV} - \Delta U^t_{IPV} \tag{5-2}$$

式中，VWU^t 为第 t 年城市中虚拟水的消耗量（m³/年）；ΔS^t_{PV} 为第 t 年向城市净进口的作为消耗产品的虚拟水存储量（m³/年）；ΔU^t_{IPV} 为第 t 年向城市净进口的作为消耗产品的虚拟水量（m³/年）。

把式（5-2）代入式（5-1）中，将"净进口的作为原材料的虚拟水量"与"净进口的作为消耗产品的虚拟水量"合并为净进口虚拟水量；类似地，将前面两个存储量合并为虚拟水存储量。根据前面章节中所研究的虚拟水与水足迹的含义，则"虚拟水的消耗量"

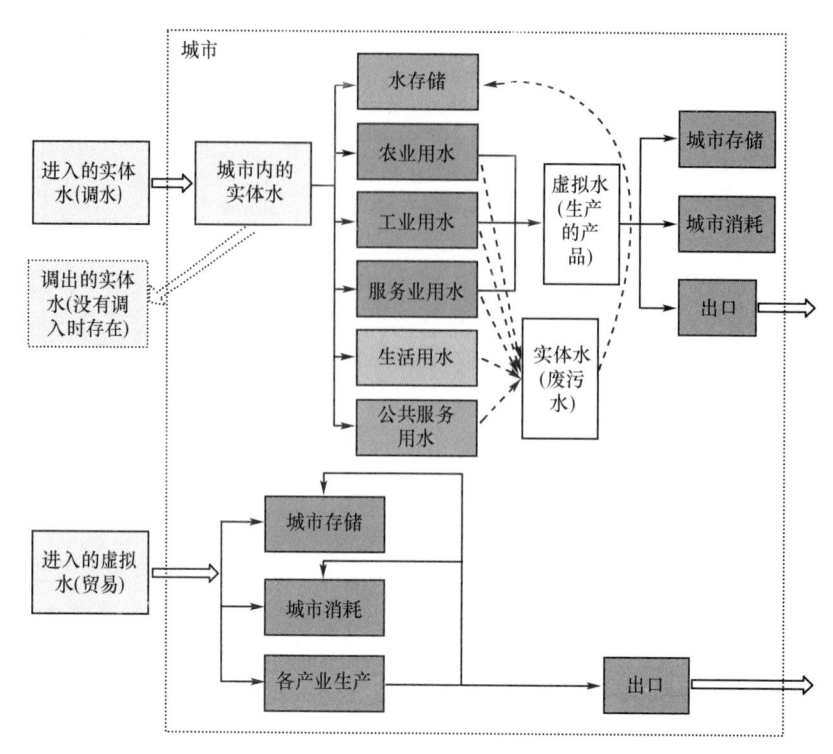

图 5-3 城市水代谢系统边界和系统内部的实体水与虚拟水参加的代谢过程

与"居民生活和公共服务用水量"之和即为城市的水足迹。公式可简化为

$$\Delta Q^t = Q^t + W^t + \Delta U_{IAV}^t - VWU^t - \Delta S_{PV}^t + \Delta U_{IPV}^t - D^t - \Delta S_{AV}^t$$
$$= Q^t + W^t + (\Delta U_{IAV}^t + \Delta U_{IPV}^t) - (VWU^t + D^t) - (\Delta S_{PV}^t + \Delta S_{AV}^t)$$
$$= Q^t + W^t + \Delta U^t - WF^t - \Delta S^t \tag{5-3}$$

式中,ΔU^t 为第 t 年城市的净进口虚拟水量（m³/年）；WF^t 为第 t 年的城市水足迹（m³/年）；ΔS^t 为第 t 年城市净进口的虚拟水存储量（m³/年）。

式（5-3）可用来确定在各种措施实施下，城市的供水量是否可以满足用水需求，$\Delta Q^t > 0$ 说明满足需求，反之不满足。

基于以上研究，得到可以衡量城市水代谢系统边界的水代谢通量情况的计算公式为

$$\Delta \overline{WM} = \Delta U^t + \Delta S^t + W^t \tag{5-4}$$

式中，$\Delta \overline{WM}$ 为城市水代谢系统边界的净输入水代谢通量（m³/年）。

5.2.2 构建系统边界代谢影响评价指标

对城市水代谢系统边界代谢研究的意图是，为了评价在系统边界的两种水输入和输出的作用下，城市水代谢系统是否受到影响。无论是调水工程还是虚拟水贸易，都是站在水量的角度予以补给和替代，以实现人类活动要达到的目的。因此，本章建立的针对水代谢

系统边界代谢影响的评价指标，是从水量的角度上构建的。

衡量系统边界实体水与虚拟水的交换情况，最重要的是在调水和虚拟水贸易存在的情况下，看其是否对城市用水压力起到缓解作用，或者是加重了用水压力。因此构建衡量系统边界代谢行为的补给情况指标，它是以城市中用于生产的实体水与虚拟水之和，同城市虚拟水生产量相比而得，即

$$I_p^t = \frac{Q^t + W^t + \Delta U_{IAV}^t - D^t}{VWP^t + \Delta S_{AV}^t} \tag{5-5}$$

式中，I_p^t 为第 t 年城市水代谢系统边界的补给情况指标（为无量纲指标）。当 $I_p^t<1$ 时，说明在城市水代谢过程中，城市内部供给的水量不能满足城市的生产需求，靠调水和进口作为原材料的虚拟水后，仍无法缓解城市的用水压力，若要继续维持城市的产业生产需求，则会抽取城市内自然环境中的水进行弥补（城市内部实体水的存储量），这样会给城市水代谢系统的整个代谢过程带来压力，影响水量补充；反之若 $I_p^t \geq 1$，则说明通过调水和虚拟水进口可缓解城市内过重的生产用水需求。

5.2.3 城市水代谢系统边界、水代谢通量核算的数据准备——虚拟水的计算

在前面的分析中，涉及一个重要的数据计算——虚拟水的计算，本书采用投入产出表进行研究，为了便于书中研究内容的计算，直接采用前人修改后的投入产出表进行计算（Zhao et al., 2009），见表 5-1。投入产出表中各符号的含义如下：i 代表行；j 代表列；x_{ij} 是从部门 i 到部门 j 的投入；f_i 是研究区域中第 i 部门消耗的最终需求；e_i 是第 i 部门的出口值；m_i 是第 i 部门的进口值；x_i 是第 i 部门的总产出；x_j 是第 j 部门的总投入，则 $x_i = x_j$；c_j 是第 j 部门的总的增加值；m_{ij} 是研究区域内部第 j 部门从研究区域外第 i 部门的进口值；m_i^f 是为了满足研究区域内部最终需求而从研究区域外的第 i 部门进口的量；m_i^e 是从研究区域外第 i 部门进口之后再出口的量，并且加入 w_j 表示第 j 部门的用水量。其中，$m_i = \sum_{j=1}^{n} m_{ij} + m_i^f + m_i^e$，具体的计算步骤如下。

表 5-1 计算虚拟水的投入产出表的基本结构

投入	产出	中间使用	最终需求		总产出
			国内消耗	出口	
中间投入	国内投入	x_{ij}	f_i	e_i	x_i
	进口	m_{ij}	m_i^f	m_i^e	m_i
增加值		c_j			
总投入		x_j			
用水量		w_j			

1) 计算技术系数矩阵和 Leontief 逆矩阵。下面公式中的 A 即为技术系数矩阵，B 为

Leontief 逆矩阵。

$$A = [a_{ij}], \quad a_{ij} = x_{ij}/x_j \tag{5-6}$$

$$B = [1 - A]^{-1} = [b_{ij}] \tag{5-7}$$

2）计算虚拟水强度矩阵。它表示部门单位产值最终产出所需用的水量，单位为 m³/万元。它包含两部分：直接虚拟水强度 D_j 和间接虚拟水强度 ID_j。

直接虚拟水强度 D_j 代表部门 j 单位产出的直接投入水量，计算式为

$$D_j = w_j/x_j, \quad D_j = [d_j] \tag{5-8}$$

总的虚拟水强度可以通过直接虚拟水强度与 B 矩阵求出，即部门 j 的虚拟水强度 δ_j（表示满足部门 j 单位产品最终需求所需投入的直接和间接水量和）公式为

$$\delta_j = \sum D_j \times b_{ij} \tag{5-9}$$

而间接虚拟水强度 ID_j 的含义是，为满足单位产品最终需求，除了部门 j 的直接用水以外所引起的其他部门的用水。可以通过虚拟水强度减去直接虚拟水强度求得，由于该指标并不用在本书的研究中，故文中不详细计算。

3）计算区域内的水足迹 t_j。是指研究区域内部部门 j 生产最终需求的产品或服务所需的水资源量。

$$t_j = \delta_j \times f_j, \quad T = [t_j] \tag{5-10}$$

4）计算进口的虚拟水 S。用于部门 j 最终需要的进口产品所需的水资源量。依照前面的分析，这个进口的虚拟水包含两个部分：一是作为原材料的虚拟水 S^{av}；二是作为消耗产品的虚拟水 S^{pv}。

$$S = S^{av} + S^{pv} \tag{5-11}$$

其中，S^{pv} 的计算公式为

$$S_j^{pv} = \delta_j \times m_i^f, \quad S^{pv} = [S_j^{pv}] \tag{5-12}$$

式中，S_j^{pv} 是进口的作为部门 j 消耗产品的虚拟水，从水足迹的角度讲，即为进口产品直接用于部门 j 最终消耗所需的水资源量。

$$S_j^{av} = \left(\sum \delta_j \times m_{ij} \right) \times v_{ij}, \quad v_{ij} = (f_i - e_i)/f_i, \quad S^{av} = [S_j^{av}] \tag{5-13}$$

式中，S_j^{av} 是进口的作为部门 j 原材料的虚拟水，从水足迹角度看，即为进口产品用于中间需求后再转化成部门 j 的最终消耗所需的水资源量。这里应用 v_{ij} 是由于进口产品用于中间需求时也会转化为最终需求和出口，所以用其作为调整系数。

5）总的水足迹 WF：

$$WF = T + S = T + S^{av} + S^{pv} \tag{5-14}$$

6）出口的虚拟水 U：

$$u_j = \delta_j \times e_i, \quad U = [u_j] \tag{5-15}$$

式中，u_j 表示部门 j 出口产品所需要的水资源量。

7）虚拟水净进口量，为虚拟水进口与虚拟水出口的差值。

$$\Delta U^t = S - U \tag{5-16}$$

5.3 昆明市水代谢系统边界与代谢功能研究

5.3.1 边界代谢研究中所需指标核算

由于收集资料有限,加上投入产出表 5 年一版,所以无法准确地获取到在基准年中各种计算虚拟水的数据,但是随着城市化的加快,以及社会和经济的发展,对实体水的使用和虚拟水的需求及虚拟水的出口量等数据,通常是按一定的规律变化的,由此,城市的进出口虚拟水的差值变化不会有太大的差距,所以本书只能根据收集到的最近的 2007 年的投入产出表进行虚拟水的估算。同时为了观察虚拟水的相关计算结果是否是逐年增加的,本书也利用 2002 年的投入产出表计算了所需的数值,便于观察和比较各种计算量的变化趋势。

选取来自昆明市统计局出版的 2002 年和 2007 年的《昆明市投入产出表》,在投入产出表中,分别从大类划分(分为 6 个部门)到细致划分(2007 年的 141 个部门)进行了统计。基于本章的研究内容和方法,并不需要考虑细致划分后各部门的虚拟水和水足迹,仅需要获取城市尺度下的进出口的虚拟水等数据便可以满足需求,所以仅按照 6 个部门划分的统计数据进行计算;并按照国家统计局《三次产业划分规定》(2003)将这些部门归类到第一产业、第二产业和第三产业中,其中第一产业包含农、林、牧、渔业,第二产业包含工业和建筑业,余下部门属于第三产业。各产业的用水量 w_j 来自 2002 年和 2007 年《昆明市水资源公报》。计算结果如下。

(1) 虚拟水强度的计算结果

从图 5-4 可以看出,在两个评估年中,第一产业的虚拟水强度要远高于第二和第三产业,这是由于农业为高耗水产业。每生产单位产值的产品所需的水量要远远高于第二和第三产业。三个产业虚拟水强度随着时间的变化趋势基本一致。这是因为随着城市化进程的加快用水量也逐年增加,同时虚拟水强度也会增加。

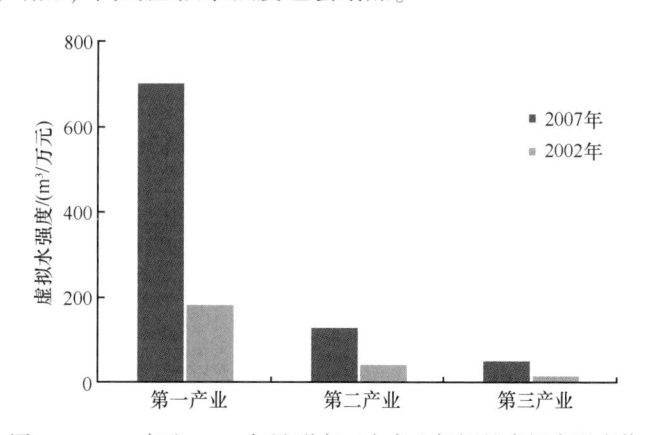

图 5-4 2002 年和 2007 年昆明市三个产业部门的虚拟水强度值

(2) 城市内的水足迹、进口的虚拟水量、总的水足迹和出口的虚拟水量的计算

从下面四个图中可以看出，2002~2007 年，城市内的水足迹从 6.113 亿 m³ 上升到 48.110 亿 m³，进口的虚拟水从 6.032 亿 m³ 增加到 16.351 亿 m³，总的水足迹从 12.145 亿 m³ 增加到 64.461 亿 m³，出口的虚拟水从 9.57 亿 m³ 增加到 42.168 亿 m³，这是由于城市化进程的加快及经济的发展需要，各种水足迹和虚拟水的值都在逐渐增加（图 5-5~图 5-9）。

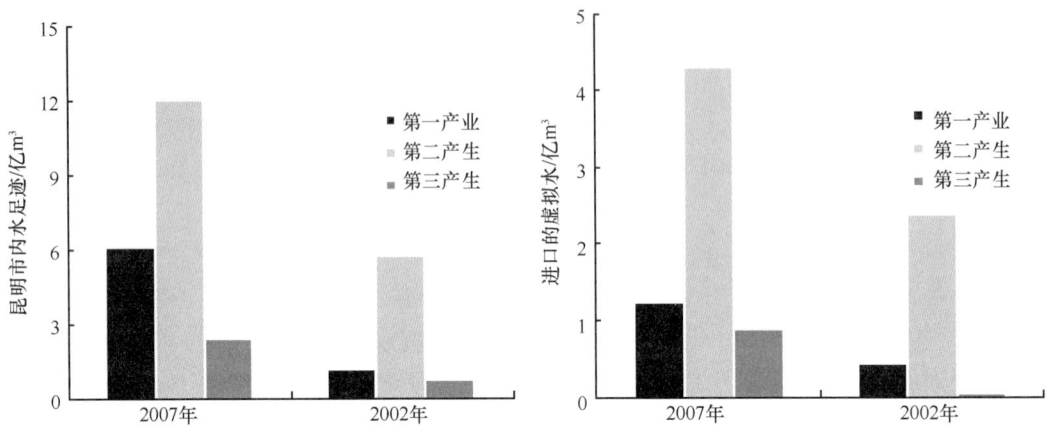

图 5-5　昆明市 2002 年和 2007 年的水足迹值

图 5-6　昆明市 2002 年和 2007 年的进口虚拟水量

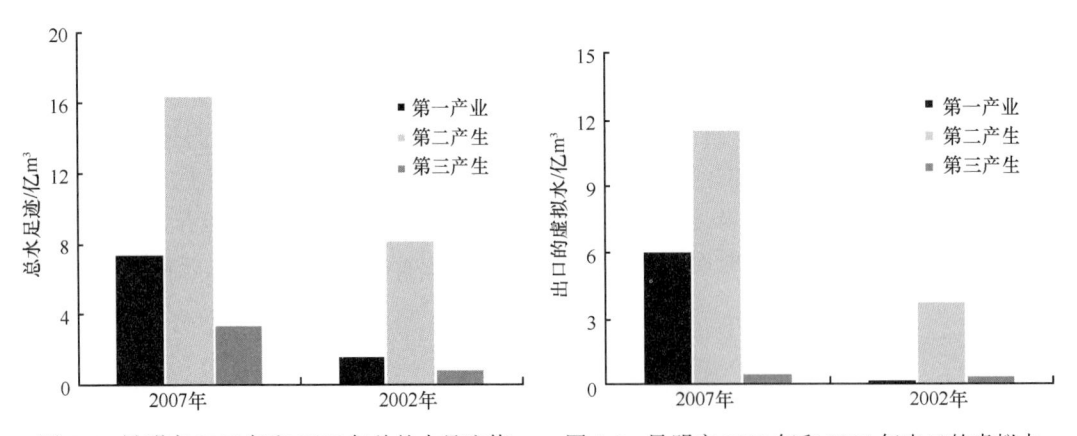

图 5-7　昆明市 2002 年和 2007 年总的水足迹值

图 5-8　昆明市 2002 年和 2007 年出口的虚拟水

(3) 虚拟水净进口量 ΔU^t 的计算

从图 5-9 中可以看出，2002 年和 2007 年昆明市的净进口虚拟水都为负值，说明该城市大量向市外输出各种产品和服务，而输入量要远小于输出量，这从某种程度上会加剧城市内部的水资源短缺。

(4) 净输入水代谢通量 $\Delta \overline{WM}$ 值的分析

根据昆明市的实际状况，周围城市和较远区域没有向其调水的条件，仅在城市内部各小流域之间存在调水。另外，由于昆明市的输出虚拟水远大于输入虚拟水量，且 ΔU^t 值小

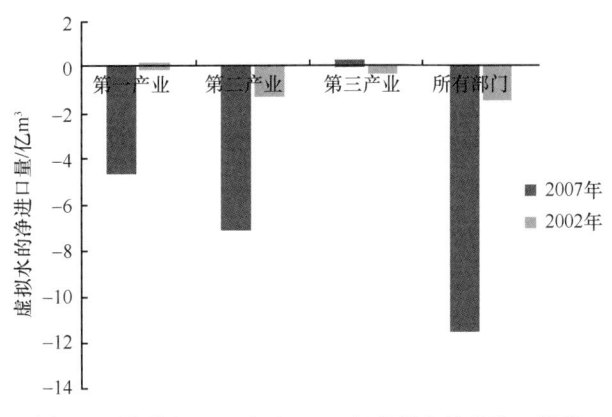

图 5-9　昆明市 2002 年和 2007 年虚拟水的净进口量值

于 0，净进口的虚拟水存储量 ΔS^t 值即便为正，其值与 ΔU^t 的绝对值仍不具可比性，因而并不能影响 $\Delta \overline{WM}$ 的正负，$\Delta \overline{WM}$ 值主要受到虚拟水净进口量 ΔU^t 值影响，由于后者为负值，且逐年减小，因而 $\Delta \overline{WM}$ 值也为负，说明昆明市水代谢系统的边界水代谢通量表现出输出远大于输入的特点，且逐年增大。

5.3.2　昆明市水代谢系统边界的代谢影响分析结果

由虚拟水的净进口量计算结果可以看出，昆明市是一个虚拟水净出口的城市，因此，其净进口的虚拟水存储量及作为原材料的虚拟水存储量，同虚拟水的总产出相比可以忽略不计。基于前一节中的研究方法，本节评价实体水和虚拟水的输入和输出对水代谢系统自身带来的影响，给出了 2006～2011 年评价指标中能获取到的数据值，见表5-2。其中，向城市净进口的作为原材料的虚拟水 ΔU^t_{IAV}（投入产出表的 m_{ij}）和作为消耗产品的虚拟水 ΔU^t_{IPV}（投入产出表的 m^t_i）的计算无法采用投入产出表直接算出，按照前面所计算的进口的虚拟水量、出口的虚拟水量和净进口的虚拟水量值，假设存在极限的状况，即可能输入的都是作为原材料的虚拟水或者是作为消耗产品的虚拟水，则在 2007 年，ΔU^t_{IAV} 或 ΔU^t_{IPV} 的值都为 -18.185～6.4870（一个确定后，另一个为 -11.698 与其的差值）。将前面的式（5-1）～式（5-4）代入式（5-5）中，并且所有的存储量都假设为 0，则式（5-5）可变为

$$I^t_p = 1 + \frac{\Delta Q^t}{VWP^t} \qquad (5\text{-}17)$$

将2007年的各指标值代入式（5-17）中进行评价，得出所需评价的指标结果见表5-2。在 2007 年，评价指标 $I^t_p>1$，满足了前面方法中所附限值的要求。因而，在 2007 年，昆明市水代谢系统边界在实体水和虚拟水输入和输出的作用下，系统内部仍然能够维持正常的运行并实现水量与水质的补充与再生。

表 5-2 城市水代谢系统边界代谢评估所需指标值和评估结果

指标	2006 年	2007 年	2008 年	2009 年	2010 年	2011 年
Q^t	50	65.38	69.5	38.6	46.6	22.9
W^t	0	0	0	0	0	0
ΔU^t	<0	-11.698	<0	<0	<0	<0
D^t	2.83	3.65	4.85	4.31	5.84	3.11
WF^t	20.68	20.68	>20.68	>20.68	>20.68	>20.68
ΔU^t_{IAV}		-18.185~6.4870				
VWP^t		10.543（取 6.487 时）~35.215（取-18.185 时）				
ΔQ^t		33.002				<0
$\Delta \overline{WM}$		-11.698				<0
I^t_p		≥1.9372（VWP^t 取 35.215）				<1

其他各年由于没有投入产出表能够准确计算所需数据，只能根据公式和可收集到的数据资料，通过合理性分析，估计评价指标。2008~2011 年，昆明市的气候变化导致降水量大大降低，市内的水资源总量逐年减少；根据昆明市当前的虚拟水贸易特点，2007 年以后的各年里，昆明市也同样作为净出口城市，则净进口的虚拟水 ΔU^t 仍为负值；与此相反，各年的城市水足迹随着城市化的进程却逐年增加。在基准年 2011 年，昆明市内部的水资源量很少，仅有 22.9 亿 m³，比较式（5-3），则 $\Delta Q^t<0$，从而 $I^t_p<1$。这说明在 2011 年，昆明市水代谢系统内部会受到系统边界代谢情况的影响，可导致系统内部水体的水量补充出现问题。而对于 2008~2010 年，由于昆明市内部水资源量相比基准年要多，则结果无法准确确定。但依照基准年的情况，未来昆明市的发展仍会加大用水量，而水代谢系统边界输出的水代谢通量，仍会依照昆明市属于净出口区域这一特点呈现出逐年加大的趋势。因而，昆明市水代谢系统边界的输入和输出，会对昆明市水代谢系统本身带来很大的影响，特别是在输出量大于输入量的情况下，已威胁到系统内部的产业用水，造成供给量无法满足用水需求，水体的水量补充也会受到严重的影响。

第6章 基于 ENA 的城市水代谢系统内部结构分析与评价——以昆明市为例

城市水代谢系统在人类活动的严重干扰下，打破了原有的健康代谢过程，使水量和水质的补充受到巨大的影响，而这种影响的后果又反作用于人类活动，影响着人类的生产和生活。前一章中，已对系统边界上的影响结果进行了分析和评价，本章主要针对发生在系统内部的影响进行研究。发生在系统内部的各种影响，会导致系统内部各个组分之间不断地相互作用而出现各种变化，从而致使水在代谢的过程也出现各种变化。一旦某个组分的不利作用增强（即不利于水量和水质的补充），整个城市水代谢系统就会出现紊乱；同时，与其相关的其他组分的有利作用如果可以抵消不利作用，那么，整个系统又可以正常代谢实现水质和水量的补充。由于城市水代谢系统中各个组分之间并非孤立存在的，而有着复杂的直接和间接的联系，呈现一种网络结构；同时系统内部的水体循环利用过程和同种位置上的各组分之间存在的"竞争"关系等特点，完全可以视其为一个生态学研究对象（Sundkvist et al., 1999），也促使本书以生态学理论和相关的研究方法研究城市水代谢系统的内部结构。因而，本章采用生态网络分析方法研究城市水代谢系统的内部结构，并评价系统的当前状态。

6.1 用以描述系统内部结构的生态网络分析方法

生态网络分析中的网络是由一组节点和边按照一定的拓扑关系彼此连接而成的，节点是两条或者两条以上边的交汇处，用以实现两条边之间流的转换，而边是具有一定长度和流的网络元素，二者是网络的两个基本组成元素。网络分析是通过研究网络的状态，模拟分析资源在网络上的流动和分配情况，对网络结构及其资源的优化问题进行研究的一种空间分析方法。它是基于数学图论理论的方法，利用统筹学建立模型，再利用其网络自身的空间关系，采用数学的方法来实现这个模型，得到最终的结果，从而指导实际应用。网络分析方法中的网络结构用两种形式表示，一种是图形的形式，可以定性地表示组成网络的各个组分之间的相互影响关系及反馈关系；另一种是矩阵形式，可以定量地表示相互影响或者反馈的程度或大小。本书采用的是基于生态网络的网络环境分析方法，这是一种输入输出分析方法，主要用数字来追踪通过一个网络系统的物质或能量的轨迹，来分析系统内部的组织结构及流量分布。网络环境分析中所强调的环境，是指网络中的任何对象都具有输入和输出两个环境，它们与网络的内部状态是密切相关的（Patten, 1990）。

网络环境分析的基础是网络的邻接矩阵 $A_{n \times n} = (a_{ij})$ 和流量平衡矩阵 $F_{n \times n} = (f_{ij})$，其中 n 为网络节点数，若 $a_{ij} = 1$ 意味着节点 i 到 j 之间是有边连接的，此时 f_{ij} 代表它们之间的单位时间内流量的大小。在网络中，还存在着输入、输出和节点的内部存储，分别以向量 z、y、x 来表示。那么，网络的平衡约束可以表示为（Finn，1980）

$$T_j = \sum_{i=1}^{n} f_{ij} + z_j = \sum_{i=1}^{n} f_{ij} + y_j \tag{6-1}$$

任意节点的总的输入量和总的输出量是相等的。网络环境分析是基于邻接矩阵或流量平衡矩阵的迭代，因而通过迭代使用的不同矩阵形式，可将网络环境分析分为结构分析、通量分析、储存分析和利用分析四个子类别。

1）结构分析是指网络的路径分析，直接迭代得出，可获得连接任意两点的不同长度的路径数量和两点之间总的路径数量，公式为

$$B = I + A + A^2 + A^3 + \cdots \tag{6-2}$$

式中，I 为单位矩阵；A 为路径长度为1的直接连接的邻接矩阵，则 A^k 为长度为 k 的路径连接矩阵，即间接连接矩阵。

2）通量分析，基础是流量密度矩阵。它通过 G 的迭代可以获得两点之间通过一定长度路径的间接流量密度和综合流量密度。

$$g_{ij} = f_{ij} / T_j \tag{6-3}$$

$$N = (n_{ij}) = G^0 + G^1 + G^2 + G^3 + \cdots + G^m = (1 - G)^{-1} \tag{6-4}$$

3）储存分析，基础是储存密度矩阵，公式为

$$C = (c_{ij}) = f_{ij} / x_j, \quad P = (p_{ij}) = i_{ij} + C_{ij} \Delta t \tag{6-5}$$

对储存密度矩阵元素进行迭代，可获得间接储存密度和总储存密度的信息。

$$Q = I + P + P^2 + P^3 + \cdots = (I - P)^{-1} \tag{6-6}$$

4）利用分析，主要分析节点 i 和 j 之间的净通量，即相互之间的利用程度。公式如下：

$$D = (d_{ij}) = \frac{(f_{ij} - f_{ji})}{T_j} \tag{6-7}$$

对其进行迭代，则得到间接利用密度和总利用密度，公式为

$$U = (u_{ij}) = D^0 + D^1 + D^2 + D^3 + \cdots + D^m = (I - D)^{-1} \tag{6-8}$$

采用这些分析可用来研究生态网络的一些主要性质，如间接效应、放大效应、网络均质性及网络协作性。

1）间接效应研究，采用公式如下，IED 为间接效应强度，当其值大于1的时候，网络的间接效应强于直接效应，若小于1则前者弱于后者。

$$\text{IED} = \frac{\| N - I - G \|}{\| G \|} = \frac{\sum_i \sum_j (n_{ij} - i_{ij} - g_{ij})}{\sum_i \sum_j (g_{ij})} \tag{6-9}$$

2）放大效应研究，采用网络环境分析研究该节点输出的量大于节点输入的量。对所有的 $i \neq j$，$n_{ij} > 1$ 就表示该网络具有放大效应，它可以表征网络系统对于物质、能量的循环利用程度，这对于系统效率研究和降低系统的污染都具有重要的现实意义。

3）网络均质性研究，取决于网络的结构和流速，它们会使网络中的流量分布呈现均匀化态势，该参数可表示为

$$\mathrm{CV}(G) = \frac{\sum_i \sum_j (\overline{g} - g_{ij})^2}{(n-1)\overline{g}} \qquad (6\text{-}10)$$

4）网络协作性研究，它是正利用与负利用的比例，若该值大于1，说明网络之间存在协作关系。

$$\mathrm{BC} = \frac{\sum + \mathrm{utility}}{|\sum - \mathrm{utility}|} \qquad (6\text{-}11)$$

网络环境分析方法是一种对环境的投入产出应用进行分析的方法。首次将网络分析应用到生态系统进行研究的是 Hannon，他用该方法研究生态系统中生态流的分布（Hannon，1973）。之后 Patten 等发表了一系列基于生态网络分析的研究成果，由此，各种采用生态网络分析的研究接踵而至（Patten et al.，1976）。其中，Ulanowicz 将生态网络分析用于探讨节点直接混合的营养等级和互相关联性（Ulanowicz，1997）。Patten 和 Fath 等发展了网络环境元分析方法，用来分析间接流影响、网络放大效应及网络的协同作用效果（Fath，2007）。此后，他们还对两个同源岔生的生态网络的环境元分析及趋势分析进行了研究（Scharler and Fath，2009），以及对其内部的直接和间接流进行了量化。

本书采用基于生态网络的网络环境分析方法（前人简称为生态网络分析，ecological network analysis，ENA）（Fath and Patten，1999）用来研究城市水代谢系统的内部结构状况。

6.2 基于 EWA 的城市水代谢系统内部结构分析

近年来，对城市水代谢系统的研究主要聚焦在评估系统当前的状况，关键未解决的问题包括如何描绘系统的内部结构，如何分析系统内部各组分的功能。本章中，首先，采用 EWA 方法，按照水量和水质的变化过程特点，分别对参与水质和水量变化的各组分之间的作用关系进行描述（这些组分及其之间的作用关系即为一种网络结构）；其次，代入各节点之间流的量值，确定各节点之间的关系并进行网络分析，以此展示出水代谢系统内部的演化过程和各组分的性能。这里比较关键的是水质变化的描述，本书在第4章中已经采用灰水足迹理论，制定了量化各种水质变化过程的计算方法，并以昆明市为例计算了近几年的水质变化的量化结果（以灰水足迹值表示），本章的研究中，将计算的结果直接代入并进行分析。分别对水质网络结构和水量网络结构的当前状况进行分析，并评价两个结构中各组分的协作性，具体内容如下。

6.2.1 水代谢系统中参与水量变化过程的各节点间的作用关系

在城市水代谢系统中，通常人类都是从自然界（含水层、河流、湖泊和云层）中取水，之后被用于生产和消费行为之中。随着城市水短缺问题的出现，雨水和使用过的废污水也逐渐作为可用的水资源为人类活动所用，以缓解对自然水库的需水压力。本书根据各组分的功能和特征的不同来定义生态网络中的各个节点，且节点之间的每个水量流 f_{ij}（以

m³/年衡量）都按照它的方向来表示：f_{ij}是从节点j到节点i的流，f_{ji}就是反方向的流即从节点i到节点j的流；y_j表示从节点j输出的流，z_j表示输入到节点j的流。

在水量变化的网络结构中，本书制定了8个节点，描述了节点之间的关系，具体如下：自然界的水供给组分①供水给农业③、工业④、服务业⑤、家庭⑥和公共服务⑦（包括景观、绿化、道路浇洒、公厕用水等）使用（这些流分别为f_{31}、f_{41}、f_{51}、f_{61}、f_{71}）；雨水收集与供给组分②从自然界中获得可利用的雨水（f_{21}），收集的雨水再返回到自然界用以补给自然水系（f_{12}）；雨水收集与供给组分将从自然界中收集到的雨水供给农业、工业、服务业、家庭和公共服务使用（f_{32}，f_{42}，f_{52}，f_{62}，f_{72}）；集中污水处理组分⑧将处理过的再生水供给公共服务（f_{78}）和排入自然界用以补充自然水体（f_{18}）；集中污水处理后的水回用给服务业用于洗车等（f_{58}）、给家庭用于厕所冲洗（f_{68}）；集中污水处理组分接收来自工业、服务业和家庭产生的废水（f_{84}，f_{85}，f_{86}）；部分农村家庭生活用水处理后回用于农业灌溉（f_{36}）；供给农业和公共景观使用后渗透到自然界的污水（f_{13}，f_{17}）；从工业、服务业和家庭排出后直接进入自然水体的污水（f_{14}，f_{15}，f_{16}）；农业作物和动物生存吸收的水分（y_3），工业生产过程中的水分损失（y_4），服务业生产过程的水分损失（y_5）；人类生存吸收的水分（y_6）；公共服务用水的蒸散值或植物生存吸收的水分值（y_7）；集中污水处理后存在于污泥中的水分值（y_8），见图6-1。

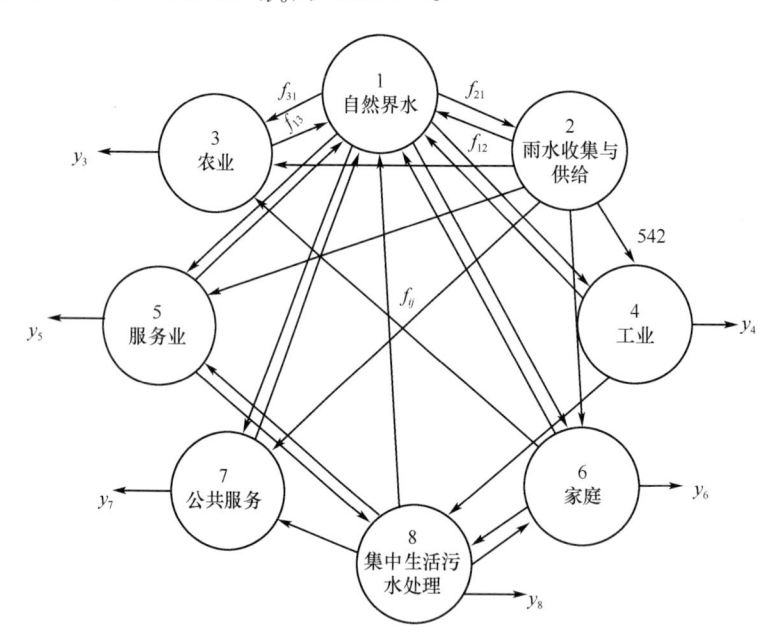

图6-1 城市水代谢系统中水量变化的网络结构概念模型

6.2.2 水代谢系统中参与水质变化过程的各节点间的作用关系

城市水代谢系统中，水质变化的网络结构描述与水量的描述方法相同，不同的是参与水质变化过程的节点和节点之间的关系与水量的有所区别，所以网络结构中所含的节点及节点含义都不同。水质变化的代谢过程遵循的是：当地的自然环境提供水给农业、工业和生活使用，使用后的水质变差，有一部分水质变差的水体从三个用水节点直排到自然环境中去，另外大部分工业和生活使用后的废水排放到集中污水处理与再生系统中进行污水处理，处理后水质变好，作为中水或者回用水供给工业、农业和生活再次使用。其中，部分工业的回用水在多次使用后用水重复率达到了100%，这部分水得到了完全利用不会再排放到河流中；另外没有完全利用的尾水经过再次处理后满足污水排放标准（污水排放标准中Ⅰ级A类标准），排入河流中。但是这部分水的水质仍然处于Ⅳ类水以下，对受纳水体仍存在危害。虽然河流和湖泊对污染物存在自然降解过程，但是大量的污染负荷仍会对受纳水体造成严重影响。由于农业废水存在农药和化肥等污染物，在当前我国城市中，农业灌溉后的污水无法有效地收集进行处理，只能随着水体循环进入自然环境之中。此外，地表垃圾和汽车尾气排放的污染物存在于地面上，经过降雨径流形成城市地表径流非点源污染，也会给地下水和地表水造成严重危害。因此，在有限的水供给情况下，城市必须考虑如何有效利用污水处理和再生水设施，大大地减少点源污染直接排放到河流中，同时加大力度建设污水再生处理设施和雨水收集设施，一方面实现污水再利用，另一方面实现雨水资源化利用，也可减少污水的排放量及地表径流污染对自然界水体造成的危害。

基于以上分析，本书制定了表示水质变化的网络结构概念模型，主要适于我国城市的水质变化特点，见图6-2。这个模型也包含8个节点：①自然环境水系统；②工业污染源；③农业非点源污染；④服务业污染源源；⑤城市生活污染源；⑥农村生活污染源；⑦城市

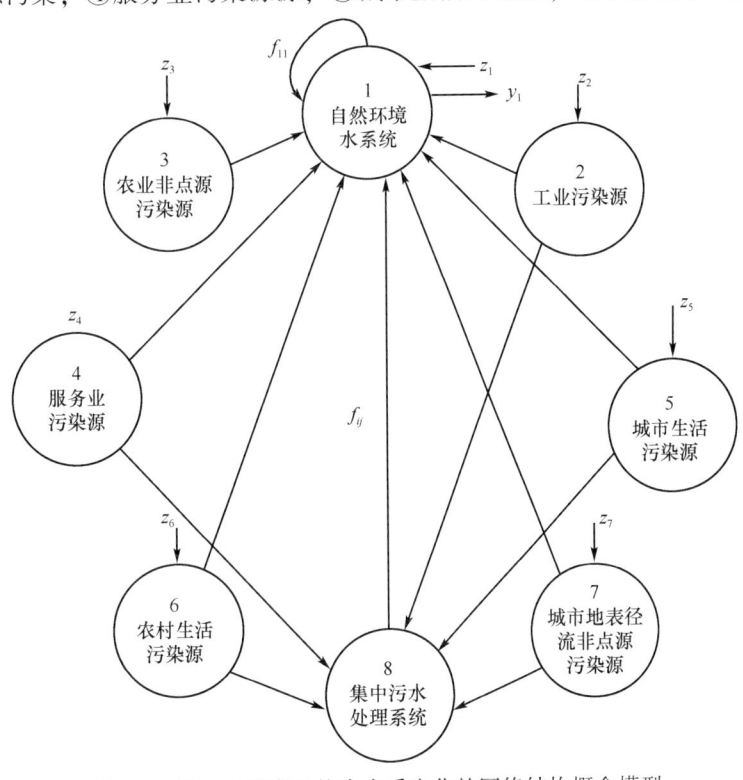

图6-2 城市水代谢系统中水质变化的网络结构概念模型

地表径流非点源污染源；⑧集中污水处理系统，并在其中定义了反映水质变化过程的代谢路径，其中 f_{ij} 代表从节点 j 到节点 i 的水质变化过程。具体释义如下：z_1 代表污染物以大气沉降的方式降落到自然环境水系统中引起的水质变化过程；y_1 代表水体的自然降解和实施水处理技术的影响所带来的水质变化过程；f_{11} 代表水体内源污染所带来的水质变化过程；z_2 代表的是除去经自处理去除掉的工业污染物后，工业部门最终产生可导致水质变化的污染，z_3 代表的是除去储存在土壤和植物中的污染物后，农业部门产生可导致水质变化的污染，z_4 代表的是除去经分散处理去除掉的服务业污染物后，服务业部门最终产生可导致水质变化的污染，z_5 代表的是除去经分散处理去除掉的城市生活污染物后，城市生活最终产生可导致水质变化的污染，z_6 代表的是农村生活最终产生可导致水质变化的污染，z_7 代表的是降雨径流产生可导致水质变化的污染。f_{12}、f_{13}、f_{14}、f_{15}、f_{16}、f_{17} 和 f_{18} 分别代表直排入受纳水体导致水质变化的工业废水、进入自然环境可导致水质变化的农业非点源污染、直排入受纳水体可导致水质变化的服务业废水、直排入受纳水体可导致水质变化的城市生活和农村生活污水、随着地表径流流入自然水体可导致水质变化的非点源污染，以及由污水处理厂处理过的水回补到自然水系所导致的水质变化。f_{82}、f_{84}、f_{85}、f_{86}、f_{87} 分别代表工业废水、服务业废水、城市生活污水和农村生活污水，以及地表径流雨水进入集中污水处理厂后，在污水处理厂中所导致的水质变化。

6.2.3 研究城市水代谢系统内部结构的生态网络分析方法

分别对城市水代谢系统水量和水质变化的生态网络结构模型进行分析，基于本书的研究意图，主要对两个网络进行通量分析，利用分析以得到所需结果，具体内容如下。

通量分析涉及流量平衡矩阵，基于水量变化和水质变化的网络结构不同，每个节点的网络平衡公式也有所区别。在水量变化的网络结构中，8 个节点都没有单独的输入，仅有单独输出和内部存储，如节点 4 工业，它的输出为 y_4，因此，T_j 的计算公式见式（6-12）；而对水质变化的网络中，既有输入 z_j^* 值，也有输出 y_j^* 值，节点 1 还有内部存储 f_{11}。因此，它的 T_j^* 的计算见式（6-13）。

$$T_j = \sum_{i=1}^{n} f_{ji} + y_j = \sum_{i=1}^{n} f_{ji} \tag{6-12}$$

$$T_j^* = \sum_{i=1}^{n} f_{ji}^* + y_j^* = \sum_{i=1}^{n} f_{ji}^* + z_j^* \tag{6-13}$$

每个节点的通量可以使用对角矩阵 diag(T) = diag(T_1，T_2，…，T_n) 来表示。来自节点 j 到节点 i 的相互节点之间的无量纲流可以采用 g_{ij} 表示，见式（6-3）。这里，T_j 是所有进入节点 j 的流总和。对于无量纲的综合流矩阵 $N = (n_{ij})$ 中，$G^0 = I$ 表示单位矩阵，它意味着流从某一节点出去后又回到相同的节点中；矩阵 G^1 意味着网络中的任何节点之间都是直接流；G^m（$m \geq 2$）意味着节点之间存在 m 长度的间接流。

无量纲综合流矩阵可以通过右乘对角化通量矢量（T）以转换 N 的纵向量成为有量纲的值。通过计算矩阵 Y 的每个纵向量总数和，矩阵 Y 的列向量 $y_j = (y_{1j}，y_{2j}，…，y_{8j}) = \sum_{i=1}^{8} y_{ij}$ 即可算出，它可以反映节点 j 对其他节点的贡献。对于矩阵 Y 所占的比重可以通过如下公式计算得到。

$$W = \sum_{i=1}^{8} y_{ij} \bigg/ \sum_{i=1}^{8} \sum_{j=1}^{8} y_{ij} \qquad (6\text{-}14)$$

W 可以反映出节点 j 对整个系统的贡献情况。每个流的比重可以用于实际的测量之中，则可以得到每个节点的贡献并以此确定每个节点的比重。

之后，利用分析方法来研究网络节点之间的关系。在该方法中，综合利用矩阵可以反映网络的所有节点构造之间的关系，见式（6-8），矩阵 D 包含所有 d_{ij} 值，可用来计算无量纲的综合利用强度矩阵 U。

单位矩阵 $I=D^0$ 反映的是通过每个节点的流是自反馈的，矩阵 D^1 反映的是网络中任意两个节点之间的直接关系，D^m（$m \geqslant 2$）反映的是任意节点之间的间接关系。I 是单位矩阵，矩阵 U 反映的是综合利用强度和网络中任意节点之间的模式。

在网络的利用分析中，综合利用矩阵（U）的一对配对迹象元素可以用来确定两个节点之间的关系。本书指定矩阵 U 的任何元素的利用关系表示为 su_{ij}，则一对节点之间的直接关系可通过一对直接利用矩阵给出。例如，（su_{21}，su_{12}）=（+，−）表示节点 2 利用节点 1，如果（su_{21}，su_{12}）=（−，+），则是节点 2 被节点 1 利用。若（su_{21}，su_{12}）=（0，0），意味着两个节点之间没有效益或者花费，也就指的是两个相对的流是平等的。另外还可能存在的关系有（su_{21}，su_{12}）=（−，−），表示节点 1 与节点 2 是竞争关系，两个节点之间存在消极影响；若（su_{21}，su_{12}）=（+，+），则两个节点之间的关系是共生关系，也就意味着两个节点彼此之间都是获益的。因此，节点之间存在如下的四种生态关系：竞争、利用、中立和共生。

本书建立共生指数 M 以定量系统的整个共生情况，$M = J(U) = S_+/S_-$ 用来反映节点之间的关系。$J(U)$ 代表积极关系数量与消极关系数量的比率。这里 $S_+ = \sum_{ij} \max[\text{sgn}(u_{ij}), 0]$，$S_- = \sum_{ij} \{-\min[\text{sgn}(u_{ij}), 0]\}$。如果 $M>1$，则矩阵正号数目大于负号数目，说明系统的节点之间建立了更多积极的关系，各节点之间的共生互利关系较多，网络协作性较好。相反，如果负号多于正号，则系统建立了更多消极的关系，节点之间竞争关系比较多，网络协作性较差。

6.3　昆明市水代谢系统内部结构分析

6.3.1　基于水量变化的昆明市水代谢系统内部结构分析

本书统计了 2006~2011 年总的水资源量、农业用水、工业用水、服务业用水、生活用水及公共服务用水量，雨水收集量，污水循环使用量和污水再生利用量，各种生产和生活废污水排放量，污水处理厂处理量和补给自然环境的水量等数值，列于表 6-1 中。其中有部分数据需要计算得出，如农业作物和动物生存吸收的水分 y_3、人类生存吸收的水分 y_6 的取值，参考前人所做研究由总的输入量乘以各自的系数获取（Massimo et al.，2013）；由昆明市水资源利用与再利用规划中得到公共服务的杂用水供给时过程损耗占 13%。用这个量乘以供给公共服务的水量得出 y_7 值。表6-1中数据代表2006~2011年昆明市水代谢系统水量变化直接流矩阵，F_1~F_6 是2006~2011年的各年值。

表 6-1 昆明市水代谢系统 2006~2011 年水量变化直接流矩阵 （单位：亿 m^3）

F_1

节点	1	2	3	4	5	6	7	8	T_1
1	0	0.014 27	5.811 03	0.353 17	0.119 92	0.787 93	0.280 65	1.826 31	9.193 3
2	0.037 89	0	0	0	0	0	0	0	0.037 9
3	8.301 48	0	0	0	0	0	0	0	8.301 5
4	7.079 48	0	0	0	0	0	0	0	7.079 5
5	0.709 92	0.009 68	0	0	0	0	0	0	0.719 6
6	2.509 6	0.007 79	0	0	0	0	0	0	2.517 4
7	0	0.006 14	0	0	0	0	0	0.315 52	0.321 7
8	0	0	0	0.793 64	0.183 88	1.729 39	0	0	2.706 9

F_2

节点	1	2	3	4	5	6	7	8	T_2
1	0	0.023 55	5.930 05	0.380 15	0.117 47	0.818 90	0.932 16	1.680 80	9.883 1
2	0.056 84	0	0	0	0	0	0	0	0.056 8
3	8.471 5	0	0	0	0	0	0	0	8.471 5
4	8.173 6	0	0	0	0	0	0	0	8.173 6
5	0.764 3	0.013 64	0	0	0	0	0	0	0.777 9
6	2.590 6	0.010 98	0	0	0	0	0	0	2.601 6
7	0	0.008 65	0	0	0	0	0	1.061 5	1.070 2
8	0	0	0	1.195 99	0.205 57	1.782 61	0	0	3.184 2

F_3

节点	1	2	3	4	5	6	7	8	T_3
1	0	0.035 91	5.863 62	0.409 18	0.122 16	0.808 99	1.648 73	1.809 52	10.698 1
2	0.085 26	0	0	0	0	0	0	0	0.085 3
3	8.376 6	0	0	0	0	0	0	0	8.376 6
4	7.48	0	0	0	0	0	0	0	7.480 0
5	0.52	0.020 23	0	0	0	0	0	0	0.540 2
6	2.683 4	0.016 28	0	0	0	0	0	0	2.699 7
7	0.4	0.012 8	0	0	0	0	0	1.57	1.982 8
8	0	0	0	1.471 22	0.251 30	1.890 63	0	0	3.613 2

F_4

节点	1	2	3	4	5	6	7	8	T_4
1	0	0.034 30	5.756 24	0.440 42	0.115 39	0.610 22	1.506 81	2.367 85	10.831 2

续表

F_4

节点	1	2	3	4	5	6	7	8	T_4
2	0.127 9	0	0	0	0	0	0	0	0.127 9
3	8.223 2	0	0	0	0	0	0	0	8.223 2
4	7.817 2	0	0	0	0	0	0	0	7.817 2
5	0.805 5	0.038 37	0	0	0	0	0	0	0.843 9
6	2.601 5	0.030 88	0	0	0	0	0	0	2.632 4
7	0.070 8	0.024 33	0	0	0	0	1.633 2	0	1.728 3
8	0	0	0	1.781 50	0.288 49	2.022 10	0	0	4.092 1

F_5

节点	1	2	3	4	5	6	7	8	T_5
1	0	0.046 27	5.226 13	0	0.105 97	0.649 50	1.626 97	2.879 38	10.534 2
2	0.191 85	0	0	0	0	0	0	0	0.191 9
3	7.465 9	0	0	0	0	0	0	0	7.465 9
4	7.319 7	0	0	0	0	0	0	0	7.319 7
5	0.420 7	0.089 68	0	0	0	0	0	0	0.510 4
6	2.861 8	0.048 04	0	0	0	0	0	0	2.909 8
7	0	0.037 85	0	0	0	0	1.976	0	2.013 9
8	0	0	0	2.432 47	0.330 64	2.260 27	0	0	5.023 4

F_6

节点	1	2	3	4	5	6	7	8	T_6
1	0	0.032 633	5.042 846	0	0.093 427	0.519 785	1.984 991	3.419 736	11.093 4
2	0.287 77	0	0	0	0	0	0	0	0.287 8
3	7.220 92	0	0	0	0	0.011 8	0	0	7.232 7
4	7.303 7	0	0	0	0	0	0	0	7.303 7
5	0.674 8	0.104 60	0	0	0	0	0	0.011 8	0.791 2
6	2.847 87	0.084 19	0	0	0	0	0	0	2.932 1
7	0	0.066 33	0	0	0	0	1.952 46	0	2.018 8
8	0	0	0	2.645 14	0.373 70	2.400 42	0	0	5.419 3

（1）代谢结构分析

基于水量变化直接流矩阵，本书计算了强度流矩阵和无量纲的综合流矩阵，分别见表 6-2、表 6-3，$N_1 \sim N_6$ 和 $Y_1 \sim Y_6$ 表示 2006~2011 年的各年计算结果；并画出了各节点在整个水量变化的网络结构中所占的比重。以生态学的视角从生产者、消费者和分解者三个类别来看，很明显，水量变化的网络结构中，节点 1（自然界的水供给组分）和节点 2（雨水收集与供给组分）处于生产者的位置，而节点 3（农业）、节点 4（工业）、节点 5（服务业)、节点6(家庭)和节点7(公共服务)处于消费者的位置,节点8(集中污水处理组分)处于分解者的位置,从图6-3中可以看出,随着雨水收集与供给逐年参与供水量的增加,对城市自然水系的供水量的需求在减少,缓解了对自然水系的用水压力。原因主要是昆明市内地表水和地下水的可供水资源在逐年减少,人们不得不采取新的措施缓解用水压力,因而以雨水代替自然水源供给人类活动使用;从消耗者来看,农业历年仍处于用水大户的地位而没有改变,但是其用水比重在逐年减小,说明节水灌溉在昆明市农业生产中发挥着作用,使得农业历年的用水量在逐年下降。从分解者集中污水处理组分看来,其得到的水量所占有的比重在逐年增加,这也说明随着历年污水处理厂和再生水设施的增建和扩建,更多污水排入污水处理厂进行处理,处理后再回用给公共服务和自然界水系用来补给,这对整个水代谢系统中水量的补充和再生具有积极的作用。

表6-2 2006~2011年昆明水代谢系统的水量变化网络结构中综合流强度矩阵

节点	1	2	3	4	5	6	7	8
	N_1								
1	4.880 2	3.154 9	3.534 0	0.253 4	0.827 6	1.527 5	4.880 2	4.161 3
2	0.020 1	1.013 0	0.014 6	0.001 0	0.003 4	0.006 3	0.020 1	0.017 2
3	4.406 8	2.848 9	4.191 2	0.228 8	0.747 4	1.379 3	4.406 8	3.757 6
4	3.758 1	2.429 5	2.721 4	1.195 1	0.637 3	1.176 3	3.758 1	3.204 5
5	0.382 0	0.502 5	0.276 6	0.019 8	1.064 8	0.119 6	0.382 0	0.325 7
6	1.336 3	1.069 6	0.967 7	0.069 4	0.226 6	1.418 3	1.336 3	1.139 5
7	0.003 3	0.164 2	0.002 4	0.000 2	0.000 6	0.001 0	1.003 3	0.002 8
8	0.000 0	0.000 0	0.000 0	0.000 0	0.000 0	0.000 0	0.000 0	1.000 0
	N_2								
节点	1	2	3	4	5	6	7	8
1	4.238 4	2.815 9	3.093 7	0.205 9	0.651 4	1.334 1	4.238 4	2.597 8
2	0.024 4	1.016 2	0.017 8	0.001 2	0.003 7	0.007 7	0.024 4	0.014 9
3	3.633 0	2.413 7	3.651 8	0.176 5	0.558 4	1.143 6	3.633 0	2.226 7
4	3.505 2	2.328 9	2.558 6	1.170 3	0.538 7	1.103 4	3.505 2	2.148 4
5	0.333 6	0.461 7	0.243 5	0.016 2	1.051 3	0.105 0	0.333 6	0.204 5
6	1.115 7	0.934 5	0.814 4	0.054 2	0.171 5	1.351 2	1.115 7	0.683 8
7	0.003 7	0.154 2	0.002 7	0.000 2	0.000 6	0.001 1	1.003 7	0.002 3
8	0.000 0	0.000 0	0.000 0	0.000 0	0.000 0	0.000 0	0.000 0	1.000 0
	N_3								
节点	1	2	3	4	5	6	7	8
1	3.761 0	2.569 2	2.715 9	0.213 0	0.858 4	1.127 1	3.761 0	2.013 8
2	0.030 0	1.020 5	0.021 6	0.001 7	0.006 8	0.009 0	0.030 0	0.016 1

续表

| \multicolumn{9}{c|}{N_3} |
节点	1	2	3	4	5	6	7	8
3	2.944 9	2.011 7	3.126 5	0.166 8	0.672 1	0.882 5	2.944 9	1.576 8
4	2.629 7	1.796 3	1.898 9	1.149 0	0.600 2	0.788 0	2.629 7	1.408 0
5	0.189 9	0.367 0	0.137 1	0.010 8	1.043 3	0.056 9	0.189 9	0.101 7
6	0.949 1	0.839 3	0.685 4	0.053 8	0.216 6	1.284 4	0.949 1	0.508 2
7	0.145 1	0.249 6	0.104 8	0.008 2	0.033 1	0.043 5	1.145 1	0.077 7
8	0.000 0	0.000 0	0.000 0	0.000 0	0.000 0	0.000 0	0.000 0	1.000 0

| \multicolumn{9}{c|}{N_4} |
节点	1	2	3	4	5	6	7	8
1	3.026 9	1.683 3	2.186 7	0.176 3	0.420 5	0.701 7	3.026 9	1.791 3
2	0.035 7	1.019 9	0.025 8	0.002 1	0.005 0	0.008 3	0.035 7	0.021 2
3	2.298 0	1.278 0	2.660 2	0.133 8	0.319 2	0.532 7	2.298 0	1.360 0
4	2.184 6	1.214 9	1.578 2	1.127 2	0.303 5	0.506 4	2.184 6	1.292 8
5	0.235 8	0.431 2	0.170 4	0.013 7	1.032 8	0.054 7	0.235 8	0.139 6
6	0.735 6	0.650 6	0.531 4	0.042 8	0.102 2	1.170 5	0.735 6	0.435 4
7	0.026 6	0.205 1	0.019 2	0.001 5	0.003 7	0.006 2	1.026 6	0.015 7
8	0.000 0	0.000 0	0.000 0	0.000 0	0.000 0	0.000 0	0.000 0	1.000 0

| \multicolumn{9}{c|}{N_5} |
节点	1	2	3	4	5	6	7	8
1	2.439 8	1.444 0	1.757 0	0.000 0	0.508 8	0.544 6	2.439 8	1.446 9
2	0.044 4	1.026 3	0.032 0	0.000 0	0.009 3	0.009 9	0.044 4	0.026 4
3	1.729 1	1.023 4	2.245 2	0.000 0	0.360 6	0.386 0	1.729 1	1.025 4
4	1.695 3	1.003 4	1.220 8	1.000 0	0.353 5	0.378 4	1.695 3	1.005 3
5	0.118 2	0.537 5	0.085 1	0.000 0	1.024 7	0.026 4	0.118 2	0.070 1
6	0.673 9	0.649 3	0.485 0	0.000 0	0.140 5	1.150 4	0.673 9	0.399 7
7	0.008 8	0.202 5	0.006 3	0.000 0	0.001 8	0.002 0	1.008 8	0.005 2
8	0.000 0	0.000 0	0.000 0	0.000 0	0.000 0	0.000 0	0.000 0	1.000 0

| \multicolumn{9}{c|}{N_6} |
节点	1	2	3	4	5	6	7	8
1	2.133 4	0.937 1	1.530 8	0.000 0	0.255 0	0.378 2	2.133 4	1.355 0
2	0.055 3	1.024 3	0.039 7	0.000 0	0.006 6	0.009 8	0.055 3	0.035 2
3	1.388 6	0.609 9	1.996 0	0.000 0	0.166 0	0.246 2	1.388 6	0.882 0
4	1.404 6	0.616 9	1.007 9	1.000 0	0.167 9	0.249 0	1.404 6	0.892 1
5	0.149 9	0.429 3	0.107 6	0.000 0	1.017 9	0.026 6	0.149 9	0.095 2
6	0.563 9	0.540 2	0.404 6	0.000 0	0.067 4	1.100 0	0.563 9	0.358 1
7	0.012 8	0.236 1	0.009 2	0.000 0	0.001 5	0.002 3	1.012 8	0.008 1
8	0.000 0	0.000 0	0.000 0	0.000 0	0.000 0	0.000 0	0.000 0	1.000 0

表 6-3 2006~2011 年昆明水代谢系统的水量变化网络结构中无量纲综合流矩阵和比重值

Y_1

节点	1	2	3	4	5	6	7	8
1	44.865 3	0.119 6	28.359 1	1.723 6	0.585 3	3.845 3	1.369 6	8.912 8
2	0.184 9	0.038 4	0.116 9	0.007 1	0.002 4	0.015 9	0.005 6	0.036 7
3	40.513 0	0.108 0	33.632 6	1.556 4	0.528 5	3.472 3	1.236 8	8.048 2
4	34.549 3	0.092 1	21.838 4	8.129 8	0.450 7	2.961 1	1.054 7	6.863 5
5	3.511 8	0.019 0	2.219 8	0.134 9	0.752 9	0.301 0	0.107 2	0.697 6
6	12.285 4	0.040 5	7.765 5	0.472 0	0.160 3	3.570 3	0.375 0	2.440 6
7	0.030 0	0.006 2	0.018 9	0.001 2	0.000 4	0.002 6	0.281 6	0.006 0
8	0.000 0	0.000 0	0.000 0	0.000 0	0.000 0	0.000 0	0.000 0	2.141 8
y_j	135.939 7	0.423 8	93.951 3	12.024 9	2.480 4	14.168 4	4.430 6	29.147 2
W_1	0.464 646	0.001 448	0.321 128	0.041 101	0.008 478	0.048 428	0.015 144	0.099 626

Y_2

节点	1	2	3	4	5	6	7	8
1	41.888 1	0.160 1	25.133 7	1.611 2	0.497 9	3.470 8	3.950 8	7.123 9
2	0.240 9	0.057 8	0.144 6	0.009 3	0.002 9	0.020 0	0.022 7	0.041 0
3	35.905 2	0.137 2	29.668 0	1.381 4	0.426 8	2.975 1	3.386 5	6.106 4
4	34.642 6	0.132 4	20.786 2	9.158 8	0.411 8	2.870 5	3.267 4	5.891 6
5	3.297 2	0.026 2	1.978 4	0.126 8	0.803 5	0.273 2	0.311 0	0.560 8
6	11.026 4	0.053 1	6.616 1	0.424 1	0.131 1	3.515 2	1.040 0	1.875 3
7	0.036 7	0.008 8	0.022 0	0.001 4	0.000 4	0.003 0	0.935 6	0.006 2
8	0.000 0	0.000 0	0.000 0	0.000 0	0.000 0	0.000 0	0.000 0	2.742 3
y_j	127.037 2	0.575 6	84.348 9	12.712 8	2.274 3	13.127 7	12.914 1	24.347 4
W_2	0.458 059	0.002 075	0.304 138	0.045 839	0.008 200	0.047 335	0.046 565	0.087 789

Y_3

节点	1	2	3	4	5	6	7	8
1	40.235 8	0.219 1	22.053 2	1.538 9	0.459 5	3.042 6	6.200 9	6.805 6
2	0.320 7	0.087 0	0.175 8	0.012 3	0.003 7	0.024 3	0.049 4	0.054 2
3	31.504 5	0.171 5	25.387 6	1.205 0	0.359 8	2.382 4	4.855 3	5.328 8
4	28.132 4	0.153 2	15.419 3	8.299 5	0.321 2	2.127 4	4.335 6	4.758 4
5	2.031 8	0.031 3	1.113 6	0.077 7	0.558 4	0.153 6	0.313 1	0.343 7
6	10.153 6	0.071 6	5.565 1	0.388 4	0.115 9	3.467 4	1.564 8	1.717 4
7	1.552 7	0.021 3	0.851 0	0.059 4	0.017 7	0.117 4	1.888 0	0.262 6
8	0.000 0	0.000 0	0.000 0	0.000 0	0.000 0	0.000 0	0.000 0	3.379 5
y_j	113.931 5	0.754 9	70.565 6	11.581 1	1.836 2	11.315 1	19.207 2	22.650 3
W_3	0.452 393	0.002 998	0.280 198	0.045 986	0.007 291	0.044 929	0.076 267	0.089 939

续表

				Y_4				
节点	1	2	3	4	5	6	7	8
1	32.784 7	0.215 3	17.423 3	1.333 1	0.349 3	1.847 1	4.560 9	7.167 2
2	0.387 1	0.130 4	0.205 7	0.015 7	0.004 1	0.021 8	0.053 9	0.084 6
3	24.890 5	0.163 5	21.195 9	1.012 1	0.265 2	1.402 3	3.462 7	5.441 4
4	23.661 6	0.155 4	12.574 9	8.524 0	0.252 1	1.333 1	3.291 7	5.172 7
5	2.554 3	0.055 1	1.357 5	0.103 9	0.857 9	0.143 9	0.355 3	0.558 4
6	7.967 9	0.083 2	4.234 5	0.324 0	0.084 9	3.081 2	1.108 5	1.741 9
7	0.288 0	0.026 2	0.153 0	0.011 7	0.003 1	0.016 2	1.546 9	0.063 0
8	0.000 0	0.000 0	0.000 0	0.000 0	0.000 0	0.000 0	0.000 0	4.001 1
y_j	92.534 1	0.829 2	57.144 8	11.324 6	1.816 6	7.845 6	14.379 9	24.230 2
W_4	0.440 418	0.003 946	0.271 982	0.053 900	0.008 646	0.037 341	0.068 441	0.115 324
				Y_5				
节点	1	2	3	4	5	6	7	8
1	25.701 1	0.277 0	12.750 6	0.000 0	0.258 6	1.584 6	3.969 4	7.025 0
2	0.468 1	0.196 9	0.232 2	0.000 0	0.004 7	0.028 9	0.072 3	0.127 9
3	18.215 1	0.196 3	16.293 8	0.000 0	0.183 2	1.123 1	2.813 2	4.978 8
4	17.858 4	0.192 5	8.859 7	7.111 0	0.179 7	1.101 1	2.758 2	4.881 3
5	1.245 2	0.103 1	0.617 8	0.000 0	0.520 7	0.076 8	0.192 3	0.340 4
6	7.099 3	0.124 6	3.522 0	0.000 0	0.071 4	3.347 5	1.096 5	1.940 5
7	0.092 3	0.038 8	0.045 8	0.000 0	0.000 9	0.005 7	1.641 2	0.025 2
8	0.000 0	0.000 0	0.000 0	0.000 0	0.000 0	0.000 0	0.000 0	4.855 4
y_j	70.679 6	1.129 3	42.321 9	7.111 0	1.219 2	7.267 6	12.543 1	24.174 7
W_5	0.424 639	0.006 785	0.254 268	0.042 722	0.007 325	0.043 664	0.075 358	0.145 240
				Y_6				
节点	1	2	3	4	5	6	7	8
1	23.666 2	0.269 7	10.758 2	0.000 0	0.199 3	1.108 9	4.234 7	7.295 5
2	0.613 9	0.294 8	0.279 1	0.000 0	0.005 2	0.028 8	0.109 9	0.189 3
3	15.404 8	0.175 5	14.030 4	0.000 0	0.129 7	0.721 8	2.756 4	4.748 8
4	15.581 4	0.177 5	7.083 0	7.098 7	0.131 1	0.730 1	2.788 0	4.803 2
5	1.662 8	0.123 6	0.755 9	0.000 0	0.795 5	0.077 9	0.297 5	0.512 6
6	6.255 1	0.155 5	2.843 5	0.000 0	0.052 7	3.225 1	1.119 3	1.928 3
7	0.141 5	0.067 9	0.064 3	0.000 0	0.001 2	0.006 6	2.010 3	0.043 6
8	0.000 0	0.000 0	0.000 0	0.000 0	0.000 0	0.000 0	0.000 0	5.384 0
y_j	63.325 7	1.264 5	35.814 3	7.098 7	1.314 8	5.899 2	13.316 1	24.905 2
W_6	0.414 060	0.008 268	0.234 175	0.046 415	0.008 597	0.038 572	0.087 068	0.162 845

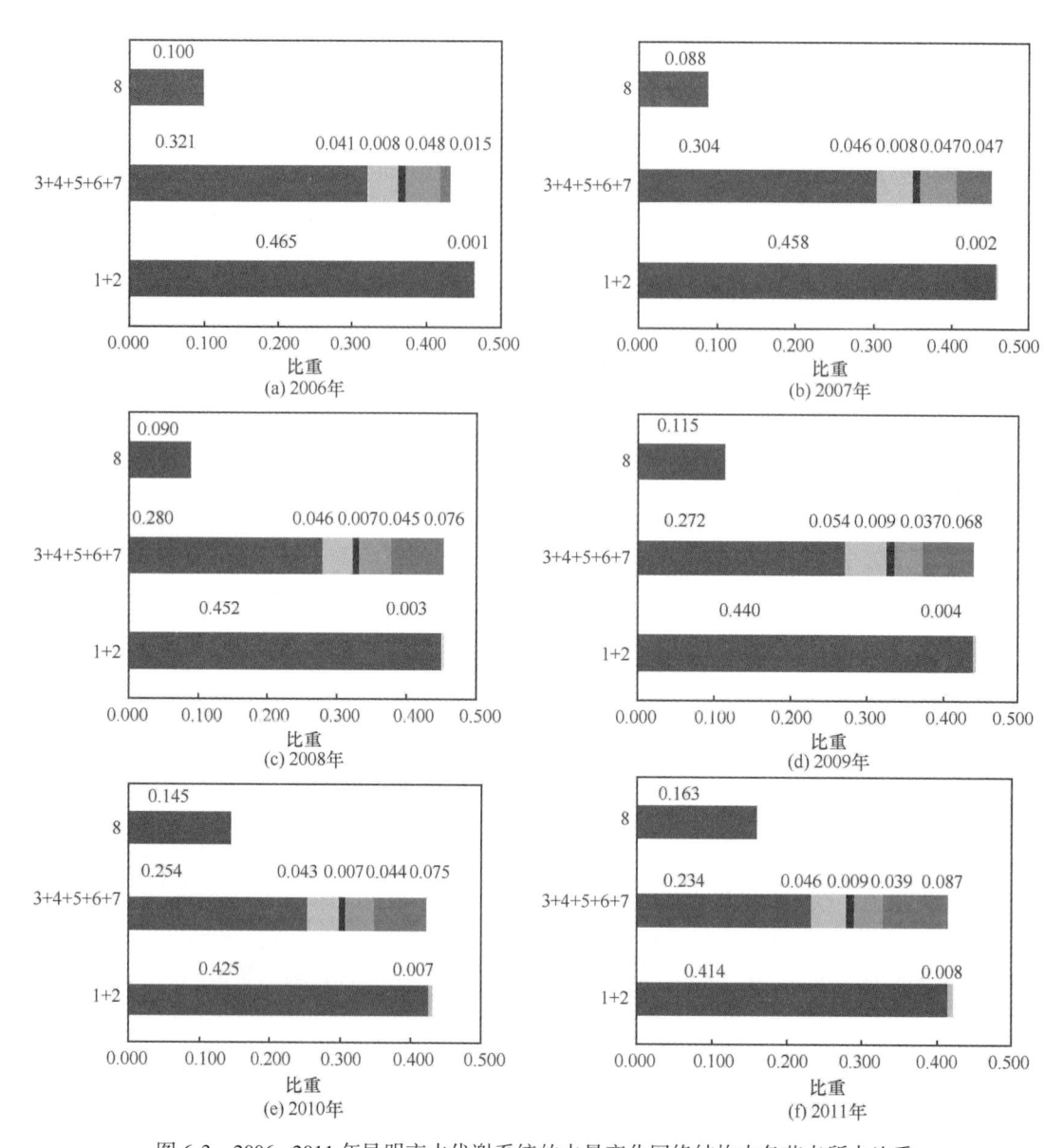

图 6-3　2006~2011 年昆明市水代谢系统的水量变化网络结构中各节点所占比重

(2) 代谢关系分析

利用生态网络分析中的利用分析方法，对城市水代谢系统的水量变化网络结构中各节点的关系进行分析，计算出 2006~2011 年的综合利用矩阵见表 6-4，U_1~U_6 表示 2006~2011 年的各年计算结果，并绘制出图 6-4 中对 2006~2011 年各年综合利用矩阵中任意的节点之间的模式关系图，图中包含共生、利用和竞争三种生态关系。节点 1 和节点 6 从 (su_{61}, su_{16}) = (+, +) 变为 (+, -)，又变为基准年的 (+, +)，说明家庭生活用水在利用自然界水的同时彼此又向互利共生的方向发展，同理的还有 (su_{51}, su_{15})；而 (su_{71}, su₁₇）也从（-，-）变成（-，+）关系，这是因为污水处理厂处理过的水会供给给公共景观服务和补给河道，所以最初节点 1 和节点 7 是竞争关系，在雨水供给公共服务使用后，从公共服务进入自然界水系的水增加了，则它们之间的关系变成了利用。节点 7 和节点 3 从（+，-）变成（+，+），公共服务和农业用水后都直接进入自然水系，促进自然水系水量的增加，反过来从自然水系供给给它们的水量也会增加，因此它们之间的关系从最初的间接利用变成了共生，节点 6 和节点 3 从（-，+）变成（-，-），再到基准年的（-，+），说明家庭生活污水经过处理后可供给给农业使用，但是这个量的历年变化及与其他节点存在的间接关系导致逐年波动，当农业的供水水源主要是自然环境水时，农业与家庭生活由于共同利用自然水源的水而存在竞争关系。节点 8 和节点 2 从（-，+）变成（+，+），再到（-，+），主要是因为节点 2 雨水收集系统得到来自自然界的水与来自污水处理厂补给的水存在关系，此后由于两个节点都可以回补自然界所有它们之间又存在共生的关系。而其他节点之间的关系在历年中没有什么变化，一般的节点 2、3、4、5 与节点 1 存在利用关系，节点 7、6、5 和节点 2 存在利用关系，节点 8 与节点 3、5、6 存在利用关系，可以很容易地依照各节点之间的关系特点得出结论，这里不作详细说明。

表 6-4　2006~2011 年昆明水代谢系统中水量变化网络结构的综合利用矩阵

综合利用矩阵	节点	1	2	3	4	5	6	7	8
U_1	1	0.513 6	-0.001 7	-0.139 1	-0.326 4	-0.021 1	0.011 8	-0.003 7	0.133 3
	2	0.222 0	0.991 7	-0.060 1	-0.135 8	-0.261 5	-0.187 5	-0.164 5	0.071 8
	3	0.159 4	-0.000 5	0.956 8	-0.101 3	-0.006 6	0.003 7	-0.001 1	0.041 4
	4	0.498 3	-0.001 6	-0.135 0	0.659 2	-0.026 1	-0.041 3	0.006 0	0.064 0
	5	0.410 2	0.012 2	-0.111 1	-0.314 6	0.967 2	-0.110 8	0.016 3	-0.038 9
	6	0.295 6	0.001 9	-0.080 1	-0.330 4	-0.045 9	0.695 6	0.054 1	-0.307 9
	7	-0.416 6	0.023 3	0.112 8	0.498 1	0.065 6	0.494 4	0.906 6	0.521 7
	8	0.082 0	0.000 0	-0.022 2	0.155 4	0.044 6	0.454 0	-0.083 1	0.581 2
U_2	1	0.514 3	-0.002 2	-0.132 3	-0.344 4	-0.022 6	-0.000 6	-0.005 5	0.140 3
	2	0.210 3	0.992 6	-0.054 1	-0.135 6	-0.246 9	-0.184 5	-0.158 1	0.069 3
	3	0.160 9	-0.000 7	0.958 6	-0.107 7	-0.007 1	-0.000 2	-0.001 7	0.043 9
	4	0.483 7	-0.002 1	-0.124 4	0.642 3	-0.027 1	-0.050 2	0.024 8	0.054 5
	5	0.388 9	0.016 0	-0.100 0	-0.319 8	0.968 5	-0.092 3	0.045 9	-0.030 0
	6	0.223 5	0.003 1	-0.057 5	-0.301 1	-0.036 8	0.773 3	0.131 4	-0.286 3
	7	-0.300 2	0.010 8	0.077 2	0.452 8	0.054 2	0.373 7	0.778 3	0.495 4
	8	0.186 3	-0.000 5	-0.047 9	0.096 3	0.029 7	0.329 2	-0.198 2	0.557 7
U_3	1	0.566 6	-0.003 0	-0.133 1	-0.304 6	-0.008 4	-0.008 9	-0.008 0	0.160 5
	2	0.235 0	0.987 7	-0.055 2	-0.104 0	-0.234 3	-0.163 8	-0.176 0	0.118 0
	3	0.175 3	-0.000 9	0.958 8	-0.094 3	-0.002 6	-0.002 8	-0.002 5	0.049 7

续表

综合利用矩阵	节点	1	2	3	4	5	6	7	8
U_3	4	0.514 1	-0.003 0	-0.120 8	0.678 3	-0.015 3	-0.066 2	0.041 2	0.041 6
	5	0.336 6	0.035 0	-0.079 1	-0.284 5	0.968 6	-0.145 4	0.100 3	-0.142 6
	6	0.255 5	0.003 7	-0.060 0	-0.293 0	-0.031 6	0.795 0	0.161 7	-0.285 1
	7	-0.237 9	0.010 2	0.055 9	0.339 8	0.037 6	0.274 4	0.775 8	0.419 5
	8	0.198 9	0.000 2	-0.046 7	0.115 5	0.034 7	0.282 4	-0.240 3	0.567 2
U_4	1	0.548 6	-0.005 7	-0.125 0	-0.288 3	-0.019 4	-0.002 6	-0.004 4	0.191 7
	2	0.274 3	0.977 9	-0.062 5	-0.125 5	-0.300 9	-0.217 0	-0.205 9	0.137 6
	3	0.169 9	-0.001 8	0.961 3	-0.089 2	-0.006 0	-0.000 8	-0.001 4	0.059 4
	4	0.490 7	-0.005 4	-0.111 8	0.688 7	-0.025 9	-0.063 0	0.045 1	0.051 3
	5	0.402 8	0.040 6	-0.091 7	-0.289 7	0.959 7	-0.101 3	0.059 7	-0.034 4
	6	0.273 1	0.007 6	-0.062 2	-0.317 8	-0.041 0	0.798 4	0.155 5	-0.295 9
	7	-0.313 6	0.020 6	0.071 4	0.411 3	0.045 8	0.277 1	0.773 3	0.443 9
	8	0.188 9	-0.000 6	-0.043 0	0.127 9	0.029 7	0.256 6	-0.210 0	0.576 1
U_5	1	0.551 8	-0.007 4	-0.117 3	-0.266 3	0.002 9	-0.005 2	-0.008 5	0.233 8
	2	0.287 0	0.913 6	-0.061 0	-0.081 0	-0.419 6	-0.179 0	-0.232 1	0.236 3
	3	0.170 3	-0.002 3	0.963 8	-0.082 0	0.000 9	-0.001 6	-0.002 6	0.072 1
	4	0.501 3	-0.008 3	-0.106 6	0.675 2	-0.007 9	-0.081 3	0.059 9	0.047 1
	5	0.265 7	0.155 4	-0.056 5	-0.275 6	0.907 0	-0.179 0	0.084 3	-0.181 6
	6	0.273 0	0.008 0	-0.058 0	-0.318 9	-0.029 4	0.820 6	0.145 5	-0.257 9
	7	-0.308 6	0.031 0	0.065 6	0.444 3	0.026 0	0.270 7	0.759 5	0.458 9
	8	0.194 7	0.001 9	-0.041 4	0.148 2	0.031 8	0.222 0	-0.200 6	0.565 8
U_6	1	0.545 1	-0.013 0	-0.107 0	-0.231 4	-0.006 4	0.004 9	0.006 4	0.259 5
	2	0.345 5	0.931 7	-0.066 9	-0.103 5	-0.339 8	-0.232 7	-0.244 5	0.252 4
	3	0.169 4	-0.004 0	0.966 7	-0.072 3	-0.002 0	0.002 9	0.002 2	0.080 0
	4	0.493 4	-0.013 6	-0.096 6	0.695 9	-0.018 1	-0.080 9	0.076 1	0.042 3
	5	0.368 0	0.114 8	-0.071 7	-0.268 0	0.935 4	-0.134 3	0.058 4	-0.052 5
	6	0.293 9	0.016 1	-0.061 0	-0.331 5	-0.040 1	0.808 3	0.150 7	-0.280 8
	7	-0.355 6	0.044 5	0.069 0	0.402 2	0.025 4	0.214 3	0.802 0	0.342 2
	8	0.180 9	0.000 4	-0.036 5	0.177 2	0.030 9	0.230 8	-0.186 4	0.603 1

本书利用历年的关系矩阵，计算出共生指数 M 值，见图 6-5，从 M 值可以看出，2006~2011 年 M 值在逐年增加，并且值都在 1 以上。M 值可用来判断城市水代谢系统水量变化所涉及的节点之间的协作情况，从结果上看不仅存在协作关系并且这种协作关系逐年增大，且节点之间的共生关系占很大比重，说明通过城市的宏观规划调整，整个水代谢系统中参与水量变化过程的各节点之间存在着较好的供需和补给关

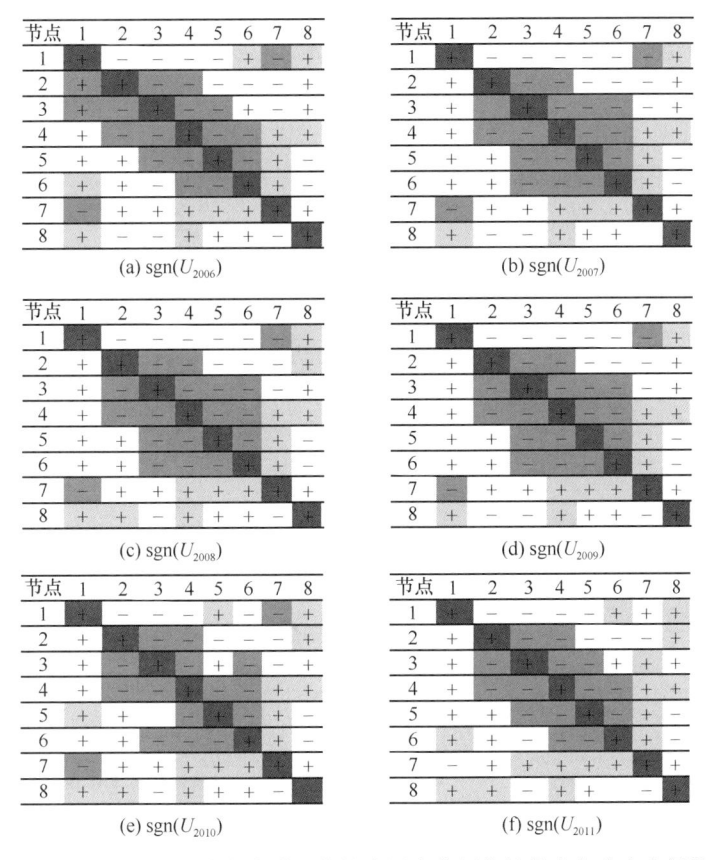

图 6-4　2006~2011 年昆明市水代谢系统的水量变化网络结构中各节点之间的关系图

系。并且随着各种措施的逐年增加、各种水资源回收利用技术的提高，昆明市水代谢系统中的水量生产者、消耗者和分解者之间互利互助，正逐年朝更有利的方向发展。

6.3.2　基于水质变化的昆明市水代谢系统内部结构分析

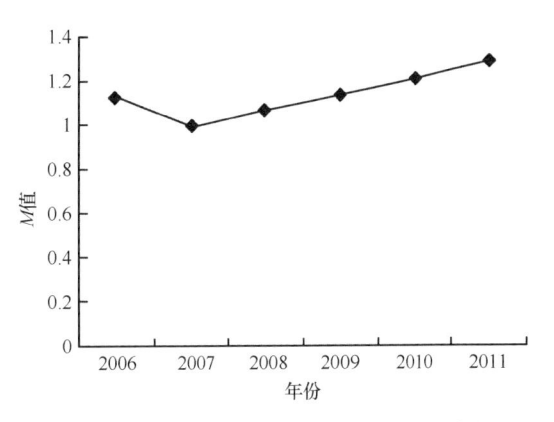

图 6-5　2006~2011 年城市水代谢系统内参与水量变化网络结构的节点之间的协作关系

依照图 6-2 中描述的水质变化网络结构概念模型，利用第 4 章中对 2006~2011 年昆明市水代谢系统中各水质变化过程计算出的灰水足迹值（表 4-2），计算得出昆明市水代谢系统的水质变化直接流矩阵，见表 6-5，$F_1 \sim F_6$ 是 2006~2011 年的各年值。其中，z_1、z_6、y_1、f_{11}、f_{12}、f_{13}、f_{14}、f_{15}、f_{16}、f_{17}、f_{18}、f_{82}、f_{84}、f_{85}、f_{86}、f_{87} 可以直接从表 4-2 中获取；剩余

流的值，需要根据表 4-2 中的数据计算得到，具体包括：z_2 值的计算是利用"工业用水污染"与"经自身污水处理设施处理减少的工业废水"的差值求得；而去除掉存储在植物和土壤中的农业污染物，实际上 z_3 值就是"农业非点源污染物进入自然环境"的值；z_4 值的计算是利用"服务业用水污染"与"经分散污水处理设施处理的服务业废水"的差值得到，z_5 同理得出；z_7 的值采用"地表降雨径流非点源污染直入自然水体"和"进入污水处理厂的含有非点源污染的雨水"加和求得。

表 6-5　昆明市水代谢系统 2006~2011 年水质变化直接流矩阵　（单位：亿 m³）

直接流矩阵	节点	1	2	3	4	5	6	7	8	T_1
F_1	1	0	4.238 0	0.528	0.281 4	34.790 0	6.870 5	7.713 1	1.170 0	78.554 1
	2	0	0	0	0	0	0	0	0	9.574 1
	3	0	0	0	0	0	0	0	0	0.528 0
	4	0	0	0	0	0	0	0	0	2.580 0
	5	0	0	0	0	0	0	0	0	78.386 7
	6	0	0	0	0	0	0	0	0	13.997 0
	7	0	0	0	0	0	0	0	0	7.849 119
	8	0	5.336 1	0	1.418 8	43.110 3	7.126 5	0.067 9	0	57.059 7
	节点	1	2	3	4	5	6	7	8	T_2
F_2	1	0	4.054 933	0.333	0.312 5	31.19	6.559	7.170 484	0.521 2	71.693 12
	2	0	0	0	0	0	0	0	0	9.445 317
	3	0	0	0	0	0	0	0	0	0.333
	4	0	0	0	0	0	0	0	0	2.933 978
	5	0	0	0	0	0	0	0	0	79.058 52
	6	0	0	0	0	0	0	0	0	14.053 67
	7	0	0	0	0	0	0	0	0	7.437 97
	8	0	5.390 384	0	1.759 725	47.432 44	7.494 667	0.133 743	0	62.210 95
	节点	1	2	3	4	5	6	7	8	T_3
F_3	1	0	3.819 013	0.749 5	0.272	27.97	6.229 4	7.540 997	0.93	69.771 91
	2	0	0	0	0	0	0	0	0	8.594 483
	3	0	0	0	0	0	0	0	0	0.749 5
	4	0	0	0	0	0	0	0	0	3.336 52
	5	0	0	0	0	0	0	0	0	81.017 61
	6	0	0	0	0	0	0	0	0	13.804
	7	0	0	0	0	0	0	0	0	7.842 752
	8	0	4.775 47	0	2.167 412	52.658 47	7.574 6	0.150 877	0	67.326 83

续表

直接流矩阵	节点	1	2	3	4	5	6	7	8	T_4
F_4	1	0	3.815 413	0.544 6	0.292 3	24.48	5.906 6	3.944 137	1.149	55.030 05
	2	0	0	0	0	0	0	0	0	7.820 263
	3	0	0	0	0	0	0	0	0	0.544 6
	4	0	0	0	0	0	0	0	0	3.794 29
	5	0	0	0	0	0	0	0	0	82.747 88
	6	0	0	0	0	0	0	0	0	13.587 07
	7	0	0	0	0	0	0	0	0	4.917 73
	8	0	4.004 85	0	2.654 939	57.920 13	7.680 467	0.486 797	0	72.747 19
	节点	1	2	3	4	5	6	7	8	T_5
F_5	1	0	0	0.572 8	0.301 7	21.95	5.389	3.773 842	1.413 9	52.885 24
	2	0	0	0	0	0	0	0	0	8.142 376
	3	0	0	0	0	0	0	0	0	0.572 8
	4	0	0	0	0	0	0	0	0	4.314 895
	5	0	0	0	0	0	0	0	0	89.013 71
	6	0	0	0	0	0	0	0	0	12.860 8
	7	0	0	0	0	0	0	0	0	8.980 89
	8	0	8.142 376	0	3.234 34	66.756 54	7.471 8	2.603 528	0	88.208 58
	节点	1	2	3	4	5	6	7	8	T_6
F_6	1	0	0	0.565 3	0.296 5	18.24	4.515 7	1.963 111	2.604 7	43.305 31
	2	0	0	0	0	0	0	0	0	7.404 242
	3	0	0	0	0	0	0	0	0	0.565 3
	4	0	0	0	0	0	0	0	0	4.906 979
	5	0	0	0	0	0	0	0	0	92.467 46
	6	0	0	0	0	0	0	0	0	12.235 53
	7	0	0	0	0	0	0	0	0	7.098 94
	8	0	7.404 242	0	3.923 934	73.969 82	7.719 833	2.567 918	0	95.585 75

(1) 代谢结构分析

同水量变化的结构网络分析计算相同，这里计算了水质变化涉及的强度流矩阵和无量纲综合流矩阵，见表 6-6 和表 6-7，$N_1 \sim N_6$ 和 $Y_1 \sim Y_6$ 表示 2006~2011 年的各年计算结果。2006~2011 年昆明市水代谢系统中水质变化过程的各节点灰水足迹所占比重可见图 6-6。同样按照生物学视角，将各节点分为生产者（各种污染源）、消费者（自然环境水系统）和分解者（集中污水处理系统）。由图 6-6 可以看出，在基准年 2011 年的生产者中，城市生活的灰水足迹所占比重是最大的，其次分别是农村生活污染源、工业污染源、城市地表径流非点源、服务业污染源及农业污染源。农业污染源的灰水足迹远小于其他污染源，也和污染物的统计有关，因为农业只能按照 TN 或 TP 进行统计（详见第 4 章内容），而此二者污染物计算出的灰水足迹值偏小。从历年的结果可以看出，集中污水处理系统的灰水足迹所占比重在逐年增加，这是由于昆明市已逐年加大了污水处理厂的建设，所以节点 8 集中废水处理系统所吸收的污染物逐年增加，所占比重必然逐年增加。集中废水处理系统的增加主要目的是缓解各种污染物对自然环境水系统的影响，减少直接排向自然环境的污染物和废污水。但是污水处理厂逐年增加的灰水足迹比重值并不与自然环境水系统灰水足迹逐年减少的比重值相等（后者非常小），这种结果说明昆明市随着人口的增加和经济的发展，污染物逐年增加，集中废水处理系统还无法满足对当前污染控制的需求。

虽然服务业污染源和城市生活污染源都存在分散污水处理设施，但是仍旧有较大量的废水直接排入河体，说明在集中污水处理无法有效实现的情况下，分散处理设施的建设还需扩大，以有效地解决服务业和城市生活污水直接排放到自然环境中所带来的不利影响。而对于农村生活污染源，由于没有运行的乡镇污水处理厂，所以灰水足迹所占比重很大，昆明市已经建成和在建乡镇污水处理厂 11 座，当前应尽快实现它们的运行以减少农村生活污染源对自然环境的影响。此外，对于灰水足迹比重占第三的工业污染源这一结果，主要是由于工业的自处理设施还不完善，产生的废水通过自处理回用的量仍比较小，且处理过的废水中污染物的浓度仍会对水体造成威胁，所以其灰水足迹所占比重仍很大，需要加强自处理设施的处理能力，同时加强污水再生回用设施的建设。

表 6-6 2006~2011 年昆明水代谢系统的水质变化网络结构中综合流强度矩阵

综合流强度矩阵	节点	1	2	3	4	5	6	7	8
N_1	1	1.000 0	0.442 7	1.000 0	0.109 1	0.443 8	0.490 9	0.991 3	0.020 5
	2	0.000 0	1.000 0	0.000 0	0.000 0	0.000 0	0.000 0	0.000 0	0.000 0
	3	0.000 0	0.000 0	1.000 0	0.000 0	0.000 0	0.000 0	0.000 0	0.000 0
	4	0.000 0	0.000 0	0.000 0	1.000 0	0.000 0	0.000 0	0.000 0	0.000 0
	5	0.000 0	0.000 0	0.000 0	0.000 0	1.000 0	0.000 0	0.000 0	0.000 0
	6	0.000 0	0.000 0	0.000 0	0.000 0	0.000 0	1.000 0	0.000 0	0.000 0
	7	0.000 0	0.000 0	0.000 0	0.000 0	0.000 0	0.000 0	1.000 0	0.000 0
	8	0.000 0	0.000 0	0.000 0	0.000 0	0.000 0	0.000 0	0.000 0	1.000 0
N_2	1	1.000 0	0.429 3	1.000 0	0.106 5	0.394 5	0.466 7	0.981 7	0.008 4
	2	0.000 0	1.000 0	0.000 0	0.000 0	0.000 0	0.000 0	0.000 0	0.000 0
	3	0.000 0	0.000 0	1.000 0	0.000 0	0.000 0	0.000 0	0.000 0	0.000 0
	4	0.000 0	0.000 0	0.000 0	1.000 0	0.000 0	0.000 0	0.000 0	0.000 0
	5	0.000 0	0.000 0	0.000 0	0.000 0	1.000 0	0.000 0	0.000 0	0.000 0
	6	0.000 0	0.000 0	0.000 0	0.000 0	0.000 0	1.000 0	0.000 0	0.000 0
	7	0.000 0	0.000 0	0.000 0	0.000 0	0.000 0	0.000 0	1.000 0	0.000 0
	8	0.000 0	0.000 0	0.000 0	0.000 0	0.000 0	0.000 0	0.000 0	1.000 0

续表

综合流强度矩阵	节点	1	2	3	4	5	6	7	8
N_3	1	1.0000	0.4444	1.0000	0.0815	0.3452	0.4513	0.9804	0.0138
	2	0.0000	1.0000	0.0000	0.0000	0.0000	0.0000	0.0000	0.0000
	3	0.0000	0.0000	1.0000	0.0000	0.0000	0.0000	0.0000	0.0000
	4	0.0000	0.0000	0.0000	1.0000	0.0000	0.0000	0.0000	0.0000
	5	0.0000	0.0000	0.0000	0.0000	1.0000	0.0000	0.0000	0.0000
	6	0.0000	0.0000	0.0000	0.0000	0.0000	1.0000	0.0000	0.0000
	7	0.0000	0.0000	0.0000	0.0000	0.0000	0.0000	1.0000	0.0000
	8	0.0000	0.0000	0.0000	0.0000	0.0000	0.0000	0.0000	1.0000
N_4	1	1.0000	0.4879	1.0000	0.0770	0.2958	0.4347	0.8901	0.0158
	2	0.0000	1.0000	0.0000	0.0000	0.0000	0.0000	0.0000	0.0000
	3	0.0000	0.0000	1.0000	0.0000	0.0000	0.0000	0.0000	0.0000
	4	0.0000	0.0000	0.0000	1.0000	0.0000	0.0000	0.0000	0.0000
	5	0.0000	0.0000	0.0000	0.0000	1.0000	0.0000	0.0000	0.0000
	6	0.0000	0.0000	0.0000	0.0000	0.0000	1.0000	0.0000	0.0000
	7	0.0000	0.0000	0.0000	0.0000	0.0000	0.0000	1.0000	0.0000
	8	0.0000	0.0000	0.0000	0.0000	0.0000	0.0000	0.0000	1.0000
N_5	1	1.0000	0.0000	1.0000	0.0699	0.2466	0.4190	0.5918	0.0160
	2	0.0000	1.0000	0.0000	0.0000	0.0000	0.0000	0.0000	0.0000
	3	0.0000	0.0000	1.0000	0.0000	0.0000	0.0000	0.0000	0.0000
	4	0.0000	0.0000	0.0000	1.0000	0.0000	0.0000	0.0000	0.0000
	5	0.0000	0.0000	0.0000	0.0000	1.0000	0.0000	0.0000	0.0000
	6	0.0000	0.0000	0.0000	0.0000	0.0000	1.0000	0.0000	0.0000
	7	0.0000	0.0000	0.0000	0.0000	0.0000	0.0000	1.0000	0.0000
	8	0.0000	0.0000	0.0000	0.0000	0.0000	0.0000	0.0000	1.0000
N_6	1	1.0000	0.0000	1.0000	0.0604	0.1973	0.3691	0.4333	0.0272
	2	0.0000	1.0000	0.0000	0.0000	0.0000	0.0000	0.0000	0.0000
	3	0.0000	0.0000	1.0000	0.0000	0.0000	0.0000	0.0000	0.0000
	4	0.0000	0.0000	0.0000	1.0000	0.0000	0.0000	0.0000	0.0000
	5	0.0000	0.0000	0.0000	0.0000	1.0000	0.0000	0.0000	0.0000
	6	0.0000	0.0000	0.0000	0.0000	0.0000	1.0000	0.0000	0.0000
	7	0.0000	0.0000	0.0000	0.0000	0.0000	0.0000	1.0000	0.0000
	8	0.0000	0.0000	0.0000	0.0000	0.0000	0.0000	0.0000	1.0000

表 6-7　2006~2011 年昆明水代谢系统的水质变化网络结构中无量纲综合流矩阵和比重值

无量纲综合流矩阵	节点	1	2	3	4	5	6	7	8
Y_1	1	78.554 1	4.238 0	0.528 0	0.281 4	34.790 0	6.870 5	7.713 2	1.170 0
	2	0.000 0	9.574 2	0.000 0	0.000 0	0.000 0	0.000 0	0.000 0	0.000 0
	3	0.000 0	0.000 0	0.528 0	0.000 0	0.000 0	0.000 0	0.000 0	0.000 0
	4	0.000 0	0.000 0	0.000 0	2.580 0	0.000 0	0.000 0	0.000 0	0.000 0
	5	0.000 0	0.000 0	0.000 0	0.000 0	78.386 7	0.000 0	0.000 0	0.000 0
	6	0.000 0	0.000 0	0.000 0	0.000 0	0.000 0	13.997 1	0.000 0	0.000 0
	7	0.000 0	0.000 0	0.000 0	0.000 0	0.000 0	0.000 0	7.781 2	0.000 0
	8	0.000 0	0.000 0	0.000 0	0.000 0	0.000 0	0.000 0	0.000 0	57.059 8
	y_j	78.554 1	13.812 2	1.056 0	2.861 4	113.176 7	20.867 6	15.494 3	58.229 8
	W_1	0.258 357	0.045 427	0.003 473	0.009 411	0.372 228	0.068 632	0.050 959	0.191 512
Y_2	1	71.693 1	4.054 9	0.333 0	0.312 5	31.190 0	6.559 0	7.170 5	0.521 2
	2	0.000 0	9.445 3	0.000 0	0.000 0	0.000 0	0.000 0	0.000 0	0.000 0
	3	0.000 0	0.000 0	0.333 0	0.000 0	0.000 0	0.000 0	0.000 0	0.000 0
	4	0.000 0	0.000 0	0.000 0	2.934 0	0.000 0	0.000 0	0.000 0	0.000 0
	5	0.000 0	0.000 0	0.000 0	0.000 0	79.058 5	0.000 0	0.000 0	0.000 0
	6	0.000 0	0.000 0	0.000 0	0.000 0	0.000 0	14.053 7	0.000 0	0.000 0
	7	0.000 0	0.000 0	0.000 0	0.000 0	0.000 0	0.000 0	7.304 2	0.000 0
	8	0.000 0	0.000 0	0.000 0	0.000 0	0.000 0	0.000 0	0.000 0	62.211 0
	y_j	71.693 1	13.500 3	0.666 0	3.246 5	110.248 5	20.612 7	14.474 7	62.732 2
	W_2	0.241 250	0.045 429	0.002 241	0.010 925	0.370 990	0.069 362	0.048 708	0.211 096
Y_3	1	69.771 9	3.819 0	0.749 5	0.272 0	27.970 0	6.229 4	7.541 0	0.930 0
	2	0.000 0	8.594 5	0.000 0	0.000 0	0.000 0	0.000 0	0.000 0	0.000 0
	3	0.000 0	0.000 0	0.749 5	0.000 0	0.000 0	0.000 0	0.000 0	0.000 0
	4	0.000 0	0.000 0	0.000 0	3.336 5	0.000 0	0.000 0	0.000 0	0.000 0
	5	0.000 0	0.000 0	0.000 0	0.000 0	81.017 6	0.000 0	0.000 0	0.000 0
	6	0.000 0	0.000 0	0.000 0	0.000 0	0.000 0	13.804 0	0.000 0	0.000 0
	7	0.000 0	0.000 0	0.000 0	0.000 0	0.000 0	0.000 0	7.691 9	0.000 0
	8	0.000 0	0.000 0	0.000 0	0.000 0	0.000 0	0.000 0	0.000 0	67.326 8
	y_j	69.771 9	12.413 5	1.499 0	3.608 5	108.987 6	20.033 4	15.232 9	68.256 8
	W_3	0.232 725	0.041 405	0.005 000	0.012 036	0.363 530	0.066 822	0.050 809	0.227 672
Y_4	1	55.030 0	3.815 4	0.544 6	0.292 3	24.480 0	5.906 6	3.944 1	1.149 0
	2	0.000 0	7.820 3	0.000 0	0.000 0	0.000 0	0.000 0	0.000 0	0.000 0
	3	0.000 0	0.000 0	0.544 6	0.000 0	0.000 0	0.000 0	0.000 0	0.000 0
	4	0.000 0	0.000 0	0.000 0	3.794 3	0.000 0	0.000 0	0.000 0	0.000 0

续表

无量纲综合流矩阵	节点	1	2	3	4	5	6	7	8
Y_4	5	0.0000	0.0000	0.0000	0.0000	82.7479	0.0000	0.0000	0.0000
	6	0.0000	0.0000	0.0000	0.0000	0.0000	13.5871	0.0000	0.0000
	7	0.0000	0.0000	0.0000	0.0000	0.0000	0.0000	4.4309	0.0000
	8	0.0000	0.0000	0.0000	0.0000	0.0000	0.0000	0.0000	72.7472
	y_j	55.0300	11.6357	1.0892	4.0866	107.2279	19.4937	8.3751	73.8962
	W_4	0.195952	0.041433	0.003878	0.014552	0.381819	0.069413	0.029822	0.263131
Y_5	1	52.8852	0.0000	0.5728	0.3017	21.9500	5.3890	3.7738	1.4139
	2	0.0000	8.1424	0.0000	0.0000	0.0000	0.0000	0.0000	0.0000
	3	0.0000	0.0000	0.5728	0.0000	0.0000	0.0000	0.0000	0.0000
	4	0.0000	0.0000	0.0000	4.3149	0.0000	0.0000	0.0000	0.0000
	5	0.0000	0.0000	0.0000	0.0000	89.0137	0.0000	0.0000	0.0000
	6	0.0000	0.0000	0.0000	0.0000	0.0000	12.8608	0.0000	0.0000
	7	0.0000	0.0000	0.0000	0.0000	0.0000	0.0000	6.3774	0.0000
	8	0.0000	0.0000	0.0000	0.0000	0.0000	0.0000	0.0000	88.2086
	y_j	52.8852	8.1424	1.1456	4.6166	110.9637	18.2498	10.1512	89.6225
	W_5	0.178801	0.027529	0.003873	0.015608	0.375160	0.061701	0.034320	0.303007
Y_6	1	43.3053	0.0000	0.5653	0.2965	18.2400	4.5157	1.9631	2.6047
	2	0.0000	7.4042	0.0000	0.0000	0.0000	0.0000	0.0000	0.0000
	3	0.0000	0.0000	0.5653	0.0000	0.0000	0.0000	0.0000	0.0000
	4	0.0000	0.0000	0.0000	4.9070	0.0000	0.0000	0.0000	0.0000
	5	0.0000	0.0000	0.0000	0.0000	92.4675	0.0000	0.0000	0.0000
	6	0.0000	0.0000	0.0000	0.0000	0.0000	12.2355	0.0000	0.0000
	7	0.0000	0.0000	0.0000	0.0000	0.0000	0.0000	4.5310	0.0000
	8	0.0000	0.0000	0.0000	0.0000	0.0000	0.0000	0.0000	95.5858
	y_j	43.3053	7.4042	1.1306	5.2035	110.7075	16.7512	6.4941	98.1905
	W_6	0.149749	0.025604	0.003910	0.017993	0.382823	0.057925	0.022457	0.339540

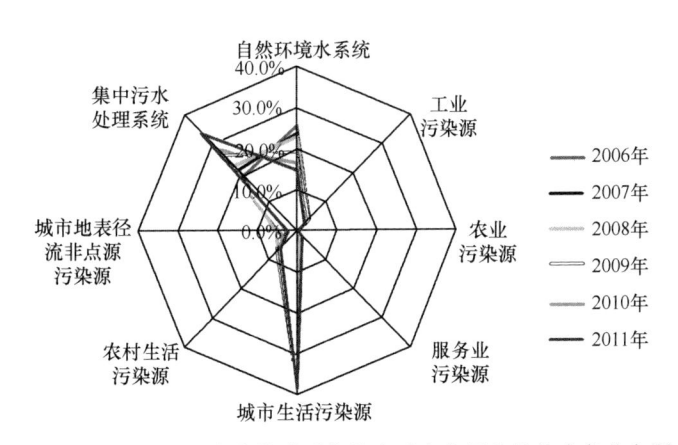

图6-6 2006~2011年昆明市水代谢系统的水质变化网络结构中各节点所占比重

(2) 代谢关系分析

采用生态网络分析中的利用分析方法，对昆明市水代谢系统中水质变化网络结构中各节点的关系进行分析，见图6-7和表6-8。从历年各节点的相互关系上看，仅有节点7与节点4的关系及节点3和节点2的关系发生了变化，前者从（+，+）共生关系变成（-，-）竞争关系，后者从（-，-）竞争关系变成（+，+）共生关系，这主要与这些节点之间的水质变化情况有关。

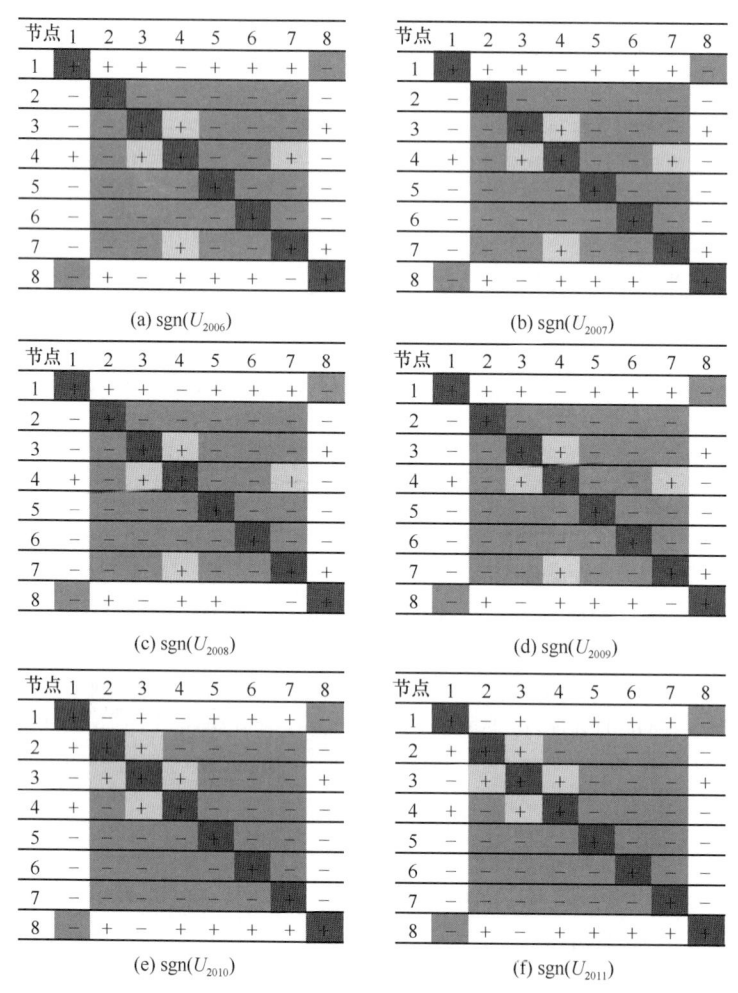

图6-7 2006~2011年昆明市水代谢系统的水质变化网络结构中各节点之间的关系图

最初节点7向节点1"提供"的灰水足迹量比较多，随着污水处理厂处理雨水的量逐年增加，节点7向节点8"提供"的灰水足迹量剧增。而节点4对节点1"提供"的灰水足迹量虽然变化较小，却对节点8"提供"的量在逐年增加，由于二者同时增加了对节点8供给灰水足迹的量，所以它们的关系变成了竞争关系。

表 6-8　2006~2011 年昆明水代谢系统中水质变化网络结构的综合利用矩阵

综合利用矩阵	节点	1	2	3	4	5	6	7	8
U_1	1	0.783 6	0.027 8	0.005 3	-0.001 1	0.229 7	0.049 1	0.076 8	-0.155 3
	2	-0.216 1	0.958 6	-0.001 5	-0.008 7	-0.335 9	-0.058 6	-0.021 6	-0.317 9
	3	-0.783 6	-0.027 8	0.994 7	0.001 1	-0.229 7	-0.049 1	-0.076 8	0.155 3
	4	0.043 5	-0.031 7	0.000 3	0.991 1	-0.256 2	-0.041 7	0.003 8	-0.364 6
	5	-0.218 8	-0.041 0	-0.001 5	-0.008 6	0.666 9	-0.058 2	-0.021 9	-0.312 6
	6	-0.265 2	-0.040 2	-0.001 8	-0.007 8	-0.326 7	0.942 2	-0.026 4	-0.277 0
	7	-0.774 7	-0.028 0	-0.005 2	0.000 9	-0.231 4	-0.049 3	0.924 1	0.147 8
	8	-0.234 5	0.052 2	-0.001 6	0.016 4	0.420 3	0.066 1	-0.022 2	0.693 8
U_2	1	0.796 9	0.030 3	0.003 7	-0.001 3	0.216 9	0.052 4	0.079 3	-0.170 2
	2	-0.225 4	0.960 3	-0.001 0	-0.009 8	-0.335 3	-0.058 1	-0.023 2	-0.311 2
	3	-0.796 9	-0.030 3	0.996 3	0.001 3	-0.216 9	-0.052 4	-0.079 3	0.170 2
	4	0.037 8	-0.031 3	0.000 2	0.989 3	-0.277 6	-0.043 0	0.003 0	-0.385 7
	5	-0.191 7	-0.040 0	-0.000 9	-0.010 4	0.659 8	-0.058 1	-0.019 9	-0.336 8
	6	-0.262 8	-0.039 1	-0.001 2	-0.009 1	-0.327 6	0.942 3	-0.026 9	-0.279 6
	7	-0.778 1	-0.030 6	-0.003 6	0.001 0	-0.220 7	-0.052 6	0.922 5	0.154 8
	8	-0.204 6	0.046 8	-0.001 0	0.018 2	0.424 4	0.062 4	-0.019 0	0.673 4
U_3	1	0.803 4	0.032 4	0.008 6	-0.002 1	0.194 4	0.053 4	0.086 5	-0.163 2
	2	-0.255 4	0.965 5	-0.002 7	-0.010 3	-0.328 4	-0.055 3	-0.028 3	-0.288 9
	3	-0.803 4	-0.032 4	0.991 4	0.002 1	-0.194 4	-0.053 4	-0.086 5	0.163 2
	4	0.053 2	-0.026 1	0.000 6	0.987 0	-0.298 7	-0.041 3	0.004 8	-0.409 2
	5	-0.158 6	-0.034 7	-0.001 7	-0.012 4	0.649 9	-0.055 4	-0.018 0	-0.366 4
	6	-0.262 3	-0.034 4	-0.002 8	-0.010 1	-0.326 7	0.944 7	-0.029 0	-0.283 3
	7	-0.784 1	-0.032 5	-0.008 4	0.001 7	-0.199 1	-0.053 4	0.915 6	0.147 3
	8	-0.182 8	0.036 1	-0.002 0	0.020 2	0.435 5	0.056 9	-0.018 3	0.650 5
U_4	1	0.828 6	0.046 2	0.008 2	-0.002 8	0.211 4	0.068 1	0.058 1	-0.197 4
	2	-0.319 8	0.965 2	-0.003 2	-0.010 1	-0.325 5	-0.058 6	-0.024 5	-0.230 2
	3	-0.828 6	-0.046 6	0.991 8	0.002 8	-0.211 4	-0.068 1	-0.058 1	0.197 4
	4	0.051 6	-0.020 1	0.000 5	0.984 5	-0.320 1	-0.040 0	0.000 8	-0.430 9
	5	-0.129 6	-0.030 3	-0.001 3	-0.014 2	0.633 5	-0.054 9	-0.011 9	-0.387 9
	6	-0.266 9	-0.033 6	-0.002 6	-0.011 4	-0.337 4	0.942 4	-0.021 0	-0.274 6
	7	-0.719 4	-0.044 1	-0.007 1	0.000 0	-0.235 9	-0.066 1	0.949 1	0.105 7
	8	-0.165 0	0.023 7	-0.001 6	0.022 4	0.434 2	0.049 6	-0.007 6	0.637 6
U_5	1	0.875 0	-0.017 4	0.009 5	-0.001 9	0.220 4	0.073 2	0.056 9	-0.188 7
	2	0.129 2	0.944 6	0.001 4	-0.021 3	-0.400 3	-0.037 6	-0.008 5	-0.599 7

续表

综合利用矩阵	节点	1	2	3	4	5	6	7	8
U_5	3	-0.875 0	0.017 4	0.990 5	0.001 9	-0.220 4	-0.073 2	-0.056 9	0.188 7
	4	0.035 7	-0.040 3	0.000 4	0.984 2	-0.315 4	-0.033 3	-0.010 3	-0.436 4
	5	-0.118 9	-0.037 2	-0.001 3	-0.015 5	0.645 5	-0.046 3	-0.020 4	-0.403 2
	6	-0.291 6	-0.024 9	-0.003 2	-0.011 5	-0.324 9	0.947 5	-0.028 8	-0.269 4
	7	-0.465 1	-0.012 3	-0.005 0	-0.007 5	-0.293 8	-0.058 7	0.962 9	-0.133 2
	8	-0.129 2	0.055 4	-0.001 4	0.021 3	0.400 3	0.037 7	0.008 5	0.599 7
U_6	1	0.902 5	-0.014 6	0.011 8	-0.001 5	0.234 7	0.078 9	0.035 9	-0.187 9
	2	0.112 5	0.955 0	0.001 5	-0.023 1	-0.401 7	-0.035 1	-0.010 5	-0.580 4
	3	-0.902 5	0.014 6	0.988 2	0.001 5	-0.234 7	-0.078 9	-0.035 9	0.187 9
	4	0.035 4	-0.035 1	0.000 5	0.981 7	-0.335 4	-0.032 9	-0.010 6	-0.452 7
	5	-0.088 0	-0.033 1	-0.001 1	-0.018 1	0.632 3	-0.043 7	-0.015 5	-0.427 1
	6	-0.262 1	-0.023 0	-0.003 4	-0.014 0	-0.340 1	0.948 7	-0.019 9	-0.296 8
	7	-0.327 2	-0.019 2	-0.004 3	-0.012 1	-0.329 4	-0.054 1	0.978 5	-0.247 5
	8	-0.112 5	0.045 0	-0.001 5	0.023 1	0.401 7	0.035 1	0.010 5	0.580 4

在2010年，节点2已不再向节点1直接排入污染物，导致该过程的灰水足迹值为0，这个改变对整个水质变化的网络结构产生非常大的影响。由于节点2不再向节点1"提供"灰水足迹，而提高了向节点8"提供"灰水足迹的份额，而节点3只向节点1"提供"灰水足迹，并不向节点8"提供"，因而两个节点没有竞争关系，所有它们到2010年和2011年时，变成了共生关系。

其他节点之间的关系没有变化，其中，由于节点3向节点1"提供"灰水足迹的量比较少，而节点4相比其他的节点对节点1"提供"的灰水足迹也很少，所以它们之间的关系一直是共生关系，彼此之间并不影响对方向节点1"提供"灰水足迹。而其他节点之间所成的竞争关系，主要是它们都向节点1或者节点8"提供"灰水足迹所致，如节点2和节点5，这里不再分别细述。

节点8与节点1是竞争关系，是因为其他节点都同时向它们"提供"灰水足迹，两个节点在网络结构中所处的作用是相同的。

节点1与节点2和节点4的关系为被利用关系，与节点3、5、6、7、8的关系为利用关系；节点8与节点2、4、5、6、7为利用关系，与节点3为被利用关系。这些关系主要受到间接流的影响，并且与节点之间的代表水质变化的灰水足迹值的大小相关，这里不做过多解释，可参考前人的相关研究结论。

同样对整个水质变化的网络结构中节点之间的协作关系 M 值进行计算，见图6-8，可以看出，M 值先增大后又逐年减少，并且历年的值都小于1，说明昆明市水代谢系统中参与水质变化代谢过程的节点之间的协作性较差，存在高度的竞争关系，这是因为作为生产者的各个污染源排放的污染量太大，分解者污水处理设施无法有效地对污染物进行处理，导致消费者自然环境水系承受很大的污染危害。

从以上的水量和水质变化的两个网络结构的研究结果上看，在基准年昆明市水代谢系统内部的网络结构存在着问题，而导致问题的根源主要是因为水质变化构成的网络结构内的节点之间没有好的协作关系，即参加水质变化的各个组分中，各种污染源所产生的污染量巨大，并且存在向自然环境直接排放污染物和废污水的情况，而污水处理设施并没有有效地控制污染物，导致其对自然界的影响非常严重。同时，污水处理设施无法处理的污染源也影响着自然界的水体，且影响较大。比如，大气干湿沉降和降水径流带来的非点源污染。这些问题的存在严重影响了昆明市水代谢系统内水体在代谢过程中实现水质补充的能力。而在水量变化构成的网络结构中，昆明市当前参与水量变化的各个组分之间存在较好的协作和共生关系，促使水量的补充得以较好的进行。但是，前面的章节中已经提到，城市水代谢系统的代谢效果不能仅从水量一个方面来判断，量得以补充，但是水质较差的话，仍不能为人类活动所使用，也会导致水体慢慢消失。因而，从本章的分析结果来看，昆明市水代谢系统内部现有的组分结构存在问题，促使整个系统不能健康运行。

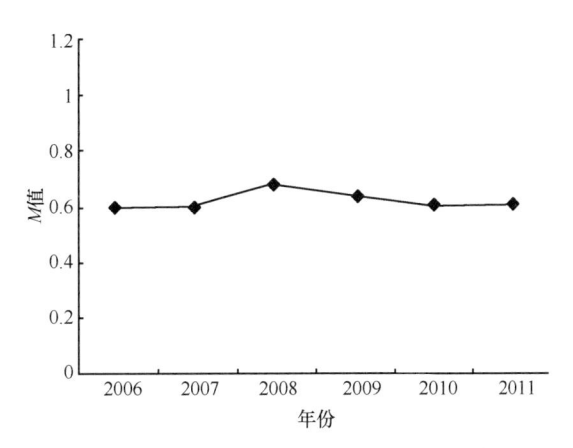

图 6-8　2006~2011 年城市水代谢系统内参与水质变化网络结构的节点之间的协作关系

第 7 章 城市水代谢系统模拟仿真与措施优化设计——以昆明市为例

本书的目的是优化设计城市水代谢系统,以在未来的发展需求下促进城市内部水体不断再生并实现可持续利用,为制订相关规划的决策者提供参考依据。在前面的章节中已对如何评估城市水代谢系统的内容和方法进行了研究,并以昆明市为例进行了实际的核算和分析。从分析结果上看,无论是昆明市水代谢系统边界的代谢情况,还是系统内部组分之间的相互关系所得出的结果,都存在导致整个昆明市水代谢系统趋向紊乱的原因,这样下去,在未来的人口和经济的发展下,用水和排污量都将增加这一事实将对昆明市的水代谢系统造成更大的压力,因而,本书提出并分析了适合昆明市在未来实施的相应措施,以有效应对导致昆明市水代谢系统紊乱的具体问题。

但是,昆明市的未来发展与这些措施的效果是否可以实现昆明市水代谢系统的健康运行,是需要详细地分析和验证的,因此,本章计划采用综合模型来模拟、预测昆明市水代谢系统未来的发展情况,并分析应对水代谢系统当前问题的各种措施的应用效果,以此为昆明市水代谢系统可持续发展提供一些建议。

模型的模拟时间为 2006~2022 年,共分两个阶段:第一阶段是建模和验证阶段,为 2006~2011 年;第二阶段为预测和调整阶段,为 2012~2022 年,基准年为 2011 年。

本章首先研究能够模拟城市水代谢系统的综合模拟预测模型,具体内容如下。

7.1 城市水代谢系统模拟仿真模型

7.1.1 城市水代谢系统模拟仿真模型研究进展

优化研究城市水代谢系统涉及多个方面的内容,这些方面包含了导致水质和水量变化的各个过程,如水供给过程、污染物排放过程、污水处理过程等,而这些过程中水量和水质的变化情况需要采用各种模型运算得出。这就需要一种综合分析手段或者综合模型,来同时解决需要研究的问题。从对城市水代谢系统的内涵和结构的分析可以看出,系统的优化研究与社会经济发展及用水和排污情况是分不开的。一般地,研究水体污染情况可以采用水动力学和水质模型进行评估(Hosoi et al., 1996; Kamal et al., 1999; Muhammetoglu et al., 2005),如 WASP 模型、MIKE11 模型。但是这些模型并不能模拟社会、经济和环境之间的关系,可以评估社会经济的模型如投入产出模型(Yoo and Yang, 1999; Lang et al., 2007; Okadera et al., 2006)、费用效益分析方法(Hutton et al., 2007; Simonovic, 2002; Chen et al., 2004)、水环境承载力方法(Davies and Simonovic, 2011)。但是以上这些模型和方法却很难用于模拟河流中污染物的行径。由此可知,单独以一类模型对城市水代谢系统进行研究都具有一定的限制。

本书在前人研究的基础上发现,一些综合管理水系统的模型和框架可用于评估社会经济给水资源和水环境带来的影响(Maheepala et al., 2005; Sieber et al., 2007; Liu et al., 2008)。通过比较认为 Qin 等(2011)提出的综合 SD 模型和水环境模型的耦合模型(SyDWEM)可以满足对城市水代谢系统研究的大部分需求,适合用来评估城市水代谢系统的未来发展情况。该模型可以很好地描绘社会经济系统、水的基础设施和受纳水体在快速的城市化进程中相互的作用关系(Qin et al., 2013),因此适合用在城市水代谢系统研究中。这个综合模型由三个子系统组成,包括:社会经济系统、水的基础设施系统和受纳水体系统,其中社会经济系统被进一步分为人口/生产总值模块和水需求/污染物产生模块;水的基础设施系统包括水供给模块、排水和污水处理厂模块;受纳水体系统是由河流和河口的水质模拟模型组成的。该综合模型用于研究人类发展对水环境的影响,可以通过具体的指标得出,并且该综合模型是以 SD 模型作为平台来耦合各个子模型,既具有细节研究中的准确性,又可以客观地把握全局,因而,本书考虑采用该模型模拟城市水代谢系统行为,针对城市水代谢系统的特点和所采用案例的实际情况修改原模型再进行研究。

7.1.2 系统动力学方法

系统动力学(system dynamics, SD)是由麻省理工学院的 Jay W. Forrester 教授为首的 SD 小组于 1956 年创立的(Forrester, 1961)。它是以反馈控制理论为基础,以仿真技术为手段来模拟复杂系统的动态行为。该方法强调从系统的整体结构来考虑,构造和定量分析系统中各组成要素之间的相互关系,最后通过模拟显示系统的组成结构等情况,以揭示系统变化的本质规律和整体的动态运行机制;它可以处理不同尺度的问题,并描述子系统之间的反馈关系及系统与外界环境之间的关系;由于其适于研究与公共管理问题相关的城市和区域尺度的人口、农业、资源、经济等问题(Meadows et al., 1972),因此可作为一个综合平台用于模拟经济增长、人口扩充、水资源发展和水环境污染之间的关系(Simonovic, 2002),却不能用于研究详细的问题,如研究受纳水体在时间和空间尺度上水质变化的问题(Ahmad and Simonovic, 2004)。

由于城市水代谢系统涉及自然环境和社会经济状况,具有复杂性,它的自然水代谢和社会水代谢中存在的多个子系统并非线性系统,而是具有复杂的非线性关系,以简单的时间序列模型难以准确描述这种复杂的非线性关系。与此相反,系统动力学在面对复杂的实际问题时,可以从所研究系统的微观结构入手,建立仿真模型对模型实施不同的策略情景,通过模拟仿真来展示系统宏观运行状况并寻求问题解决的最优方案(王其藩, 1988)。在基础数据不全及定量表达式难以建立的情况下,系统动力学也可以对研究系统的整体变化趋势进行预测。它以定性和定量相结合的方法构造研究系统的基本结构,使系统内不确定因素尽可能"白化",通过对研究系统的概化、适当地处理以模拟研究系统的动态行为,使所研究的问题可以逐渐地被研究者操控。基于系统动力学的特点和研究问题的具体情况，系统动力学在本书的研究中作为综合平台耦合每个单独模块（Coyle，2000）。

7.2 SD 与水环境质量耦合模型概述

由于城市水代谢系统是一个涉及人口、经济、资源和环境等多种因素，并且系统内部各因素之间存在相互影响又相互制约的、复杂的、多层次的关系，必须进行综合的研究以协调人口、经济、水资源与水环境之间的相互关系，需要根据各因素之间的联系及内部结构来构建模拟昆明市水代谢系统的综合模拟模型。

该综合模型是在 Qin 等提出的 SyDWM 综合模型基础上得来的，本书修改了原有模型的水供给模块和水质模拟模块，以更好地对昆明市水代谢系统展开研究，具体如下。

7.2.1 模型中包含的独立模块

(1) 人口-GRP 模块

在研究城市化进程快速发展下的经济状况时，Qin 建议可以使用预测增长的 Cobb-Douglas 生产函数来评估国内或者区域尺度下的生产总值（Holz，2005），即可表示出经济状况。

$$\hat{Y}_t = c + b_L \hat{L}_t + b_K \hat{K}_t \tag{7-1}$$

$$\hat{L}_t = \frac{(L_t - L_{t-1})}{L_{t-1}} \tag{7-2}$$

$$L_t = \frac{Y_t}{\mathrm{GL}_t} \tag{7-3}$$

$$Y_t = Y_{t-1}(1 + \hat{Y}_t) \tag{7-4}$$

将式（7-3）代入式（7-2）整理后，将式（7-4）再代入整理后的公式得到下面的公式：

$$\hat{L}_t = \frac{\mathrm{GL}_{t-1}}{\mathrm{GL}_t} \hat{Y}_t + \left(\frac{\mathrm{GL}_{t-1}}{\mathrm{GL}_t} - 1\right) \tag{7-5}$$

将式（7-5）代入式（7-1）中，得到如下公式：

$$\hat{Y}_t = \frac{c + b_L\left(\dfrac{\mathrm{GL}_{t-1}}{\mathrm{GL}_t} - 1\right) + b_K \hat{K}_t}{1 - b_L \times \mathrm{GL}_{t-1}/\mathrm{GL}_t} \tag{7-6}$$

式中，Y_t、L_t 和 K_t 分别为第 t 年的 GRP、劳动力和资本存量情况；t 为时间；$\hat{Y}_t$、$\hat{K}_t$、$\hat{L}_t$、$\hat{Y}$ 为增长率；b_L、b_K 和 c 为劳动产出弹性系数、资本产出弹性系数和技术进步系数；GL_t 是劳均 GRP（或为生产效率）。

按照第一产业、第二产业和第三产业分别研究生产总值，并根据本章的研究意图，将第二产业进一步细分为劳动密集型、技术密集型和资本密集型的第二产业（这三种类别下

所包括的行业是依照我国对第二产业的划分方式进行分类的)。所以 GL_t 值的计算公式为

$$GL_t = 1 / \sum_i \left(\frac{IS_{ti}}{GL_{ti}} \right) \quad (7-7)$$

式中,IS_{ti} 代表在第 t 年里第 i 个第二产业部门占 GRP 的比重 (指按照第二产业划分类型细分后的采矿、造纸、食品加工等行业);GL_{ti} 表示第 t 年时第 i 个工业劳均 GRP。不同行业的劳均 GRP 可通过某个国家或者地区内的指数增长模型估算出来,本书直接采用前人已得出的结果 (CBGGDC,2008)。

资本存量 K_t 可通过 Perpetual Inventory Method 估算,即

$$K_t = K_{t-1}(1 - \delta') + I_t \quad (7-8)$$

式中,I_t 是第 t 年的净投资 (亿元),I_t 可以使用固定资产投资、资本形成总额或者固定资本形成总值等方法确定;δ' 是折旧率。得到 $\hat{Y}_t$ 值,则根据式 (7-4) 即可知道第 t 年 GRP 的发展情况。

一般来讲,城市的出生率、死亡率和迁移情况都是人口增长的主要决定因素。在城市化快速发展的进程中,迁移人口是占很大比重的。所以人口变化的预测根据城市经济发展的劳动力需求模拟得出:

$$Pop_t = L_t \times PL_t \quad (7-9)$$

式中,Pop_t 是第 t 年研究区域人口的发展情况 (万人);PL_t 是第 t 年研究区域的人口与劳动力数量的比例。

以上的人口-GRP 模型可用来预测研究区域中长期的 GRP 和人口增长情况,也能评估产业结构调整的效果和劳动生产力提高对年度 GRP 和人口变化的影响。

(2) 用水需求和污染物产生模块

该模块评估不同的使用者对水的需求及污染物产生的情况。用水需求模块包括:家庭生活用水需求,第一产业、第二产业和第三产业经济发展用水需求。

家庭生活用水包括厨房、坐便冲刷、洗衣和洗澡用水,可以通过人口规模和人均水消耗量来估算;产业经济发展的用水需求可以用函数表达,包括不同产业部门的 GRP 和不同产业的单位 GRP 用水量 (水使用效率)。因此,整个 GRP 的水使用效率受到产业结构的影响。家庭生活和产业经济发展用水可用下列公式表达:

$$RWD_t = Pop_t \times 10^4 \times WDPC_t \quad (7-10)$$

$$EWD_t = \sum_i (IS_{ti} \times GRP \times WG_{ti}) \quad (7-11)$$

式中,RWD_t 和 EWD_t 分别为第 t 年的家庭生活和产业经济发展用水需求 (m^3);$WDPC_t$ 是第 t 年的人均水消耗 (m^3/人);WG_{ti} 是第 t 年第 i 个产业的单位 GRP 用水需求 (m^3/万元)。

在污染物产生模型中,有两个主要来源需要考虑,分别是家庭生活 (通常在污染普查统计时常将第三产业的污染物排放情况与生活污染源排放情况统计到一起,作为家庭生活的污染源排放情况,因而模型中的家庭活动也包含第三产业的污染物产生情况) 和第二产业。来自家庭生活的污染物根据人口规模和人均污染负荷情况估算。来自第二产业的污染

物根据 GRP 和单位 GRP 污染负荷估算出来。两个模型表述如下：

$$RPL_t = Pop_t \times 10^4 \times PLPC_t \tag{7-12}$$

$$EPL_t = \sum_i (IS_{ti} \times GRP \times GP_{ti}) \tag{7-13}$$

式中，RPL_t 和 EPL_t 分别代表第 t 年的家庭生活和产业经济污染负荷（t）；$PLPC_t$ 是第 t 年的人均污染负荷（t/人）；GP_{ti} 是第 t 年第二产业中第 i 个行业的单位 GRP 污染负荷（t/万元）。

这个模型可用来分析调整工业结构和用水效率的效果，以及用来评估每年的用水需求和污染物产生带来的影响。

（3）水供给模块

该模块用来估算研究区域内总的水供给和潜在的水供给情况。供给水源如当地水源、再生污水的再利用、雨水资源化利用和区域外调来的水量。这些水源的供给情况可以从当地的水资源开发率、再生废水再使用率、雨水收集利用率和调水的水量配额上估算出来。此处在原有的模块上增加了雨水资源化利用研究，将雨水也作为潜在的供给水源，采用雨水利用率估算雨水的使用情况。这里需要说明的是：计算的雨水资源化利用量仅针对收集到的雨水量进行研究，而对于雨水调蓄情况不作细致考虑，主要由于雨水调蓄涉及暴雨强度、降雨历时等不确定因素，且雨水通过调蓄池直接补给地下水，与直接可替代当地水源的雨水回收利用量不同。除雨水收集利用量外的其他水体利用情况可简单地通过乘以系数确定，不作细致描述，雨水收集量采用如下公式得出：

$$RHQ_t = H_t \times (A_t^1 \times \alpha_1 + A_t^2 \times \alpha_2) \tag{7-14}$$

$$A_t^1 = A_{t-1}^1 (1 + \hat{i}) \tag{7-15}$$

$$A_t^2 = A_{t-1}^2 (1 + \hat{j}) \tag{7-16}$$

$$\hat{r}_t = \frac{RHQ_t}{Q_t} \tag{7-17}$$

式中，RHQ_t 为第 t 年的雨水回收利用量情况（m³）；H_t 为第 t 年的降水量（m）；A_t^1 为第 t 年城市中硬化屋顶和路面的汇水面积，以建筑物占地面积和路面硬化面积计（m²）；A_t^2 为第 t 年城市中绿地的汇水面积，以绿地面积计（m²）；α_1 为硬化屋顶和路面的雨量径流系数，取 0.8（该值与后面的 α_2 值都引自昆明市水资源利用与再利用规划）；α_2 为绿地的雨量径流系数，取 0.15；$\hat{i}$ 为城市内房屋建筑施工面积与市政道路工程建筑施工面积之和的增长率；$\hat{j}$ 为城市内绿地面积增长率；Q_t 为水供给总量；$\hat{r}_t$ 为雨水利用率。

（4）排水和污水处理厂模块

该模块与前面的用水需求和污染物产生模块放可一起用于估算进入自然水体的污染负荷，两个模块之间的关联之处为：由污水处理厂收集和处理的废污水；没有处理而直流到附近河中的废污水；被污水处理厂处理后供家庭生活和产业再次利用的废污水。

其中，从污水处理厂出来的水及其所含的污染物浓度可通过下面的式子得到：

$$EWWTP_t = \sum (UET_t \times \eta') \times (1 - \alpha') \tag{7-18}$$

$$PLWWTP_t = \sum (PG_t \times \eta') \times (1 - \theta') \times (1 - \alpha') \tag{7-19}$$

式中，EWWTP$_t$ 为第 t 年城市污水处理厂内最终的废污水量（t/年）；PLWWTP$_t$ 为第 t 年城市污水处理厂最终的废污水里含有的污染负荷（kg）；UET$_t$ 为第 t 年城市的废污水量（t/年）；PG$_t$ 为第 t 年污染物的产生量（kg）；η'、θ' 和 α' 分别为以体积为度量的污水处理率、污染物去除率和废水再使用率。

（5）湖泊水质模块

该模块中，采用 Vollenweider 湖泊水质模型模拟湖泊的水质状况：

$$\frac{VdC}{dt} = Q_p C_p + W_o - Q_h C - r(c)V \tag{7-20}$$

式中，V 为湖泊中水的体积（m³）；Q_p 是污染废水的流入量（m³/年）；Q_h 是湖泊水的流出量（m³/年）；C_p 是流入湖泊的水中污染物的平均浓度（kg/m³）；C 为湖泊中污染物的浓度（kg/m³）；W_o 为非点源一类的外部源和汇（kg）；$r(c)$ 为水质组分在湖泊中的反应速率；t 为停留时间。

此处重点说明：实际上模拟污染物排放对水体的影响，应该要研究污染物在河流中经迁移、转化、降解、扩散等过程后的河流水体浓度。但是，昆明市的水系情况比较复杂，且数目众多，如果以各个河流作为研究对象进行研究，仅汇入滇池的河流超过 100km² 以上的就有 35 条，加上需要对各个河流进行分段研究，这个研究过程是极为复杂的，需要大量的监测数据和大量计算作支撑，才能得出准确的研究结果。本书的研究重点不在于此，且研究目的是分析各种措施的效果，因而将这个过程进行了简化，主要依照如下原则：①基于前面章节的研究结果，整个昆明市中，滇池流域的水量和水质补充效果最差，因而围绕滇池流域的水体进行研究；②滇池流域的水体全部汇入滇池中，在 2011 年，35 条河流中有 32 条的水质超过Ⅲ类标准，基本上每条河流都可概化为单独的污染源排放口；③这些河流的水质都处于Ⅴ类水左右，可以认为污染源的排放量平均分配给各个河体，则可视为污染物是直接排入滇池的，这样就大大简化了模拟水体水质浓度这个过程。也可以直观地得出在各种措施实施下，对减少污染物在水体中的浓度具有何种成效。

7.2.2 模型耦合

以 SD 模型作为综合平台，将各个模块耦合起来，模拟在驱动因素的影响下昆明市水代谢系统的状况，见图 7-1，图中描述了综合模拟模型内部的流动关系，包括状态变量（如人口）、速率变量（如 GRP 增长率）和辅助变量（如污水量），这些变量的特点本书不再详细介绍，可参考前人所做的基于系统动力学的方法介绍和相关研究。在这个综合模型中，人口-GRP 模型、水消耗模型、水供给考量和雨水回收利用模型，连同污水处理模型都采用 SD 模型耦合在一起。社会经济发展和居民生活产生的未经处理去除的污染负荷和水基础设施系统出来的污染负荷输入到湖泊水质模型中，得到所需要的模拟结果。

将独立模型耦合在一起研究时，对于空间和时间尺度的问题，本书根据前人所做研究进行了如下规定：①对于空间尺度不同的问题。模型中涉及空间数据不同的变量有人口、

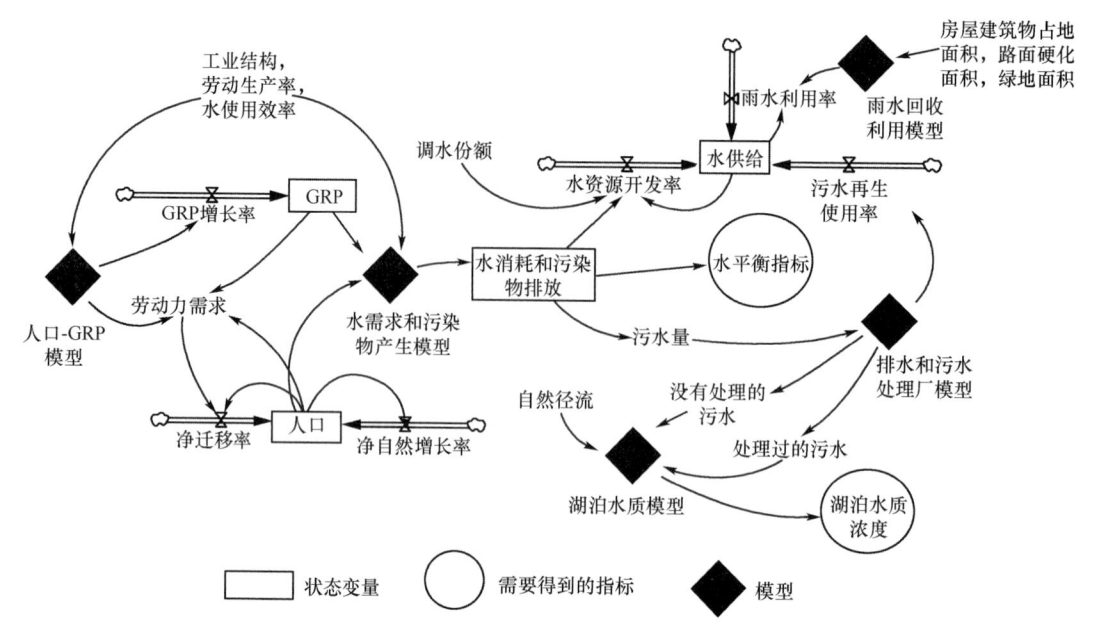

图 7-1 简化的城市水代谢系统综合模拟流动关系图

GRP、水消耗和污染物产生量等，在综合模型的研究中，认为这些变量都与所研究区域是完全对应并均匀分布在研究区域的土地上。可以根据建成区土地百分比来映射各个空间数据到不同的地区或子流域上。②对于模型耦合中各个变量时间尺度不同的问题，有的以年为单位，有的以秒为单位，本书将模型中所有变量的统计尺度都换成秒。

7.3 昆明市水代谢系统模拟仿真模型的建立

利用 SD 模型将各子模型整合起来进行模拟研究，采用 Vensim PLE 6.0 软件进行操作。

7.3.1 输入参数

模型中的决策变量如净投资（全社会固定资产投资）、工业结构（由不同产业的 GRP 比率得出）、调水量、再生废水率（污水再生量占水消耗总量的比值）、雨水回收利用率、污水处理率、污染物去除率等都作为输入参数，可从统计年鉴、水资源公报、各种发展规划及环保局等处获得。自然径流即为降水径流所含的污染物情况，在前面的第 3 章已给出。需要计算的变量所对应的指标值已列于表 7-1 中，昆明市 2006~2011 年的工业结构情况已列于表 7-2 中。

表 7-1　昆明市水代谢系统的综合模型所需的参数值

参数	单位	2006 年	2007 年	2008 年	2009 年	2010 年	2011 年
净投资	亿元	654.02	817.52	1053.16	1600.66	2160.88	2701.11
商品零售价格指数	%	99.7	103.4	105.4	100.0	103.6	104.9
折旧率	%	6	6	6	6	6	6
劳动力人口比重	%	55.67	61.98	63.35	62.29	60.9	61.77
出生率	‰	10.9	10.47	10.94	10.93	11.8	11.44
死亡率	‰	4.43	4.45	5.35	5.13	6.0	5.78
每人每天用水定额	L/d	878.21	938.23	956.57	922.76	906.66	775.51
每人每天的 COD 产生量	g/d	68.50	69.13	70.01	70.92	72.31	74.02
劳动密集型第二产业单位 GRP 的 COD 产生量		0.16	0.14	0.12	0.12	0.11	0.10
技术密集型第二产业单位 GRP 的 COD 产生量	t/10 万元	0.05	0.04	0.04	0.05	0.04	0.03
资本密集型第二产业单位 GRP 的 COD 产生量		0.20	0.17	0.16	0.14	0.13	0.13
调水量	m³/d	0	0	0	0	0	0
污水再生利用率	%	18.15	27.09	38.69	57.76	64.9	64.9
水消耗中废水产生率	%	55.37	54.58	56.65	62.07	62.9	74.05
污水处理率	%	50.26	52.78	57.21	59.17	72.53	73.88
雨水利用率	%	0	0	0	0	0.56	0.71
各污水处理厂 COD 平均去除率	%	86.86	85.24	86.63	87.6	87.20	85.21

表 7-2　昆明市各年的产业结构情况

年份	第一、第二和第三产业的 GRP 比值	第二产业中劳动密集型、技术密集型和资本密集型产业的 GRP 比值
2006	6.8∶46.7∶46.5	39.1∶12.2∶48.7
2007	6.7∶46∶47.3	40.5∶12.7∶46.8
2008	6.5∶46.1∶47.4	38.5∶13∶48.5
2009	6.3∶45.6∶48.1	39.8∶15.3∶44.9
2010	5.7∶45.3∶49	39.1∶12.9∶47.9
2011	5.3∶46.3∶48.4	37.9∶11.8∶50.3

研究时采用 COD 作为水质评估指标，因为其是昆明市主要污染源家庭生活、工业污染和降水径流所含的主要污染物。此外，根据第 6 章得到的结果，农业非点源污染在全市总的灰水足迹份额中所占比重最小（可参考图 6-6），另外，如果仅就排放 COD 的畜牧和养殖业进行统计，其值也远小于其他的污染源，所以农业污染排放量不作考虑。

7.3.2 参数率定

由于湖泊水质模型模拟昆明市的实际情况时，按照本书所制定的原则可能会导致结果与实际情况存在比较大的差别，所以本书针对这个不确定的参数进行校正。

通过前面章节的统计和计算，已知 2011 年直接排入河流的污染物量、经污水处理厂处理后排入河流的量，以及降水径流中所含有的污染物量，将这些入河的污染物量视为直接进入滇池，代入式（7-20）中，得到滇池的水体浓度 COD 值为 103mg/L，这与 2011 年昆明市环保局所监测到滇池的平均浓度值（68.8mg/L）相比要大很多，主要是因为没有考虑河流汇入滇池之前存在污染物降解等过程，根据环保局的监测结果调整了模型中的其他参数。

另外，雨水回收利用率的计算涉及雨水回收利用量，采用公式计算时，由于未来的降水量无法准确预知，因此，基准年以后的各年在预测时的 H_t 值选取过去 50 多年（1959~2011 年）的降水量均值 1000mm 进行研究（由昆明市各水文监测站点处获取）。

7.3.3 模型检验

模型检验包括系统的有效性检验和灵敏性分析。其中有效性检验可通过历史的实际值和仿真的结果进行对比检验，这里选取 2006 年作为起始年，终止年选 2022 年，对比实际的数据和仿真的 2006~2011 年的数据，以检验模型。本书选择主要变量进行历史检验：人口（POP 表示历史值，FPOP 表示仿真值，单位为万人）、GRP（GRP 表示历史值，FGRP 表示仿真值，单位为亿元）、水供给（WSP 表示历史值，FWSP 表示仿真值，单位为亿 m^3）和污水处理厂处理的废水量（EWWTP 表示历史值，FEWWTP 表示仿真值，单位为万 t），见图 7-2~图 7-5。

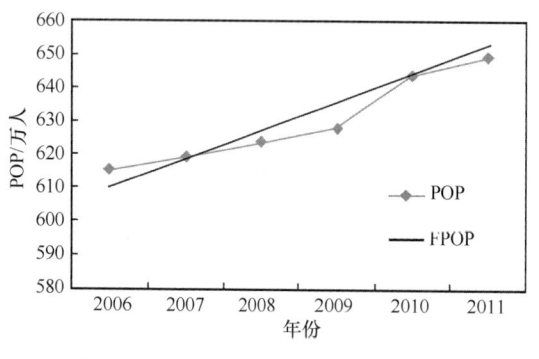

图 7-2 人口历史值与仿真值的比较图

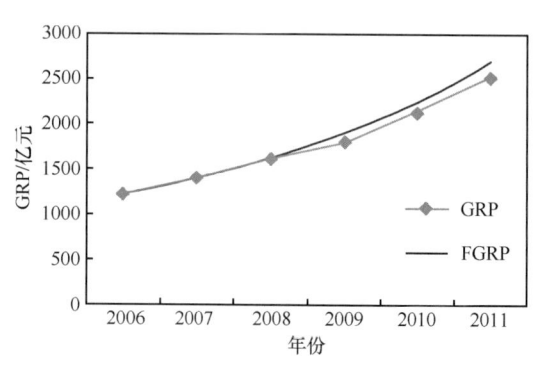

图 7-3 GRP 历史值与仿真值的比较图

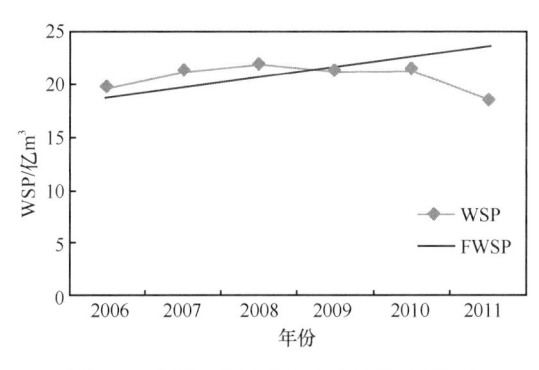

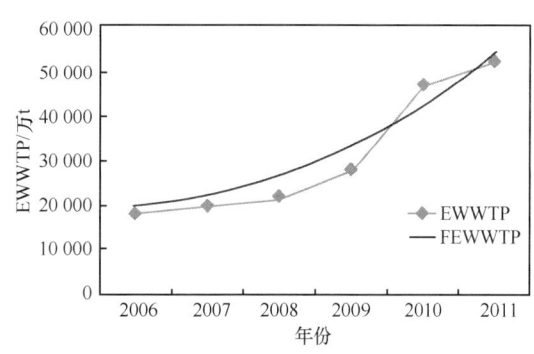

图 7-4　水供给历史值与仿真值的比较图

图 7-5　城市污水处理厂处理的废水量的历史值与仿真值比较图

将以上变量的仿真结果与实际结果汇总，如表 7-3 所示。

表 7-3　模拟出的各主要变量的检验误差值

变量		2006 年	2007 年	2008 年	2009 年	2010 年	2011 年
人口/万人	实际	615.2	619.3	623.9	628.0	643.9	648.6
	仿真	610.5	618.7	626.9	635.4	643.9	652.7
	误差	0.76%	0.1%	0.50%	1.18%	0.01%	0.62%
GRP/亿元	实际	1 207.29	1 393.69	1 605.39	1 808.65	2 120.37	2 509.58
	仿真	1 198.56	1 390.33	1 623.90	1 903.22	2 246.77	2 682.64
	误差	0.72%	0.24%	1.15%	5.23%	5.96%	6.90%
水供给/亿 m³	实际	19.72	21.21	21.78	21.15	21.31	18.36
	仿真	18.89	19.81	20.79	21.71	22.68	23.59
	误差	4.21%	6.60%	4.56%	2.64%	6.43%	28.48%
污水处理厂处理的废水/万 t	实际	18 200.70	19 521.51	21 515.28	27 608.24	46 369.29	51 827.96
	仿真	19 875.12	22 502.12	26 112.86	32 576.95	42 349.79	53 792.16
	误差	9.20%	15.27%	21.37%	18.00%	8.67%	3.79%

由表 7-3 可以看出，所考察的主要变量历史实际数据与仿真数据的最大平均误差为 9.83%，全部小于 10%。由此可见，建立的昆明市水代谢系统的综合模拟预测模型已经很大程度上可以反映出现实的昆明市水代谢系统运行情况。所以，可以使用该综合模型进行模拟分析。

7.4　昆明市水代谢系统驱动力分析及有效措施设计

本书在第 3 章里定量分析了昆明市水代谢系统的驱动因素，在第 4 章、第 5 章和第 6 章里分别就昆明市水代谢系统的整体代谢效果、系统的边界代谢情况和系统的内部代谢结构状况进行了研究，结果表明：昆明市的水代谢系统受到人类活动的驱动影响，已呈紊乱状态。本章分析影响昆明市水代谢系统的主要驱动因素在未来昆明市发展下对水代谢系统的影响。并在此基础上，探讨为应对不利驱动因素的影响，可实施哪些优化措施以实现昆明市水代谢系统的健康运行和可持续发展。

7.4.1 昆明市水代谢系统主要驱动因素的发展趋势

（1）城市化进程

昆明市正处于城市化加速发展的阶段，依照我国城市的总体发展趋势，未来 10~20 年昆明市城市化进程仍将保持高速增长，曾有研究人员对昆明市城市化进程做了研究，在 2008 年，昆明市的城市化率达到了 60%（昆明市政府研究室，2008a），依照其所分析的结果，预测未来的 10~20 年，昆明市的城市化率将达到 66%，还远未达到饱和，因而城市化进程仍将延续。这一结果也证明在未来的 20 年内城市化这一驱动因素将继续推动昆明市水代谢系统发生变化。

（2）经济发展

昆明市的地区生产总值已从 1995 年的 357.87 亿元，增加到 2006 年的 1207.29 亿元，再到 2011 年的 2509.58 亿元，经济增长显著，但是与我国比较发达的城市相比，如香港、上海等地，仍存在较大差距。因而，昆明市的未来发展仍会注重提高城市的社会经济发展和人民生活水平，也会促使经济增长的进程延续，所以，经济发展仍会影响昆明市水代谢系统。

（3）产业结构

昆明市的产业结构从 2006 年的 6.8：46.7：46.5，调整到 2011 年的 5.3：46.3：48.4，大大提高了第三产业的发展，减少了第一产业的比重。由于第一产业是用水大户，减少它的比重，对减少昆明市的水资源使用量也具有积极的作用。但是第二产业的所占比重仍然很大，它是我国城市各种资源消耗的主体，其用水量远高于第三产业，在 2011 年，昆明市的第二产业用水量就为第三产业用水量的 10 倍多。根据前人的研究（昆明市政府研究室，2008b），当前昆明市的工业化进程仍处于发展中期，工业化进程还将延续，因而这种产业结构的设置对城市水代谢系统的影响仍会持续下去。

（4）技术发展

经济发展的提高势必带动昆明市各种技术水平的升级，当前昆明市的污水处理厂已投入使用的有 21 座，除了集中污水处理厂建有配套的再生水设施外，中心城区已建成分散污水再生设施 260 多座，并计划于近期内实现水资源利用与再利用项目 80 多项。昆明市水资源利用与再利用规划中已预测到，通过再生水利用技术的扩充，将增加水资源量 32 846 万 m^3/年。另外，污水治理技术也将逐步提高，仅就滇池流域就已经制定了 5~10 年要实现水污染防治项目 103 项，其中新建的污水处理设施都将实施深度处理工艺技术，进而与基准年相比，COD 削减 9.9%，NH_3-N 削减 9.3%，TN 和 TP 分别削减 10.0% 和 9.9%。因而，未来污染治理和再生水回用等技术的发展将会更好地促进昆明市水代谢系统实现健康运行和可持续发展。

随着昆明市城市化进程的不断深入和经济的增长，在未来的产业结构布局下，对昆明市水代谢系统的影响也会显著提高；而水供给与污水处理技术的发展也会带动昆明市水代谢系统朝有利的方向前进。基于此，本书根据影响昆明市水代谢系统的主要驱动因素的特点，提出为实现昆明市水代谢系统优化发展而适宜实施的措施，具体如下。

7.4.2 昆明市水代谢系统健康运行措施的优化设计

若要实现昆明市水代谢系统的健康运行且可持续性发展，关键的研究就是有效解决导致水代谢系统出现的问题，本书基于前面的研究评价结果，已得出导致昆明市水代谢系统出现问题的原因是：水代谢系统边界日益增大的输出水代谢通量、日益复杂的而缺乏协作性的水代谢系统内部结构，以及用水效率低、过量开采和大量排污所导致的水质与水量无法及时再生得以补充。因而，本书针对这些问题制定了如下措施，并分析这些措施用于昆明市是否适合（在适宜性分析时，结合昆明市的各种规划，统计出适合实施的措施在未来需要达到的目标情况）。依照的规划包括：昆明市"十二五"整体规划——包括经济、环境、水务、土地利用、农业、工业等多个行业规划，昆明市生态建设规划（2008~2015年）、昆明市循环经济发展总体规划（2008~2020年）、昆明市水资源利用与再利用规划（2011~2015年），具体研究如下。

7.4.2.1 针对水代谢系统边界问题的解决措施

（1）增加虚拟水进口量

由于虚拟水贸易可以缓解进口地区自身的水资源压力，为这些地区提供一种替代水资源供给的经济有效的途径，故已经成为世界各国关注的热点之一。通过适当而公平的贸易协议进行虚拟水贸易，对于促进干旱地区节水、提高区域的生存安全、改善生态环境都具有积极意义。而昆明市本身作为净出口虚拟水的城市，如果增加对其的虚拟水进口量，适当减少虚拟水出口量，可以缓解大量出口虚拟水对昆明市水代谢系统自身带来的压力。但是虚拟水进出口量的改变不仅关系到用水问题，与地区的经济发展和居民的生存方式也有着至关重要的联系，需要进行长远的统筹规划和各方面协调后才有可能采用该措施，因而，本书认为该项措施暂不作为近10年内优先考虑的措施。

（2）增加城市调水量

随着城市化进程的加快，拦截蓄水已不能满足某些区域对水资源的需求，由此，调水工程措施被政府部门所提出，并很好地缓解了缺水地区的用水问题。通过向缺水城市外的丰水地区引入水资源，可以有效地缓解城市内部的水紧缺，也促进城市内部地表和地下水资源的补给和"再生"。当前我国的部分城市已展开了调水工程的实施，昆明市内部也建立了调水工程，即从牛栏江调水补给滇池流域的用水需求。但是昆明市周边城市和区域并不具备向昆明市调水的条件，远距离调水可能出现水体污染且成本巨大的问题，因而，增加调水量的措施目前还不适宜在昆明市实施。

7.4.2.2 针对水代谢系统内部结构问题的解决措施

昆明市水代谢系统内部出现问题的根源是污染源所排放的大量污染物，污水处理设施的处理效果不能满足当前需求，以及无法有针对性地控制降水径流所造成的非点源污染。因而，解决昆明市水代谢系统内部结构问题的措施都是从水质问题的角度提出的。

（1）提高废污水的处理率

加大昆明市的污水处理厂建设，提高废污水的处理量，可以减少大量的废污水排入自然水体中，对水代谢过程中的水质补充具有重要的作用，所以，该措施有利于促进昆明市水代谢系统的健康发展。由于昆明市的发展规划中对该措施制定了发展目标，因而可得到该措施实施后的效果：已知基准年里，昆明市已有污水处理厂21座，按照基准年处理状况则处理率为75%。根据滇池流域水污染防治规划，2020年以前计划共新建和改建出24座污水处理厂，新增第九、第十、第十一和第十二污水处理厂，以及呈贡污水处理厂等二期工程建设，共新增处理能力91.5万 m^3/d，预计2015年可达到202万 m^3/d，处理能力达到73 730万 t，但昆明市水基础设施建设尚不完善，大量雨水和地下渗水等流入污水处理厂中，会导致处理能力下降，根据基准年污水处理厂处理的生活污水和雨水等所占比重，预计2020年可实现的处理能力为总处理规模的85%。

（2）提高污染物去除率

昆明市当前的集中污水处理厂及分散处理设施的处理能力还存在二级处理工序，经处理过的废污水仍低于国家地表水环境质量的Ⅴ类标准，这对自然界的受纳水体造成很大危害，并且大量污染物进入水体日积月累需要很长的时间才能降解掉，也大大破坏了水体的自然降解能力。所以，昆明市需要改建、扩建和增建深度污水处理设施，提高污染物的去除率，降低处理过的废污水对自然水体的危害。该措施较适合昆明市的发展，根据相关规划，在基准年，COD等污染物的去除率仅为80%，在提高处理技术水平后，新建的污水处理厂可增加三级处理工序，则COD的去除率有望达到90%。

（3）增加废污水的再利用率

废污水的再利用不仅可以改变传统的水资源使用单向流动的线性经济，而且变成水源从使用到污水再生处理再到水再循环使用的循环过程，形成了循环经济用水，这对城市的发展非常有利。昆明市是我国比较严重的缺水地区，因而，对其排放的废污水这种非常规水源的需求潜力是非常大的。增加昆明市内的污水深度处理和污水再生设施，使污水处理厂同时成为再生水利用站，使再生水被循环使用，减少淡水的不必要浪费和废水的排放是促进水代谢系统实现可持续发展的重要措施。昆明市水资源利用与再利用规划（2011~2015年）中已提到：当前昆明市的污水再利用率为13.89%，2015年有望提高污水再利用量为51 729万 m^3，按照这个发展趋势，2020年预计可增加污水的再利用率为25%~30%。

（4）提高雨水利用率

雨水利用也是水资源开发潜力巨大的方式之一，而洪水资源化利用措施不仅将资源利用于灾害防范之中，也可解决昆明市在干旱和暴雨季节存在的水资源短缺和洪涝灾害等严重问题。同样出自昆明市水资源利用与再利用规划（2011~2015年）：基准年里，昆明市雨水利用量为 0.12 万 m^3，2015 年可提高到 4550 万 m^3，则 2020 年预计雨水利用率可提高 2%~5%。

后两个措施雨水资源化和废水再生利用不仅在淡水短缺情况下做到使用水的"自给自足"，同时也大大减少了污水的排放和对环境的危害。

7.4.2.3 提高水代谢系统整体代谢效果的措施

本书对于提高水代谢系统整体代谢效果的措施，是从宏观层面上考虑的，因为，整体代谢效果的提高无法以明确的哪个方面的技术提高或者对应的办法实施来解决整体代谢效果提高的问题，因而，从宏观上制定了如下措施。

（1）增加第三产业的比重

昆明市的第三产业比第二产业的劳动生产率要低，却有比第二产业高的水使用效率，并且其污染负荷也要比第二产业要低，因此，通过增加第三产业的比重可以减少水消耗和污染负荷，从表 7-4 中所列的 2011 年昆明市不同行业劳动生产率、水使用效率和污染负荷情况可以看出。根据昆明市国民经济和社会发展规划，未来的发展中如果继续壮大发展服务型行业，则第三产业所占比重有望达到 60%，可大大提高水使用效率。

表 7-4　昆明市不同行业劳动生产率、水使用效率和污染负荷

产业类型	劳动生产率/（元/人）	水使用效率/（元/m^3）	单位 GRP 的 COD 排放负荷/（t/万元）
第二产业	311 537.4	158.99	0.001 3
劳动密集型	3 723 704.47	348.47	0.01
技术密集型	4 728 650.09	183.07	0.003
资本密集型	1 165 456.64	57.59	0.013
第三产业	198 149.6	1 799.896	0.001

（2）增加技术密集型产业的占有比例

增加技术密集型产业的比重，有利于减少昆明市的水资源使用量和污染物的排放量，促进水代谢系统的健康运行。从表 7-4 中可以看出，技术密集型产业有比较高的劳动生产率和比较低的单位 GRP 污染物负荷，因此，提高技术密集型产业可以减少污染物负荷。根据昆明市的发展规划，未来要提高电子信息产业、新能源产业、新材料产业等高新技术产业的比重，其有望增长 0~5%（相应地减少劳动密集型产业的比重）。

（3）提高劳动生产率

提高城市的劳动生产率可以提高水资源的利用效率、减少水资源的浪费，可以以最少的水资源消耗获得最大的经济和社会效益，因此，对减少水资源的消耗具有积极作用，有利于昆明市水代谢系统可持续发展。而拿昆明市的第二和第三产业劳动生产率值与香港、上海等东部沿海城市相比，仍存在很大差距（Hong Kong Statistics，2010），需要尽快提高昆明市各产业的劳动生产率。在昆明市的社会经济发展规划中已提出要提高昆明市各产业的劳动生产率，预计到 2020 年以后劳动生产率可提高 0~5%。

（4）提高用水效率

提高用水效率可以有效地节约水资源，缓解缺水地区用水紧张的状况，也可减少水资

源的不必要浪费，间接地增加自然水体的存储量，有利于水代谢过程中水量的补充。在 2011 年，昆明市水的使用效率仅为 2548.016 元/m³，远远低于发达国家和地区，加之昆明市水短缺问题十分严重，因而，提高用水效率是昆明市急需采取的重要措施。昆明市水务发展"十二五"规划已明确提出了各种相应的措施以提高用水效率：①降低供水管网损失量。供水管网损失值一般为供水量的 10%，而发达国家为 5%，因而降低供水管网损失量可最高节约 5% 的供水量。②提高农业灌溉有效利用系数。划定 2015 年提高灌溉有效利用系数达到 0.6，则推算出 2012 年可达到 0.65，对应节水设备可节约水量占农业总供给的 20%~30%，2020 年有望减少水消耗 10%。③提高水价。昆明市当前农业用水收取成本价仅为 44%，而农业又是昆明市的用水大户，过低的水价导致农业用水过度浪费严重。根据已有研究可知水价提高 10% 会导致用水需求降低 4%，因而，若是农业用水水价按照成本价收取则可节约用水 20%。

从以上分析结果可以看出，促进昆明市水代谢系统健康运行和可持续发展的有效措施可从解决水代谢系统内部代谢结构问题和提高整体代谢效果两个方面考虑，而具体措施对昆明市水代谢系统未来的效果如何还需要进一步地细致研究。

7.5 未来发展情景对昆明市水代谢系统的影响预测

已知城市水代谢系统是以水量和水质情况来表现其当前的运行状况的，水量和水质如果可以得到较好的补充，以满足人类活动所需并通过自身的代谢过程缓解人类活动对其的影响，那么这个水代谢系统运行是健康的，反之，水量和水质没有得到补充，即城市出现水短缺和水体污染严重的问题，那么水代谢系统的运行就是紊乱的。所以，本书选取水需求量和滇池中污染物的浓度作为衡量昆明市水代谢系统状况的指标，并同时将人口和经济发展情况考虑进去，一方面分析它们之间的关系（因为城市水代谢系统的主要驱动力可以用人口和经济发展情况表现出来），另一方面可在措施效果研究上同时考虑各种措施反作用于人类活动产生的影响。

7.5.1 基准情景分析

经过验证的模型可用于模拟未来近 10 年（2012~2022 年）的人口增长和经济增长情况，以及对水需求和湖泊水质的影响。基准情景是假设水的基础设施状况维持在基准年 2011 年的情况下，并一直以这个状况持续到预测期（2012~2022 年）。社会经济系统、产业结构和第二产业的内部结构都以 2011 年为基准保持不变，还包括：无产业激励政策、资金协调和水价调控，也没有水保护教育和存水意识，没有任何增加的调水，已存在的污水处理和水再生能力保持不变。净投资年均增长率根据经济发展规划制定，要高于现状情景（现状增长率为 25%），定为 30%。

模拟结果指出昆明市的 GRP 将会从 2012 年的 3017.26 亿元增加到 2022 年的 10 534 亿元。比较 2006~2011 年最大减少情况发现，年 GRP 增长率在整个规划期内会稳定在

13.03%左右,见图7-6,主要原因是资本存量增长率过去10年在减少,但根据未来经济发展计划,在2012年以后趋于稳定。

模拟结果指出,昆明市的人口将会从2012年的662.43万人增加到2022年的769.53万人,平均年增长率在2012~2022年为1.51%,大于2006~2011年的平均年增长率1.07%,见图7-7。图中的结果说明人口在规划的近5年内仍显著增加,但是到了规划的10年的后期有所下降。这是由于后期的GRP增长率变低了,并且改进了劳动生产率,技术提高了,则劳动密集型产业的比重下降,所以人口的增长率会下降。

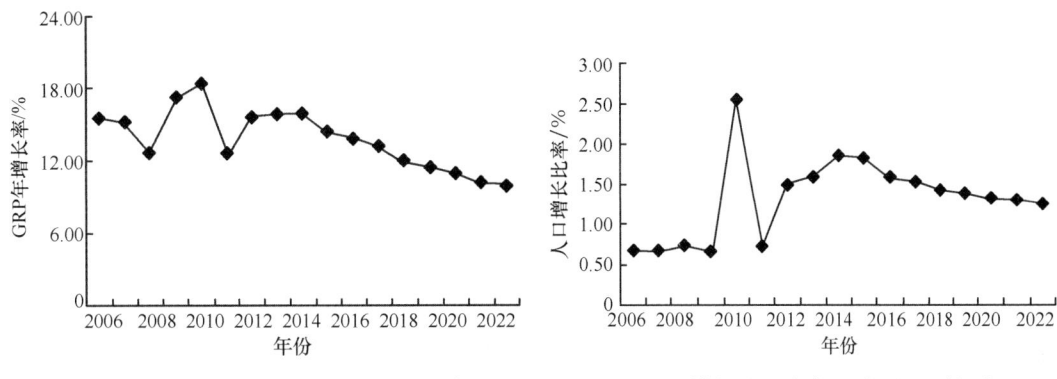

图7-6 模拟出的未来10年GRP增长率

图7-7 模拟出的未来10年人口增长率

水需求预计从2012年的30.72亿 m³ 增加到2022年的44.76亿 m³,平均年增长率为4.17%,见图7-8,该值要低于2006~2011年的平均年增长率7.97%。主要是因为人口和GRP的增长率降低,而用水效率提高的缘故。

COD的产生量从2012年的117 896.36t增加到2022年的136 021.3t,平均年增长率为1.37%,高于2006~2011年的平均年增长率0.896%,见图7-9。这是由于2006年的人口规模和经济发展规模还没有后来发展得那么快,所以最初的增长率是比较低的,此后基准2011年的人口大量增长、经济发展迅速,导致COD产生量的增长率比较高,但是由于技术的进步和人口与GRP的增长率放缓,则规划后期的值就慢慢变低了。

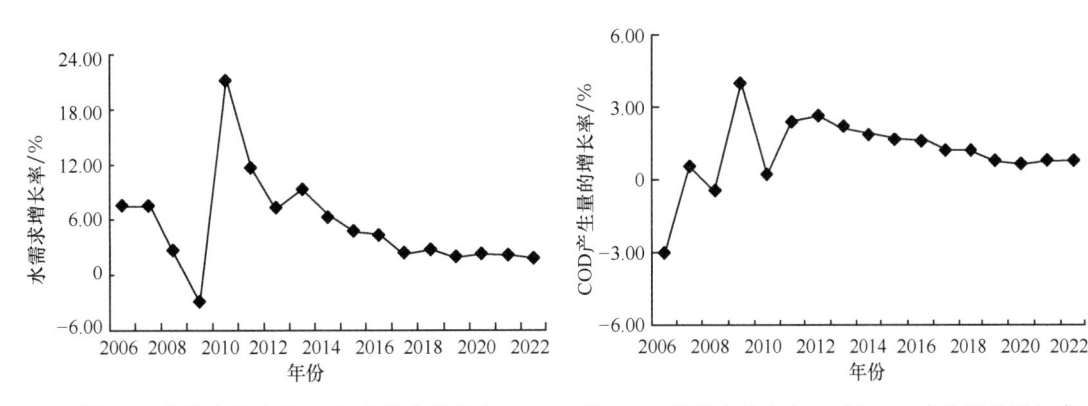

图7-8 模拟出的未来10年水需求增长率

图7-9 模拟出的未来10年COD产生量的增长率

同样模拟得出：潜在的水供给将会从 0.3244 亿 m^3 增加到 4.64 亿 m^3，这主要是由于未来增加了再生水利用和雨水资源化利用等潜在供水水量。但是与未来的用水需求相比，还远无法满足需求，在 2022 年总的水供给量将达到 30.85 亿 m^3，还远小于水需求量 44.76 亿 m^3。水短缺指数从 2011 年的 0.2 增加到 2022 年的 0.33，缺水问题仍没有解决。

基于基准年污水处理厂的模拟结果，在 2022 年，将有 75.42% 的废污水进入污水处理厂处理，15.37% 的废污水不能被污水处理厂处理而需要排入河中，同时余下的即是生产和生活中产生的直接排放的废污水。由于按照平均分配污染物的原则，滇池流域的 35 条河流中将承受 24.58% 的未经处理的废污水，在未来 COD 产生量逐年增加的情况下，昆明市的各河流的水质将会持续恶化，并影响汇流处滇池的水质。由估算的结果发现，未来滇池的水质 COD 有可能达到 106mg/L。

从以上情景模拟出的数据来看，人口的增长和经济的发展对城市的水质和水量造成很大的影响，水需求量和滇池中 COD 的浓度值稳步增加，这促使整个城市水代谢系统无法实现健康运行。该情景下，水的基础设施发展无法提供有效的供给以满足人类活动的增长需求，并且受纳水体的水质在未来十年里将会恶化得更加严重。

7.5.2 不确定性讨论

本书所采用的综合模型是在前人研究的基础上，通过局部修改构造出的适用于昆明市水代谢系统模拟的综合模型，但模型的基本性质仍未改变，即系统内部不存在反馈作用。这主要是因为该模型比较复杂，在数据缺乏下会出现不确定性。但是，虽然该模型无法从其内部直接通过反馈来识别参数的影响，却可以将各种参数的反馈作为单独的情景来考虑，进行灵敏性分析，来研究各种措施的影响，这也正是本章的研究目的，可以通过对昆明市水代谢系统的综合模拟和灵敏性分析，研究各种措施对其的作用效果。

7.6 各种措施对昆明市水代谢系统的作用效果及措施优选

7.6.1 各种措施对昆明市水代谢系统的作用效果

在前面的小节中，本书已经对适宜昆明市采取的各种措施进行了制定和初步的分析，筛选出针对水代谢系统内部问题和提高整体代谢效果的措施，共有 8 项措施。下面就对这些措施在实施应用上可以产生何种效果进行研究，利用综合模型预测各种措施在分别实施后对人口、经济发展，以及用水和污染排放会起到什么作用。

根据前一节的研究结果，将规划中各种措施所能实现的最大效果统计于表 7-5 中。

表 7-5　规划下八种措施作用效果与基准年相比的最大增幅情况

措施		最大可能增加的效果/%
可提高整体代谢效果的措施	#1 提高第三产业 GRP 比重	10
	#2 提高技术密集型产业 GRP 比重	5
	#3 提高劳动生产率	5
	#4 提高用水效率	20
为解决系统内部代谢结构问题的措施	#5 提高废污水的处理率	10
	#6 提高污染物去除率	10
	#7 提高废污水再利用率	16
	#8 提高雨水利用率	5

在前一节中，本书已对昆明市水代谢系统的综合模拟模型做了详细的研究和验证，该模型可以较好地预测未来 10 年的人口和经济增长情况，以及城市的发展对昆明市的水需求和水质的影响。如果以基准年的情况继续发展的话（虽然各种措施在基准年也有小范围的实施，但是以基准年的情景发展下去而不做改变的话，各种措施都不会实现其最大可实现的效果），未来会导致昆明市水代谢系统更趋于紊乱。将前一节中得到的研究结果进行汇总，见图 7-10。其中，采用水短缺指数和滇池中 COD 的浓度作为衡量指标，因为它们相比用水量和污染物产生量，可以较好地反映出未来城市发展对水代谢系统的水量和水质补充带来的影响。

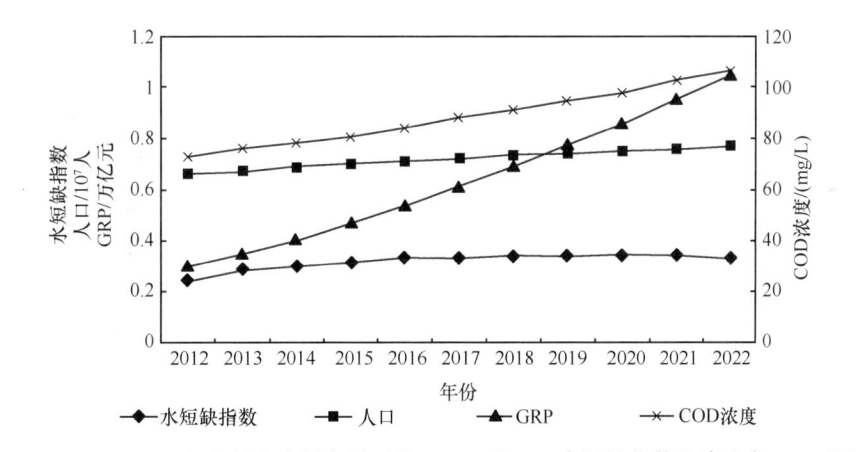

图 7-10　2011~2022 年在基准情景发展下的 GRP、人口、水短缺指数和滇池中 COD 的浓度

下面研究各种措施单独作用下，对昆明市水代谢系统的作用效果（其他的指标值不变，维持在基准年的状况），将各种措施作为各种情景进行灵敏性分析。

1）通过实施措施#1，得到的结果见图 7-11（a），可以看出通过提高第三产业的比重，GRP 和人口都有缓慢的增加，而水短缺指标和 COD 增长率都有所降低。因为第三产业相比劳动生产率高的第二产业会减小劳动生产率值，人口相对来讲将会增加，而 GRP 增长率则缓慢增长，相比第二产业，第三产业可以提高水的使用效率并减少了 COD 的污染

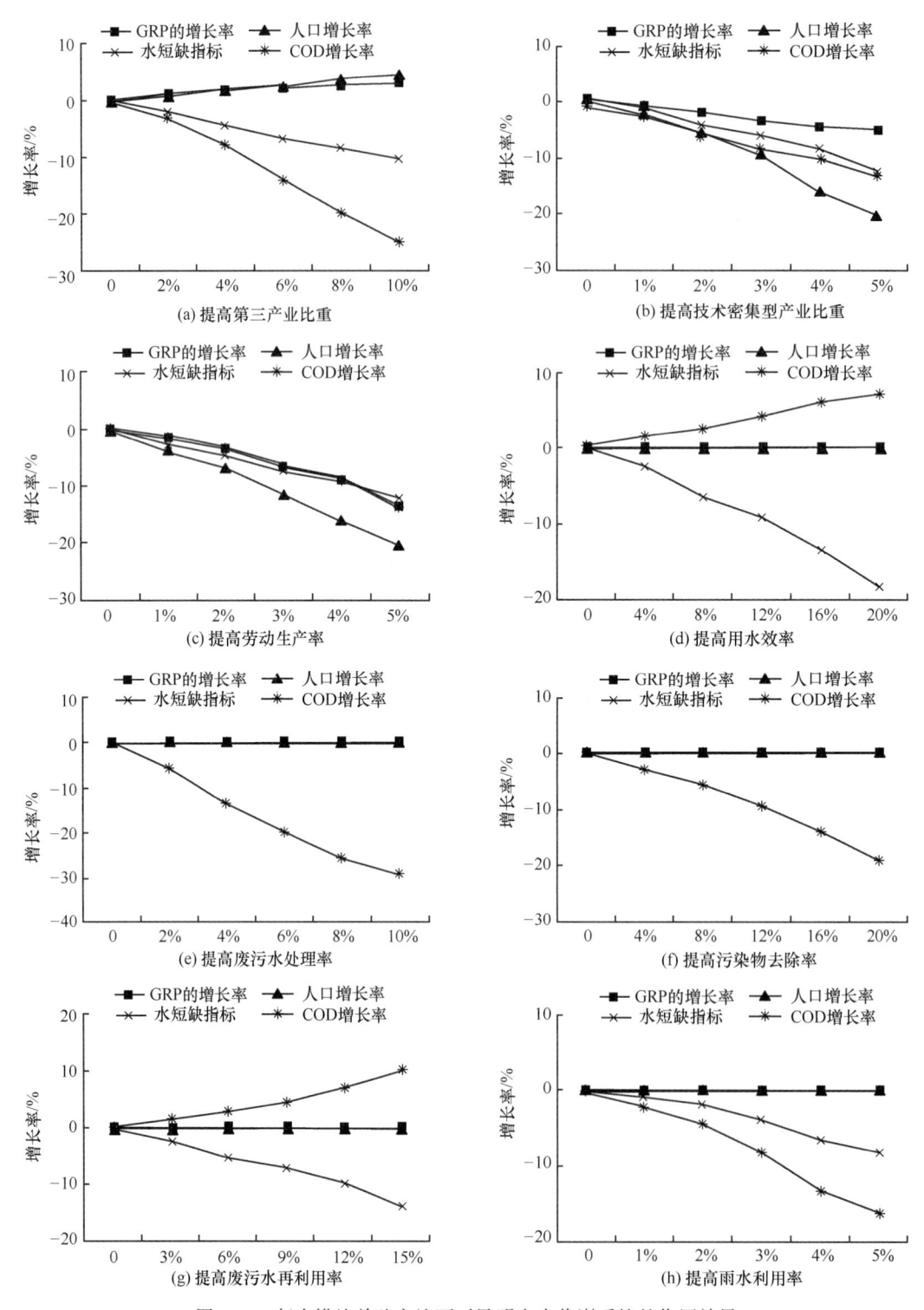

图 7-11　每个措施单独实施下对昆明市水代谢系统的作用效果

负荷，则水短缺和水质污染程度也相应降低。

2）通过实施措施#2，得到的结果见图 7-11（b），由于提高了技术密集型产业比重，则 GRP 和人口增长率都会降低，并且人口增长率降低的程度要高于 GRP，这是因为技术密集型产业的劳动生产率高，则相对地人口量就会减少。同时技术密集型产业也可以提高水的利用效率，减少 COD 的污染负荷排放。

3）通过实施措施#3，得到的结果见图 7-11（c），提高了劳动生产率，人口的增长率就会降低，同时也会影响 GRP 的增长率，人口的减少促使水短缺指数和 COD 排放负荷也都降低。

4）通过实施措施#4，得到的结果见图 7-11（d），提高用水效率可以降低水短缺指标，并且水的利用效率提高会促进污水排放量的减少，对人口和 GRP 都没有影响。

5）通过实施措施#5，得到的结果见图 7-11（e），提高了废污水处理率，COD 的增加率就会显著降低，但其对另外三项指标都没有影响。

6）通过实施措施#6，得到的结果见图 7-11（f），提高了污染物的去除率，排放的水体中 COD 的量就会减少，会对滇池水质的提高起到促进作用，但对水量没有作用。

7）通过实施措施#7，得到的结果见图 7-11（g），提高了废污水再利用率，可以降低对水资源的需求，缓解地表水的供水压力，但同时污水再利用后水质的污染程度加重，污水处理厂没有有效地治理导致 COD 的增长率提高。

8）通过实施措施#8，得到的结果见图 7-11（h），提高了雨水利用率，可以缓解一部分地表水的供水压力，同时在暴雨季节收集到的雨水越多，城市的非点源污染排放到河流和湖泊的量就会越少。

总体来说，针对昆明市水代谢系统内部问题制定的措施（#5~#8），它们对人口和 GRP 的增长都没有影响。而在提高整体代谢效果的措施中，除了增加用水效率这项外，其他三项对四种指标都会有所影响。其中，措施#1 在人口和 GRP 增长的同时，可以使水短缺指标和 COD 的增加率下降，对水代谢系统的健康运行具有积极作用；措施#2 和#3 虽然也可以使水短缺指标和 COD 的增加率下降，但却会导致人口和 GRP 的增长率降低；措施#8 对人口和 GRP 的增长没有任何影响，可以使水短缺指标和 COD 的增加率下降；措施#4 和#7 仅能促使水短缺指标下降，却对 COD 的增加没有限制，即对水量的补充起到促进作用，却不利于水质的补充；措施#5 和#6 仅利于促进水质得到补充，对水量的补充没有什么效果。本书将各种措施单独实施下，人口、GRP、水短缺指数和滇池中 COD 的浓度值列于表 7-6 及图 7-12 中。

表 7-6 在八种措施单独实施下四种指标可能实现的值

效果	措施								
	#0	#1	#2	#3	#4	#5	#6	#7	#8
水短缺指数	0.3298	0.2956	0.2865	0.2890	0.2695	0.3298	0.3298	0.2846	0.3029
COD 浓度/（mg/L）	106	104.98	105.42	105.42	106.25	104.82	105.20	106.39	105.33
人口/10^7 人	0.7695	0.8064	0.6079	0.6125	0.7695	0.7695	0.7695	0.7695	0.7695
GRP/万亿元	1.0534	1.0825	0.9914	0.9090	1.0534	1.0534	1.0534	1.0534	1.0534

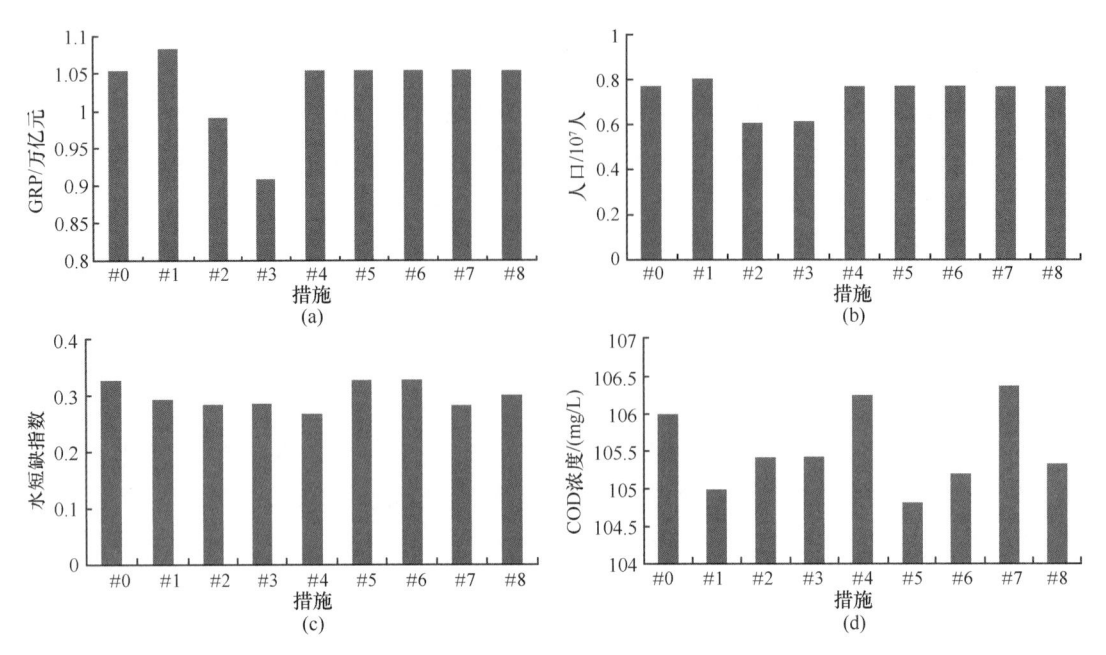

图 7-12 八种措施单独实施下对昆明市 GRP、人口、水短缺指数和 COD 浓度带来的影响对比图

在这些措施中，有的措施有利于其中的某个或某些指标，却不利于另外的指标。特别是四个指标中人口和 GRP 指标是越大越好，而水短缺指数和 COD 浓度两个指标是越小越好，如果从四个单独的指标来判断各措施的效果并不容易，因此，需要将四个指标的结果结合起来，考虑每个措施的综合效果，才能在各种规划的设计和作用下，优化选择更适宜发展的措施，提高其发展能力，扩大其实施效果，使发展资金多投入到最适合发展的措施上，实现集中和优化发展，以达到最好的目标要求。

7.6.2 基于多目标分析方法的措施优选

前面已经对各种措施的实施效果进行了研究，评价指标采用人口、GRP、水短缺指数及 COD 浓度四个指标，得到了各措施对应于四个指标的结果。但是，各项措施的实施进程和优先发展次序都需要确定，因此，本书采用多目标决策分析方法中的决策矩阵多属性分析方法来研究各措施的发展次序。该决策问题对应四个决策目标（$x1$ 为人口、$x2$ 为 GRP、$x3$ 为水短缺指数、$x4$ 为 COD 浓度）和八个可行方案，可建立决策评价矩阵表。其中，各方案（八个措施）在目标属性下的综合评价结果在前一节中已经计算出来，但需要进行归一化处理，得到结果列于表 7-7 中。而各目标的相对重要性评价值采用四阶矩阵求出（尚金成，2009），见式（7-21），根据重要程度确定标准值（其中，比较各措施对实现水代谢系统健康发展的效果研究时，水短缺指数与 COD 浓度两项指标同样重要，且都要比人口和 GRP 指标略重要；GRP 指标的增高，更利于发展治污和缓解水短缺的技术，所以 GRP 要比人口略重要）。采用 MATLAB 软件计算求得相对重要性评价值 ω_n 列于表 7-8

中（即计算四阶矩阵的特征向量）。在计算每个措施在四个目标下的综合评价结果时，由于人口和 GRP 指标对应的属性值越大越好，而另两个指标是越小越好，需要对表 7-7 中的值进一步作线性变化，见式（7-22）和式（7-23），通过对数据进行变化将结果列于表 7-8 中。V 表达了某个备选方案在多个目标下的综合评价结果，通过各个方案的 V 值大小即可对备选方案进行选择决策，计算公式见式（7-24）。

表 7-7　八种措施对应四种目标结果的归一化值

v_{ij}	A1 (#1)	A2 (#2)	A3 (#3)	A4 (#4)	A5 (#5)	A6 (#6)	A7 (#7)	A8 (#8)
$x1$（人口）	0.1373	0.1035	0.1043	0.1310	0.1310	0.1310	0.1310	0.1310
$x2$（GRP）	0.1312	0.1202	0.1102	0.1277	0.1277	0.1277	0.1277	0.1277
$x3$（水短缺指数）	0.1238	0.1200	0.1210	0.1129	0.1381	0.1381	0.1192	0.1269
$x4$（COD 浓度）	0.1244	0.1249	0.1249	0.1259	0.1242	0.1247	0.1261	0.1248

$$P = \begin{pmatrix} 1 & \frac{1}{3} & \frac{1}{7} & \frac{1}{7} \\ 3 & 1 & \frac{1}{3} & \frac{1}{3} \\ 7 & 3 & 1 & 1 \\ 7 & 3 & 1 & 1 \end{pmatrix} \quad (7\text{-}21)$$

表 7-8　水代谢系统措施优选的决策评价矩阵表

ω_n	$x1$	$x2$	$x3$	$x4$	V
	0.0918	0.2429	0.6829	0.6829	
A1	1.0000	1.0000	0.1035	0.0134	0.414531
A2	0.7537	0.9159	0.1311	0.0093	0.387541
A3	0.7594	0.8398	0.1236	0.0093	0.364458
A4	0.9541	0.9732	0.1827	0.0015	0.449767
A5	0.9541	0.9732	0.0000	0.0149	0.334152
A6	0.9541	0.9732	0.0000	0.0113	0.331693
A7	0.9541	0.9732	0.1369	0.0000	0.417466
A8	0.9541	0.9732	0.0814	0.0101	0.386462

$$\text{越大越好类型 } z_{ij} = \frac{v_{ij}}{\max_j (v_{ij})} \quad (7\text{-}22)$$

$$\text{越小越好类型 } z_{ij} = 1 - \frac{v_{ij}}{\max_j (v_{ij})} \quad (7\text{-}23)$$

$$V_i = \sum_j^n \omega_j z_{ij} \quad (7\text{-}24)$$

从结果可以看出，对于四个指标最有利的措施是#4 提高水的使用效率，其次是#7 增加污水再利用率，之后依次为#1 增加第三产业比重、#2 增加技术密集型产业、#8 增加雨水利用率、#3 增加劳动生产率、#5 增加污水处理率、#6 增加污染物去除率。

提高水的使用效率对人口和 GRP 的发展没有限制，同时又能缓解水短缺，虽然其对污染处理没有实质性的效果，但却可以保障城市发展和人类生存的根本需求。增加污水再利用率所实现的效果意义跟其相似。而增加第三产业比重不仅有利于人口和 GRP 的增加，而且有利于减少污染，但对水短缺的效果比前两者要低。其他的措施对四种指标的效果与前面的相比依次降低，这里不再赘述。所得到的各种措施的实施适宜性从大到小的顺序为 #4>#7>#1>#2>#8>#3>#5>#6，在各种规划同时发挥作用的情况下，可依照此结果，优先发展更适宜的措施。

第8章 基于GIS的流域水资源自然再生能力评价——以泾河流域为例

随着社会的发展和人口的不断增长,在人为和自然的双重作用驱动下,流域发展需求与资源承载能力的矛盾日趋尖锐。为了缓解水资源危机,加强水资源循环过程中水资源再生数量和质量及演化规律的研究,科学地评价水资源尤其是流域水资源可再生能力,对水资源可持续利用具有重要的意义。

本章在前人研究的基础上,主要就流域水资源自然可再生能力评价的方法进行初步的探讨。确定整个流域水资源自然可再生能力评价方法为:研究水循环过程各要素的时空变化,利用基于 GRID 的水平衡模型模拟求解各循环阶段的水资源量,利用单位时间内可更新水资源量来表征流域水资源的自然可再生能力,并利用地理统计学方法对其时空分布规律进行分析。首先,通过总结水资源评价、水量转化规律和水平衡模型,地统计学在环境和水资源领域的应用研究,以及研究水资源自然可再生能力综合评价方法和单指标评价方法的基础上,确定了基于 GRID 的流域水资源自然再生能力的评价方法;其次,将 Mantoudi 等(2000)提出的基于 GIS 的简单水平衡模型进行一定的模型修正,使模型变成基于流域网格的,可对划分的每个网格进行模拟;最后,在评价的过程中,将水文要素和下垫面影响因素网格化,研究以网格为空间单元,以月为时间周期,动态模拟降水、蒸发、植物土壤的含水,以及形成的地下径流、地表径流等水文循环因子的时空演化规律的计算方法和模型系统集成与模型参数率定的方法。

8.1 相关研究进展

8.1.1 水资源评价研究

流域水资源自然可再生能力评价既是水资源可再生机理研究的一部分,也是水资源评价的主要研究内容。最初,水资源评价的活动多是以流域为单位,进行水量的统计工作。美国 1840 年对密西西比河进行河川径流量统计,原苏联编写的《国家水资源编目》和《苏联手册》也是对河川径流量进行统计(陈家琦和王浩,1996)。随着水资源评价技术不断发展,水资源的评价转移到水资源开发利用的管理和保护上来。1968 年,美国完成了第一次全国的水资源评价,西欧诸国、日本和印度也于 1975 年提出了水资源评价结果(王萍等,2002)。1988 年联合国教科文组织和世界气象组织对水资源评价的定义和水资源评价活动的内容作出了明确的界定。

随着社会经济的飞速发展,水资源形势越来越严峻,主要表现为水资源短缺和水污染两个方面；因此，关于水资源开发利用和水资源保护之间协调的研究被日益关注（王浩等，2002）。1990年《新德里宣言》、1992年《都柏林宣言》和《里约热内卢宣言》都强调了水资源评价的重要性；联合国环境与发展大会《21世纪议程》的第18章专门讨论水资源的评价问题。水资源评价进入了全球性阶段（Bjorklund and Kuylenstierna，1998）。

我国在1979年第一次水资源评价工作上，较为全面地评价了我国水资源数量、分布规律和水资源总量，以及开发利用状况和供需情况；1985年原水电部提出全国评价结果，出版了《中国水资源评价》；1989年以来，各地区开展了水资源评价的区域性和专题性研究，并于1996年出版了《中国水资源评价》专著。

随着可持续发展思想的深入，水资源评价还包括了水资源保护、供需状况、水资源管理与水资源可持续利用的综合评价研究（包存宽等，2001；肖长来等，2001；傅春和冯尚友，2000），研究的基本方法是建立相关的多层次指标体系，利用系统分析的方法来进行综合评价（黄奕龙和张殿发，2000）。

针对黄河流域的具体问题，有关部门多次进行黄河流域水资源评价，主要成果有《黄河水资源合理利用》、《黄河流域水资源评价》和《黄河水资源》等。马滇珍和张向珍（2001）在建立综合评价指标体系的基础上，对黄河流域地表水资源进行综合评价。

8.1.2 水量转化规律和水平衡模型研究

在水资源评价中，水资源量的评价主要是依据水量的转化规律和水量平衡进行的。认识水资源转化规律是研究流域水资源评价的基础（左其亭和王中根，2001）。水资源具有可再生的特性，而这种再生性的实现是建立在水资源的循环转化基础之上的。由此可见，水量转化规律与水平衡模型研究在水资源评价研究中占有举足轻重的地位。

水资源自然循环以大气降水为主要来源，以蒸发和排入海洋（或出境）为主要方式消耗。大气水、地表水、土壤水、地下水与植物水为陆地上普遍存在的五种水体，它们相互转换，由此构成水资源的自然循环系统。刘昌明院士认为，即使从一个小的生态尺度（实验场、小流域等）来看，水循环也是一个巨大的系统，其中包括水分在五相水文系统中的交互作用及水分运动的驱动力，即水分运动在气、土（壤）、地（表）、地下（水层）、植（被）系统中往复运动构成庞大的水循环系统（刘昌明和孙睿，1999）。

就整个流域而言，全流域水量平衡方程为

$$\Delta S = P - Q - E \tag{8-1}$$

式中，P、Q、E分别为降水量、径流量（地表径流和地下径流）、蒸发量；ΔS为流域水资源蓄变量。

在流域地表水资源评价中，水文模型发挥着重要作用。Freeze和Harlan在1969年提出了分布式流域模型的概念和用途（Costa-Cabral and Burges，1994）。随后，欧洲1976年研制出欧洲水文系统（SHE模型）（Abbott and Bathurst，1986），它考虑了蒸散发、植物截留、坡面和河网汇流、土壤非饱和和饱和状态流、融雪径流、地表和地下水交换等水文过程。在此基础上水文模型不断发展，主要包括降水-径流模型、分布式水文模型、月水量平衡模型等（Jonathan et al.，1998），其中国内最著名的是河海大学提出的新安江模型。此外众多学者将水文模型应用于对黄河流域产汇流的研究（赵卫民和郝芳华，2001）及水循环模拟（王浩和秦大庸，2001）的研究，取得很大进展。

随着地理信息系统（GIS）和数字化高程模型（DEM）的广泛应用，学者们研究出许多基于 GIS 的水文模型。GIS 可以为水文模型提供详尽的背景环境描述，利用 GIS 工具能够准确地内插得到空间参数，对于模拟中尺度和大尺度流域的水文过程提供巨大支持（万洪涛和周成虎，2001）。郭生练和李兰（2001）建立基于 DEM 分布式水文物理模型，用数学物理方程详细描述了植物截留、蒸散发、融雪、下渗、地表地下径流和洪水演进等水文物理方程，并以黄河流域为研究对象，模拟该流域的降雨时空变化过程及洪水预报，也取得很理想的结果。同传统的水文模拟模型相比，基于 GIS 的水文模型，把 DEM 作为一个基本的信息来源，再配以遥感资料作为研究对象，很大程度上解决了水文模拟中资料难以获得的问题。

Mantoudi（2000）将一个简单的基于 GIS 的逐月水平衡模拟模型应用于希腊西部 Acheloos River 流域进行研究。模型需要输入降水与温度，通过一个由描述土壤水与地下水的假想蓄水池组成的相互连接的系统，模拟水资源的转化过程。这个模型只有四个参数：不透水性、土壤存储负荷、土壤含水的退水系数与地下水退水系数。最终输出土壤水分蒸发蒸腾损失总量、不同概化蓄水池的蓄水量与总径流量。由于该模型的分布特征与 GIS 环境，该模型可计算输出变量的空间分布。模型利用流域出口径流监测值进行标定，水文监测站的观测值与计算值的比较（标定与验证）结果表明模型很好地模拟了流域水文过程。

8.1.3　地统计学在环境和水资源领域的应用研究

地统计学（Geostatistic）是法国数学家 G. Matheron 教授于 20 世纪 60 年代创立并发展的一门集数学与地质采矿为一体的边缘科学。地统计学最早应用于矿产储量计算及矿山地质工作中（侯景儒和尹镇南，1998），是为了解决矿床从普查勘探、矿山设计到矿山开采整个过程中各种储量计算和误差估计问题而发展的。随着地统计学的不断发展，其应用领域不断拓展，现在已发展成为能表征和估计各种自然资源的工程学科。

地统计学应用区域变化量（一种在空间上具有数值的实函数）来对区域内的数值的空间变异性进行分析（Matheron，1971）。近些年来，地统计学在其他许多领域都得到了广泛的应用。陈浮等利用地统计学分析城市地价的空间分布图式，指出城市地价的空间分布时序变化（陈浮等，1999）。Oliver 和 Badr 利用地统计学技术对三个地区（Hereford，Buxton，Nottingham）的氡（^{222}Rn）进行空间结构及其与各种癌病的相关性分析（Oliver，1997）。

在环境保护领域，地统计学最初是应用于土壤学研究方面（李菊梅和李生秀，1998）；在水和大气环境研究方面，刘瑞民等在采样数据的基础上，应用地统计学的理论与方法，对太湖水质参数空间分布特性进行研究（刘瑞民和王学军，2002）。孟健和马小明

(2002) 应用 Kringing 的空间分析方法来分析城市大气中 SO_2 浓度的空间分布。梁天刚等 (2000) 对甘肃省河西走廊以东地区多年平均降水量进行了空间分布模拟研究,采用了包括距离权重法、趋势面法、普通 Kringing 等 9 种方法,最后得出结论:应用指数模型模拟的半变异函数的普通 Kringing 进行插值精确度最高。

8.2 流域水资源自然再生能力评价方法

本书水资源自然可再生能力评价分别采用两种方法:一是利用综合评价方法;二是单指标评价方法。通过对两种评价方法的研究,确定研究流域水资源自然可再生能力评价方法。

8.2.1 水资源自然可再生能力综合评价方法

利用水资源的自然再生能力评价指标体系可以全面科学地反映水资源自然可再生能力的状况与特征,并通过评估指标的计算,分析流域水资源量自然可再生能力的时空间分布规律。首先对于水资源自然可再生能力进行系统分析,而后基于系统分析的结果,遵循一定的指标选取原则,初步建立水资源自然可再生能力评价指标体系,最后利用综合评价方法对水资源自然可再生能力进行综合评价。

水资源自然可再生能力评价指标选取一般依据以下原则。①科学性与相关性原则:选取的指标必须与水资源自然可再生能力密切相关,而且必须概念清楚,有明确的科学内涵。②可行性原则:指标有一定的度量方法,具有纵向和横向的可比性。③主导性与独立性原则:要求指标具有代表性和独立性,减少指标之间的信息重叠。④综合性原则:指标体系覆盖面广,整体上能够体现可再生性评价要求。⑤数据可得性原则:必须考虑实际评价中数据的可得性,可以直接或间接计算得到的指标才具有对比性。在一般原则指导下,水资源自然可再生能力包括以下主要评价指标:单位面积地表水资源量、单位面积的水资源量、单位面积地下水资源量、蒸发量、降水量、水源涵养指标(可以用植被覆盖率代替)等。

综合评价的方法是对多属性体系结构描述的对象作全局性、系统性的评价。常见的综合评价方法有专家评价法、主成分分析法、因子分析法、灰色关联分析法、德尔菲法、模糊评价法和神经网络法等。沈珍瑶等(2002)利用灰关联分析方法和模糊综合评判法对黄河流域水资源可再生性进行了评价;李春晖(2003)利用模糊综合评价方法对黄河流域地表水资源可再生性进行了综合评价。

8.2.2 水资源自然可再生能力单指标评价方法

除了综合评价方法外,水资源的自然可再生能力还可以通过构造表征水资源再生能力的单指标进行评价。曾维华和杨志峰(2001)认为水资源再生能力可以用年某种形式水资源的可再生量度量,见式(2-1),它与水资源储量成正比,与更新周期成反比。

沈珍瑶等（2002）探讨了水资源自然可再生能力与水资源更新速率的关系问题，提出了用单位面积、单位时间的可更新水资源量来表征水资源自然可再生能力。并对黄河流域各分区的水资源自然可再生能力进行分析评价。

$$F_s = \frac{Q_s}{A} \tag{8-2}$$

$$F_G = \frac{Q_G}{A} \tag{8-3}$$

$$F_{\text{natural}} = \frac{Q_{\text{natural}}}{A} = \frac{Q_s - Q_G - Q_{it}}{A} \tag{8-4}$$

式中，F_s、F_G、F_{natural} 分别为地表水、地下水、天然水系统水资源可再生能力；A 为流域/区域面积；Q_s、Q_G、Q_{natural} 为单位时间该面积上地表水、地下水及天然水系统的可更新水资源量；Q_{it} 为单位时间该面积上重复计算的可更新水资源量。利用这种方法可以直观地得出某区域水资源自然可再生的能力，从而对其进行空间、时间分布的研究。

夏军等（2000）从流域单元水体水资源可再生的角度，采用水箱模型（图 8-1）描述单元水体的水文循环基本过程，并从中提出可以度量和表征流域单元水体水资源可再生能力的指标。

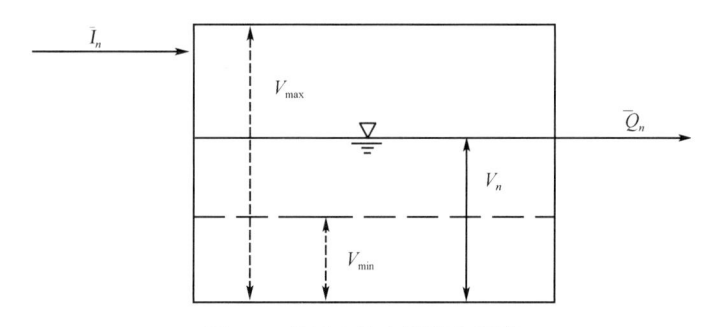

图 8-1 单元水体水箱概念模型

对于该单元水体，n 时段水量平衡关系式为

$$V_{n+1} = V_n + (\bar{I}_n - \bar{Q}_n) \times \Delta t, \quad (n = 1, 2, 3\cdots) \tag{8-5}$$

式中，V_n、V_{n+1} 为第 n 时段初和末单元水体蓄水量（m³）；Δt 为单位时段，可以是月、年；$\bar{I}_n$ 为单元水体 n 时段的平均输入量（m³/s），$\bar{I}_n = \bar{P}_n + \bar{Q}_{1.n}$，$\bar{P}_n$ 为单元水体 n 时段平均降水量（m³/s），$\bar{Q}_{1.n}$ 为单元水体 n 时段水平总输入流量（m³/s），包括地表径流、壤中流和地下径流的输入流量等；$\bar{Q}_n$ 为第 n 时段单元水体的平均出流量（m³/s），$\bar{Q}_n = \bar{E}_n + \bar{Q}_{2.n} + \bar{Q}_{3.n}$，$\bar{E}_n$ 为单元水体第 n 时段平均蒸发量（m³/s），$\bar{Q}_{2.n}$ 为单元水体 n 时段水平总输出流量（m³/s），包括地表径流、壤中流和地下径流的输出流量，$\bar{Q}_{3.n}$ 为第 n 时段社会经济活动对单元水体取用水量（m³/s），包括地表水和地下水的取用水量。

在单元水体水平衡基础之上提出了单元水体水量恢复周期"τ_n"［见式（8-6）］和单元水体水资源量可再生性指数"α_n"［见式（8-7）］来表征单元水体的可再生能力。

$$\tau_n = \frac{V_{\max} - V_n}{\bar{I}_n}, \quad (n=1, 2, 3\cdots) \tag{8-6}$$

$$\alpha_n = \frac{(V_n - V_{\min}) + \bar{I}_n \times \Delta t}{V_{\max} - V_{\min}}, \quad (n=1, 2, 3\cdots) \tag{8-7}$$

式中，$V_{\min}$ 为最小时段单元水体蓄水量（m³）；$V_{\max}$ 为最大时段单元水体蓄水量（m³）。

8.2.3 基于 GRID 的流域水资源自然可再生能力评价方法

相对于以上的基于流域、子流域、单元水体进行水资源自然可再生能力评价，本书采用基于 GRID 的方法来进行流域水资源自然可再生能力评价。所谓基于 GRID 的方法就是将研究的流域（区域）划分为若干网格，根据流域的大小、要求精度的不同划分为 1km、4km、8km 网格。以每个网格为单位，研究其水文循环过程、水资源的输入输出等。条件允许的情况下考察每个网格土地利用、植被覆盖、土壤类型、地形地貌的信息；并以此得出每个网格不同水文与下垫面条件对水资源迁移、转化、循环再生的影响，实现参数因子网格化。在此基础上，通过监测、推导、计算与插值等手段实现相关水文基础数据的网格化，即可得到表征每个网格水资源的自然可再生能力的指标（单指标或多指标）。最后，通过分析整个流域内的水资源自然可再生能力空间分布规律，实现这个流域水资源自然可再生能力评价。水文基础数据的网格化可以通过基于 GIS 的流域水量平衡模拟获得。

本书在前人研究的基础上，提出用网格单元的水资源在月内的自然更新比率来表征其自然可再生能力，称为水资源自然更新速率，即为水资源在月内的变化量同水资源总量的比值。将每一个网格作为一个独立的网格单元，其自然水文循环过程主要包括降水、实际蒸发、土壤水蓄水、地下水蓄水及形成的径流，如图 8-2 所示。

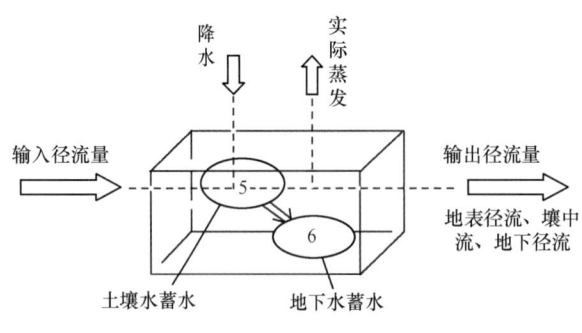

图 8-2 网格单元自然水文循环过程

对于任意时段（本书定义为月），网格单元的水资源收入项为 I，输出项为 V，则

$$I = P + Q_i \tag{8-8}$$

$$V = E + Q_e \tag{8-9}$$

式中，Q_i 为该单元水体输入径流量（mm）；Q_e 为单元水体输出径流总量（mm）；P 为单元水体本月内的平均降水量（mm）；E 为单元水体在月内的平均蒸发量（mm）。

因此，月内该单元水体的水资源更新的量 $\Delta W = I - V$。用水资源更新的量与当月水资源总量 W 的比值即为该单元水体在该月的水资源更新速率（q）：

$$q = \frac{\Delta W}{W} = \frac{I - V}{W} = \frac{P + Q_i - E - Q_e}{W} \tag{8-10}$$

式中，Q_e 在理想状态下可以表示为 $Q_e = Q_i + \Delta Q$，即输入径流量 Q_i 毫不损失地通过单元水体汇入输出径流总量中，还包括单元水体在当月中产生的径流量 ΔQ。而水资源总量用土壤水蓄水量 S 和地下水蓄水总量 G 之和来表示。因此式（8-10）变化为

$$q = \frac{\Delta W}{W} = \frac{P - E - \Delta Q}{S + G} \tag{8-11}$$

由此可见，用单元水体的月水资源自然更新速率 q 来表征单元水体在该月内的自然可再生能力，并通过流域内各个网格在不同月份内的水资源更新率，分析其在空间和时间上的分布规律来对流域水资源自然可再生能力进行评价。

8.3 基于 GIS 的流域水量平衡模拟

本书采用的水量平衡模型的原型是由 Mantoudi 等提出的基于 GIS 的简单水平衡模型。Mantoudi 等将此模型应用于希腊西部 Acheloos River 流域，通过一个由描述雪累积、土壤水与地下水的假想蓄水池组成的相互连接的系统，模拟水资源的转化过程，经过参数的确定，计算出流域逐月径流量，并以流域出口水文站的径流监测值来进行校验。模型是基于网格的，将流域划分为若干的网格，每个网格作为一个水文单元，根据模型对每一个网格进行模拟，计算出每个网格逐月的净径流量，将各网格的净径流量汇总即为各流域出口的径流量。应用此水平衡模型来对流域进行模拟，具体模型如图 8-3 所示。

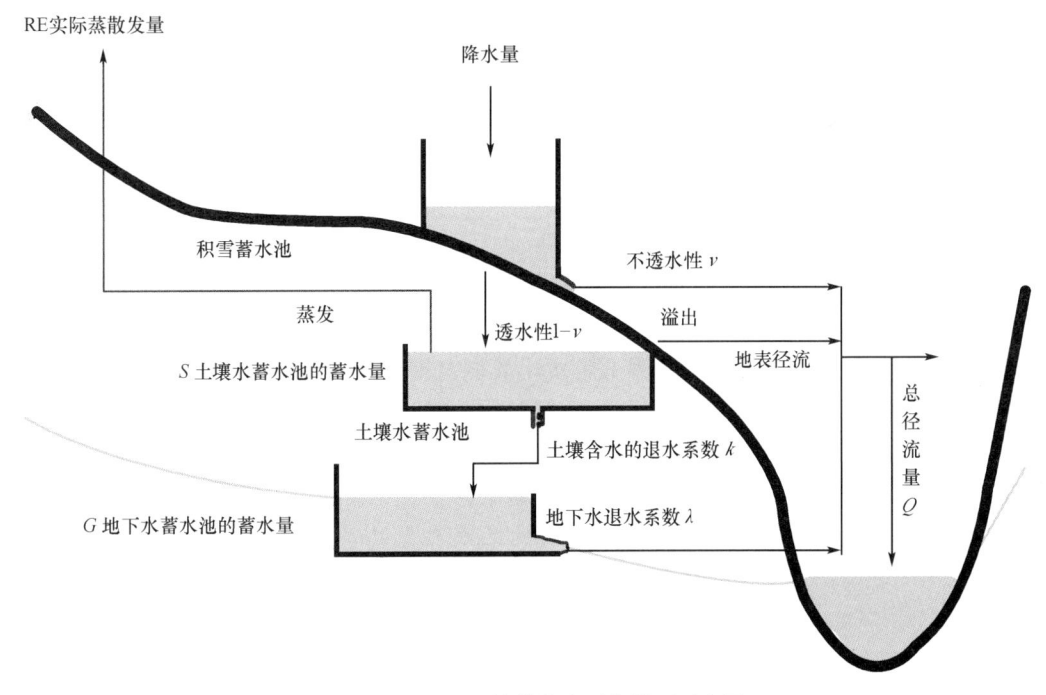

图 8-3 基于 GIS 的简单水平衡模型示意图

图 8-3 中描述了包括降水、蒸发、土壤水蓄水池、地下水蓄水池、径流的水循环系统。系统的输入包括降水、实际蒸发量;系统的参数包括不透水性 v、土壤存储负荷 K、土壤含水的退水系数 k 与地下水退水系数 λ;系统的输出结果包括土壤水分降雨补充总量 P、土壤水分蒸发损失总量 E、土壤水蓄水池的蓄水量 S、地下水蓄水池的蓄水量 G 与总径流量 Q。

系统的水平衡方程为

$$P - E = \Delta S + \Delta G + Q \tag{8-12}$$

对第 n 个时段某个水文单元来说,该单元产生的净径流量 Q 由式(8-13)计算得到:

$$Q_n = Q_P + Q_S + Q_G \tag{8-13}$$

式中,Q_P 为降水落在地表上直接形成的径流量,$Q_P = P_n \times v$;Q_S 为土壤水蓄水池溢满形成的壤中流量,$Q_S = S'_n - K$,如果 $S'_n < K$,则 $Q_S = 0$;Q_G 为地下水蓄水池对河流补给所形成的地下径流量,$Q_G = S_n \times k \times \lambda$。

在这个水文过程中,土壤水蓄水池的蓄水量经过了中间过程,即 $S'_n = [S_{n-1} + P_n \times (1-v) - E_n] \times (1-k)$,表示在上一个月的土壤水蓄水池的蓄水量 S_{n-1} 的基础上,加上当月降水量对土壤水的补充 $P_n \times (1-v)$,去除当月的实际蒸发量 E_n 及下渗到地下水蓄水池的部分水量之后得到的中间量 S'_n,将土壤蓄水池的中间量 S'_n 同土壤存储负荷 K 相比较,如果 $S'_n > K$,则发生溢满形成壤中流 $Q_S = S'_n - K$,$S_n = K$;如果 $S'_n < K$,则未发生溢满现象,$Q_S = 0$,$S_n = S'_n$。

需要说明的是,S_{n-1} 表示上一个月的土壤蓄水池的蓄水量,而对于模拟序列的第一个月则没有这个确定值,本书的解决办法是用水文单元模拟序列前三个月的实际蒸发值的和来代替该单元的初始土壤蓄水池的蓄水量。因为在序列前三个月的降水量很微小,相比之下实际蒸发很大,可以认为其实际蒸发量全部是由土壤蓄水池的蓄水量提供的;因此,用序列前三个月的实际蒸发值的和来代替该单元的初始土壤蓄水池的蓄水量有一定的依据,但也会带来一定误差,在初始的几个月模拟出的结果会是偏小。

8.3.1 模型输入

采用 Penman-Monteith 公式来进行流域蒸散量的计算,利用气压、水汽压、温度、日照时数等数据计算各站点的潜在蒸发量,对计算结果进行 Kriging 插值,计算整个流域范围内的潜在蒸发量,而后根据作物系数计算出流域范围内的实际蒸发量。

Penman-Monteith 公式是由 Monteith(1965)在 Penman 等研究的基础上得出的计算整个冠层的蒸散发量的公式,后经由联合国粮食及农业组织(FAO)和国际灌排委员会(ICID)等组织对 Penman-Monteith 公式进行参数修正,由 FAO 在 1990 年推荐式(8-14)为计算作物蒸散量的唯一标准方法,各种研究结果表明 Penman-Monteith 方法同样适合于我国大范围区域潜在蒸散发的计算。

$$\mathrm{ET}_0 = \frac{0.408\Delta(R_n - G) + \gamma \dfrac{900}{T + 273} U_2(e_s - e_d)}{\Delta + \gamma(1 + 0.34 U_2)} \tag{8-14}$$

式中，Δ 为气温 T 时的饱和水汽压曲线斜率（kPa/℃）；R_n 为冠层太阳净辐射 [MJ/(m²·d)]；G 为土壤热通量 [MJ/(m²·d)]；γ 为干湿常数（kPa/℃）；T 为月平均气温（℃）；U_2 为 2m 高处风速（m/s）；e_s 为气温 T 下的饱和水汽压（kPa）；e_d 为实际水汽压（kPa）；$D=(e_s-e_d)$ 表示饱和水汽压（kPa）。

1）饱和水汽压曲线斜率 Δ：

$$\Delta = \frac{4098 \times e_s}{(T+237.3)^2} = \frac{2504}{(T+237.3)^2} \exp\left(\frac{17.27T}{T+237.3}\right) \tag{8-15}$$

2）干湿表常数 γ：

$$\gamma = \frac{c_p \times P}{\varepsilon \times \lambda} \times 10^{-3} = 0.00163 \times \frac{P}{\lambda} \tag{8-16}$$

式中，c_p 为空气定压比热 [取值 1.013kJ/(kg·℃)]；P 为气压（kPa）；ε 表示水汽分子量对于干空气分子量之比，取值 0.622；λ 为汽化潜热，取 2.45MJ/kg。

3）饱和水汽压 e_s：

$$e_s = 0.611 \times \exp\left(\frac{17.27 \times T}{T+237.3}\right) \tag{8-17}$$

式中，T 为月气温（℃）。

4）空气饱和差 D：

$$D = e_s - e_d = \frac{e_{s(T\max)} - e_{s(T\min)}}{2} - e_d \tag{8-18}$$

式中，$e_{s(T\max)}$ 为在日最高温度时的饱和水汽压（kPa）；$e_{s(T\min)}$ 为在日最低温度时的饱和水汽压（kPa）；e_d 为实际水汽压（kPa）。

5）风速 U_2：

$$U_2 = \frac{4.87}{\ln(67.8z - 5.42)} U_z \tag{8-19}$$

式中，U_z 表示在 z 高度处观测到的风速（m/s）。当 $z=10$m 时，$U_2 = 0.748 \cdot U_{10}$。

6）冠层净辐射 R_n：

$$R_n = (1-\alpha) \times R_s - R_{nl} \tag{8-20}$$

式中，R_s 为到达地表的短波净辐射 [MJ/(m²·d)]；R_{nl} 为净地表长波辐射 [MJ/(m²·d)]；α 为地表反射率，取值 0.23。

$$R_s = \left(a_s + b_s \frac{n}{N}\right) R_a = \left(0.25 + 0.50 \frac{n}{N}\right) \times R_a \tag{8-21}$$

式中，$\frac{n}{N}$ 为日照百分率；n 为实照时数（小时）；N 为可日照时数（小时）；a_s 为阴天（$n=0$）到达地表短波辐射通量与大气外层太阳辐射通量的比例系数（≈ 0.25）；$a_s + b_s$ 为晴天（$n=N$）到达地表短波辐射通量与大气外层太阳辐射通量的比例系数（≈ 0.75）；$b_s \approx 0.50$；R_a 为大气外层太阳辐射通量 [MJ/(m²·d)]，可由式（8-22）计算。

$$R_a = 37.6 \times d_r(\omega_s \times \sin\varphi \times \sin\delta + \cos\varphi \times \cos\delta \times \sin\omega_s) \tag{8-22}$$

式中，d_r 为日地相对距离

$$d_r = 1 + 0.033 \times \cos(0.0172 \times J) \tag{8-23}$$

δ 为太阳赤纬（rad）

$$\delta = 0.409 \times \sin(0.0172 \times J - 1.39) \tag{8-24}$$

φ 为纬度（rad）；

ω_s 为日落时角（rad）

$$\omega_s = \arccos(-\tan\varphi \times \tan\delta) \tag{8-25}$$

式中，J 为在年内的天数。每个月的 J 值，可以如下确定：

$$J = \text{integer}(30.42 \times M - 15.23) \tag{8-26}$$

式中，M 为月数（1~12）。

$$R_{nl} = \sigma\left(\frac{T_{kx}^4 + T_{kn}^4}{2}\right)(0.34 - 0.14 \times \sqrt{e_d})\left(1.35\frac{R_s}{R_{so}} - 0.35\right) \tag{8-27}$$

式中，σ 为斯蒂芬-波尔兹曼常数 4.90×10^{-9} [MJ/（m²·K⁴·d）]；T_{kx} 为日最高温度（K）；T_{kn} 为日最低温度（K）；e_d 为气象战观测的实际空气水汽压（kPa）；R_{so} 为晴天短波太阳辐射通量 [MJ/（m²·d）]，

$$R_{so} = (a_s + b_s)R_a \approx 0.75R_a \tag{8-28}$$

7）土壤热通量（G）：

根据月平均气温计算土壤热通量的公式如下：

$$G = 0.07(T_{\text{monthn}+1} - T_{\text{monthn}-1}) \tag{8-29}$$

式中，$T_{\text{monthn}+1}$ 和 $T_{\text{monthn}-1}$ 分别为下一个月和上一个月的平均气温（℃），如果没有下一个月的资料可用，则以下式计算当月平均气温 T_{monthn}（℃）的土壤热通量：

$$G = 0.14(T_{\text{monthn}} - T_{\text{monthn}-1}) \tag{8-30}$$

对各站点的降水量进行 Kriging 插值，得到流域范围内的降水量。降水和实际蒸发 Kriging 插值结果栅格的大小（cell size）选择为 1km×1km，同流域所划分的水文单元一致。Kriging 的结果为 ArcInfo GRID 栅格数据，在 Arctoolbox 中将其转化 Ascii 的数据格式以供模拟计算做输入。

8.3.2 模型系统集成及模型参数率定

在 Visual Basic 平台下，将流域水平衡模型系统集成，模型界面见图 8-4。

系统输入为 Ascii 格式数据（*.asc），在更改参数栏中对各参数进行调整，依据水平衡模型进行模拟。输出结果包括两部分，即模拟的径流结果和模拟的数据结果，其中数据结果包括各网格土壤水蓄水量、地下水蓄水量和产生的净径流量。系统的输出结果也为 Ascii 格式数据文件，可以导出至 Excel 和 ArcGIS 中进行分析和演示。

系统包括四个参数，即不透水性 v、土壤存储负荷 K、土壤含水的退水系数 k 与地下水退水系数 λ，其中，不透水性和土壤存储负荷同流域下垫面性质密切相关。根据该模型以往模拟的经验得出的参数值和流域实际下垫面性质确定出各参数的域值范围，根据不同

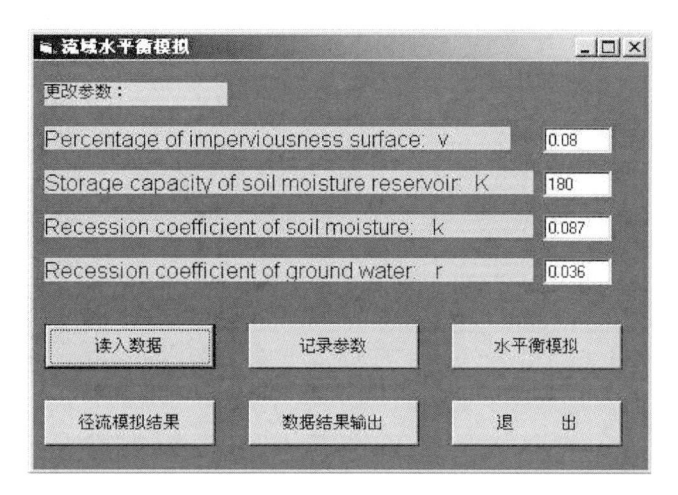

图 8-4　流域水平衡模拟集成系统界面

的参数值模拟径流量同流域出口站点实测径流量进行比较，再根据模拟量同径流量的误差来调整输入参数，直至选出同实测径流量拟合最好的最优参数。确定的各参数的域值范围见表 8-1。

表 8-1　流域水平衡模型模拟参数列表

参数	不透水性 (v)	土壤存储负荷 (K) /mm	土壤含水退水系数 (k)	地下水退水系数 (λ)
域值范围	0.05~0.30	100~200	0~0.2	0~0.1

8.4　案例研究

8.4.1　泾河流域概况

泾河流域位于 106°E~109°E、34.5°N~37.2°N 之间。泾河是黄河的二级支流，是渭河的最大支流，发源于六盘山东麓宁夏回族自治区泾源县马尾巴梁，向东流经甘肃省平凉市及泾川县，流经宁夏东南部、甘肃陇东、陕西关中西北部等 35 个县市，至马莲河入口处转东南流，经陕西省彬县及泾阳县，于高陵县蒋王村汇入渭河左岸。泾河干流全长 455km，流域面积约为 45 421km²，支流共有 8 条，呈扇形分布，其中，左岸有三水河、马莲河、蒲河、茹河、洪河，右岸有汭河、黑河、达溪河等。

8.4.1.1　水文特征

泾河流域属于大陆性半干旱季风气候类型，特点是冬春干旱少雨，夏秋多暴雨，春秋有霜，北、中部属干旱区，南部为半干旱及小部分湿润区。年平均气温为 7.9~10.0℃，年日照时数平均为 2260~2450 小时，水面蒸散发量为 1386~1469mm。泾河流域南部受秦岭北坡山地地形和季风环流影响，属于黄河流域降水较多区域；而流域北部，尤其是西北部被西太平洋副热带高气压势力范围所控制，属干旱少雨区。因此，流域内年降水量由南向北递减，平均522mm。由于气候因素影响，降水主要集中在下半年，其中汛期降水约占年降水量的68%。泾河流域自南向北，年径流深由300mm递减至15mm，平均年径流深70mm。历年最大年径流量为6.89亿m^3（1964年），最小年径流量1.52亿m^3（1972年），相差近4倍。

8.4.1.2 地形地貌

泾河流域位于黄土高原中部，地势呈西北高、东南低，地貌有山地、丘陵、高原、平原四种类型（图8-5）。全流域涉及黄土丘陵沟壑区、黄土高原沟壑区、土石山区、黄土丘陵林区和黄土阶地区5个地貌类型区，其中以黄土丘陵沟壑区、黄土高原沟壑区所占面积最大，分别为18 775km^2、18 053km^2，分别占流域总面积的41.3%、39.7%。土石山区、黄土丘陵林区和黄土阶地区面积分别为3295km^2、2937km^2、2361km^2，分别占总面积的7.3%、6.5%、5.2%。

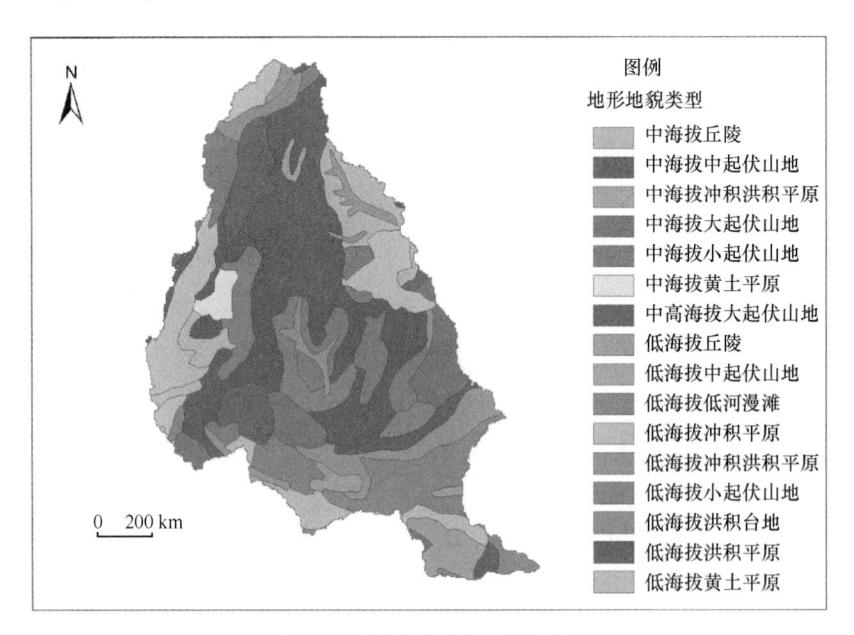

图8-5 泾河流域地形地貌图

泾河流域水土流失极为严重，其来沙量是黄河中游四大支流无定河、渭河、泾河和北洛河中来沙量最多的一条支流。平均年输沙量0.217亿t，含沙量和输沙量均由南向北递增。流域北部黄土丘陵区和黄土高原沟壑区土质疏松，水土流失最为严重，多年平均土壤侵蚀模数分别为10 000t/（km^2·a）、4000t/（km^2·a），是泾河流域泥沙的主要来源区。

8.4.1.3 土壤和植被

泾河流域地带性土壤类型为褐土，如图8-6所示。流域中北部大部分地区土壤类型为褐土，在流域的东部和南部为少量的黄垆土和潮土，流域的西部为部分娄土，其他还有零散分布的极少量的棕土。其中，褐土在黄河流域分布很广，其土壤剖面上部呈褐色，腐殖质含量较高，呈中性至微碱性反应，中部和下部黏化现象显著。

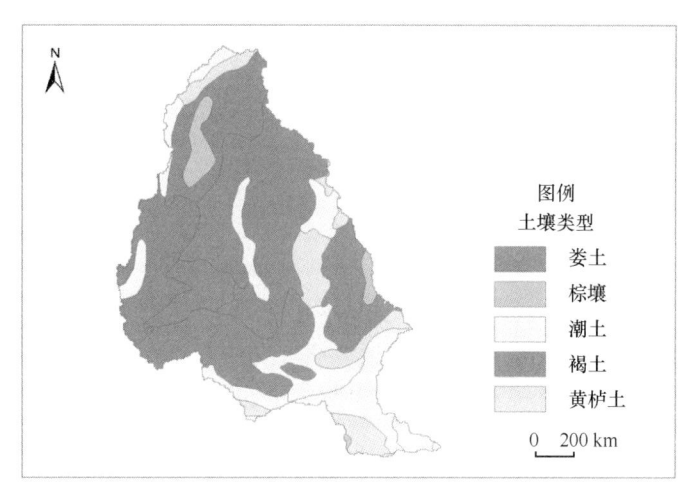

图 8-6　泾河流域土壤类型图

地带性植被类型为温带、亚热带落叶灌丛、矮林，如图 8-7 所示。泾河流域水土流失严重，植被稀少，林草面积仅占流域面积的 10% 左右。流域的大部分地区为温带、亚热带落叶灌丛、矮林所覆盖，主要包括荆条灌丛、草原沙地锦鸡儿、柳、蒿灌丛、蒙古栎灌

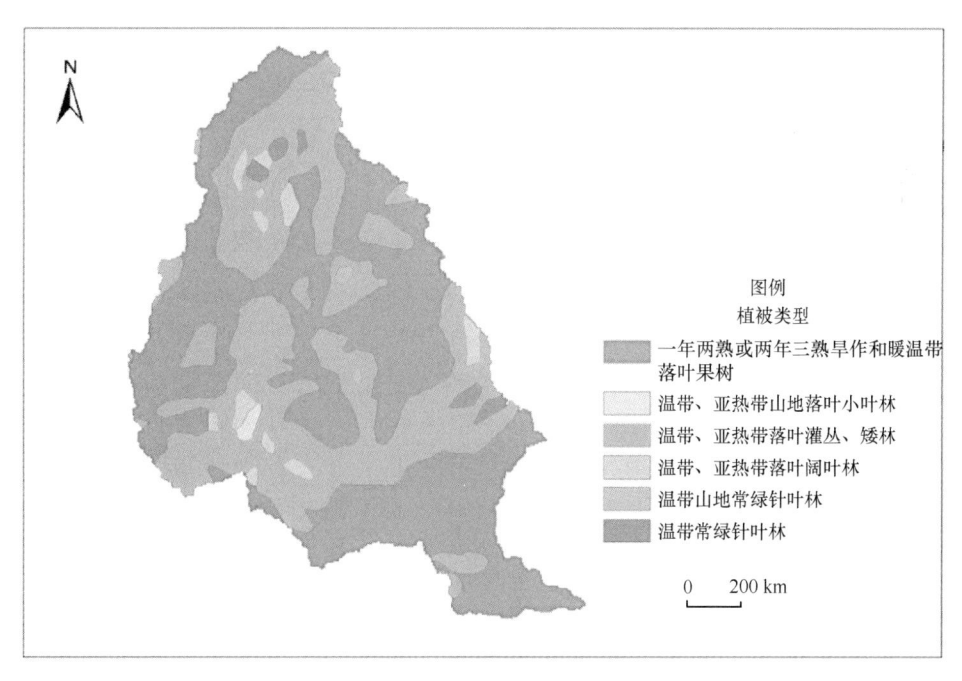

图 8-7　泾河流域植被类型图

丛、荒漠盐地柽柳灌丛与盐生草甸等。在流域的西部和北部，分布着少量的温带、亚热带山地落叶小叶林和落叶阔叶林。此外还有极少量的温带常绿针叶林。在流域的南部和中部地区还分布有许多一年两熟或两年三熟的旱作和经济林，主要包括冬小麦、高粱、大豆、棉花、葡萄、板栗、核桃等。

8.4.1.4 河流水系

泾河流域内水系发达，集水面积大于1000km²的主要支流有8条，分别为汭河、洪河、蒲河、茹河、马莲河、黑河、达溪河、三水河，各支流呈扇状分布，如图8-8所示。

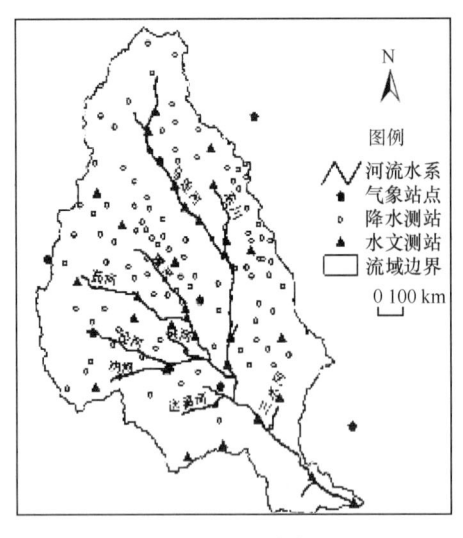

图8-8 泾河流域水系图

马莲河为泾河的最大支流，发源于陕西定边县高天池乡，河长347.8km，集水面积达19 086km²，河道比降为1.35‰；其次为蒲河，发源于甘肃环县毛井乡，河长204km，集水面积7478km²，河道比降为2.76‰；最小的支流为三水河，发源于陕西旬邑县洪峠乡，河长128.9km，集水面积达1321km²，河道比降为5.49‰。

流域内水文测站主要有泾川、杨家坪、袁家庵、毛家河、洪德、庆阳、雨落坪、张家沟、刘家河等（表8-2）。站点的分布如图8-8所示。其中雨落坪站为泾河流域最大支流马莲河的出口控制站，控制流域面积为19 086km²。

表8-2 泾河流域主要水文站点

站名	河流	断面地点	经度/°	纬度/°
泾川	泾河	甘肃省泾川县泾河大桥下游	107.35	35.33
杨家坪	泾河	甘肃省宁县太昌乡上庆桥	107.73	35.33
袁家庵	汭河	甘肃省泾川县袁家庵村	107.32	35.32
毛家河	蒲河	甘肃省西峰市肖金乡毛家河村	107.58	35.52
洪德	马莲河	甘肃省环县洪德乡马连滩村	107.20	36.77
庆阳	马莲河	甘肃省庆阳县城西门外	107.88	36.00
雨落坪	马莲河	甘肃省宁县新庄雨落坪	107.88	35.33
张家沟	达溪河	甘肃省长武县枣园乡张家沟	107.77	35.10
刘家河	三水河	陕西省彬县龙高乡刘家河	108.25	34.95

泾河流域河水补给方式主要有两种，即雨水补给和地下水补给。雨水补给是指降水落至地表后直接进入河中的水量，雨水补给在泾河流域补给中占有极其重要的地位，集中于夏季的暴雨几乎是流域北部黄土丘陵区汛期径流的唯一来源。地下水补给是由降水深入地下后再进入河道中的水量，实际上是一种间接形式的雨水补给。泾河流域的地下水补给是

占辅助地位的，黄土丘陵沟壑地区地下水资源较少，主要是在非汛期对径流进行少量补给。

本书对泾河流域的资料收集包括以下内容：中国科学院地理科学与资源研究所提供的 1∶25 万的 DEM 数据；国家测绘院提供的 1∶400 万地图资料，包括地形地貌、植被类型、土壤类型、土地利用等；国家气象局提供的气象资料，选取了泾河流域周边气象站点共 21 个，包括降水、蒸发、气温、水汽压、日照等；黄河水利委员会水文局提供的水文资料。

8.4.2 泾河流域水资源自然再生能力影响要素分析

8.4.2.1 泾河流域降水空间变异分析

结合流域降水资料的实际情况，选定泾河流域周边地区 21 个气象站点，从站点 50 多年逐月降水资料中提取出 1900~1999 年的年降水量作为本书研究的原始数据资料。

对各气象站点的降水量进行分析，图 8-9 是各气象站点 1990~1999 年降水量变化示意图。从图中可以看出，从 1990 年开始，各站点的降水量整体呈逐年下降趋势，其中 1991~1995 年下降趋势较为平缓，1996~1999 年出现比较大的波动，1996 年、1998 年两年的降水量有很大增幅。表 8-3 列举了 1990~1999 年的年降水量的统计资料，从中我们可以看出，降水量的均值最大是 1990 年，为 541.29mm，其次是 1998 年和 1996 年，均值最小的是 1997 年，为 326.3mm。变异系数反映了空间分布的均匀性，而从各年份变异系数来看，总体呈逐年上升的趋势，1996 年的变异系数最大，为 0.4029，变异系数最小的是 1995 年，为 0.295 98。

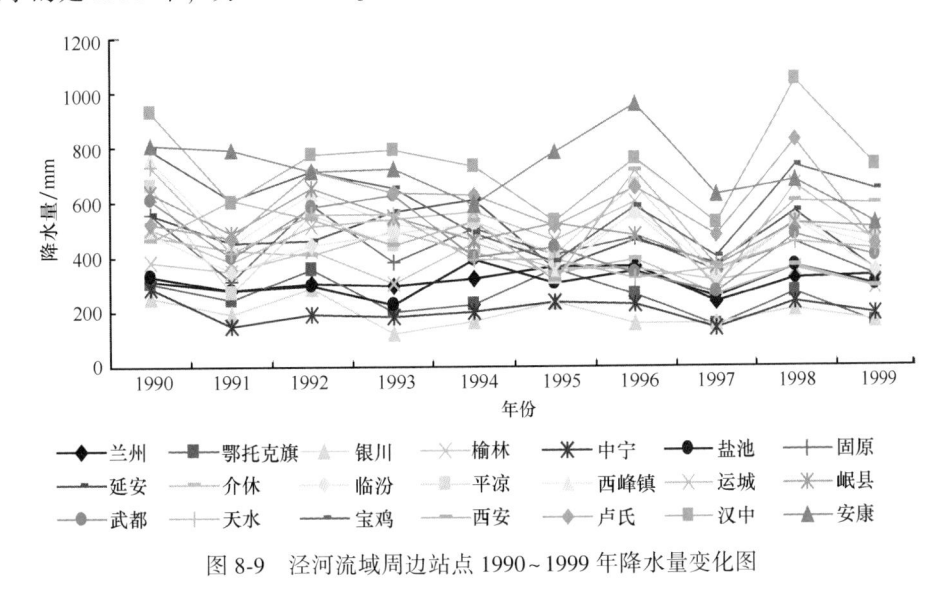

图 8-9 泾河流域周边站点 1990~1999 年降水量变化图

表 8-3　泾河流域 1990~1999 年降水量统计资料

项目	1990 年	1991 年	1992 年	1993 年	1994 年	1995 年	1996 年	1997 年	1998 年	1999 年
最小值/mm	253.8	145.2	190.4	123.4	161.8	233.1	153.2	135.3	211	153.3
最大值/mm	932.9	788.3	772.8	794.3	734.7	779.6	952.4	624	1040.7	730.5
均值/mm	541.29	405.73	510.49	464.33	457.11	399.92	486.77	326.3	510.1	397.2
标准偏差	191.54	156.2	163.12	184.8	144.56	118.37	196.12	118.6	203.47	151.05
变异系数	0.353 85	0.384 99	0.319 53	0.397 98	0.316 24	0.295 98	0.4029	0.363 47	0.398 88	0.380 29

经过对原始资料初步分析，本书提取出 1990 年、1995 年、1996 年、1997 年、1998 年五年作为典型年份，利用地统计学方法对其降水量的空间变异规律进行分析。

8.4.2.2　基于地统计学理论的研究方法

地统计学理论方法是在 Kriging 法基础上发展起来的。Kriging 法主要是假定采样点之间的距离和方向可反映一定的空间关联，并利用它们来解释空间的变异性。Kriging 法对处理在距离和方向上有偏差的数据尤为适用。从数学角度讲，Kriging 法是一种最优、无偏内插估计量的方法，具体包括普通 Kriging、对数正态 Kriging、指示 Kriging、泛 Kriging、协同 Kriging 与因子 Kriging 等。

区域变量是指以空间点 x 的三个直角坐标 (x_u, x_v, x_w) 为自变量的随机场 $Z(x_u, x_v, x_w) = Z(x)$。当对它进行一次观测后，就得到它的一个现实 $Z(x)$，它是一个普通的三元实值函数或空间点函数。当空间点 x 沿 x 方向变化为 $x+h$ 时，就把区域变化量在 x 与 $x+h$ 处的值 $Z(x)$ 与 $Z(x+h)$ 的差的方差的一半定义为区域变化量 $Z(x)$ 在 x 方向上的变异函数，记为 $\gamma(x, h)$：

$$\gamma(x, h) = \frac{1}{2}\mathrm{e}[Z(x) - Z(x+h)]^2 \tag{8-31}$$

从式（8-31）可知变异函数依赖于两个变量 x 和 h，当变异函数 $\gamma(x, h)$ 与位置 x 无关，而只依赖于两个样品点之间距离 h 时，$\gamma(x, h)$ 可以改写为 $\gamma(h)$：

$$\gamma(h) = \frac{1}{2}\mathrm{e}[Z(x) - Z(x+h)]^2 \tag{8-32}$$

在实践中，通常用某一个域内的有限的试验数据对 $N(h)$ 来构建变异函数，从而得出试验变异函数（experimental variogram），记为 $\gamma^*(h)$：

$$\gamma^*(h) = \frac{1}{2N(h)} \sum_{i=1}^{N(h)} [Z(x_i) - Z(x_i+h)]^2 \tag{8-33}$$

式中，$\gamma^*(h)$ 为理论变异函数值 $\gamma(h)$ 的估计值。

变异函数一般用变异曲线来表示，它是一定滞后距离 h 的变异函数值 $\gamma^*(h)$ 与该 h 的对应图。C_0 称为块金效应（nugget effect），它表示 h 很小时两点间观测值的变化；a 称为变程（range），当 $h \leq a$ 时，任意两点间的观测值都有相关性，这个相关性随 h 的变大而减小，当 $h > a$ 时就不再具有相关性，a 的大小反映了研究对象中某一区域变化量的变化程度；C 称为总基台值，它反映某区域变化量在研究范围内变异的强度，是最大滞后距的可迁性变异函数的极限值。

变异函数最常用的理论模型是球状模型、高斯模型和指数模型。其中球状模型的一般公式为

$$\gamma(h) = \begin{cases} 0 & h = 0 \\ C_0 + C\left(\dfrac{3}{2} \cdot \dfrac{h}{a} - \dfrac{1}{2} \cdot \dfrac{h^3}{a^3}\right) & 0 < h \leq a \\ C_0 + C & h > a \end{cases} \quad (8\text{-}34)$$

高斯模型的一般公式为

$$\gamma(h) = \begin{cases} 0 & h = 0 \\ C_0 + C\left(1 - e^{-\frac{h^2}{a^2}}\right) & h > 0 \end{cases} \quad (8\text{-}35)$$

指数模型的一般公式为

$$\gamma(h) = \begin{cases} 0 & h = 0 \\ C_0 + C\left(1 - e^{-\frac{h}{a}}\right) & h > 0 \end{cases} \quad (8\text{-}36)$$

8.4.2.3 变异函数的拟合

表 8-4 为泾河流域周边站点在选取的各典型年份中年降水量的数据。在 ArcGIS 中的地统计学模块（Geostatistical Analyst）中，对表中数据进行分析，采用普通 Kriging 方法，对每一年份泾河流域降水量的实验半变异函数进行拟合。在拟合过程调整参数时，对于简单的参数，可根据直接法对曲线进行拟合；而对于直接法难以得出的参数值，利用最小二乘法的原则，采取多项式回归法对变异曲线作最优拟合。

表 8-4　典型年份泾河流域周边气象站点年降水数据　　（单位：mm）

站名	1990 年	1995 年	1996 年	1997 年	1998 年
兰州	316.1	368.2	368.8	235.4	319.2
鄂托克旗	304.4	360.2	259.8	144.7	272.3
银川	253.3	233.1	153.2	156.4	211
榆林	380.8	358.5	355.9	316.5	353.3
中宁	289.4	234.4	229.8	135.3	231.1
盐池	333.2	303.4	348.5	256.4	365.1
固原	552.4	406.7	465.7	345.3	454.9
延安	557.7	360.7	464.8	372.1	567.8
介休	482	337.8	395	263.5	366
临汾	487.4	372.3	559.3	301.7	534.4
平凉	664.3	409.6	662.4	328.5	523.6

续表

站名	1990 年	1995 年	1996 年	1997 年	1998 年
西峰镇	759.1	333.8	561.2	338.3	521.7
运城	506.7	462.9	602.7	285.3	657.8
岷县	630.5	518.5	476.4	361.7	522.8
武都	609.3	436.9	339.9	270.5	479.8
天水	730.3	391.8	321.8	359.8	450.7
宝鸡	789	378.3	581.7	396.3	733.7
西安	458.5	312.2	713.4	362	600.5
卢氏	522.7	509.1	655.8	479.4	823.8
汉中	932.9	530.3	753.6	519.1	1040.7
安康	807.1	779.6	952.4	624	681.9

根据实验半变异函数进行散点计算，可看出泾河流域年降水量的半变异函数曲线是球状模型曲线、指数模型曲线或高斯模型曲线的一种。以 1990 年的数据为例，分别利用球状模型、指数模型、高斯模型进行拟合；并通过估值的误差对各模型的精确度进行比较分析。Kriging 法提供了多种估值误差指标，本书主要采用平均误差（mean error，ME）、均方根误差（root-mean-square error，RMSE）和平均标准偏差（mean standardized error，MSE）三个指标。

表 8-5 为 1990 年降水数据资料进行模型拟合的参数及估值的残差结果。结果表明，通过对三种模型估计值误差的分析比较，球状模型的平均偏差（MSE）和平均误差（ME）都是最小的，只有均方根误差一个指标比指数模型稍大；而综合三个指标来看，利用球状模型对变程以内的估计模拟的结果是三种模型中最显著的。因此，选取球状模型作为拟合泾河流域年降水量的最优模型。

表 8-5　1990 年泾河流域降水量的三种半变异函数理论模型拟合参数表

理论模型	块金常数	基台值	变程/m	ME	RMSE	MSE
球状模型	0	0.180 59	545 900	8.178	108.9	0.064 18
指数模型	0	0.169 82	581 360	13.74	107.9	0.076 1
高斯模型	0.005 79	0.203 62	474 990	9.807	127.6	0.070 29

表 8-6 为利用球状模型对 1995 年、1996 年、1997 年、1998 年的降水量数据进行拟合的结果，其中块金常数、基台值、变程是变异函数的主要参数。块金常数反映的是区域变量的随机性，基台值反映的是区域变量在研究范围内的变异强度，而变程则反映的是区域变量的影响范围。从表 8-6 可以看出，各年份的块金常数均为 0，不能表示降水量的随机性为 0，而是表示降水量的随机效应尺度远小于相关尺度（变程），是滞后距离太大而演示了其随机效应。对各年份的基台值进行比较，1996 年的基台值最大，1995 年的基台值最小，说明 1996 年降水量在空间变异的强度较大，而 1995 年的变异强度很小。通过变程

的比较，1996 年的变程最大，1995 年的变程最小，则表明以 1996 年的降水量为区域变量而生成的变异函数的影响范围较广，而 1995 年的影响范围较小。

表 8-6　各典型年份泾河流域降水量半变异函数的球状模型拟合参数表

年份	块金常数	基台值	变程/m	ME	RMSE	MSE
1990	0	0.180 59	545 900	8.178	108.9	0.064 18
1995	0	0.098 4	545 830	−6.647	82.69	−0.059 59
1996	0	0.262 07	616 810	6.408	103.3	0.627 8
1997	0	0.197 38	581 360	0.279 8	73.14	0.023 74
1998	0	0.214 31	561 450	10.11	142.1	0.077 96

8.4.2.4　降水量的空间变异分析

经过模型选取和参数的确定，运用 ArcGIS 中的地统计学模块（Geostatistical Analyst）进行空间插值，得出降水量的空间分布图。图 8-10 中（a）、（b）、（c）、（d）、（e）图分别为利用 Kriging 法，球状模型进行插值得到的 1990 年、1995 年、1996 年、1997 年、1998 年的降水量空间分布图。通过这些分布图，能够直观地观察泾河流域各年份降水量的空间分布和变异特征。

就泾河流域而言，总体趋势是流域西北部降水量偏少，从西北向东南降水量逐渐增多，趋势平缓，典型代表年份是 1998 年。而 1996 年、1997 年两年的降水分布大致复合基本分布规律，所不同的是由于西南部降水较多而影响了从西北向东南的梯状走势。比较特别的是 1990 年和 1995 年，尤其是 1995 年，流域的东南部与往年相比降水量极少，而降水量主要集中在流域的西部，从而形成了降水量从流域西部向东部逐渐减少的走势。

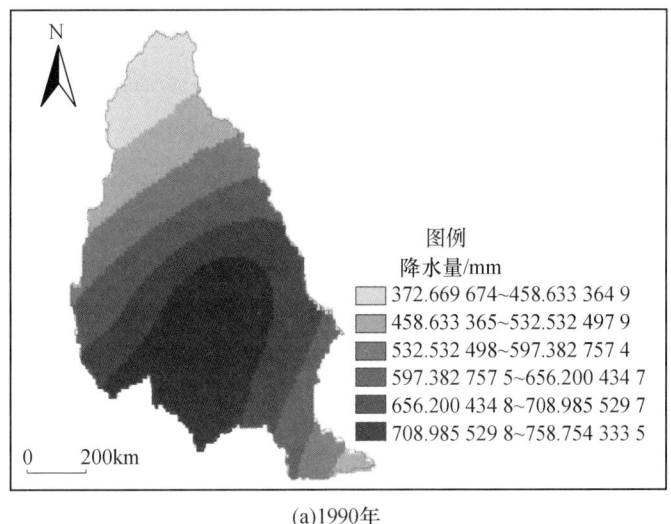

(a) 1990 年

(b) 1995年

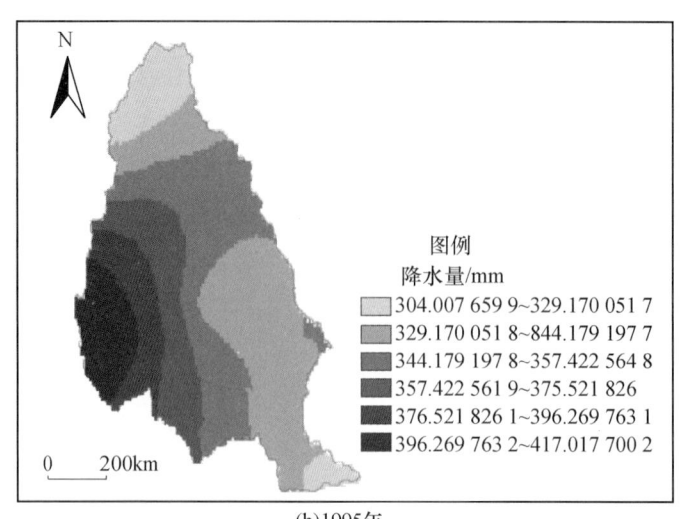

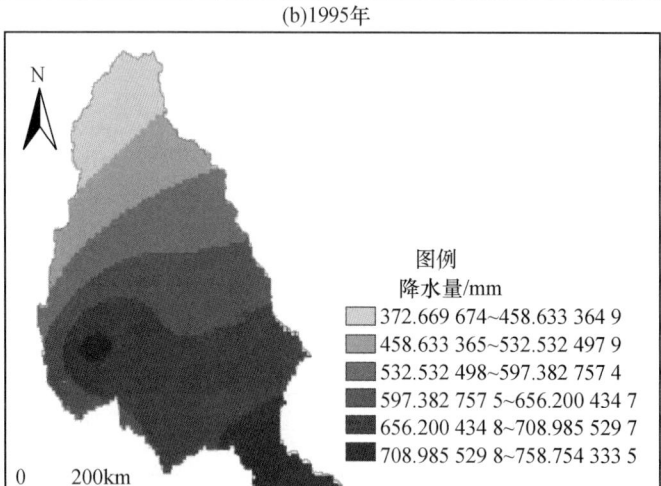

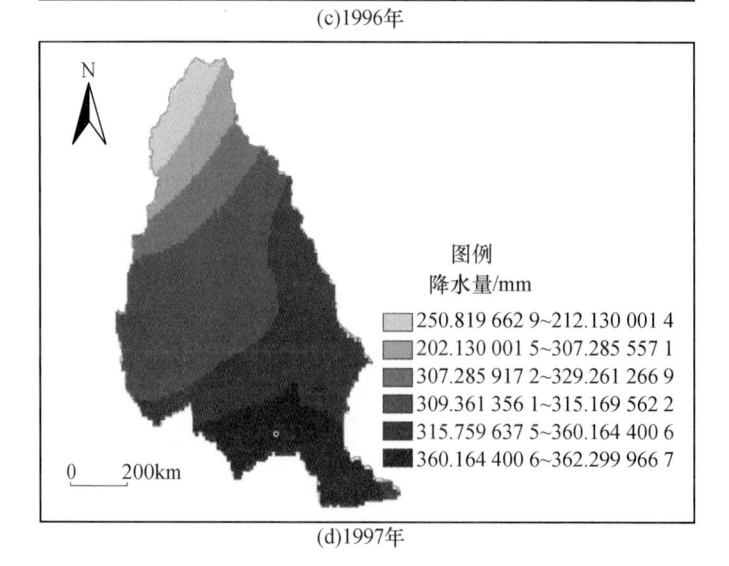

(c) 1996年

(d) 1997年

(e)1998年

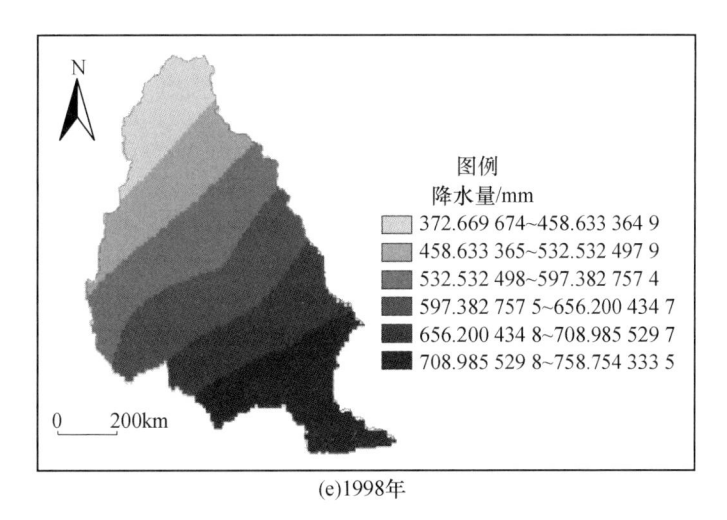

图 8-10　1990 年、1995~1998 年降水情况

8.4.2.5　泾河流域蒸散量的计算和分析

应用 Penman-Monteith 公式计算泾河流域的潜在蒸发量，选取泾河流域周边 21 个气象站点，数据资料选取 1990~2000 年月平均的气象资料（包括温度、气压、水汽压、日照时数等），计算结果见表 8-7。

表 8-7　泾河流域周边各站点 1990~2000 年平均潜在蒸发量

站名	编号	经度/°	纬度/°	年潜在蒸发量/mm
兰州	52889	103.88	36.05	875.26
鄂托克旗	53529	107.98	39.10	1 051.18
银川	53614	106.22	38.48	1 013.24
榆林	53646	109.70	38.23	952.54
中宁	53705	105.67	37.48	1 165.29
盐池	53723	107.40	37.78	1 082.77
固原	53817	106.27	36.00	898.99
延安	53845	109.50	36.60	909.22
介休	53863	111.92	37.03	974.60
临汾	53868	111.50	36.07	943.01
平凉	53915	106.67	35.55	874.24
西峰镇	53923	107.63	35.73	933.81
运城	53959	111.02	35.03	1 119.06
岷县	56093	104.02	34.43	751.45
武都	56096	104.92	33.40	951.27
天水	57006	105.75	34.58	800.86

续表

站名	编号	经度/°	纬度/°	年潜在蒸发量/mm
宝鸡	57016	107.13	34.35	869.06
西安	57036	108.93	34.30	886.60
卢氏	57067	111.03	34.05	845.80
汉中	57127	107.03	33.07	819.02
安康	57245	109.03	32.72	882.91

图 8-11 是泾河流域 1900~2000 年均潜在蒸发量空间分布图，从中可以看出泾河流域的潜在蒸发量从北向南出现递减趋势，最高值出现在马莲河流域上游，为每年 1070mm，最小值出现在流域西南部泾河上游，为 854mm。

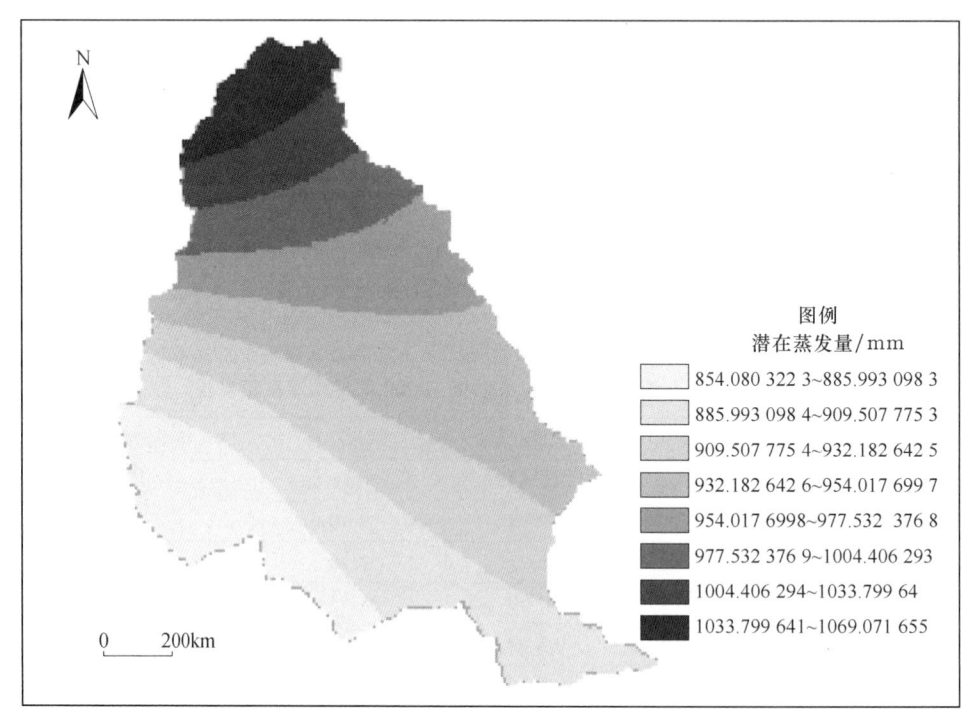

图 8-11　泾河流域 1990~2000 年均潜在蒸发量

8.4.3　流域水平衡模拟

由于水文数据资料的缺乏，本书采用泾河流域最大的支流马莲河流域来进行水平衡模拟实验，得出重要参数，再将参数推广到整个流域来模拟整个流域的水平衡模拟过程。马莲河流域是泾河最大的子流域，流域为 19 019km²，按 1km×1km 划分网格，马莲河流域将被划分为 19 019 个水文单元，河流域的出口站点为雨落坪。在时间上采用 1995~1997 年的逐月数据资料，组成 36 个月的连续时间序列。数据来源于泾河流域及周边地区 21 个气象站点，数据资料包括降水量、气压、水汽压、温度、日照时数等。

8.4.3.1 模型输入数据预处理

根据前面章节的研究，得出图 8-12，以 1995 年 7 月为例，显示出马莲河流域降水和实际蒸发的插值结果，网格单位为 1km×1km。

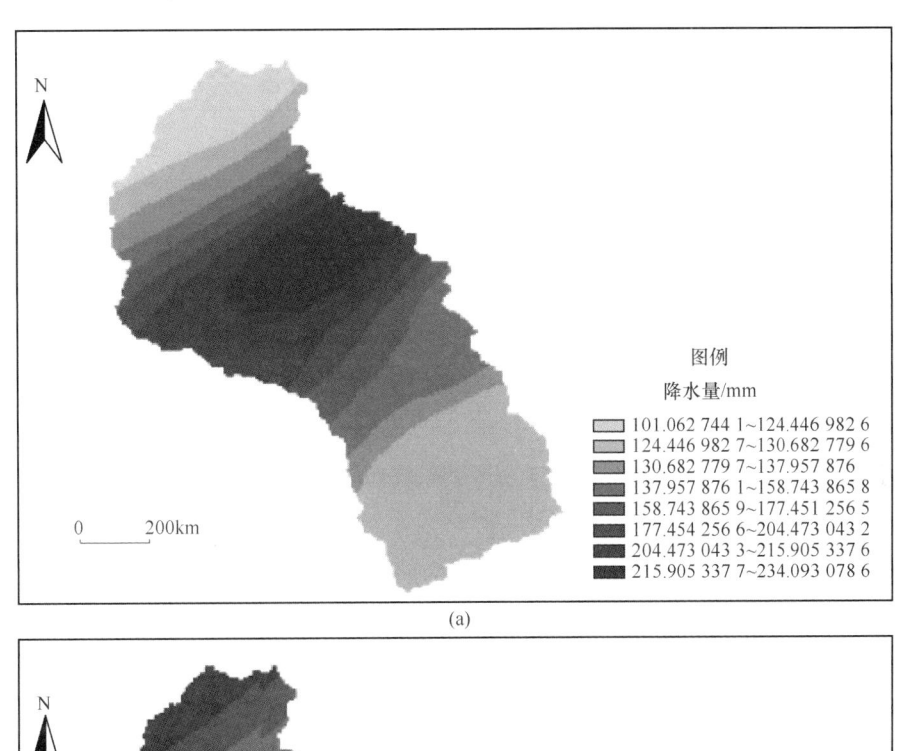

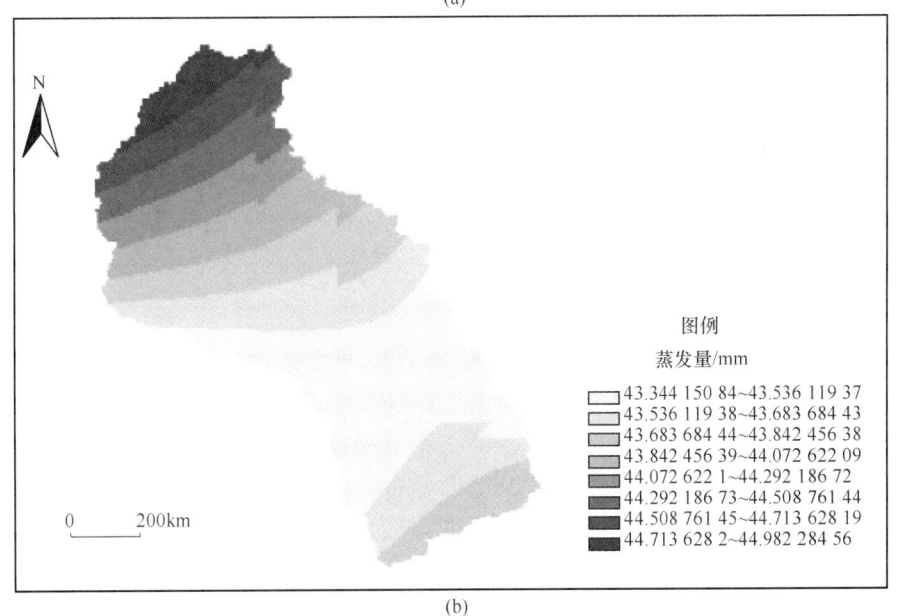

图 8-12 马莲河流域降水（a）和实际蒸发（b）插值结果

8.4.3.2 模型系统集成与参数分析调整

输入系统集成，进行下一步模型参数分析调整。

根据泾河流域实际下垫面性质确定出各参数的域值范围（本模型将整个流域下垫面性质均匀化，利用流域内最具典型性的土壤类型和植被覆盖度来进行参数的选择，整个流域选择相同的参数），确定最后选择的最优参数，见表8-8。

表 8-8 流域水平衡模型模拟参数列表

项目	不透水性 v	土壤存储负荷 K/mm	土壤含水退水系数 k	地下水退水系数 λ
域值范围	0.05~0.30	100~200	0~0.2	0~0.1
择优结果	0.075	180	0.087	0.028

8.4.3.3 径流模拟结果分析

根据参数调整得到最优参数值，对流域水平衡进行模拟，得到逐月的模拟径流量。表8-9和图8-13为径流模拟结果。

表 8-9 1995~1997年流域径流监测值与模拟值比较结果 （单位：m^3/s）

年份	类型	1	2	3	4	5	6	7	8	9	10	11	12
1995	监测值	2.8	4.7	8.1	4.5	2.1	5.4	42.5	100.0	8.3	6.8	3.9	3.5
	模拟值	1.6	2.7	1.7	2.7	1.5	13.7	54.8	90.7	18.9	16.0	1.3	1.8
	误差值	-1.2	-2.0	-6.4	-1.7	-0.6	8.3	12.3	-9.3	10.6	9.2	-2.6	-1.7
1996	监测值	1.8	2.2	5.6	6.0	3.9	9.5	94.7	48.5	17.2	9.7	4.7	3.4
	模拟值	2.8	3.4	6.0	6.5	12.6	38.2	108.6	38.7	34.4	30.0	12.3	1.6
	误差值	1.1	1.3	0.4	0.5	8.7	28.8	13.9	-9.8	17.2	20.3	7.6	-1.8
1997	监测值	2.4	2.7	4.2	7.2	4.2	5.6	58.3	18.0	7.6	4.9	4.2	2.7
	模拟值	5.1	4.8	6.4	17.1	6.5	6.5	50.0	23.8	34.4	3.9	6.4	2.3
	误差值	2.8	2.1	2.2	9.9	2.3	0.9	-8.3	5.8	26.8	-1.1	2.1	-0.5

由图8-13可以看出，模拟径流曲线和实测径流曲线趋势基本吻合，几个峰值和大部分低值部分拟合较好，误差较大的出现在峰值前后的几个月内，如1996年6月、10月，1997年10月等，此外序列开始的3个月模拟值普遍偏小，这与土壤蓄水量的初值设置有关。对整个序列的模拟结果进行分析，径流的模拟值和监测值的中值绝对误差为6.72m^3/s，相关系数为0.932，说明该模型基本能够满足水资源规划与管理的需要。

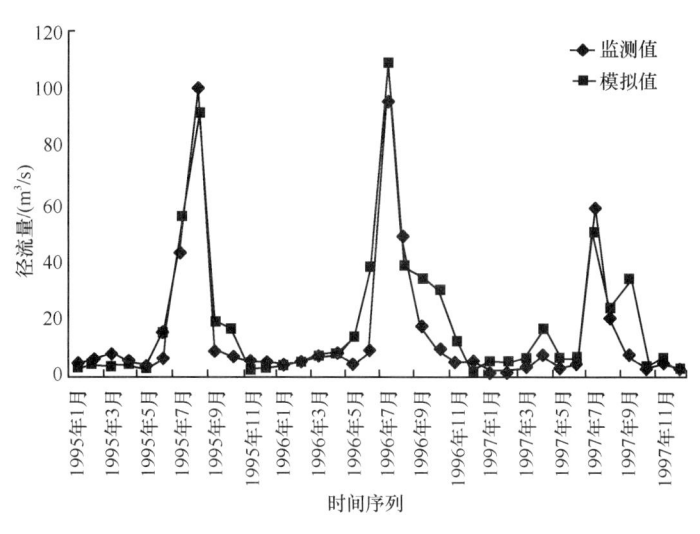

图 8-13　马莲河流域 1995~1997 年径流模拟结果

8.4.3.4　模拟数据输出结果

除了输出流域的径流总量外，模型还将输出每个网格每个月的地下水蓄水量 G，土壤水蓄水量 S 和产生的径流量 Q，最终绘制模拟数据输出结果图（原始数据来自于监测和水平衡模拟的结果，其中降水和蒸发量通过水文气象站点的监测和计算值进行空间 Kriging 插值获得，净径流量、土壤蓄水量、地下水蓄水量通过对泾河流域水平衡模拟的输出结果获得。选取时间段为 1996 年的数据）。图 8-14（见彩图）为输出的泾河流域 1996 年 6 月降水量、蒸发量、径流量、土壤水蓄水量和地下水蓄水量的空间分布状况。

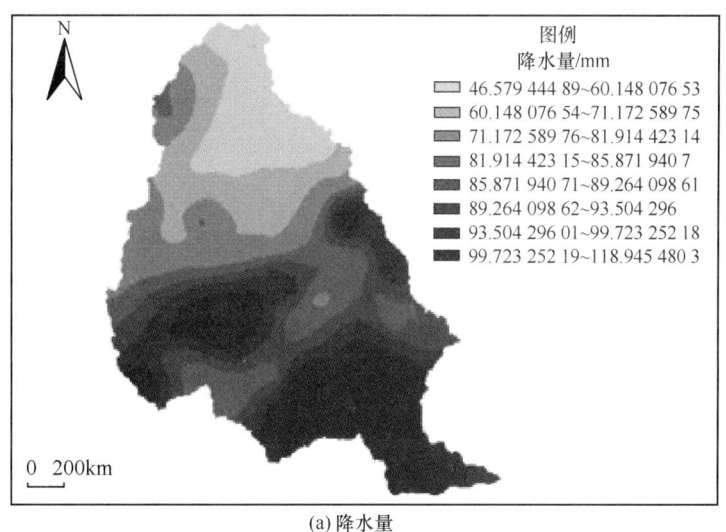

(a) 降水量

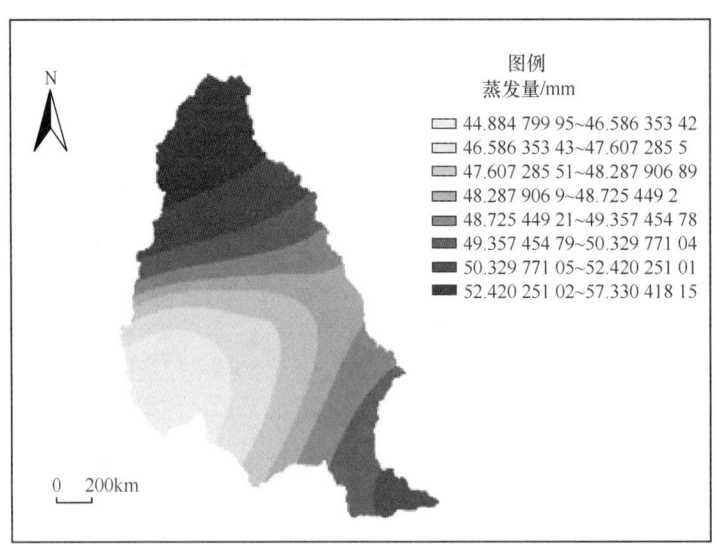

(b) 蒸发量

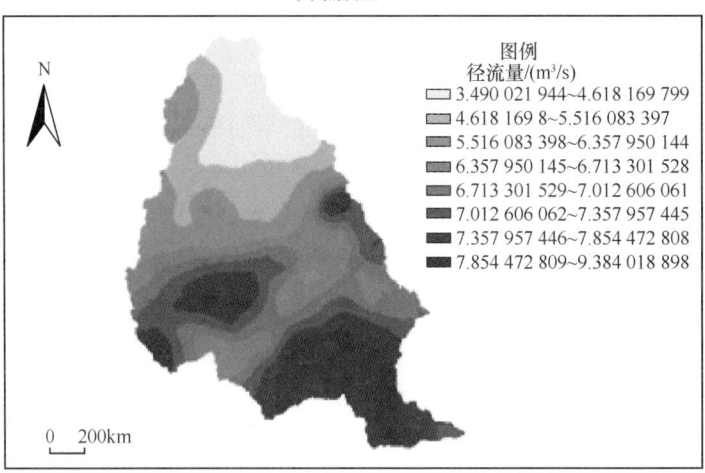

(c) 径流量

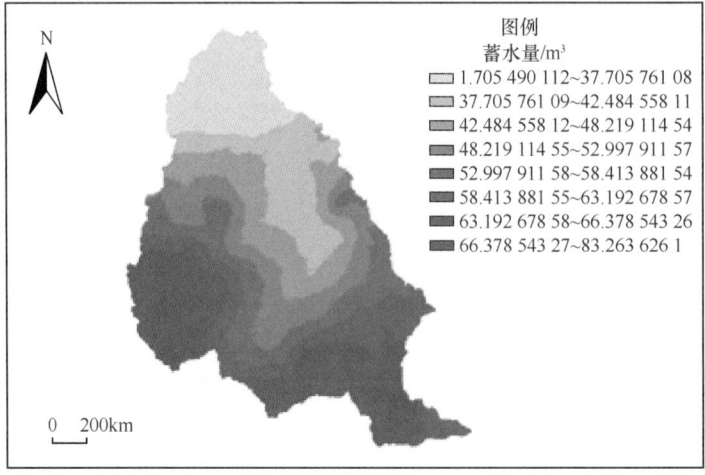

(d) 土壤水蓄水量

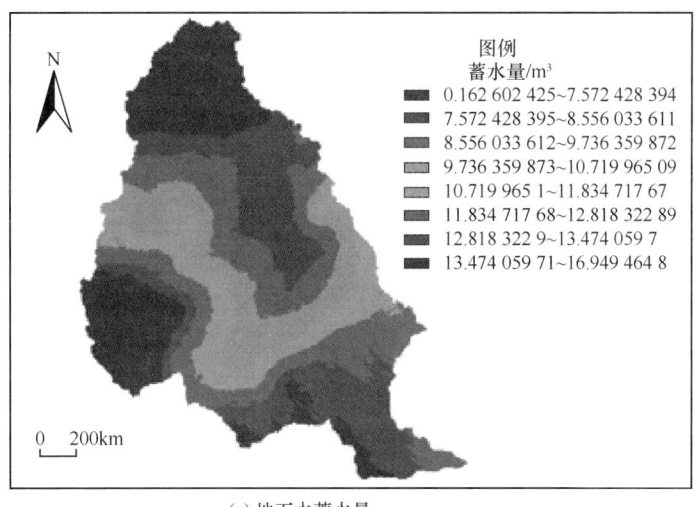

(e) 地下水蓄水量

图 8-14 泾河流域 1996 年 6 月降水量等的空间分布情况

8.4.4 泾河流域水资源自然再生能力评价

在流域水量平衡模拟的基础上，获得了基于网格的流域水文基础数据；进一步地，应用水文数据计算各网格月的水资源自然更新率，用这个指标来表征网格的水资源自然可再生能力的大小，通过分析网格的空间变异分析，对流域水资源自然可再生能力进行评价。根据前一节中得到的数据输入模型，计算月水资源自然更新率。表 8-10 列出了泾河流域 1996 年各个月份水资源自然更新率的范围和平均值，图 8-15 为泾河流域水资源自然更新率均值的年内变化情况。

表 8-10 泾河流域 1996 年水资源自然能更新率计算结果

水资源更新率	1 月	2 月	3 月	4 月	5 月	6 月
最小值	-1.995 44	-2.074 26	-2.131 34	-2.366 43	-2.333 75	-0.186 19
最大值	-0.005 71	-0.860 35	0.888 858	-0.191 47	0.811 773	2.371 236
平均值	-0.316 4	-0.588 1	-0.499 63	-1.244 05	-0.809 48	1.197 826
水资源更新率	7 月	8 月	9 月	10 月	11 月	12 月
最小值	0.563 33	0.015 613	-0.602 04	-0.355 59	-1.763 39	-1.979 53
最大值	2.268 143	2.047 367	1.757 279	1.813 009	0.132 098	-0.066 22
平均值	1.039 573	0.203 928	0.137 948	0.125 352	0.004 74	-0.166 52

从图 8-15 可以看出，1~5 月水资源自然更新率为负值。这是由于这个几个月整个泾河流域的降水量较少，不能满足流域蒸发和形成径流的消耗，而在这几个月中水资源输出的大部分是由土壤水和地下水补给完成的；其中 4 月的水资源自然更新率值为全年最低，

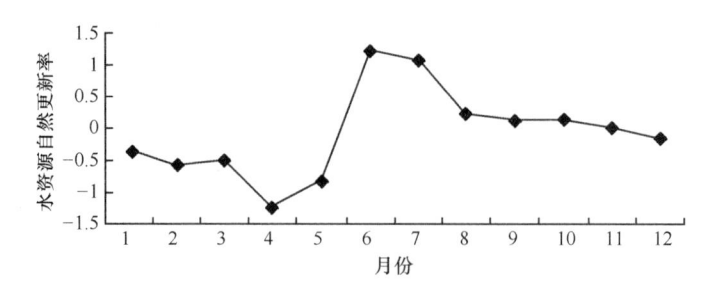

图 8-15 泾河流域 1996 年月水资源自然更新率均值

这是因为，在 4 月由于气温回升等因素蒸发量增大，而降水量增加幅度较小，使得水资源损失相比 1 月、2 月降水量和蒸发量均小的情况更为显著；而随着 5 月降水开始大幅增加，水资源自然更新率开始回升。随着汛期的到来，流域的降水量激增，流域水资源得到大量的补充，在 6 月、7 月使得泾河流域水资源自然更新率达到年内最大值；8 月、9 月、10 月流域的降水量、蒸发量、径流量均有大幅的回落，但基本保持平衡，水资源自然更新率维持在 0~0.25；而 11 月、12 月进入枯水期，又开始了年初的流域水资源消耗大于输入的状况，流域水资源的自然更新率也随之称为负值。图 8-15 反映了泾河流域水资源自然更新率年内变化过程，同时表征了流域水资源自然再生能力的变化。除了年内时间的分布规律，流域水资源自然再生能力在空间也具有一定的分布规律（图 8-16，见彩图）。

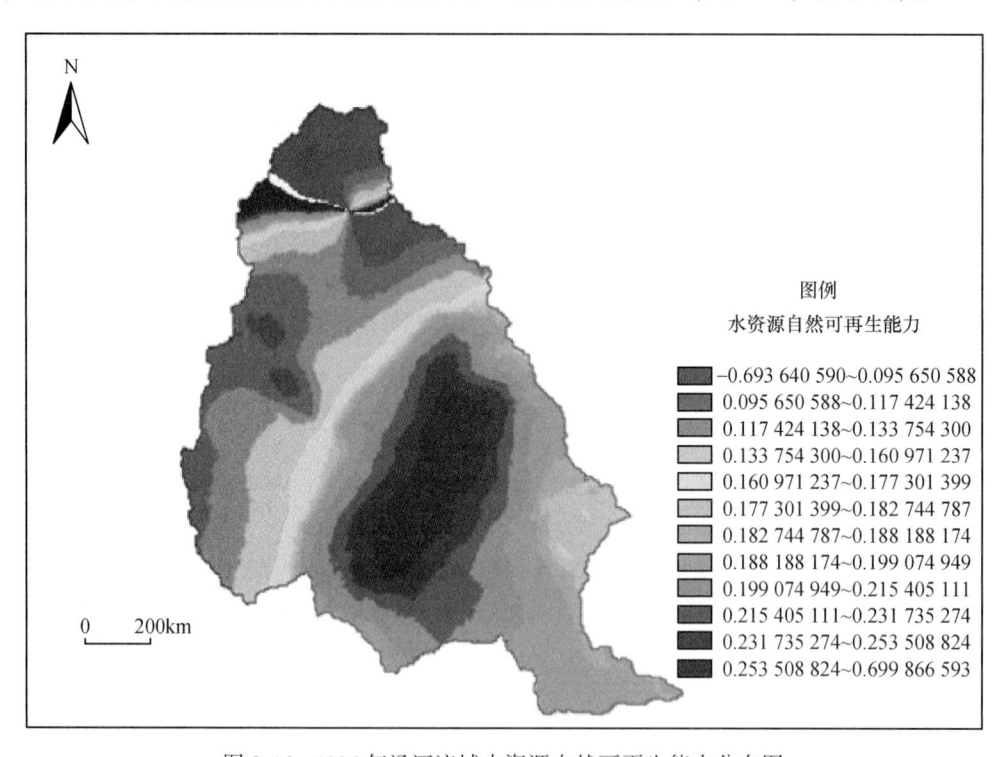

图 8-16 1996 年泾河流域水资源自然可再生能力分布图

图 8-16 中，蓝色部分表示水资源自然更新率较高，即水资源的自然可再生能力较强；红色则表示水资源自然更新率较低，即水资源的自然可再生能力较弱。从图中可以清楚看到整个流域水资源自然更新率的空间分布状况。红色区域主要集中在泾河流域的西部和北部，尤其是流域上游马莲河地区，该区域属于黄土丘陵沟壑区和黄土高原沟壑区，植被稀少、土质疏松，全年的蒸发量大于降水量，故全年水资源自然可更新率为负值；蓝色区域主要其中在流域的中部、西部及泾河流域的发源区，其中流域中部和西部属湿润地区，汇流众多，包括汭河、洪河、蒲河、茹河及马莲河的下游区域，植被覆盖状况较好，通过1996 年泾河流域降水分布状况可知该区域 1996 年降水丰厚，该区域年水资源自然更新率在 0.19 以上；其次是泾河流域南部地区，该地区的年水资源自然更新率为 0.17~0.19，尽管从降水分布来看，该区域是流域降水量最丰厚的中部地区，但其范围内有大量较为广泛的作物区，植被覆盖率较高，有着丰厚降水的同时也存在着很大的蒸发量，使得水资源的更新率低于流域中部地区，这一区域的水资源自然可再生能力在全流域属中上水平。比较特殊的是流域西北部的一部分地区，从气象条件和小垫面条件来看，该区域属干旱少雨区，其水资源自然可再生能力应与周围地区相近属于水资源自然可再生能力较弱的区域，但图中显示该区域的水资源自然更新率较高，达到 0.4~0.6。经过本书分析，认为该区域的水资源总量较少，因此水资源量的微弱变化即会引起区域自然更新率的巨大变化，因此这一部分的偶然因素更多一些，具体情况还需作其他年份年均水资源自然更新率的状况纵向比较获得。总之，泾河流域 1996 年水资源自然可再生能力分布具有一定的空间规律性，整个流域的水资源自然可再生能力从西北部向中部逐渐增强，从流域中部向流域东南部有所减弱，但梯度缓慢，流域中部地区水资源可再生能力最强，其次为流域南部地区，而流域北部是属于水资源自然可再生能力较弱地区。

第 9 章 城市水资源社会再生能力评价——以黄河流域主要城市为例

水是人类赖以生存的重要自然资源,它在社会生活的各个方面都发挥着巨大的作用。但是近年来,由于人为利用过度,水资源在世界范围内都面临危机,严重影响城市的经济建设和人类的生存发展。随着水危机、水污染等问题的越加严重,人类开始认识到水资源的重要性,正逐步加强为解决水资源与水环境问题的研究。其中,对水资源的社会可再生性的研究越加重视。由于对水资源社会再生能力的评价更容易揭示水资源利用的潜力,并能使水资源在人类生产生活中更好地被利用,这对缓解当前我国水资源危机等问题具有极其重要的意义,因此,本章针对城市水资源社会再生能力评价进行研究,以期为提高城市水资源利用效率的相关研究提供有益帮助。

本章在学习相关研究的基础上,对城市水资源社会再生系统进行分析,认为其主要表现出绝对再生能力和相对再生能力两种特征。因此,在建立评价指标体系时,从绝对再生量和相对再生效率两个方面分析评价各个城市的水资源社会再生能力;在两个方面下,同时对影响到城市水资源社会再生能力的因子进行分组,分别为城市基础性指标、工业用水指标、生活用水指标、农业及景观用水指标这四部分,将其一起组成评价指标体系。最终,确定了采用人工神经网络的方法进行社会再生能力评价、通过 MATLAB 的人工神经网络工具箱完成整个评价过程,以及使用灰色关联对结果进行验证的一整套方法的内容。首先,对城市水资源社会再生系统及其功能进行分析,确定影响因子;其次,建立评价指标体系,并对每个指标进行解释分析;最后,确定城市水资源社会再生能力评价方法。

9.1 相关研究进展

9.1.1 城市水资源评价的研究现状与进展

城市水资源系统是一个动态的系统,是气候水源条件、给排水工程能力、城市性质、人口规模、生活水平、工艺技术水平、城市经济强度和产业结构等的函数(洪阳和曹静,2000)。因此,城市水资源评价不仅是对水资源本身,如水质、水量进行评价,也是对水资源的使用、调配、监督管理水平的评价;不仅是对自然资源的评价,也是对整个社会经济系统的评价。我国 1988 年颁布了《中华人民共和国水法》,这标志着我国在对水资源的重视程度上了一个更高的台阶。其第二章——"水资源开发利用"中讲到:"开发利用水资源必须进行综合科学考察和调查评价",这更说明了水资源评价工作的重要性。

水资源评价可以分为宏观的、指导性的评价和具体的、以规划实施为目的的评价。城市水资源评价一般属于后者,其目的在于帮助城市进行用水规划,组织用水战略,强化用水管理。对城市水资源开发利用系统的评价必须根据评价目的的不同有所侧重。

1)彭玉怀等(2000)提出的城市水资源评价方法,主要以规划为目的,以允许开采量及可利用量为核心概念。在综合分析勘察资料、建立水资源系统概念模型的基础上,建立相应的数学模型,准确刻画地下水含水层之间及地下水与地表水之间的水力联系,建立具有时变特征的反馈模型。依据用水需求及水资源条件,设计开采方案;根据社会经济发展对水源的需求,测算需水的时空分布及需水量;结合水资源条件,提出具体的开发利用方案。这种方案以规划用水、保证城市水资源的可持续利用为目的,但是操作比较复杂,需要勘测与大量资料。

2)翁焕新(1998)根据供水源,将城市水资源评价分解为地表水资源评价、地下水资源评价、污水资源评价。地表水由降水汇集形成,在我国南方地区,这往往是城市水源的主要来源,也是流域水系的上游主要的供水形式。但要对其进行水资源评价的时候,要考虑蓄水工程、引水工程、提水工程的项目估算;地下水是较为稳定的供水资源,但是不易补充,地下水在我国北方许多缺水地区非常重要,进行地下水评价时,需考虑水质、补给、允许开采量、保护措施等;污水资源是近年来逐步受到重视的一种再生水资源,污水经过处理回用于工农业生产,能够极大地缓解地区的自然供水压力,近几年来,我国城市生活污水总量每年以6.6%的比例增长,城市内工业废水每年以4.4%的比例增长,城市废污水在全国废污水排放总量中所占比例为60%~70%。但是废水的处理率很低,工业循环用水量也很低,工艺水平不高、单位产品排污量大。这些都说明我国提高水资源利用效率还有巨大的潜力。

这种方法延续了自然循环的研究方式,将城市看做一个自然循环中的一部分,这在城市化不高、回用水率比较低的地区比较适用,而且相对简单。同时,这种方法更适用于比较大的区域,如一个城市组群的水资源评价。

3)目前比较普遍的评价方法是按照城市水资源循环过程进行系统分解,一般分为供水、用水、排水系统和外部条件四大部分,然后以此为框架进行各级指标筛选。

以洪阳和曹静(2000)所作的城市水资源系统综合评价体系初探研究为例,其目标层为最后的结果——综合评价指数;在下面一级的准则层分为水资源条件、供水系统、使用系统、排放容纳系统四大部分;再下面一级的指标层中,水资源条件表征为人均水资源占有量、年平均降水等指标,供水系统为人均供水能力、供水工程投资占基建投资比重等指标,使用系统为水资源利用率、万元产值耗水量、工业重复用水量等指标,排放容纳系统为污水处理率、水环境容量等指标。在指标量化的过程中采用Delphi调查程序计算因子权重,并通过层次分析法(AHP)进行指数综合分析,最后得到综合评价指数。

与上面的方法相比,这种方法更适用于城市内部水资源评价,它对城市内部的系统分析比较详细,对每一部分都可以有重点地进行研究。这就使得评价结果对城市水资源的调控具有更大的指导意义。

4)Martin和Smith(1988)提出一种空间均衡的方法来进行水资源评价。这种方法为传统的以水文学为基础的水资源评价作了补充。在传统的方法中,必须提出一个可以对自然区域水资源状况进行评价的模型,该模型的制定又必须根据水资源政策的四个首要的目标:供需平衡、经济效益、成本回收和公平原则。而 Martin 和 Smith 提出的方法则有很多改进的地方:首先,它提供了一种简明扼要的方法来表现某一尺度内的空间环境;其次,使评价工作从需要高精度的水文描述中解脱出来;再次,为一个目标导向,提供了定义、组织和收集评价数据的方法;最后,使用模拟来最优化评价不同的配置方案。

5) Xu(1997)针对时间及空间上的降水不均衡、管理失调及对现存水资源相关知识的欠缺,提出应当对排水量的变化进行以月为单位的监测,以提高用水效率和加强区域的水资源规划。由此,他对七个集水地应用一个简单的水平衡模型方法进行水资源评价。其中六个选自中国南方的湿润地区,一个选自北方的半干旱、半湿润地区。该模型方法为水资源的规划及设计人员提供了一个方便的实用工具。

9.1.2 常用评价方法

评价方法发展也是经过了很长的时间。对于评价的目标,从最初的静态分析发展到现在的动态研究;对于评价体系,从开始的单因子、单指标、单学科发展到今天多因子、多指标、多学科,使得我们可以根据项目的要求及对结果的期望选择比较合适的评价方法。

在评价工作中,分析的时候要力图全面、有效、可行;在表示结果的时候尽量简明扼要。指标选取的时候应注意遵循科学性、可行性、层次性、完备性、独立性、代表性(夏军等,2000)和可持续性(余丹林,1998)的原则。下面简单介绍几种常用的评价方法。

(1) 灰色关联评价方法

灰色关联评价是依监测样本质量标准序列间的几何相似分析与关联测度,来度量监测样本中多个序列相对某一级别质量序列的关联性。关联度越高,就说明该样本序列越贴近参照级别,这便是综合评价的信息和依据。

这种方法评价的对象可以是一个广义谱系结构的动态系统,即同时包括多个子系统;评价标准的级别可用连续函数表达,也可以在标准区间内做更细致的离散分级;依据实测信息按规范化的主成分系统分析方法确定多因子综合评价应赋的权重,避免人为确定的主观性;方法简单可操作,易与现行方法对比。

多级灰色关联评价的计算过程(史晓新和夏军,1997)非常标准化,而沈珍瑶根据水质量评价的特点,将该方法进行了改进(沈珍姚和谢彤芳,1997),使指标因子原先的点状特性可以符合区域性规划的要求。

确定因子权重应用效果较好的方法有主成分赋权法和层次分析法。多级灰关联评价应用的是主成分赋权法,赋权的信息源来自客观环境中的监测样本,赋权是以各因子对整体质量的"客观分贡献"为依据,可避免人为赋权的主观性,使结果比较合理、客观且具有可比性。

(2) 等级指标计算法

等级指标计算法是将指标分级,以生态城市评价的三级指标体系为例:三级指标数值(Qi)是基础数据值;二级指标数值(Vi)是根据其所属三级指标数值的算术平均值计算而得；一级指标指数值（U_i）是根据其所属各二级指标数值乘以各自的权重后进行加和。

在计算一级指标数值和生态综合指数时，权值的确定非常重要，一般可采用特尔斐法和语义变量分析法相结合的方法来计算权值。

这种方法比较简单，适于不太复杂的评价系统，而且在生态城市评价中，指标间不像水循环系统那样有复杂的相互流动关系。

（3）层次分析法（AHP）

层次分析法将要评价系统的有关方案的各个要素分解成若干层次，并以同一层次的各种要素按照上一层要素为准则，即计算同一层次所有元素相对上一层次的相对重要性的权重，进行两两判断比较并计算出各要素权重，根据综合权重按照最大权重原则确定最优方案。它是在简单加性加权法基础上推导得出的。

为了保证最后赋值具有客观性，一般在两两判断比较中，请数位长期从事标准化研究的具有丰富经验的专家，分别对各次比较分别进行赋值（如 1~9 标度法），然后采用 Delphi（群体意见之集中）的方法对各次赋值进行综合。

（4）系统动力学（SD）

前面章节中已经对系统动力学方法的由来、含义和研究范围作了简单的介绍，这里不再重复，后面的章节中重点采用系统动力学方法在如何建模，以及对整个模拟研究过程作了详细的说明和实例分析，本章并不采用该方法，此处不作细致研究。

（5）人工神经网络

本研究将采用这种方法，具体的过程在后面进行评价工作的时候会详细叙述。

9.2 城市水资源社会再生系统分析及其功能

9.2.1 城市水资源社会再生系统分析

可以说，城市水资源再生系统是一个新兴的系统。所谓的新，并不是新建，而是说一种对城市水资源的新的分析角度。近年来，不断有学者提出城市水资源社会循环再生的系统分析方法。

我国台湾学者陈仁仲（2001）在研究水资源社会循环的时候，提出水的再生与再利用从系统形式上区分，可以用来源子系统与再利用子系统来归纳（图9-1），此种方法仅仅从水资源的不同使用部门进行区分，并没有考虑到整个再生循环系统的运转过程，而且这仅是一个物理的区分。在评价的时候，同时要考虑很多软性和硬性社会指标，在图9-1中却不容易体现。

本书针对目前我国城市的一些实际情况，考察水再生及再生水应用的途径，并研究其与整个城市水循环的关系；绘制了城市水资源社会再生系统概化示意图，如图9-2所示。

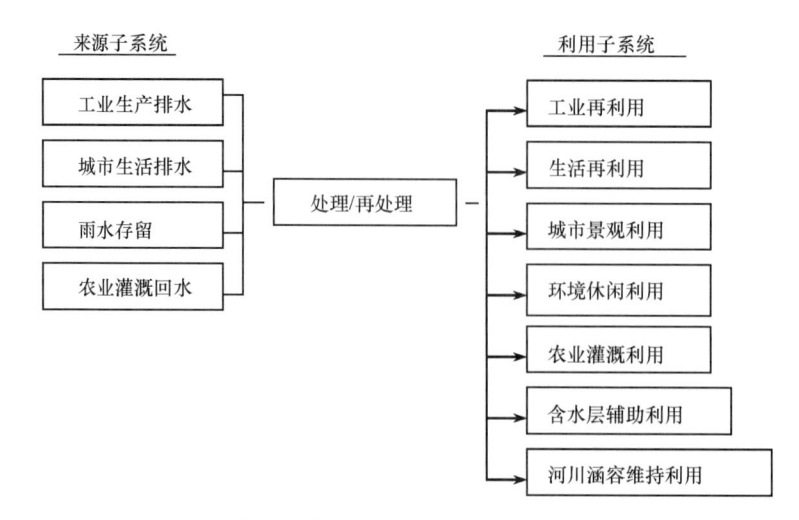

图 9-1 水再生与再利用的系统形式

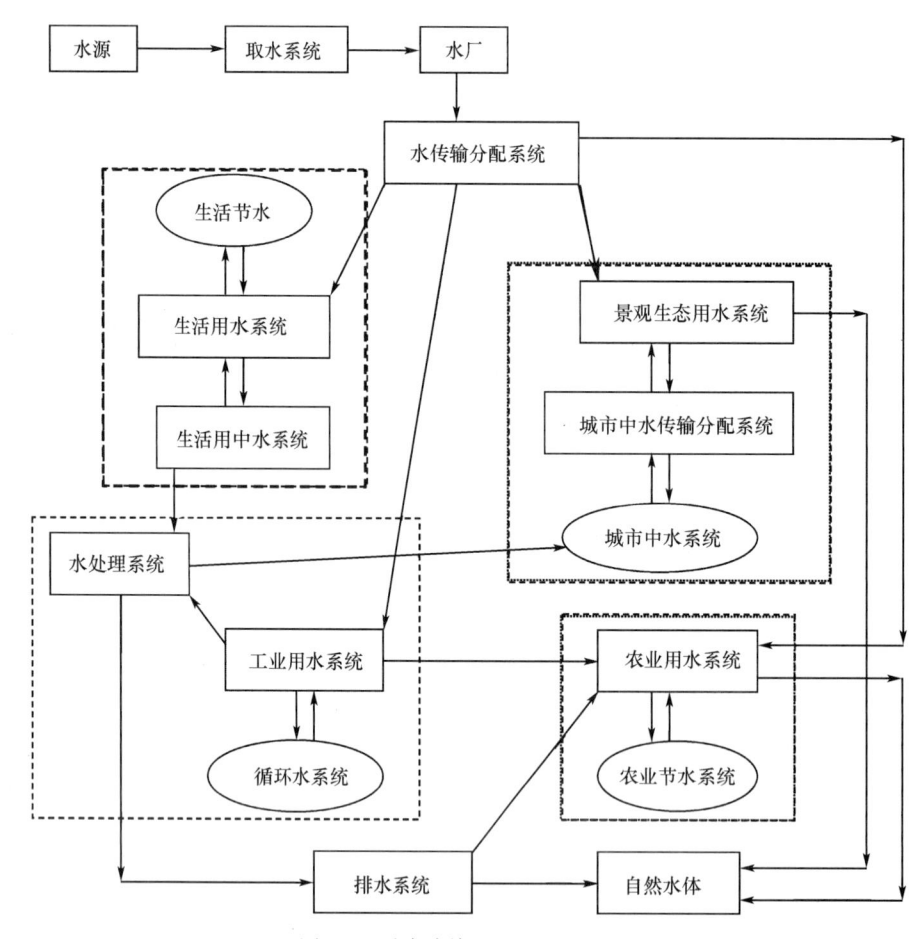

图 9-2 城市水资源社会再生系统

由此可见，水再生回用已经渗透到城市水循环的每一个角落，它们的存在使得水循环流程更加复杂和多元化，而水的利用效率和产生的实际可使用量却因此变得更高。在整个用水过程中——从自然水源取出，经过城市循环使用，最后返回自然水体；水资源再生系统使得水资源使用量大于供应量成为可能。

9.2.2 城市水资源社会再生系统的功能表征

就像我们前面提到水资源回用包括水量的增加和水质的恢复改善两方面一样，城市水资源社会再生能力也需要从更多的方面去理解。在对城市水资源再生系统进行分析之后，本书认为至少有这样两个方面是必须分析的，即绝对再生能力与相对再生能力。同样的，当我们评价城市水资源社会再生能力的时候，在不同的城市之间，我们必须注意以下两个方面的内容。

1）绝对再生能力：即城市水资源社会再生的总水量，或城市水资源社会再生能力的再生量方面。这与城市的规模及自然条件等密切相关，在一定程度上反映了该城市获得的社会再生水资源的绝对数量。

2）相对再生能力：我们称其为城市水资源社会再生能力的再生效率方面，即抛开城市规模的影响而将水资源再生能力置于城市综合能力的基础上，使不同的城市之间形成可比性，这与城市的发展程度、环保重视程度、相关项目投资力度等相关，它在一定程度上反映了该城市在水资源社会再生方面的工作状况和潜力。

9.3 城市水资源社会再生能力评价指标体系

9.3.1 指标体系的构建

在对城市水资源社会再生系统进行分析之后，我们将指标体系分为两组，每组四部分，具体说明如下。

1）当我们进行城市水资源社会再生能力评价的时候，需建立两套指标：一套评价绝对再生能力，其指标是具有量纲的，评价结果能在一定程度上说明再生总量的大小；而另一套评价相对再生能力，其指标由无量纲的比率型指标和具有量纲的比值型指标组成，评价结果可以说明城市水务管理、再生潜力等方面的水平。两部分有些指标相关，或者具有某种换算关系，但并不是完全对应的。

2）每组指标都分为下面四部分：城市基础性指标、工业用水指标、生活用水指标和农业及景观生态用水指标。在研究自然界中水的问题的时候，指标的划分往往通过水循环途径来考虑；本书所关注的社会再生能力是以城市这个人工环境为基础的，水循环在这里受到了全面的人为控制和调配。所以，这四部分的划分是以人类社会生活中的用水方式为参考进行的。这种划分方式能更好地揭示水资源的再生利用状况。

本书将农业用水和景观生态用水两类指标放在一起考虑是因为它们的用水方式相似，如同是非管道控制、小尺度面状用水等，同时它们对水质要求相对较低，因而是回用水的一个重要途径。这些回用的过程影响不像工业及生活用水那么复杂，相对简单，因此，影响因子也比较少。

当谈到水资源的社会再生能力，所指的并不仅仅是简单的循环使用，凡是能够增加城市水资源量，提高水资源使用效率，加快水资源循环、回用速度的方法都会对城市水资源社会再生能力产生正面的影响。同时，多种水资源的开发，如雨水资源、海水资源、中水系统等可以开源，而增强节水能力、提高管理水平等也可以实现节流。这些或多或少都会影响城市水资源的社会再生能力；但是，限于条件，本研究对此设计并不多。

指标体系的构建过程经过了长时间的调整，因为不仅要考虑实际情况，还要考虑数据收集的可行性——有些指标可能会很好地表达对城市水资源社会再生能力的影响，但是由于过分专业化、专题化，很难收集到，或者由于各省市统计工作的状况不同，产生一些空缺。在此种情况下，我们选择了与其相似的指标进行替代或者通过别的指标进行换算，本书所建立的城市水资源社会再生能力评价指标体系，如表 9-1 所示。

表 9-1　城市水资源可再生能力评价指标层次结构图

项目	部分	指标	说明
城市水资源社会再生能力	城市水资源社会再生量	GNP/万元 全年供水总量/万 t 环境管理水平 污水处理能力/（t/日） 水库库容量/亿 t	城市基础
		工业废水排放达标量/万 t 工业废水处理回用量/万 t 治理废水投资/万元	工业
		生活用水价格/（元/t）	生活
		园林绿地面积/hm² 有效灌溉面积/万亩	农业及景观
	城市水资源社会再生效率	人均 GNP/万元 人均教育事业费支出/元 排水管道密度/（km/km²） 单位售水成本/（元/10³t）	城市基础
		工业废水排放达标率/% 工业废水处理回用率（回用量/处理量） 治理废水投资力度（投资额/GNP）	工业
		人均生活用水量/t 千吨水含工资水平/（元/10³t） 城市供水普及率/%	生活
		建成区绿化覆盖率/% 万元农业产值耗水量/（t/元）	农业及景观

城市水资源再生总体分两部分，即再生量与再生效率，每部分包括目标层与指标层，指标层分别包括 11 项和 12 项指标，再生量指标均为有量纲指标，而再生效率的指标多为无量纲指标或是比值型指标。

9.3.2 各指标解释

9.3.2.1 城市基础性指标

该类指标主要描述和表征人口、经济、社会等的发展程度，是一个城市基础实力的体现。而这种基础实力对城市的方方面面都有影响。这些指标大都比较复杂，定性的较多，可操作性不强。在本研究中，主要选取与这个主题紧密相关，以及能够综合衡量社会经济水平的可量化指标。

1）GNP（人均 GNP）：这是一个城市经济实力最直接的体现，而经济实力是水资源社会再生的物质保证，所以这个指标是社会基础性指标里最基础的一个。

2）全年供水总量：将总供水中的部分进行再生利用即为再生用水，因此供水总量越大，可能的社会再生水量越大。

3）环境管理水平：环境管理水平越高说明该城市的环境行政能力越强，则由此保证了对水资源的管理能力。

4）污水处理能力：再生用水中有很大一部分通过处理回用完成，因此处理能力也对再生能力有着相当大的影响。

5）水库库容量：这也是一个城市水资源量的一个体现，对该城市水资源紧张程度起着调节作用。

6）人均教育事业费支出：这个指标在一定程度上体现了城市的人口素质，人口素质越高，对水资源的保护和有效利用的意识越强。

7）排水管道密度：作为实现再生回用的硬件条件，这个指标体现了城市水网基础设施水平。

8）单位售水成本：把水资源看做一种商品是提高水资源再生利用效率的一个重要手段，这其中主要就是生产销售成本的问题，这个指标在一定程度上可以体现这方面的内容。

9.3.2.2 工业用水指标

在工业用水中，循环水、再生水使用的比重很大。对这方面的研究也有比较长的历史，指标数据相对完全。

1）工业废水排放达标量（率）：如果对水质要求不高，达标排放意味着经过简单处理就能很快进行回用，所以这个指标直接影响着再生能力。

2）工业废水处理回用量（率）：这个指标非常直观地反映着工业再生水的使用状况。

3）治理废水投资（投资力度）：经济的投入决定着水务管理的各项工作，环保是一项需要国家投入的工作，经济投入越大，一方面说明重视程度越高，另一方面说明水资源再生所需的各项工程投入越容易实现。

9.3.2.3 生活用水指标

水是人们日常生活中必不可少的资源，但是使用过于零散，统计起来比较复杂，因此这方面的指标并不多。此处需要特别说明的是，鉴于水在生活中的重要性，其价格弹性较小。但是居民对价格的敏感程度却比较高，调整水价可能带来巨大的节水效果；而相比之下，工业、农业节水则需要一定的科技和政策的支持。所以两组生活指标中都含有与价格相关的指标。

1) 生活用水价格：如上所述，这个指标最直接地影响着老百姓的用水成本，所以对生活用水的影响巨大；
2) 人均生活用水量：这个指标反映了生活用水的基本状况；
3) 千吨水含工资水平：这个指标反映着不同城市居民对水价可能的敏感程度；
4) 城市供水普及率：往往供水普及率高，说明城市化程度比较高或者该城市水资源状况比较好，相反则水资源的再生使用可能对当地意义更大。

9.3.2.4 农业及景观生态指标

将农业和景观生态用水放在一起，是因为它们相对于工业和生活的管道供排水而言，属于城市的残留自然环境中的小尺度面状用水，用水方式具有相似性。

1) 园林绿地面积（建成区绿化覆盖率）：城市景观环境的重要指标，而再生水作为城市景观用水的重要水源，这个指标的影响不能不考虑。
2) 有效灌溉面积：农业作为用水大户直接影响着城市的用水状况，而回用水也多用在农业这个对水质要求相对比较低的行业中，这个指标作为农业用水的重要指标，对城市水资源社会再生能力有着相当大的影响。
3) 万元农业产值耗水量：农业用水效率的重要指标，在我们的评价体系也起着重要的作用。

9.3.3 综合评价指标

城市的水资源社会再生能力评价由再生量评价和再生效率评价两方面组成，这两方面是两个相对独立的部分。当评价一个城市水资源社会再生能力的时候，应当将两部分分别进行说明，具体包括城市水资源社会再生量与社会再生效率。

通过将再生量与再生效率两部分的评价结果相加得到一个综合评价结果，即

$$k_{综合} = k_{再生量} + k_{再生效率} \tag{9-1}$$

式中，$k_{再生量}$为水资源社会再生量评价的结果；$k_{再生效率}$为水资源社会再生效率评价的结果；$k_{综合}$为水资源社会再生能力的综合评价结果。

如果某城市综合数值高，那么无论它是再生量或再生效率哪一方面得分多，都说明其再生能力比较强；而要了解更具体的问题，则需要进一步分析。

9.4 城市水资源社会再生能力评价方法概述

9.4.1 评价方法的选择

环境评价方法很多,诸如单因子污染指数法、模糊数学法、灰色聚类法、主成分分析法等。以往的评价方法大多是由评估人员凭借个人经验进行的,其不足之处主要如下。

1)较准确地确定各指标的权重相当困难。由于极大的主观性而存在着人为的误差,最明显的如层次分析方法,完全依靠专家的经验,而不同的专家必然对指标的理解不同,由此造成的误差难以避免。

2)较准确地确定各指标的影响程度的大小也非常困难,即每个指标的权重如何对结果产生的影响是难以预知的;因此,很多基于灰箱模式的评价方法应运而生,如灰色关联的方法,但是它的适应性也不强,数据集或目标集的微小变化它不能产生相应的适应。

3)很多评价方法虽思路独特、过程简洁,但无法实用,如单因子指数、等级指标等方法,在某些特定的工作中非常好用,但也正因为它们简单,所以无法进行大规模的评价。

针对这些问题,本书选择人工神经网络的方法对城市水资源社会再生能力进行评价。基于神经网络模型的评价模型的特点就是利用评价标准生成训练样本,通过训练样本,获取权重,建立评价模型;这样就极大地消除了人为因素,得到客观的评价结果。

基于 ANN 的城市水资源社会再生能力评价思路如下。

1)评价目的是将待测评城市,根据其水资源社会再生能力分级,考察其城市水资源社会再生能力的级别大小。

2)选择人工神经网络方法,是因为这种方法具有模式识别的能力,即根据标准将所给待解城市按水资源社会再生能力归类。

3)在本书中,标准来自于我们自己建立的虚拟城市,这样的城市并不存在,而是根据得到的数据归纳出来的。例如,代表全国最高水平的城市 A 即是由各个指标的全国最大值组成,而这样的城市显然比全国任何一个城市的水平都高。

4)通过这样的方法建立几个级别,然后将待测评的城市纳入标准,评价其所属等级。评价的分级问题就转变成为归类问题。这样就可以发挥人工神经网络的特性。评价结果可以说明该标准基础上的城市水资源社会再生能力。

5)人工神经网络方法可以在一定程度上避免主观性影响,评价结果也比较合理;只是神经网络的训练过程相对复杂,调试比较困难。

6)为了保证评价结果的科学性,本书在传统的评价方法中选择具有一定代表性的灰色关联法进行评价验证,将两种评价方法的结果进行比较和分析。

9.4.2 人工神经网络方法简介

9.4.2.1 基本概念

人脑是一个高度复杂的、非线性的、超大规模并行的信息处理系统,它包含的神经元的数量为 $10^{10} \sim 10^{11}$ 个,而突触(连接神经元)的神经纤维数量为 $10^3 \sim 10^4$ 个(对于每一个神经元而言),正是由于它高度复杂的并行处理功能,其在完成一些功能(如模式识别、感知、动作控制等)所需要的复杂计算时,其速度远比现有的数字计算机高得多。

根据神经元的简化模型,体细胞通过可调节或自适应的突触连接,从其他神经元将输入信号接受进其树突中,细胞的输出信号(由神经脉冲组成)则沿其分叉的轴突传输到其他神经元的突触中,当神经元被激发时,它产生神经脉冲并且沿轴突将它传输到其他神经元的突触连接处,输出脉冲的密度依赖于输入信号的强度与相应的突触连接处的强度(权重)。

人工神经网络(artificial neural network,ANN)是 20 世纪 80 年代中后期出现的一种人工智能理论。它是在对人脑组织结构和运行机制的认识理解基础之上,模拟其结构和智能行为的一种工程系统。早在 20 世纪 40 年代初期,心理学家 McCulloch、数学家 Pitts 就提出了人工神经网络的第一个数学模型,从此开创了神经科学理论的研究时代,也使其成为当今科学研究的一个前沿问题。其后,不少学者又先后提出感知模型,使得人工神经网络技术得以蓬勃发展。

人工神经网络以模仿人脑神经系统的组织方式来构成新型的信息处理系统,网络上的每个结点相当于一个神经元。它具有大规模信息处理、分布式联想存储、自适应学习及自组织等特点。人工神经网络是一个高度非线性动态处理系统,它既可以处理线性问题,也可以处理非线性问题,而且,具有很强的容错能力。再利用计算机的计算能力,可以对复杂问题快速寻找最优解。

人工神经网络的工作原理:当向人工神网络的某些结点输入信息,各结点处理后向其他结点输出,其他结点接受并处理后再输出,直到整个神经网工作完毕,输出最后结果。如同生物的神经网络,并非所有神经元每次都一样地工作,如人脑对于不同的事件(看、听、触觉、思考)输入不同,各神经元参与工作的程度不同。当有响动的时候,处理声音的听觉神经元就要全力工作,视觉、触觉神经元基本不工作,主管思维的神经元部分参与工作;而阅读时,听觉神经元则基本不工作。以此原理,在人工神经网络中,以各个结点的加权值控制其参与工作的程度。正权值相当于神经元突触受到刺激而兴奋,负权值相当于受到抑制而使神经元麻痹直到完全不工作。

训练时,通过一个样板问题"教会"人工神经网络处理这个问题,即通过"学习"使各结点的加权值得到肯定;那么,这一类的问题它都可以解决。好的学习算法会使网络不断地积累知识,根据不同的问题自动调整一组加权值,这样,它就具有了良好的自适应性;此外,神经网络本来就是一部分结点参与工作,所以当某结点出现故障时,它就让功能相近的其他结点顶替有故障结点参与工作，使系统不致中断。由此可见，人工神经网络有很强的容错能力。

人工神经网络在求解问题时，对实际问题的结构没有要求，不必对变量之间的关系作出任何假设，只需利用在学习阶段所获得的知识（分布式存储于网络的内部），对输入因子进行处理，就可得到结果。这种处理方式能够更好地符合客观实际，因而得到的结果将具有更大的可靠性。

人工神经网络可分为以下两类：软件模拟和硬件实现，其应用领域非常广泛，如模式识别、信号处理、知识工程、专家系统、优化组合、智能控制等。

由于人工神经网络是大规模分布式计算机系统，其运行时间和结点数的平方成正比，而结点数越多，计算越准确，这对运算器件的要求颇高；此外，学习算法的优劣将影响整个系统的性能。目前在较复杂的系统中数学优化的问题尚待进一步解决。

经过近 20 年的完善和发展，众多研究人员提出了各种各样的神经网络模型，也发展了多种学习算法。不同的算法，它们的擅长工作不同。由于本书研究的是分类（级）问题，所以选用适于模式识别的多层前馈神经网络模型和 BP 算法。

多层前馈神经网络模型属于多层状型的人工神经网络，由若干层神经元组成，可分为输入层、隐含层和输出层，各层的神经元作用都是不同的。输入层接受外界的信息，中间的多层隐含层用来表示或存储知识，输出层则对输入信息进行判别和决策。网络中的信息传递是单向的，同一层中的神经元之间无联系，而层与层之间多采用全互联方式，其连接程度用权值表示并可通过学习来调节其值。

输入层及输出层的节点数目由实际问题决定，而隐含层及相应各层节点数的多少将影响网络的非线性处理能力和网络学习过程时间的长短。目前，隐含层数及隐含节点数的确定尚无适宜方法，则通常是采用拼凑法构造一个人工神经网络或者对一个现有的网络结构进行修改，使之与具体问题相适应。

9.4.2.2 BP 算法神经网络

BP 算法神经网络通常是指基于误差反向传播算法（BP 算法）的多层前向神经网络，其神经元的变换函数是 S 型函数。它的神经元采用的传递函数通常是 Sigmoid 型可微函数，可以实现从输入到输出的任意的非线性映射，这使得它在诸如函数逼进、模式识别、数据压缩等领域都有着广泛的应用。在本项目中，正是看中其在模式识别方面的特性而选择了这种方法。

BP 算法权值的调整采用反向传播（back propagation）的学习算法，可映射任意复杂的非线性关系并具有记忆的特点，它包含了两次映射：第一次从决策空间映射到目标空间，第二次从目标空间映射到效用空间。应用 BP 网络具有的学习功能，通过"学习"使分析者从决策者那里获取必要的偏好信息，并由此得到关于决策者多策性效用函数的隐性估计，其学习思路是：当给定网络的一个输入模式时，它由输入层单元传递到隐含层单元，逐层处理后再送入到输出层单元，由输出层单元处理后产生一个输入模式。当输出响应与期望输出模式有误差，不满足要求时，就转入误差后向传播。将误差值沿连接通路逐层传递，并修正各层连续权值和阈值。

在学习过程中 BP 算法可分为前向传播阶段与误差反向传播阶段。在误差反向传播过程中，权值及阈值的变化实际上是按照误差函数的负梯度方向变化的。但是传统的 BP 算法也有很多缺点，主要表现为：①收敛速度慢；②局部极限；③难以确定隐含层和隐含节点数。所以必须对模型进行修正调整，一般可以设置学习速度 η 和冲量系数 α，前者有利于缩短学习时间；后者降低了网络对于误差曲面的局部细节的敏感性而有效地抑制网络陷于局部极小。

在我们的研究中，使用了一个由一个输入层、一个隐含层和一个输出层组成的前向式三层神经网络（图 9-3）。

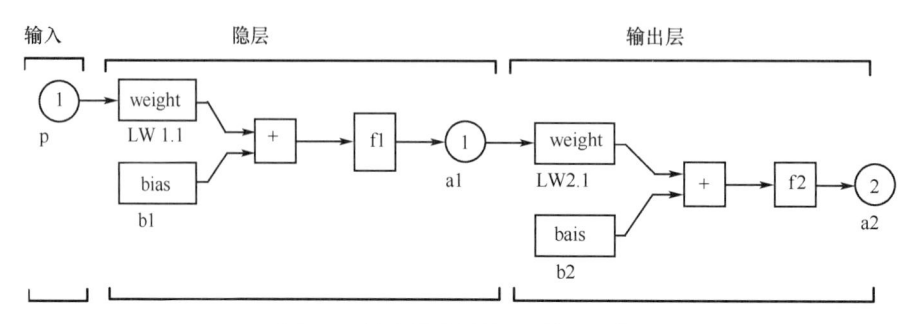

图 9-3 具有单隐层的 BP 神经网络

9.4.3 基于人工神经元网络评价模型

本书的城市水资源社会再生能力采用的 BP 算法已经是一种相对成熟和常用的方法，这是一种"有监督"的学习过程，即按照一定的规则或算法对网络的权值和阈值进行调节，从而使网络的输出逐渐接近目标值。我们的评价也依照这样的原理进行——先人工设定输入权重和阈值，以及隐含层单元数［如步骤 1)］；网络自行处理，训练结果与要求目标进行比较，不符合则反馈调整［如步骤 2)、3)］；根据设定的调整规则（动量或学习率）不断改变权值及阈值［如步骤 4)］，再训练，比较结果，如此往复，直到结果满足输出误差。

具体步骤如下。

1) 对于各节点输出：

$$Y_i = f\Big(\sum_{j=1}^{N} U_j \times W_{ij} + \theta_i\Big) \tag{9-2}$$

$$f(x) = \frac{1}{1 + e^{\frac{-x}{u_0}}} \tag{9-3}$$

式中，$f(x)$ 为 sigmoid 激励函数；Y_i 为各单元输出值；U_j 为前层单元输出值；W_{ij} 为与前层单元之间的联结权值；θ_i 为各单元阈值；N 为前层单元个数 x 为节点；U_0 为初始值。

2) 网络输出误差：

$$E = \frac{1}{N}\sum_{p=1}^{N} E_p \tag{9-4}$$

$$E_p = \sqrt{\sum_{i=1}^{M}(Y_i - T_i)^2/M} \tag{9-5}$$

式中，E_p 为每个样本的输出误差；E 为系统总输出误差；M 为输出单元个数；N 为学习样本个数；T_i 为输出层单元期望输出值。

3）各节点偏差信号对输出层：

$$\delta_i = Y_i(1 - Y_i)(T_i - Y_i) \tag{9-6}$$

对隐含层：

$$\delta_i = Y_i(1 - Y_i)\sum_j (\delta_j W_{ij}) \tag{9-7}$$

式中，δ_i 为节点偏差；δ_j 为前层节点偏差。

4）权值及阈值修正，经常采用动量（冲量）法和学习率（速度）自适应调整，调整方法如下：

$$\Delta W_{ij}(t+1) = \eta \delta_i Y_i + \alpha \Delta W_{ij}(t)$$
$$\Delta \theta_i(t+1) = \eta \delta_i Y_i + \alpha \Delta \theta_i(t) \tag{9-8}$$

式中，η 为冲量系数；α 为学习速度；$\Delta W_{ij}(t)$ 为前次权值修正量；$\Delta \theta_i(t)$ 为前次阈值修正量；$\Delta W_{ij}(t+1)$ 为权值修正量；$\Delta \theta_i(t+1)$ 为阈值修正量。

9.4.4　评价标准的建立

用人工神经网络进行城市水资源社会再生能力评价的时候，需要通过样本训练来使网络获得足够的解决问题的经验，训练样本就会对网络的应用效果起到相当大的影响。在本研究中，使用自行构建的评价标准进行网络训练。

（1）虚拟城市的构建

为构建评价标准训练样本的时候，本书特意提出虚拟城市这个概念，即将上述的各个指标，取得其全国最大值和最小值，而后将各个指标的最大值集中到一个虚拟城市 A，这个城市作为最高等级（5）；同理将各个指标的最小值集中到一个虚拟城市 B，作为最低标准（0）；然后将最高标准和最低标准之间平均分为 6 级（0，1，2，3，4，5）。

具体来说，假设水资源社会再生能力第 i 个评价指标的评价标准分别为 D_{i0}、D_{i1}、D_{i2}、D_{i3}、D_{i4}、D_{i5}。如果某项评价指标 $I_i \in D_{i1}$，$\forall i$，$i = 1, 2, \cdots$，则其属于城市水资源社会再生能力比较弱的虚拟城市；如果 $I_i \in D_{i2}$，$\forall i$，$i = 1, 2, \cdots$，则其属于城市水资源社会再生能力中下等水平虚拟城市；如果 $I_i \in D_{i3}$，$\forall i$，$i = 1, 2, \cdots$，则其属于城市水资源社会再生能力中等水平虚拟城市；如果 $I_i \in D_{i4}$，$\forall i$，$i = 1, 2, \cdots$，则其属于城市水资源社会再生能力中上等水平虚拟城市；如果 $I_i \in D_{i5}$，$\forall i$，$i = 1, 2, \cdots$，则其属于城市水资源社会再生能力强虚拟城市。同时，在学习（训练）过程中，为了确保当数据居中时网络的判断能力，特增加了中间级（0.5，1.5，2.5，3.5，4.5），这样同时可以达到增加评价标准样本数量的目的，使训练效果更好。

这样，就将评价问题被转化为归类问题，就此可以发挥人工神经网络的特性，对城市水资源的社会再生能力进行评价。

(2) 虚拟城市的应用

建立标准的时候以全国指标为基础，目的是使评价结果能在全国范围内具有一定可比性，也能看出这些城市的水资源再生能力处于全国的何种水平。不足之处在于，这种做法可能使这些城市之间的可比性减弱，城市之间的差距减小。解决此问题的方法可依照现在的标准建立模式，以此次评价涉及的 15 个城市的各指标最大值、最小值建立虚拟城市。这样的工作在以后的相关研究中可以进行。

9.4.5 基于 MATLAB 城市水资源社会再生能力评价模型

MATLAB 是一个具有强大数值计算能力和优秀的数据可视化能力的专业数学软件，其中包括专门针对神经网络的工具箱。本书选择 MATLAB 软件完成模型的训练与具体评价工作，使得我们在应用神经网络进行城市水资源社会再生能力评价的时候更加方便快捷。

BP 算法在 MATLAB 神经网络工具箱中得到了更新，即采用了动量法和学习率自适应调整，从而提高了学习速度并增加了算法的可靠性。常见的反向传播算法正是利用网络误差平方和对网络层输入的导数来调整其权值和阈值，从而降低误差平方和。训练从计算每一层的输出开始，直到得到网络的输出矢量，目标矢量减去网络矢量得到误差矢量，这个误差矢量用于计算输出层的 δ 矢量，而后将它反向传播到前一层，以获得各个网络层的 δ 矢量，最后根据 BP 学习准则利用 δ 矢量调整网络。

下面是 MATLAB 程序示例。

```
% Example
%
close all
clear
echo on
clc
% NEWFF——生成一个新的前向神经网络
% TRAIN——对 BP 神经网络进行训练
% SIM——对 BP 神经网络进行仿真
pause% 敲任意键开始
clc
% 定义训练样本
% P 为输入矢量
% T 为输出矢量
P = [ ];
T = [ ];
```

```
pause
clc
% 创建一个新的前向神经网络
% newff 函数生成 BP 网络
% PR 表示 R 维矢量中每维输入的最小值与最大值之间的范围
% [ S1 S2 …SN ] 中各元素分别表示各层神经元数目
% { TF1 TF2 …TFN } 中各元素分别表示各层神经元采用的传递函数
% BTF 表示神经网络训练时所使用的训练函数
net = newff ( PR, [ S1 S2 …SN ], {TF1 TF2 …TFN}, BTF)
% 当前输入层权值和阈值
inputWeight=net.IW {}
inputbias=net.b {}
% 当前网络层权值和阈值
layerWeight=net.LW {}
layerbias=net.b {}
pause
clc
% 设置训练参数
net.trainParam.show=;      % 显示训练结果的时间间隔步数
net.trainParam.lr=;        % 训练学习率
net.trainParam.mc=;        % 训练动量系数
net.trainParam.epochs=;    % 训练步数
net.trainParam.goal=;      % 训练目标误差
pause
clc
% 调用算法训练 BP 网络
[ net, tr] = train (net, P, T);
pause
clc
% 对 BP 网络进行仿真
A=sim (net, P)
% 计算仿真误差
E = T-A
MSE = mse (E)
pause
clc
echo off
```

9.4.6 基于灰色关联的城市水资源社会再生能力评价方法

在使用人工神经网络进行评价之后,为了验证评价结果的可靠性,我们采用另外一种评价方法独立地对这个项目进行评价以作为验证。这里,我们选择灰色关联方法。

由于环境系统是一个多因素、多层次的复杂系统,环境质量评价中使用的监测数据是在有限时空范围内获得的,它提供的信息是不完全、不具体的,且评价标准分级之间的界限也不是绝对的,具有一定的模糊性;所以环境系统是一个典型的、具有模糊性的灰色系统。因此使用灰色系统理论中的灰色关联分析法进行水质综合评价就非常适合。

(1) 灰色关联的概念

灰色关联分析是根据灰色系统中离散数据之间的相似程度来判断关联性大小,并进行排序。设曲线 $x_1(k)$ 为参考数列,曲线 $x_2(k)$、$x_3(k)$ 为比较数列;若曲线 $x_2(k)$ 与 $x_1(k)$ 之间相似程度大于曲线 $x_3(k)$ 与 $x_1(k)$ 的相似程度,则认为 $x_2(k)$ 和 $x_1(k)$ 的相似程度(即关联度)大,而 $x_3(k)$ 与 $x_1(k)$ 的关联度小。

(2) 灰色关联评价方法基本原理

设参考数列 $X_0 = \{X_0(k), k = 1, 2, \cdots, n\}$,比较数列 $X_i = \{X_i(k), k = 1, 2, \cdots, n\}$,$(i = 1, 2, \cdots, m)$,则 $X_0(k)$ 对 $X_i(k)$ 在第 k 点的关联系数 $\xi_i(k)$(反映比较数列与参考数列在某点上的关联程度)定义为

$$\xi_i(k) = \frac{\underset{i}{\text{Min}} \underset{k}{\text{Min}}(k) + \rho \underset{i}{\text{Max}} \underset{k}{\text{Max}} \Delta_i(k)}{\Delta_i(k) + \rho \underset{i}{\text{Max}} \underset{k}{\text{Max}} \Delta_i(k)} \tag{9-9}$$

式中,$\Delta_i(k) = |x_0(k) - x_i(k)|$ 为 $x_0(k)$ 对 $x(k)$ 在第 k 点的绝对差;ρ 为分辨系数。$\rho \in [0, 1]$,其取值不同,分辨能力不同,值越大,分辨能力越强,但对整个顺序趋势无影响,在环境质量评价中,只是求得其关联系数的大小顺序即可,一般取 $\rho = 0.5$。

$$\xi_i = \{\xi_i(k) | k = 1, 2, \cdots, n\}$$

综合各点 ($k = 1, 2, \cdots, m$) 的关联系数,得出整个比较数列与参考数列的关联系数,则关联度 γ_i 一般用平均值法求得。

$$\gamma_i = \frac{1}{n} \sum_{k=1}^{n} \xi_i(k) \tag{9-10}$$

最后,将关联度按大小排序,得到灰色关联次序,关联度越大,说明两者越接近。

在评价中,可有多个参考数列(不同的标准系列),如在我们的工作中,评价标准就是一个由 6(0~5)级参考数列构成的标准系列。这时,关联数列的关联度和哪个参考数列最接近,则可以认为它就属于该参考数列所代表的标准等级。由此,通过灰色关联的计算,便完成了评价分级工作。

(3) 两种方法比较

在环境质量评价中,应用灰色关联分析的方法,基本照搬经典的灰色关联分析方法,

即把监测样本的各指标分布看做一条曲线,把质量标准的各级别视为一组曲线,以便进行灰色关联分析。但是显然质量标准的各级别并非点的概念,而是区间的概念,这时候采用灰色关联分析处理曲线间几何形状接近程度的方法便会存在一定缺陷。而人工神经网络的评价方法就不存在这方面的问题。

另外,灰色关联法需要将每一个待评价的目标作为一条曲线与标准进行比较,其工作量会随着评价目标的增多而增大,而人工神经网络的评价方法一旦网络训练成熟,评价时只需要将待评价的目标输入网络就可以得出评价结果。这样,人工神经网络无疑在处理大规模评价对象的问题时具有极大优势。

因此,本书案例选择人工神经网络作为水资源社会再生能力评价的方法。而灰色关联法相对别的评价方法还是具有很多优势和特点的,计算和处理过程也不是很复杂,因此我们选用它对评价结果进行验证。

9.5 案 例 研 究

9.5.1 黄河流域概况

黄河是我国第二条大河,发源于青藏高原巴颜喀拉山北麓,流经青海、四川、甘肃、宁夏、内蒙古、山西、陕西、河南、山东等 9 省(自治区)在山东垦利注入渤海。全长 5464km,流域面积 75.2 万 km^2,若包括鄂尔多斯高原的内流区,总面积达 79.5 万 km^2。流域内总人口 2.9 亿人,耕地 0.13 亿 km^2。

人类活动对黄河流域水资源的影响表现在两个方面:一是流域内耗水量和流域外引水量的不断增加,直接导致各控制断面实测径流的减少;二是因工程和生物措施改变了流域内的下垫面条件(或许还有气温升高的影响),导致天然产水量的衰减。黄河水问题的主要矛盾是来水和用水之间的"剪刀差",即天然产流量逐渐衰减,而耗水量不断增加,两者之间不协调程度不断加大;同时,沿岸城市工业的发展使得排污量大大增加,而处理设施和技术的相对落后让黄河的污染状况也日益严重。尽管国内各界呼声很高,但由于法律制度没有跟上,流域水资源统一管理只能停留在口头上。2000 年年底为国家设定的黄河达标排污最后期限,但仍有相当多的超标污水排入黄河。达标期限过后,次年污染又出现明显反弹,三门峡等沿岸城市甚至出现了"守着黄河没水吃"的困难局面。

到目前为止,黄河水资源的有效管理仍然是一个难以解决的难题。流域机构由于职权所限,对黄河的诸多水问题无可奈何,只有发通报或通过媒体向社会呼吁,寄希望于其他管理机构加强管理,但成效不大。与此同时,黄河流域节水工作进展仍然缓慢,一些地区仍旧是大水漫灌,工业用水重复利用率仍维持在低水平,而河道内水被大量引走后,纳污能力日益降低。流域机构如何开展有效节水工作,也没有相应的法律法规给出界定。黄河纳污能力没有实现省(区)分配,总量控制制度没有建立，取水排水管理没有统一。总之，黄河水资源保护管理从流域层面具有制度上的严重欠缺。

作为我国西北地区首屈一指的重要水源地，黄河的供水能力相比周边广大地区对其较高的供水需求（能源基地供水、流域内工业、城乡生活、农业灌溉用水、向海河和淮河调水等）还存在很大差距。同时黄河本身还有输沙入海等生态用水，以及发电、航运、水产、净化等用水要求。虽然当前黄河水资源的开发利用已具规模，但利用效率不高，浪费严重。因此，必须统筹兼顾，妥善安排，合理开发利用黄河水资源。

黄河流域因受自然地理条件影响，水资源的时空分布很不均匀，加剧了全流域某一时期或某一地区的水资源短缺。近年来，黄河下游断流始于1972年。1972~1996年的25年内，有19年发生断流。断流频次、历时、尺度不断增加。最近20多年，黄河实际上已成为一条间歇性河流，这使得黄河沿岸城市的供水面临越来越大的危机，而这种危机已经直接或间接影响到当地正常的生产与生活。

1982年年底，流域内青海、甘肃、宁夏、内蒙古、山西、陕西、河南、山东等省份提出2000年的工农业用水量共计69.6亿m^3，这个数字意味着它比黄河的全部可供水量还多14亿m^3。根据有关省份、部门提出的要求，黄河水利委员会（黄委会）进行了削减和调整，2000年满足工农业用水共计35亿m^3，但是再扣除冲沙入海的水量20亿m^3后，黄河的用水仍有很大缺口。

由此可见，黄河水资源危机是一个经济发展的危机，如果不重视，将影响到整个中原地区，甚至是全国的现代化进程。因此，我们必须从多个方面同时入手解决问题。

1) 健全法律法规，加强使用管理。根据我国水资源保护存在的问题，在修改水法时充分考虑水资源管理的需要，对水污染防治法、河道管理条例等及时进行修改，建立流域管理法、水源地保护条例等一批法律法规，以强化流域水质保护，协调有关机关运作，提高水污染防治成效。针对黄河流域的特点，更有针对性地颁布一些条例。在整个流域提倡适度用水、合理用水，贯彻全面节水原则。

2) 推动科技进步、加强用水教育。作为用水大户，各工业企业和农业灌溉提高水利用效率，增加单位用水的效益。

3) 加强对水资源各方面特性研究和实际应用，以达到更高的水资源利用水平。

这正是本章研究意义所在，加强对黄河流域主要城市水资源的社会再生能力的研究，使得黄河水资源的利用能力加强，从而缓解当地的水资源危机。

9.5.2 数据预处理

9.5.2.1 数据收集整理

黄河流域主要城市水资源社会再生能力评价工作以2000年为基准年，对2000年黄河流域主要城市水资源社会再生能力进行评价。表9-2~表9-5列出了黄河流域主要的15个城市 2000 年相关指标信息。在收集数据的时候，由于数据的来源多种多样，我们对数据进行了简单处理，如统一单位、统一换算。由于人工神经网络对数据的形式没有要求，在同一个网络中，可以存在不同单位、不同量纲的因子。因此没有必要进行数据的同一化处理。这一点也是人工神经网络的一大优势所在。在表 9-3 和表 9-4 中，有一些指标由于种种原因无法收集到而造成空缺。当指标空缺的时候，我们让网络根据该项指标的最小值进行评价。这是因为空缺会造成网络无法识别和处理它们。

表 9-2　指标数据来源

数据名称	资料来源
GNP/万元	中国城市统计年鉴
全年供水总量/万 t	中国城市统计年鉴
环境管理水平	城市环境综合整治定量考核结果
污水处理能力/（t/日）	中国环境统计年报
水库库容量/亿 t	各省统计年鉴
工业废水排放达标量/万 t	中国环境统计年报
工业废水处理回用量/万 t	中国环境统计年报
治理废水投资/万元	中国环境统计年报及各省统计年鉴
生活用水价格/（元/t）	www.waterchina.com
园林绿地面积/hm^2	中国城市统计年鉴
有效灌溉面积/万亩	各省水资源年报
人均 GNP/万元	中国城市统计年鉴（GNP/人口）
人均教育事业费支出/元	中国城市统计年鉴
排水管道密度/（km/km^2）	各省统计年鉴
单位售水成本/（元/10^{3}t）	城市供水统计年鉴
工业废水排放达标率/%	中国城市统计年鉴
工业废水处理回用率/%	中国环境统计年报（回用量/处理量）
治理废水投资力度/%	中国环境统计年报及各省统计（投资额/GNP）
人均生活用水量/t	中国城市统计年鉴
千吨水含工资水平/（元/10^{3}t）	城市供水统计年鉴
城市供水普及率/%	城市供水统计年鉴
建成区绿化覆盖率/%	中国城市统计年鉴
万元农业产值耗水量/（t/元）	各省环境年报（农业耗水量/农业产值）

表9-3 2000年15个城市再生量评价指标数据

项目	A	B	C	D	E	F	G	H	I	J	K
太原	3 326 763	27 355	15.53	186 400		5 698	18 233	12 322.8	1.13	3 755	81.45
济南	8 813 156	30 186	15.92	220 000		6 221	29 201	3 883.5	1.75	3 601	
东营	3 308 400	25 917					4 611		1 642		
郑州	6 408 491	31 244	15.8	467 501	5.54	7 805	14 770	1 433	1.6	2 278	276.69
开封	1 991 607	10 846			17.44		2 999	0.75	1 434	484.17	
洛阳	3 774 544	22 176						381	0.9	1 881	207.92
新乡	2 632 148	11 563			1.68			30	1	1 369	495.42
西安	6 137 007	43 688	14.9	150 000	1.47	6 130	2 816	4 166	1.5	4 443	
宝鸡	1 827 659	7 407			5.48			2 363	1.1	497	
咸阳	2 081 979	10 800			2.72			1 173.5	1	692	
西宁	731 621	12 561	14.72		2.64	2 011	390	158	1.045	954	83.79
呼和浩特	1 564 299	10 668	15	150 000		825	303	5 263.8	1.1	497	
包头	2 140 579	24 763			0.99				0.95	4 707	177.1
兰州	2 752 498	30 774	15.08	187 600	8.61	7 380	1 916	974.2	0.55	1 396	167.97
银川	875 462	11 867	15.55			1 338	1 479	2 450.7	0.85	1 719	195.46
全国最大	36 155 700	289 648	16	1 325 002	93.5	67 553	102 117	24 462	2.75	22 244	1 000
全国最小	1 455	240	11.32	40 000	0	775	2	10	0.55	43	0.38

表9-4 2000年15个城市再生效率评价指标数据

项目	a	b	c	d	e	f	g	h	i	j	k	l
太原	11 092.17	105	4.17	581.14	65.4	0.84	0.37	49.7	93	73.24	26.5	0.035
济南	15 804.67	158	9.62	1 167	90.3	0.87	0.04	63.1	100	229.4	35.5	0.014
东营	19 388.19	106	15.77	2 055.6	62.2		0.14	63.2	100	122	17.2	0.033
郑州	10 414.21	139	8.31	998.23	89	0.73	0.02	81.7	93.85	117	30.5	0.034
开封	4 294.76	110	6.31	769	95.5		0.15	46.7	99.13		34.4	0.004
洛阳	6 130.99	100	2.74	941	69.5		0.01	117.3	96.87	191.5	29.4	0.012
新乡	4 936.7	163	5.92	1 106.36	98.1		0.002	33.8	98.3	111.4	36.9	0.004
西安	9 098.6	99	5.01	874.49	64.7	0.46	0.07	88.4	98.95	92.61	36.4	
宝鸡	5 123.51	133	7.27	871	65.6		0.13	47.8	91.13	162	24.1	
咸阳	4 457.05	119	2.93	701	53.8		0.06	52.1	100		24	
西宁	5 461.89	86	2.98	539	87.5	0.33	0.02	101.5	96.81	119	16.6	0.063
呼和浩特	7 528.63	173	5.22	903	32	0.48	0.34	79	85.3	314.2	28.2	0.048
包头	10 544.2	130		813.9	75.4			41.3	98.13	326	29.1	0.063
兰州	9 570.91	119	3.58	334.77	84.7	0.32	0.04	61.3	99.33		11.4	0.074
银川	9 178.67	96		921	51.4	0.48	0.28	76.6	95.76	208.8	22.9	0.406
全国最大	27 534.19	1 428	19.29	2 950	100	0.88	0.5	280	100	776.7	61.3	3.22
全国最小	155.45	26	1.5	22.6	30	0.005	0	6.8	21.49	18	5	0.04

表 9-5 指标对应关系

编号	指标
A	GNP/万元
B	全年供水总量/万 t
C	环境管理水平
D	污水处理能力/（t/日）
E	水库库容量/亿 t
F	工业废水排放达标量/万 t
G	工业废水处理回用量/万 t
H	治理废水投资/万元
I	生活用水价格/（元/t）
J	园林绿地面积/hm^2
K	有效灌溉面积/万亩
a	人均 GNP/万元
b	人均教育事业费支出/元
c	排水管道密度/（km/km^2）
d	单位售水成本/（元/10^{3}m^3）
e	工业废水排放达标率/%
f	工业废水处理回用率/%
g	治理废水投资力度/%（投资额/GNP）
h	人均生活用水量/t
i	城市供水普及率/%
j	千吨水含工资水平/（元/10^{3}t）
k	建成区绿化覆盖率/%
l	万元农业产值耗水量/（t/元）

由于这个原因，我们在进行评价工作前，必须将指标补齐——如果这些空缺的地方取 0，那么意味着其指标值可能比评价标准中的最小值还小（因为标准中的最小级别是各个指标的全国最小值，并不都是 0），如此则评价结果将会出现负值；这些空缺也不是根据平均值填补，因为黄河流域 15 个主要城市指标水平大都在平均值以下，如果取平均值，则可能使得该城市评价结果反而比实际情况高。

这种情况下，我们取全国最小值作为基数进行弥补，评价结果会偏低，但是这有利于该城市增加危机感，看到差距。要想获得较高的评价得分，则必须提供比较全面的数据；因此，这样的结果至少可以督促城市进行相关的环境统计以适应今后进一步的工作。

9.5.2.2 评价标准样本数据

本书之前谈到了通过虚拟城市建立评价标准,当用虚拟城市获得指标极值以后,再将它们分级,以获得更多的虚拟城市丰富这个评价标准。评价标准建立的时候最常使用两种分级方法:平均分级和正态函数分级。在人工神经网络经常被应用的函数逼近,模式识别领域,正态函数的分级方法多用于处理函数逼近问题,而在模式识别中应用正态分布则多用于对实际情况进行分析判别和归类。

我国现行的环境标准中大都采用平均分级的方法,而本书的评价标准样本也可以看做是我们通过虚拟城市制定的一种环境标准,因此采用了平均分级的办法。将利用上述方法建立的数据集作为评价标准样本如表 9-6 和表 9-7 所示。

表 9-6　再生量评价标准样本

A	B	C	D	E	F	G	H	I	J	K	级别
36 155 700	289 648	16	1 325 002	93.5	67 553	102 117	24 462	2.75	22 244	1 000	5
32 540 276	260 707.2	15.53	1 196 502	84.15	60 875.2	91 905.5	22 016.8	2.53	20 023.9	900.03	4.5
28 924 851	231 766.4	15.06	1 068 002	74.8	54 197.4	81 694	19 571.6	2.31	17 803.8	800.07	4
25 309 427	202 825.6	14.59	939 501.4	65.45	47 519.6	71 482.5	17 126.4	2.09	15 583.7	700.11	3.5
21 694 002	173 884.8	14.12	811 001.2	56.1	40 841.8	61 271	14 681.2	1.87	13 363.6	600.15	3
18 078 578	144 944	13.66	682 501	46.75	34 164	51 059.5	12 236	1.65	11 143.5	500.19	2.5
14 463 153	116 003.2	13.19	554 000.8	37.4	27 486.2	40 848	9 790.8	1.43	8 923.4	400.22	2
10 847 729	87 062.4	12.72	425 500.6	28.05	20 808.4	30 636.5	7 345.6	1.21	6 703.3	300.26	1.5
7 232 304	58 121.6	12.25	297 000.4	18.7	14 130.6	20 425	4 900.4	0.99	4 483.2	200.30	1
3 616 880	29 180.8	11.78	168 500.2	9.35	7 452.8	10 213.5	2 455.2	0.77	2 263.1	100.34	0.5
1 455	240	11.32	40 000	0	775	2	10	0.55	43	0.38	0

表 9-7　再生效率评价标准样本

a	b	c	d	e	f	g	h	i	j	k	l	级别
27 534.19	1 428	19.29	2 950	100	0.88	0.5	280	100	776.7	61.3	3.22	5
24 796.32	1 147.6	15.732	2 364.52	86	0.705	0.4	225.36	84.298	624.96	50.04	2.576 8	4.5
22 058.44	867.2	12.174	1 779.04	72	0.53	0.3	170.72	68.596	473.22	38.78	1.933 6	4
19 320.57	586.8	8.616	1 193.56	58	0.355	0.2	116.08	52.894	321.48	27.52	1.290 4	3.5
16 582.69	306.4	5.058	608.08	44	0.18	0.1	61.44	37.192	169.74	16.26	0.647 2	3
13 844.82	727	10.395	1 486.3	65	0.442 5	0.25	143.4	60.745	397.35	33.15	1.612	2.5
11 106.95	586.8	8.616	1 193.56	58	0.355	0.2	116.08	52.894	321.48	27.52	1.290 4	2
8 369.072	446.6	6.837	900.82	51	0.267 5	0.15	88.76	45.043	245.61	21.89	0.968 8	1.5
5 631.198	306.4	5.058	608.08	44	0.18	0.1	61.44	37.192	169.74	16.26	0.647 2	1
2 893.324	166.2	3.279	315.34	37	0.092 5	0.05	34.12	29.341	93.87	10.63	0.325 6	0.5
155.45	26	1.5	22.6	30	0.005	0	6.8	21.49	18	5	0.004	0

对于人工神经网络来说，希望获得巨大的训练样本。因为训练样本越多，网络的学习效果就越好，就越可能避免过度训练等问题。但是现有的这个样本的容量相对较小，因此为了获得较为准确的知识，必须增加网络隐含层单元数。

在进行网络模拟训练的时候，选择隐含层单元数目为 25（每层单元之间是全连接，如果单元数目过多，会使网络训练过程极其复杂，训练中收敛速度就会十分缓慢。在通过多次试算后，确定了这个单元数目），具体网络结构如图 9-4 所示。

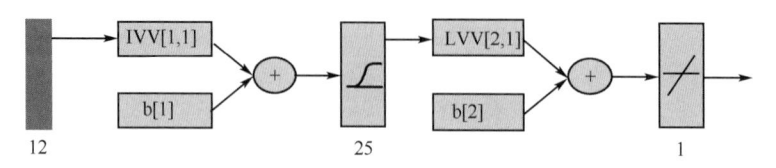

图 9-4 水资源社会再生能力评价网络

MATLAB 为人工神经网络提供了专题工具箱，其中有很多模拟神经传播动作的传递函数。在我们的网络里，隐层采用 tansig 或 logsig 作为传递函数，而输出层采用 pureline 作为传递函数（因为评价目标为分级，是一个线性的结果）。训练函数有 train、trainbp、trainlm、traingdx 等，每一种函数具有不同的特性。这里，我们采用 traingdx，这种函数训练速度比较慢，占用内存资源也比较大，但是训练过程细致，训练效果好，能够使网络有更大的实用性和推广性。

9.5.3 2000 年黄河流域主要城市水资源社会再生能力评价

9.5.3.1 水资源再生量评价

(1) 社会再生量评价样本训练

图 9-5 为城市水资源社会再生量评价训练曲线截图，评价过程中，我们将初始输入层权重设定为 1，阈值为 2，隐含层神经单元数为 25，动量系数为 0.9，误差目标为 0.001，以 traingdx 函数进行训练。

训练过程中，每次将实际误差结果与输出误差目标相比较，不满足则反馈，通过学习率进行调整，则曲线如图 9-5 所示慢慢向目标逼近，经过 138 284 步这样的过程，输出误差为 0.000 999 992，终于达到目标误差 0.001 的要求，网络停止训练。该曲线即为 MATLAB 根据上述过程自动生成的训练曲线，曲线平滑逼近结果，训练过程良好。而这样的结果是在进行了数十次的试算后最好的一次结果。

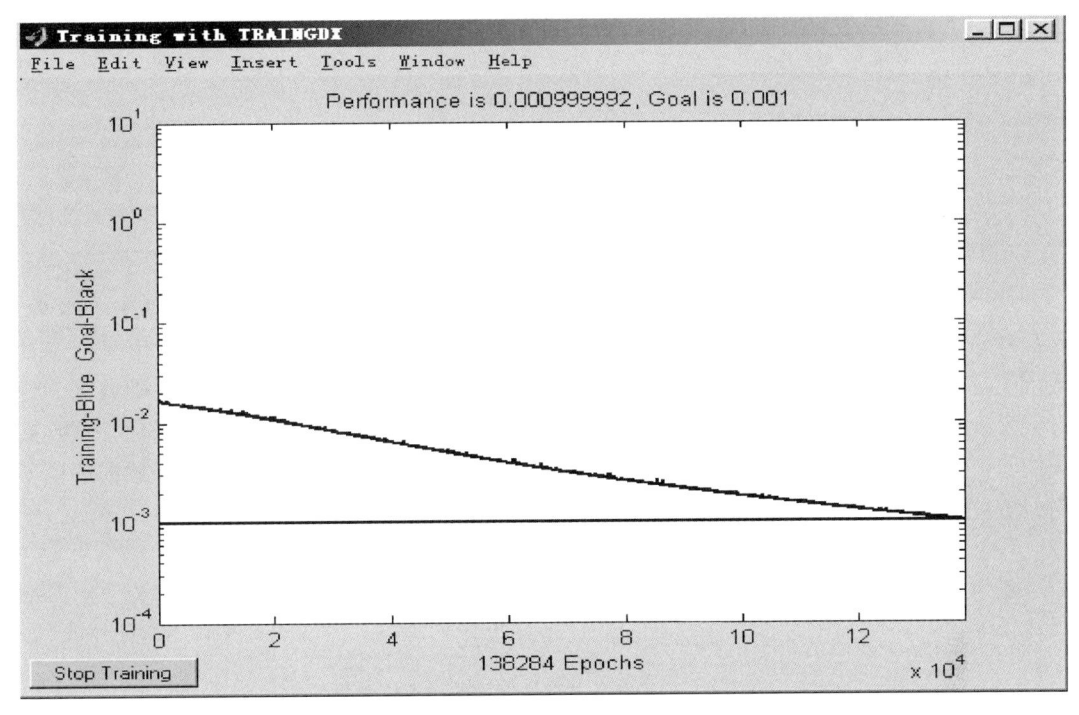

图 9-5 黄河流域主要城市水资源社会再生量评价训练曲线截图

(2) 水资源社会再生量评价

表 9-8 为黄河流域主要城市水资源社会再生量评价结果。从表 9-8 中可以看出，黄河流域主要城市的社会再生量水平大都处在全国较低水平，这与当地普遍缺水的情况是相吻合的。

表 9-8 黄河流域主要城市水资源社会再生量评价结果

城市	评价结果	级别
太原	0.739 26	0.7
济南	2.550 2	2.6
东营	0.011 036	0
郑州	2.304 4	2.3
开封	0.091 814	0.1
洛阳	0.664 88	0.7
新乡	0.609 51	0.6
西安	2.178 4	2.2
宝鸡	0.452 2	0.5
咸阳	0.511 97	0.5
西宁	1.654	1.7

续表

城市	评价结果	级别
呼和浩特	1.335 3	1.3
包头	0.467 66	0.5
兰州	1.206 9	1.2
银川	1.496 4	1.5

从评价结果可以看出，在黄河流域，只有济南、郑州等少数城市能够达到中等水平，这在普遍缺水的北方已经是很好的成绩了。东营的得分是 0，并不是说这个城市水资源社会再生量几乎没有。如果要分析造成这种情况的原因，可以回过头看看它的基础数据，这时候发现指标数据空缺严重，（只有 4 个指标有数据），对于这些指标，就像前面说明的，我们将使用全国最小值替代，亦即 0 级指标；另外，即使有数据的那些指标，数据值也不高，因此该城市的评级结果很低。

（3）评价结果检验

本书选择常用的灰色关联法对评价结果的可靠性进行检验。表 9-9 为利用人工神经网络评价所得结果与利用灰色关联法得到的评价结果比较表。

表 9-9　使用灰色关联法对照检验评价结果

城市	人工神经网络评价结果	灰色关联评级结果级别
太原	0.7	1
济南	2.6	3
东营	0	0
郑州	2.3	2
开封	0.1	1
洛阳	0.7	2
新乡	0.6	1
西安	2.2	3
宝鸡	0.5	1
咸阳	0.5	1
西宁	1.7	1
呼和浩特	1.3	1
包头	0.5	1
兰州	1.2	2
银川	1.5	2

灰色关联是将每一个评价对象看成一条曲线，将这条曲线与各级标准曲线作比较，相似程度最大的一级即是评价对象所属级别。通过这种方法，我们将 15 个城市作 15 条曲线，每条都与标准样本的曲线集逐个求其关联度，由此得出灰色关联法的

评级结果。灰色关联法能够得出评价结果与哪一级别比较接近，相对评价结果比较粗。而人工神经网络的方法从表9-8中"评价结果"一项可以看出，利用人工神经网络方法得到的结果可以使每个评价目标得到一个极精确的评价值，可以适应比较细的分级标准。

总之，灰色关联评价结果与人工神经网络评价结果是比较接近的，这种传统算法的验证说明了用人工神经网络方法得到的评价结果是可靠的。

9.5.3.2 水资源再生效率评价

(1) 水资源社会再生效率评价样本训练

图9-6为城市水资源社会再生效率评价训练曲线截图。类似于再生量的评价过程，也将初始输入层权重设定为1，阈值为2，隐含层神经单元数为25，动量系数为0.9，误差目标为0.001，以traingdx函数进行训练。经过38 137步这样的过程，输出误差为0.000 999 838，达到目标误差0.001的要求，网络停止训练。该曲线即为MATLAB根据上述过程自动生成的训练曲线，曲线在经过最初的急速下降后，保持稳定的逼近速度，最后到达目标，训练过程良好。

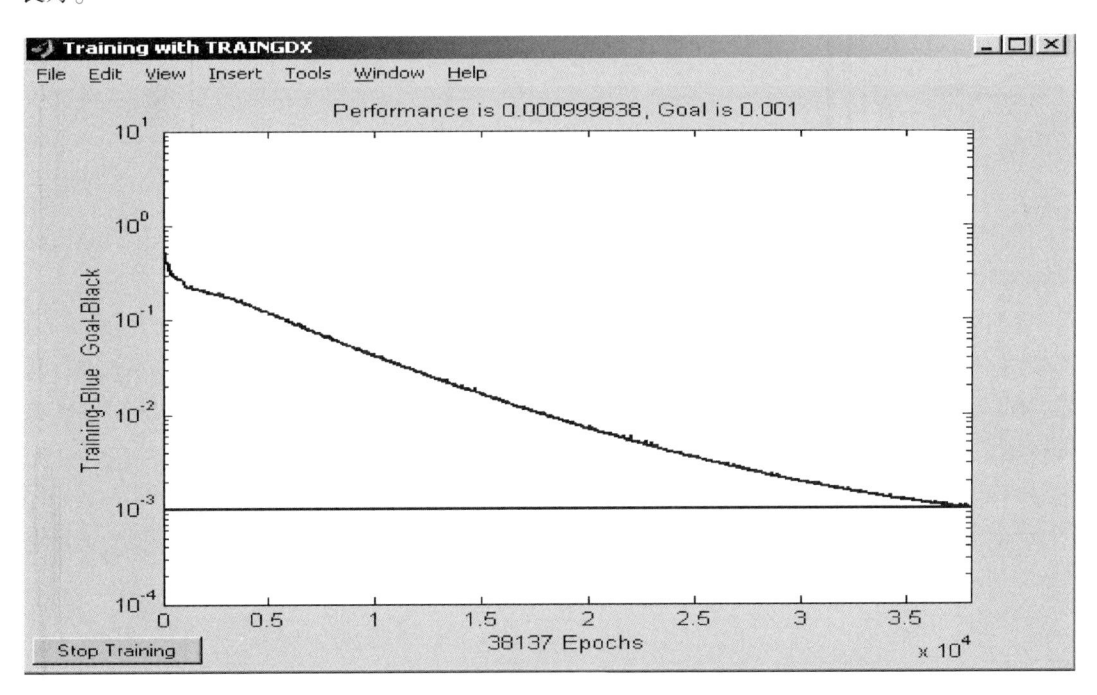

图9-6 黄河流域主要城市水资源社会再生效率评价训练曲线截图

(2) 水资源社会再生效率评价

表9-10是黄河流域主要城市水资源社会再生效率的评价结果。从表中可以看出，各城市得分虽然也处于全国中下级别，但是相比再生量得分要高。由此可以看出，黄河流域的城市用水紧张，再生能力差，这主要是由于再生量比较低，而再生效率状况则稍好。再

生效率体现着城市水务工作的状况;因此,尽管这些城市的社会再生水资源量缺乏,相比之下,各城市对水资源再生利用工作还是比较重视的。

表 9-10 黄河流域主要城市水资源社会再生效率评价结果

城市	评价结果	级别
太原	2.475 5	2.5
济南	2.444 6	2.4
东营	2.064 5	2.1
郑州	1.994 2	2.0
开封	1.309 7	1.3
洛阳	1.063 2	1.1
新乡	1.054 2	1.1
西安	1.534 6	1.5
宝鸡	1.223 8	1.2
咸阳	0.789 39	0.8
西宁	1.276 1	1.3
呼和浩特	1.466 4	1.5
包头	1.403 6	1.4
兰州	1.807 9	1.8
银川	1.628 7	1.6

另外,各城市的社会再生效率评价结果中省会城市的得分较高,与这些城市的城市综合能力较强也是吻合的。

(3) 评价结果检验

与水资源社会再生量评价一样,本书也是用灰色关联法对再生效率的评价结果进行检验,结果见表 9-11。两种评价方法的结果大体吻合,说明利用人工神经网络方法得到评价是可以信赖的。

表 9-11 使用灰色关联法对照检验评价结果

城市	人工神经网络评价结果	灰色关联评级结果级别
太原	2.5	3
济南	2.4	3
东营	2.1	2
郑州	2.0	2
开封	1.3	2
洛阳	1.1	1
新乡	1.1	1

续表

城市	人工神经网络评价结果	灰色关联评级结果级别
西安	1.5	2
宝鸡	1.2	1
咸阳	0.8	1
西宁	1.3	1
呼和浩特	1.5	1
包头	1.4	2
兰州	1.8	2
银川	1.6	1

9.5.3.3 黄河流域主要城市水资源社会再生能力综合评价

表 9-12 为黄河流域主要城市水资源社会再生能力的综合评价表。由此可见，这些城市再生量与再生效率评价结果在全国范围都属于中下水平，综合评价结果亦然。

表 9-12 黄河流域主要城市水资源社会再生能力综合评价结果

城市	再生量	再生效率	综合
太原	0.7	2.5	3.2
济南	2.6	2.4	5
东营	0	2.1	2.1
郑州	2.3	2.0	4.3
开封	0.1	1.3	1.4
洛阳	0.7	1.1	1.8
新乡	0.6	1.1	1.7
西安	2.2	1.5	3.7
宝鸡	0.5	1.2	1.7
咸阳	0.5	0.8	1.3
西宁	1.7	1.3	3
呼和浩特	1.3	1.5	2.8
包头	0.5	1.4	1.9
兰州	1.2	1.8	3
银川	1.5	1.6	3.1

从表 9-12 可以看出，济南最高，达到了 5，这正是相当于以虚拟城市建立的全国标准的中等水平；最差的是咸阳。咸阳的再生量和再生效率得分均不高，这与该城市的水资源与水环境较差，再生量小，以及水务工作不力，使得再生效率也不高有关。进一步分析其原始数据，发现咸阳市的排水管道密度和治理废水投资力度两项指标水平不高，这可能正

是其不足之处。因此在以后的工作中，咸阳市相关部门要加大这方面的投入，以增强城市的水资源再生能力。

对综合评价结果进行深入分析，可以对当地的水务工作起到积极的辅助作用。另外，通过公众发布，这些信息可以被公众所了解。为了可以让非专业的人看懂评价结果，我们制作了更加直观的图示，如图9-7和图9-8所示。

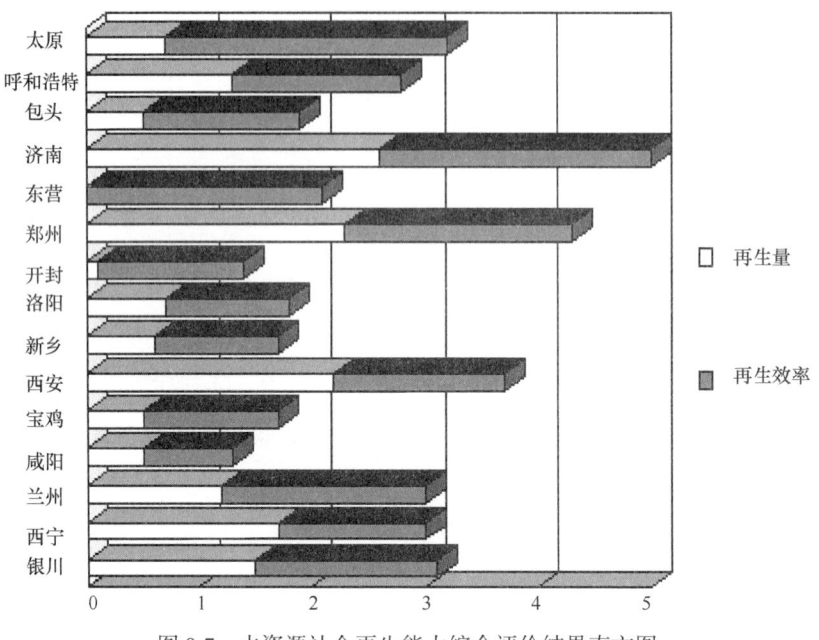

图9-7 水资源社会再生能力综合评价结果直方图

如图9-7所示，直方图可以直观地看出每个城市再生能力的大小、再生量和再生效率各自的大小，以及两部分对综合评价结果的贡献率。图9-8是另一种方式的图形表示，这种图示方式与黄河流域的地图相结合，让评价结果更加简明且一目了然。

综上所述，可得出以下结论。

1) 黄河流域主要城市的水资源社会再生能力在全国范围内比较来说，水平大都处于中等偏下，尤其是再生量部分；这与当地由于天然降水少、供水不足所引起普遍缺水的状况相吻合。在这些城市之间横向比较，则省会城市得分相对比较高，尤其是再生效率部分，这也与这些城市的经济实力、综合能力较强相吻合。由此看来，评价结果在一定程度上反映了黄河流域主要城市水资源社会再生的实际情况。

2) 由于评价标准的建立是通过构造由各个指标的全国极值组成的虚拟城市实现的，而这样的城市是一个理想状态，并不存在；即使评价全国的城市，也不会有哪个城市的评价结果能达到顶级；因此，虽然标准的建立是平均分布，但是评价结果很有可能更貌似正态分布。

3) 黄河流域主要城市水资源社会再生能力评价结果能够在一定程度上直观反映该城市水资源社会再生状况；由此可以让相关部门看到差距和不足所在。再生量评价得分较低

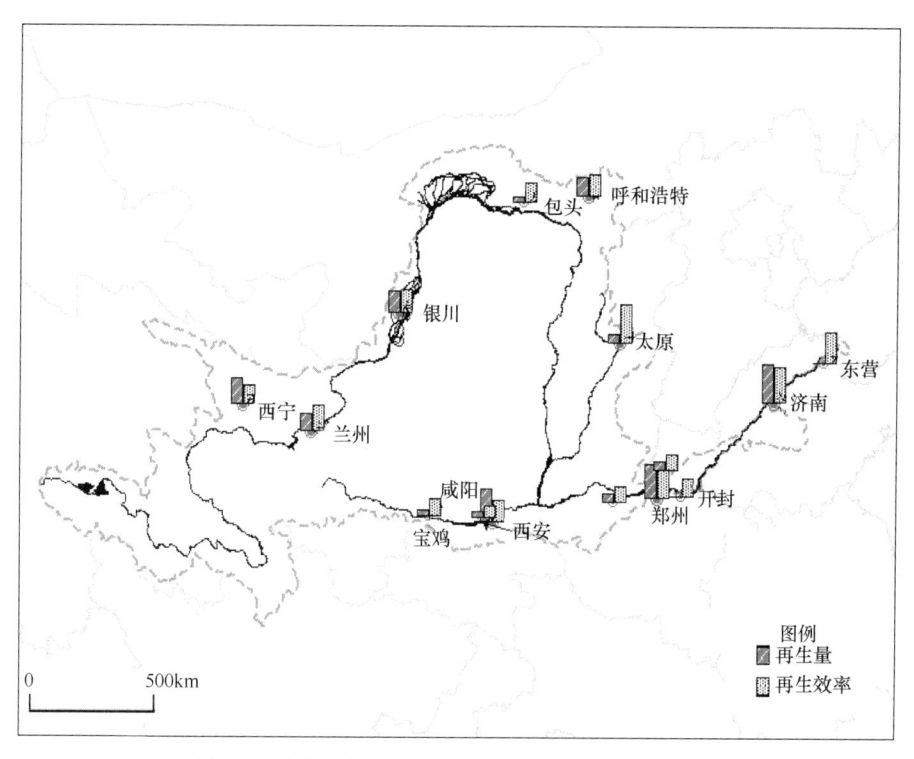

图 9-8　水资源社会再生能力综合评价结果地图图示

的城市应该增加开源的能力；根据当地情况开发多种回用水资源；再生效率得分较低的城市则应该"苦练内功"，将城市的综合能力、管理水平提高。

4）利用灰色关联的方法为本书所建基于人工神经网络的评价结果进行检验。灰色关联法是一种常用的、比较成熟的评价方法，评价过程也不很复杂。但是也有一些缺陷，它在处理大规模数据的时候工作效率要比人工神经网络的方法低得多，这样就非常不利于评价工作的扩展。今后随着对水资源再生能力的日益重视，需要评价的城市可能会越来越多，则人工神经网络的优势将越发明显。采用灰色关联的方法验证结果，两种评价方法所得结果显示大体上一致，这说明人工神经网络的评价方法是可行的，效果也不错。

5）水资源社会再生量和再生效率都比较高的城市有济南、郑州、西安，这些城市评价结果不仅得分高，而且两方面发展状况比较均衡。这几个城市都是省会城市，而且是省会城市中规模比较大，历史也比较悠久的。这表明这些城市各方面综合能力建设有很长时间的积淀，综合能力属于黄河流域主要城市中最强的；由此导致其水资源社会再生能力也是最强的。这些城市应当发挥自己的优势，在黄河流域城市群中继续起到带头作用。

6）另一些城市，如呼和浩特、兰州、西宁、银川、太原，也是黄河流域各省份的省会城市；但是由于自然条件相对较差，发展历史和发展程度相对前面几个城市都稍微落后一些；这些城市的水资源社会再生能力相对前面几个城市较差，这就要求这些城市一方面要发挥其在所在省份的领导作用；另一方面需要进一步向前面优秀的城市学习，进一步发展。

7）其余城市，包头、开封、洛阳等，它们有些是工农业重镇，有些是历史名城，作为主要城市，其在黄河流域的社会生产生活中起着重要的作用。这些城市不像省会城市那样受到各方面重视；但它们都因特定的城市功能而人为城市化程度比较高。因此，这些城市的社会再生效率状况要好于它们受到流域缺水普遍影响的社会再生量状况。如果想要进一步发展，提高社会再生能力，则需要大力"开源节流"，加强研究，利用各种条件增加再生水量。

8）有些城市需要个别分析，如东营市，其水资源社会再生能力评价结果过低，当然有其本身的问题，其数据不全也是一个十分重要的原因。这样的结果对城市统计工作提出了比较高的要求；咸阳，该城市的排水管道密度和治理废水投资力度两项指标水平不高，说明其城市水网基础设施建设需要加强，同时，要增加废水处理投资，甚至整个环保投资的力度。

9.5.4 水资源再生效率动态评价

9.5.4.1 数据收集

表 9-13 和表 9-14 为黄河流域主要城市水资源再生效率评价 1998 年、1999 年两年的评价指标数据。因为时间比较久远，当时的环境统计工作还不是很到位，所以空缺的指标更多一些。

表 9-13　再生效率三年年际变化评价 1998 年数据

城市	a	b	c	d	e	f	g	h	i	j	k	l
太原	10 582.38	80	4.05	462.2	50.9	0.46		61.5	96.3		25.1	
济南	13 323.02	118	9.34	721.38	33.5	0.25	0.04	60.8	100		30.9	
东营	17 973.77	113	20.28	1 590	38.9		0.08	65	97	110	14	
郑州	9 616.2	100	8.14	812.16	27.8	0.26	0.05	84.9	100	122	29	
开封	3 842.08	125	6.1	503.27	21.3	0.17		49	98.3	96.4	17.3	
洛阳	5 518.93	80	2.7	640.77	23.2		0.03	89.4	96.7		28.4	
新乡	4 707.24	119	5.9	745.09	6.8		0.07	37.9	87.51	89.86	30.7	
西安	7 560.56	78	4.61	612.88	13	0.35	0.02	84.3	99.07	71.77	36.1	
宝鸡	4 269.98	42	6.94	781.96	74.4		0.01	53.3	93.3	96.13	23.2	
咸阳	3 886.58	55	2.94	440.43	11.2		0.02	118.4	100	76	11.3	
西宁	5 435.66	95	2.84	399.91	84	0.39		89.1		62.24	13.2	
呼和浩特	6 388.83	197	0.96	590	8.7			92.2	85.09	174.98	28.5	
包头	9 797.31	123		688	72.9			38.1	98	165	30.5	
兰州	8 688.58	80	3.28		37.3	0.83		62.2	99.33		11	
银川	8 132.75	105		409.6	36.1			74.8	95.46	99.9	20.8	

表 9-14 再生效率三年年际变化评价 1999 年数据

城市	a	b	c	d	e	f	g	h	i	j	k	l
太原	10 926.43	98	4.14	470.06	41.4	0.76		68.4	96		25.7	
济南	13 527.35	145	9.5	766	66.8	0.24		64.09	100	91.92	33.1	
东营	15 426.09	92	15.72	1 590.17	54.13			63.05	100	161.33	15.9	
郑州	10 235.94	120	8.38	892.76	84.4	0.21	0.03	87	100	122	31.2	
开封	4 093.62	115	6.16	534.94	27.5		0.19	45.7	98.57	117	19.6	
洛阳	5 964.04	93	2.75	626.88	42.2		0.01	79.3	96.75		27.1	
新乡	4 838.38	152	5.87	922.44	6.5		0.13	34.8	88.1	89.86	36	
西安	8 337.82	89	4.85	701.11	58.3	0.26	0.03	85.5	98.1	71.77	38.1	
宝鸡	4 746.95	88	7	600	91.8		0.05	47	98.3	63	24.1	
咸阳	4 306.51	69	2.83	517.18	36.4		0.02	65.8	99	60	22.3	
西宁	5 398.81	125	2.99	615.26	11.6			101.4	84.77	92	15.4	
呼和浩特	6 998.26	163	4.96	730	3.8	0.88		92.6	85.1	242.86	20.5	
包头	10 303.21	114			27.1			38.7			29.1	
兰州	9 139.9	101	3.4	271.05	36.9	0.26		59.3	99.33	85.1	11.2	
银川	8 584.21	89		670.1	24.3	0.41		75.9	95.5	129.9	21.5	

9.5.4.2 评价结果及其分析

表 9-15 和表 9-16 为 1998 年、1999 年与 2000 年黄河流域主要城市水资源社会再生能力评价结果。

表 9-15 1998 年、1999 年两年黄河流域主要城市水资源社会再生能力评价结果

城市	1999 年 评价结果	1999 年 级别	1998 年 评价结果	1998 年 级别
太原	1.801 2	1.8	1.624 6	1.6
济南	1.960 8	2.0	1.758 4	1.8
东营	1.885 8	1.9	2.032 9	2
郑州	1.717 1	1.7	1.343 5	1.3
开封	1.007 8	1	0.902 89	0.9
洛阳	0.890 42	0.9	0.765 72	0.8
新乡	0.863 31	0.9	0.716 4	0.7
西安	1.381 3	1.4	0.985 8	1.0
宝鸡	1.318 8	1.3	1.017 8	1.0
咸阳	0.658 77	0.7	0.489 1	0.5
西宁	0.533 93	0.5	1.447 1	1.4
呼和浩特	0.815 64	0.8	0.521 08	0.5
包头	1.862 3	1.9	1.362	1.4
兰州	1.321 4	1.3	1.744 3	1.7
银川	0.959 27	1.0	1.049 7	1.0

表 9-16 三年时间序列评价结果比较

城市	2000 年	1999 年	1998 年
太原	2.5	1.8	1.6
济南	2.4	2.0	1.8
东营	2.1	1.9	2
郑州	2.0	1.7	1.3
开封	1.3	1	0.9
洛阳	1.1	0.9	0.8
新乡	1.1	0.9	0.7
西安	1.5	1.4	1.0
宝鸡	1.2	1.3	1.0
咸阳	0.8	0.7	0.5
西宁	1.3	0.5	1.4
呼和浩特	1.5	0.8	0.5
包头	1.4	1.9	1.4
兰州	1.8	1.3	1.7
银川	1.6	1.0	1.0

为更直观地反映黄河流域主要城市水资源再生能力的时空分布规律，利用办公软件和地理信息系统软件 MapInfo 制作了相应的专题图，包括折线图（图 9-9），它可以反映各再生能力的变化趋势；还包括直方图（图 9-10），可反映城市再生能力的时空分布规律。

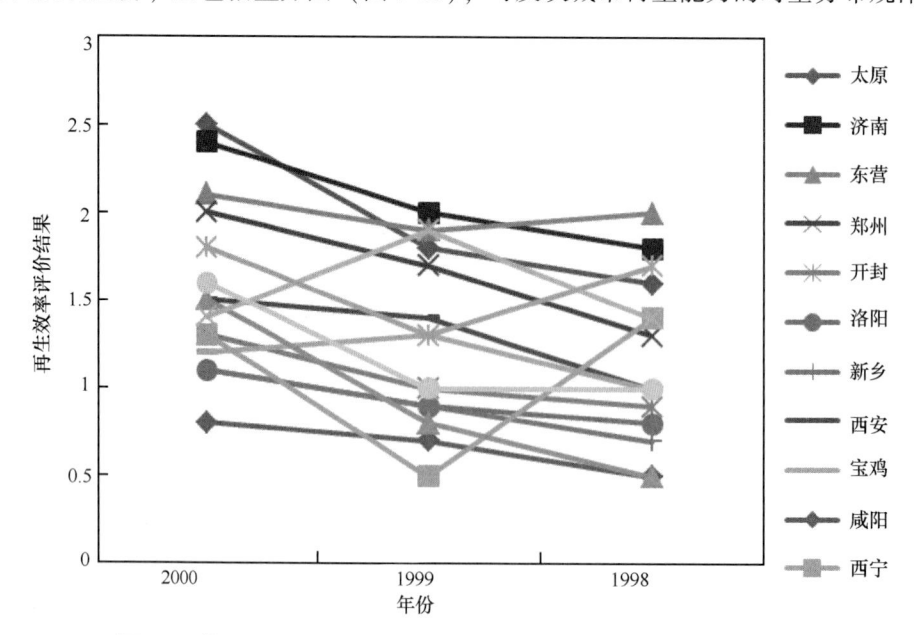

图 9-9 黄河流域主要城市水资源社会再生效率评价年际变化折线图

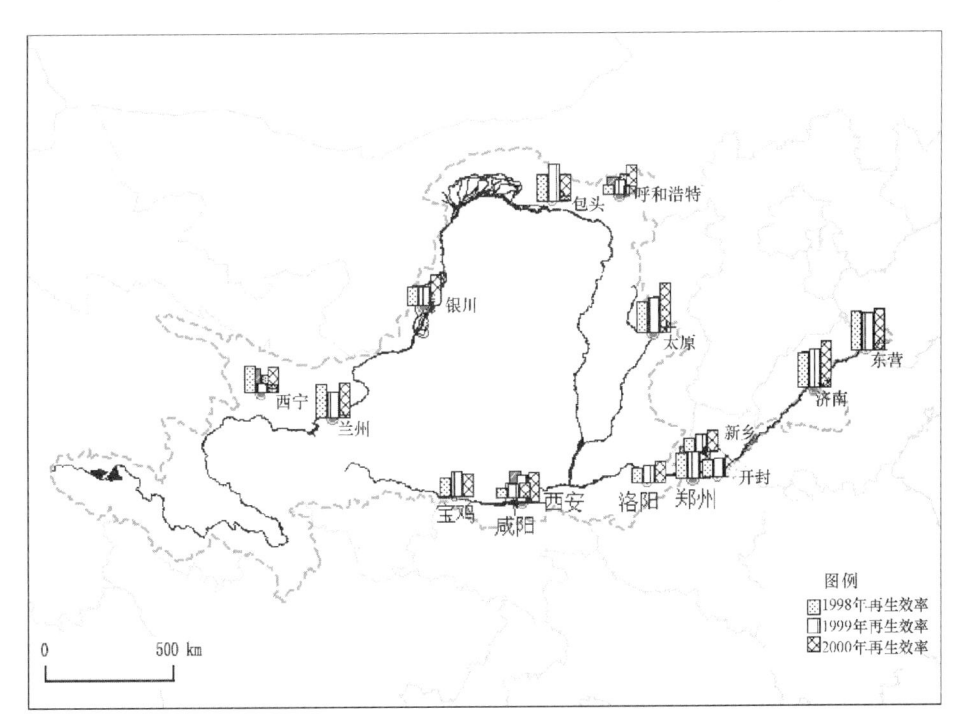

图 9-10 黄河流域主要城市水资源社会再生效率评价年际变化地图直方图

从黄河流域主要城市社会再生能力的时空分布折线图来看，流域的大部分城市的再生效率水平呈上升趋势。再生效率与城市实力息息相关。管理水平的增强、科技水平的提高、人民生活的改善都会使得相关指标的数据值变大，所以这样的结果与几年来经济发展势头是一致的。

比如济南，无论从折线图还是城市地图直方图来看，三年间一直保持发展的势头，而且增长幅度比较均衡。从它各个指标的增长态势可以看出总的再生效率不断提高的结果是可靠的。

对于咸阳市，2000 年综合再生能力比较低，但从年际变化的折线图可以看出，它这三年的增长趋势却是一直保持上升趋势的。这可能是由于这个城市的底子太差，但是城市各方面的努力还是应该肯定的。由此看出，如果单从 2000 年的评价结果分析，这个城市是比较差的，但是分析了三年的年际变化，就发现了它上升的变化趋势，而且发展的速度也还不错。这正是年际变化状况评价的目的所在。

有些城市可能出现一些起伏，这是由于当年该城市的某些指标值出现了倒退，这时候可以根据当年的数据情况进行分析。比如西宁，由图 9-10 明显可以看出，其 1999 年的评价结果突然下降很多。这时分析其数据，发现其工业废水排放达标率这项指标在 1999 年由 1998 年的 80% 多降到百分之十几，而后在 2000 年又恢复到原来的水平，而别的指标变化都不大。由此看来，正是这项数据影响，使得当年的评价值较低。

最后，需要特别说明的是，由于我们以 2000 年为基准年，以 2000 年的数据为准确定的评价等级并通过其进行网络训练,而指标整体的变化趋势是向上的,所以前两年有可能有个别数据小于基准年的最小数据。此时对于空缺数据我们仍然使用 2000 年的最小值作为默认,这一点与原先的指标数据构成规则有一些出入,但是为了统一标准,这也是不得已的。

9.5.5 基于 WebGIS 城市水资源社会再生能力评价信息发布

20 世纪 80 年代以来,以计算机技术、通信技术、网络技术为代表的现代信息技术在全球范围内蓬勃兴起。经过了 20 多年的发展,信息已经成为促进社会进步的主要动力之一,人类对信息资源的利用开始了高效率、专业化、多样化、共享化的现代方式。

在一些发达国家,通过信息技术将原来仅仅由政府或者某些部门掌握的信息向公众发布,已经成为满足公众知情权的新一代的环境管理手段:环境管理的信息化手段。这是社会与人类认知发展到一定程度的必然。现代政治学却证明,社会的自主能力和信息的公开程度是成正比的。一个社会只有信息越公开,社会的自主能力和承受能力才会越高,社会才会越稳定。国家提出用信息化带动工业化,实现跨越式发展;而信息化的前提是信息的流动和低成本使用。

在这个意义上,我们将评价结果向公众发布,即信息公开化。一方面,可以让群众对自己城市的水资源状况有所了解;另一方面,可对各城市政府及公众施加压力,迫使其通过各种渠道提高水资源社会再生能力;最后,还可对各城市政府部门的工作起到辅助决策的作用。

9.5.5.1 信息发布系统的技术方案

黄河流域主要城市水资源社会再生能力评价信息发布系统分为两大部分:一是水资源社会再生能力评价信息系统;二是评价信息发布系统(图 9-11)。前者的主要功能是数据维护、人工神经网络的构建和训练,以及水资源社会再生能力评价与评价结果管理;后者的主要功能是通过互联网将评价结果向公众发布。本系统使用中科院遥感所开发的 WebGIS 软件 GeoBeans 通过互联网进行发布。

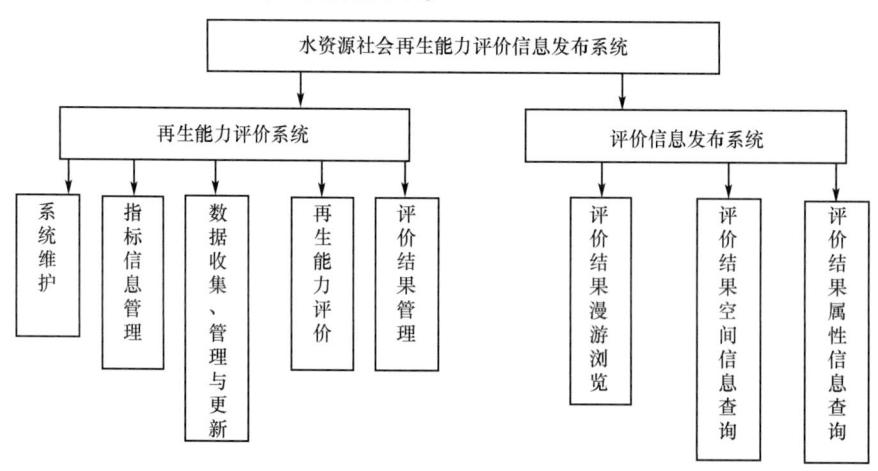

图 9-11 黄河流域主要城市水资源社会再生能力评价信息发布系统模块结构图

（1）系统开发原理

WebGIS 是 Web 技术和 GIS 技术相结合的产物，是利用 Web 技术来扩展和完善地理信息系统的一项新技术。目前 WebGIS 的实现方法有服务器端策略（Server-side）和客户端策略（Client-side）两种。基于服务器端的 WebGIS，运算操作主要在服务器端完成，结果以 JPEG 或 GIF 格式等栅格形式传到客户端，这种方法的优点是对客户端的要求比较低，缺点是网络负担过重；基于客户端的 WebGIS，允许 GIS 分析和 GIS 数据处理在客户端执行，其优点是操作方便灵活，缺点是客户端需要与系统兼容的插件。所以综合这两种策略的混合策略是目前常用的策略。该策略能更好地发挥服务器端与客户端的优势与潜力，对于繁重的数据库操作或复杂分析的任务由服务器承担；而涉及用户控制的任务则让客户端承担。这样，双方共享彼此的计算能力，从而数据和小程序可以进行合理分配，以使整个系统的性能达到最优。

系统采用的 B/S（浏览器/WEB 服务器）结构如图 9-12 所示。服务器端包括数据库服务器与 WEB 服务器；数据库服务器负责各种数据存储、运算，WEB 服务器负责与客户端的通信；浏览器负责发送客户的请求到 WEB 服务器，而后接收服务器端传送回来的结果，对客户提供简单的浏览服务。如果客户有一些更高的要求，如地图的输入输出，则数据库服务器与图形工作站建立连接，进行相关的工作。

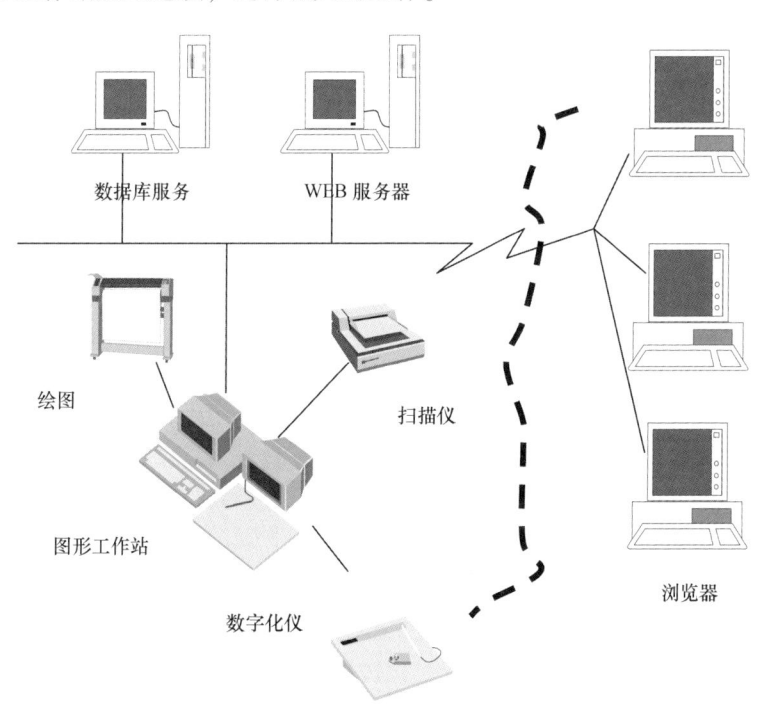

图 9-12　黄河流域主要城市水资源社会再生能力评价信息系统结构

图 9-13 为本系统的工作原理图。服务器端有两个服务进程——WEB 服务器与数据库服务器，两者通过 TCP/IP 协议通信。客户端应用 WEB 浏览器发出请求，用户发出的请求由数据库服务器程序处理，处理后的结果以文本数据、HTML 文件，以及 GIF 或 JPEG 影

像数据反馈给用户。数据（包括空间数据与属性数据）存储在服务器端的数据库服务器，数据的处理与分析大部分在服务器端完成，结果以图片或 HTML 格式返回浏览器；浏览器端采用 ActiveX Control，负责向服务器发出请求（查询等），显示处理结果；同时也实现一些 GIS 的基本功能。也就是说，用户对地理信息的交互空间操作和属性操作可通过互联网传送到 Web 服务器上，在服务器上完成各种操作请求，并把结果经由 Web 服务器程序发送到浏览器，用户通过浏览器浏览结果。

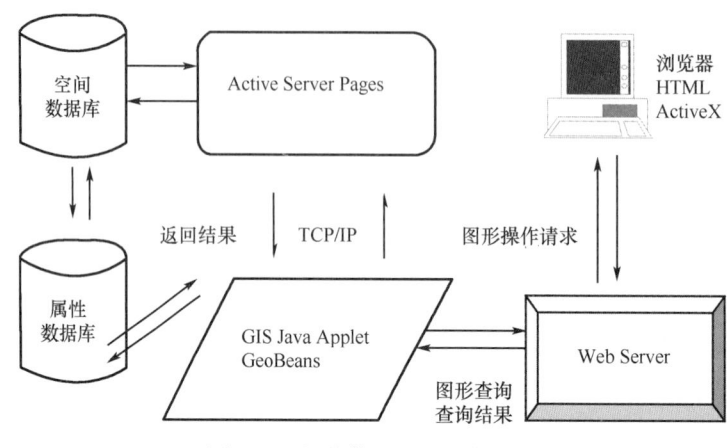

图 9-13 评价信息系统工作原理

（2）系统需求分析与设计

系统开发工具采用的是国家遥感应用工程技术研究中心开发的地网软件 GeoBeans。GeoBeans 的图形操作是把 Java 的 Applet 嵌入到 HTML 中，再通过 JavaScript 调用其方法、属性、事件来实现与 HTML 的通信；同时还可以通过 ADO 组件利用 ASP 调用数据库，实现属性数据和图形数据的双向查询、客户端和服务器端的交互。

黄河流域主要城市水资源社会再生能力评价信息发布系统数据库由两部分组成，一个是空间信息数据库，包括城市的矢量地图；另一个是属性信息数据库，包括评价指标信息和城市的基本地理信息。这两个数据库由共同的代码（地区编码 ID）连接，以实现空间数据与属性数据的交互查询、显示制图等功能（图 9-14）。

系统提供了统一的查询界面，可以快速响应用户对于不同城市、不同评价结果的查询请求，使现有的黄河流域主要城市水资源社会再生能力评价信息能够有效地为决策、管理与科研等各类用户提供良好服务。本系统在浏览器端可以实现基本的地图操作、图元信息查询与专题图制作等功能。用户可通过 INTERNET 浏览与查询共享信息，系统后台服务器响应互联网用户在浏览器端对空间图形信息及与图形相关联的属性信息的访问请求。系统的用例包括注册、登陆、身份验证、地图操作、图元信息查询、分级专题图制作、直方图生成、属性信息查询。

（3）数据库的建立

本系统的属性数据库由环境指标信息和城市的基本地理信息组成，数据库设计的 E/R 图如图 9-15 所示，每类信息在数据库中都作为一个表进行存储，城市的环境指标信息独

第 9 章 | 城市水资源社会再生能力评价——以黄河流域主要城市为例

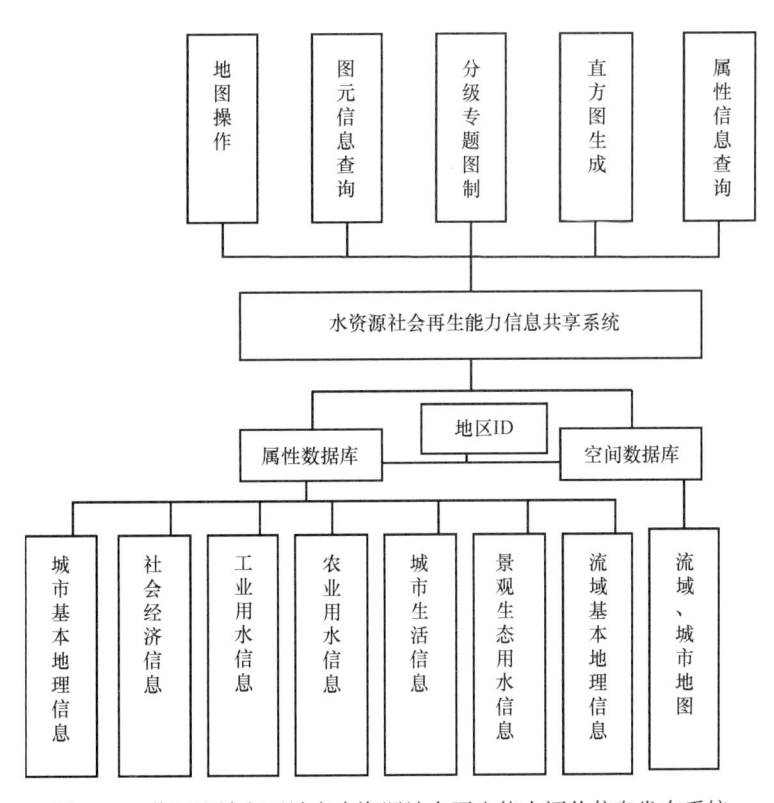

图 9-14 黄河流域主要城市水资源社会再生能力评价信息发布系统

立分开,并通过外键与城市的基本地理信息关联。各表具体内容如下。

maincity,存储的是 16 个城市和它们在地图上的编码;

years3,存储的是再生效率的三年时序变化评价结果;

lianglv,存储的是再生量和再生效率的评价结果(2000 年);

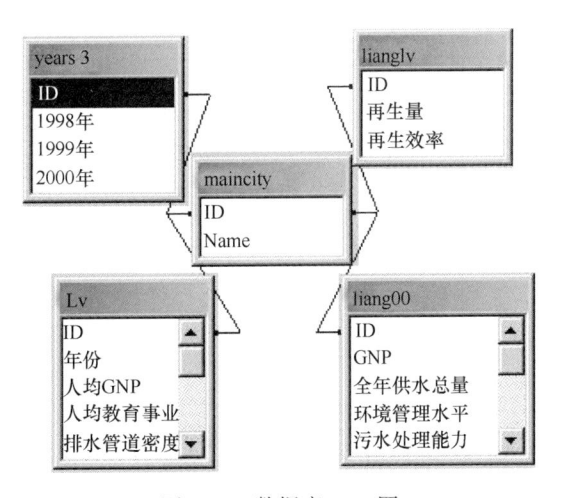

图 9-15 数据库 E/R 图

| 201 |

lv，存储的是再生效率原始数据（3年）；

liang00，存储的是再生量的原始数据（2000年）。

当用户选定城市，则激活其在maincity中的城市ID，再选择想要查询的项目时，项目所在各表间通过城市ID值进行调用。

9.5.5.2 信息发布系统的实现

信息共享系统的最终结果是以网站的形式向公众发布信息，供公众查询。本系统使用了GeoBeans智能发布向导的矢量发布功能，建立了黄河流域主要城市水资源社会再生能力评价信息发布动态网页，各类用户可以通过互联网访问，进行各地区各行业资源环境信息的图文互查及专题制作。GeoBeans把图形操作包装成Applet，嵌入到HTML中，再通过JavaScript脚本语言来调用它的方法、属性、事件，实现与HTML的通信，客户端与服务器的远程交互。这一过程使用ASP（Active Server Pages）文件来实现，ASP程序在服务器端工作，当客户向服务器请求一个ASP文件时，服务器将把该文件进行编译，并把最终结果以HTML文件的形式发送给客户端，系统利用ASP通过ADO组件调用数据库，图形属性ID号和外挂数据库中的地区编码ID相同；从而实现了空间图形数据库和资源环境信息数据库的完全连接，并通过脚本语言的命令进行显示和操作管理。

客户端信息查询的主要功能如下。

(1) 地图基本操作

黄河流域主要城市水资源社会再生能力评价信息发布动态网页全部由ASP组成，为了表达清楚，页面分成了若干个帧（frame），各帧的内容如图9-16所示，用户进入信息查询系统主页后，可以通过对复选框的操作实现对各图层的显示控制，可以通过使用工具栏上的按钮来完成地图操作，可以对地图进行放大、缩小、移动、鹰眼图、显示更新等直接操作，各种操作的方法都是由Applet控件提供，在浏览器端完成，非常方便，系统反应迅速，界面友好。

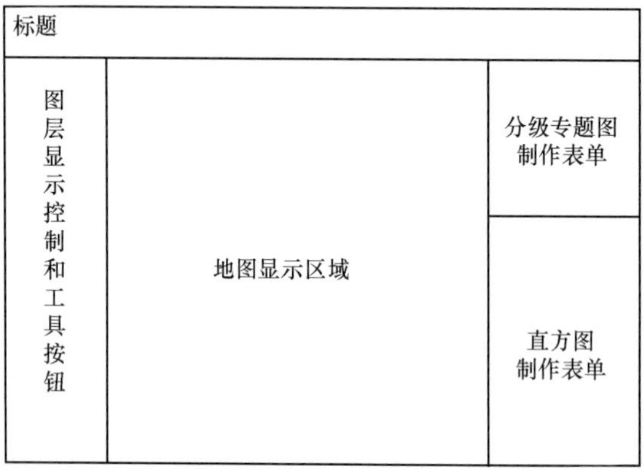

图9-16 页面结构图

（2）分层控制

系统发送到客户端的地图有流域地图 Polygon、省界、城市标注三层，用户可以通过对复选框的操作实现对各图层的显示控制，见图 9-17，左侧帧选择图层，上方的操作按钮执行各种图元操作功能，右侧为数据结果显示区域。

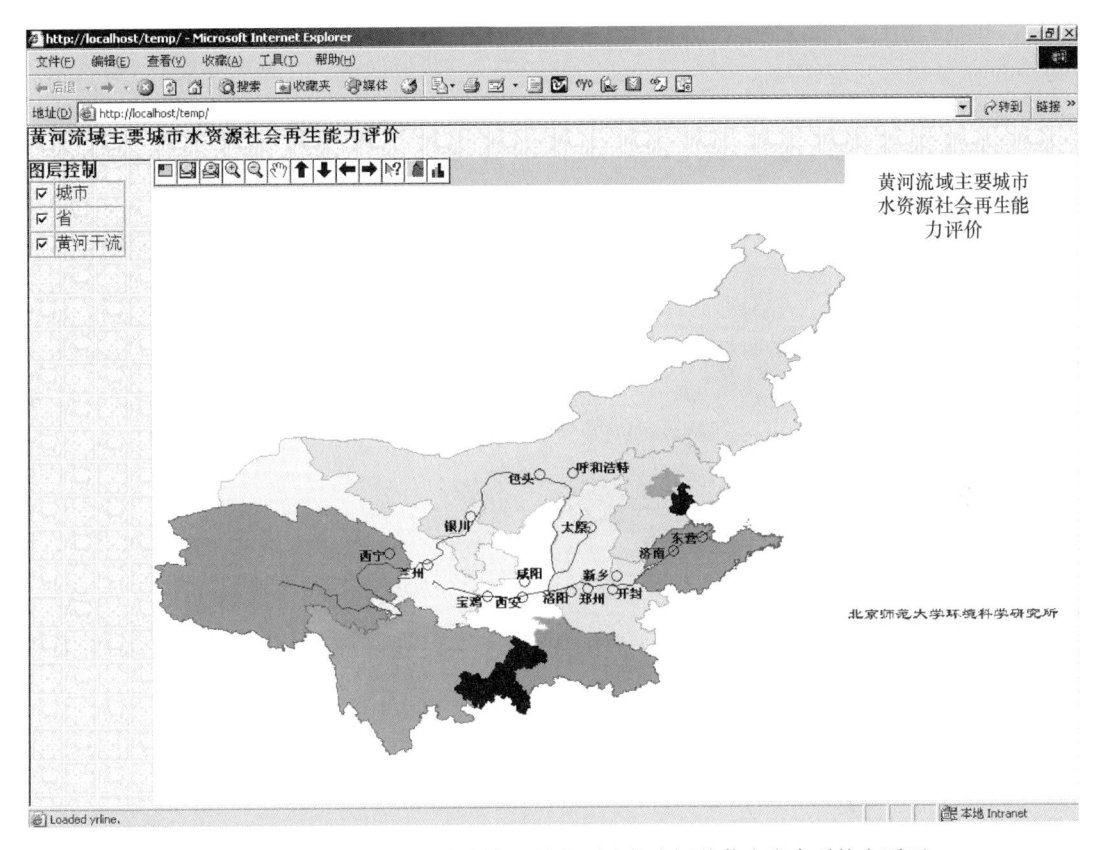

图 9-17　黄河流域主要城市水资源社会再生能力评价信息发布系统主页面

（3）图文交互查询

客户端的用户界面主要由 HTML 代码编写，用户可以通过左侧帧的单选按钮选择查询指标，进一步进行图文交互查询，见图 9-18，具体查询过程如下。

1）图元选取查询：外部用户在工具栏上选择"图元选取"工具—在地图上双击选取感兴趣地区—系统将该地区的 ID 值传递给相应的 ASP 程序—ASP 程序以 ID 为参数检索数据库，生成相应的数据记录集—ASP 程序在 Server 端将该记录集转化为 HTML 代码传回到客户端在浏览器上以列表的形式显示。

2）条件查询：外部用户在工具栏上选择"条件查询"工具—在右侧帧合成查询条件并提交—ASP 程序根据条件检索数据库生成相应的数据记录集—ASP 程序将得到的记录集转化成 HTML 代码在弹出窗口中以列表的形式传回到客户端显示，同时在地图上高亮显示满足条件的地区，若想知道该地区的详细信息，可以在列表中选择该地区进行查询。

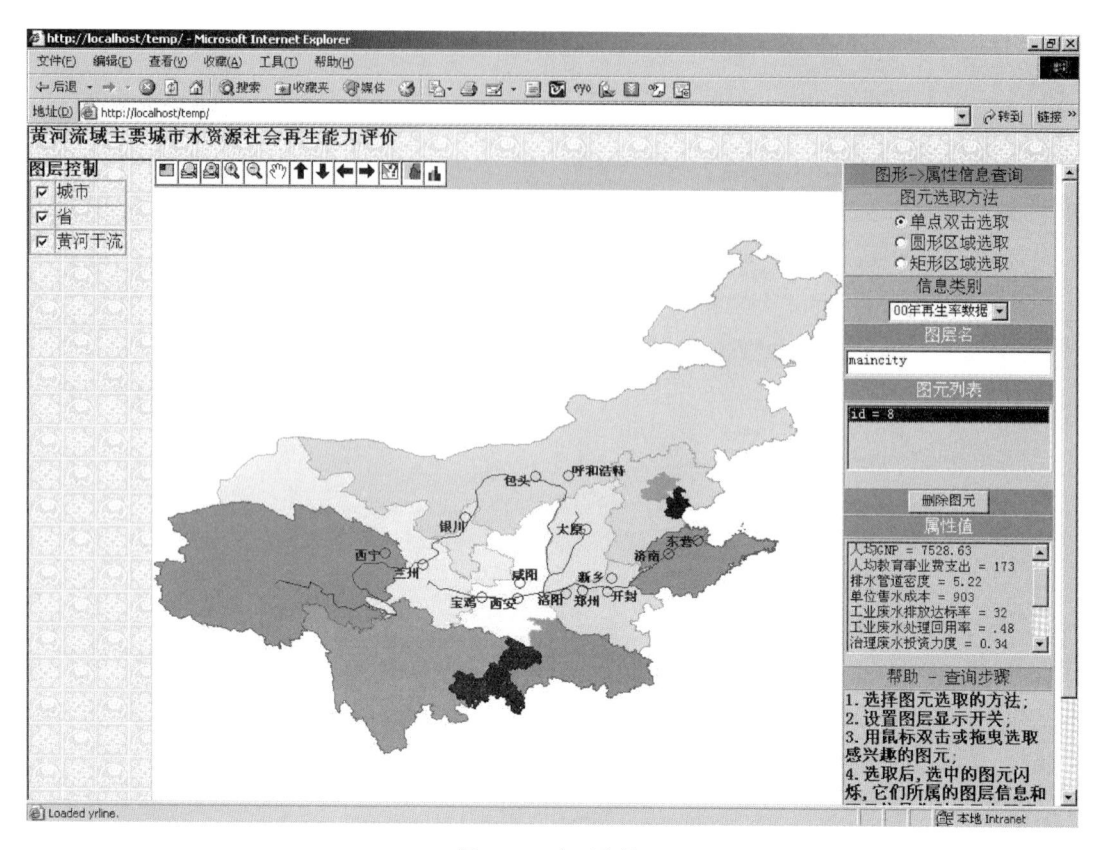

图 9-18 交互查询

在图 9-18 中，用户可以点击城市位置，再选择需要查看的项目，则可以显示评价结果。

(4) 专题图生成

本系统可以根据用户的需要，对某一指标生成反映某年城市差异的分级专题图和反映某城市年际变化的直方图，见图 9-19。具体过程如下：外部用户在左侧帧选择查询指标，在工具栏上选择"制作分级专题图"工具为>系统将选择的指标传递给相应的 ASP 程序，ASP 程序生成记录集，并在右侧帧中以下拉菜单的方式显示要制作专题图的各字段（年份）为>选择字段，填写分级个数，点击"完成"按钮，把参数传递给相应的 ASP 程序为>系统运行 JavaScript 脚本，调用 Applet 的方法，使用记录集中的数据生成反映地区差异的分级专题图；在工具栏上选择"直方图生成"工具，同样调用 Applet 的方法，使用记录集中的数据在地图上生成反映各城市年际变化的直方图。

黄河流域主要城市水资源社会再生能力评价信息共享系统实现了各城市各指标资源环境信息的分类，并建立了相应的信息数据库，以表的形式进行管理，并实时更新。系统充分发挥了 WebGIS 的功能，将空间数据和属性数据有机结合起来，将评价信息在 Internet 上的网络共享，实现了信息公开化的目的。

一个法治的国家应该加大公共信息的透明度，只有这样才会促进政治的廉洁，也只有

第 9 章 城市水资源社会再生能力评价——以黄河流域主要城市为例

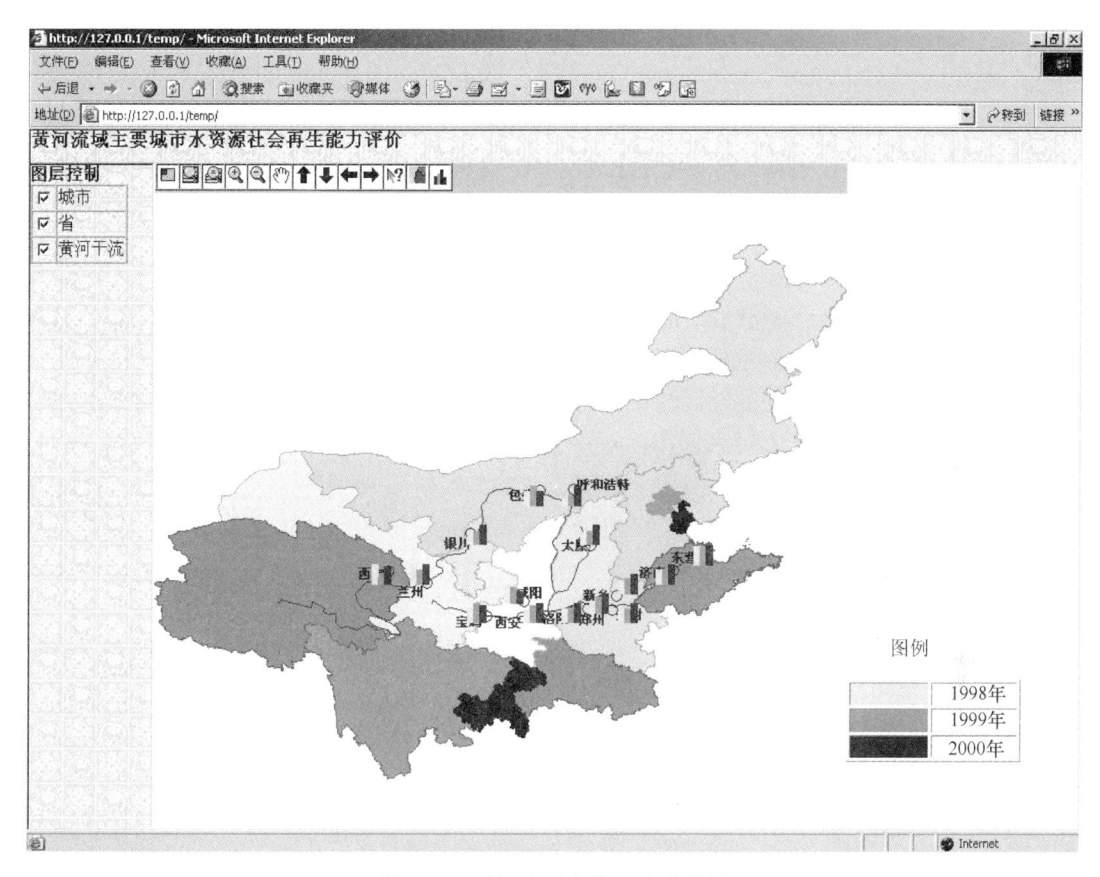

图 9-19 时间序列直方图生成截图

这样才能使每个人的权利得到可靠的保障。利用现代信息技术实现环境信息的公开，体现社会发展的进步。发达国家环境管理经历了行政手段、经济手段、公众参与三个发展时期，之后才慢慢意识到，水资源的保护与治理不应只是专业技术人员和管理者的事情，还要积极引导和促进公众的广泛参与。

因此，我们的项目采用现代信息技术，使公众及时准确地了解城市水资源社会再生能力的状况。一方面，通过信息手段，使公众及时了解情况、积极参与环境管理；另一方面，可以通过信息手段，推进环保教育，提高公众自觉保护水环境的意识，建立环保绿色的生活方式。而这又将会反过来促进水资源保护与再生工作的进一步开展。

信息发布系统的建立和不断完善使得公众参与成为可能，而且，一个开放的评价体系和直观的评价必将有利于社会公众了解当地城市水资源状况，为科研机构的工作提供数据支持，同时还为政府部门决策提供了科学依据。

第 10 章 基于城市水代谢的水环境承载力动态调控——以北京市通州区为例

随着人口增长和社会经济的发展，水质污染和水量缺乏的问题越加严重。特别是对于存在水环境危机的城市，由水质污染和水量缺乏导致的城市水资源与水环境承载力的下降，已成为制约城市社会经济发展的主要瓶颈。要解决水环境问题，迫切需要明确水环境的水资源供给能力和水环境对水污染的承受能力。因此，深入研究城市的水环境承载力，在可持续发展利用的框架内，从资源、环境、人口与经济发展之间的关系着手，研究水环境开发利用、自然生态保护、社会经济发展与人口承载量的关系，进而寻求进一步开发水环境的潜力、提高水环境承载力的有效途径与措施，对城市的可持续发展具有十分重要的现实意义。

本章主要研究的是基于城市水代谢的水环境承载力的动态调控。在学习了相关理论研究的基础上，提出从内部和外部双向调控水环境承载力的方案，并设计出新型城市水代谢以弥补传统水代谢的不足，其采用水的循环利用与再生利用过程真正实现"代谢"目的，以此提高了城市的水环境承载力。在传统和新型城市水代谢的情景分析结果的基础上，采用系统动力学方法，开展基于水代谢的城市水环境承载力动态仿真研究，并构建城市水代谢动态仿真模型。具体如下：首先，将水质水量综合表征方法及人口和经济规模表征方法相结合，建立一套科学合理的水环境承载力量化方法体系；其次，探讨传统城市水代谢和新型城市水代谢的特征及优劣，并提出提高水环境承载力需要以构建新型城市水代谢为基础，进行双向调控方案；再次，在系统动力学的支持下，按照其步骤，构建城市水代谢动态仿真模型，以模拟城市中水的代谢；最后，在水代谢模型下，将水质水量二维矢量模的综合表征方法和人口规模和经济规模的综合表征方法相结合，以前者为水环境承载力的量化提供约束条件，求解后者，以描述城市水环境承载力。

10.1 水环境承载力量化方法的相关研究进展及方法选择

10.1.1 水环境承载力量化方法的相关研究进展

水环境承载力量化方法主要有单因子表征方法、综合评价方法、综合表征方法三种。

10.1.1.1 单因子表征方法

水环境承载力的单因子表征方法是指应用一种因子表征水环境承载力，多选用"水环境的水资源供给能力"或"水环境对水污染的承受能力"作为表征因子，前者如可利用水资源量，后者如水环境容量、污染物允许排放量等。李清河等（2005）以水环境的水资源供给能力为切入点，研究乌兰布和沙漠东北部绿洲灌区承载力，对该地区可利用水资源量进行预测分析。张昌蓉等（2006）提出生态工业园水环境承载力应从水环境对水污染的承受能力入手，并建立污水允许排放量和水环境容量的研究模型，应用于陕西省锦界生态工业园水环境承载力研究中。与其他方法相比，单因子表征方法思路简洁、计算量小。

10.1.1.2 综合评价方法

水环境承载力的综合评价方法是选取多个评价因子，应用模糊综合评价法、主成分分析法等各种数学方法得出水环境承载力综合评价结果。

1）模糊综合评价法是将水环境承载力的评价视为一个模糊综合评价过程，在选取影响水环境承载力的评价因子的基础上确定评语集合和权重，通过综合评价矩阵对水环境承载力作出评价（张保成和孙林岩，2006）。姚玉鑫等（2007）将物元分析方法与模糊综合评价法相结合，建立了复合模糊物元矩阵，对水环境承载力进行综合评价与排序，预测分析了湖州水环境承载力变化趋势。然而，该方法本身存在取大取小的运算法则，使大量信息遗失；评价因子越多，遗失的有用信息就越多，误判的可能性就越大。

2）主成分分析法在一定程度上克服了模糊综合评价法的缺陷，它是在力保信息遗失最小的原则下，对高维因子进行降维处理，以少数综合因子取代原有的高维因子，对高维因子系统进行综合与简化。同时，主成分分析法以主成分因子对原因子的方差的解释能力作为权重，增强了因子权重的客观性。傅湘和纪昌明（1999）采用主成分分析法对汉中盆地平坝区承载力进行评价，运用少数综合因子对原有的七个因子所包含的信息进行综合与简化，研究其在水体开发利用过程中的贡献及效应。但是，主成分分析法的权重不固定，每一组新数据都需要专业软件重新求解权重，操作烦琐。

10.1.1.3 综合表征方法

水环境承载力的综合表征方法是指应用多个因子表征水环境承载力，常用的综合表征因子有两种：一是水质水量二维矢量模；二是人口规模和经济规模。

1）水质水量二维矢量模的表征方法是将水环境承载力视为二维空间的一个矢量，该矢量随着人类社会经济活动而变化，需要选取能够表征水环境属性的因子来确定其大小和方向，如表征其水量属性的"水环境的水资源供给能力"和表征其水质属性的"水环境对水污染的承受能力"。对表征因子进行归一化后求解矢量模，即为相应方案下的水环境承载力。通过比较不同方案下水质水量二维矢量模的大小，选取最优发展方案。目前学者们普遍认为可利用水资源量和水环境容量是水环境承载力的两项重要研究内容，对水体的可持续利用起到约束作用（王宏兴等，2005）。郭怀成等（1994）用矢量模法研究本溪市经济开发区水环境承载力，选取的评价因子包括可用水资源总量、BOD控制目标及多项单位产值，以此为基础，制定开发区水环境综合防治规划。

2）人口规模和经济规模的表征方法是通过选择恰当的建模方法，构造水环境承载力数学模型，预测不同发展方案下的决策因子，根据预测结果选择最优发展方案，用该方案下人口规模和经济规模来表征该地区水环境承载力。常用的建模方法有多目标模型最优化方法和系统动力学方法。

多目标模型最优化方法要事先确定需要达到的优化目标和约束条件，结合模型模拟，预测在不同水平年上的决策因子，解出多目标整体最优的发展方案（龙腾锐和姜文超，2003）。蒋晓辉等（2001）将多目标模型最优化方法应用于陕西关中地区，得到不同方案下关中地区的水环境承载力，并提出提高水环境承载力的策略。然而由于不同利益团体对多目标的认识不尽相同，很难建立不同利益部门间的损益，因此需要在权重叠代收敛时结合 Z-W 算法，更多地融入决策者的意见，以得出较合理的结果。

系统动力学方法是采用定性和定量相结合、整体思考与分析的方式，结合计算机技术，解决复杂系统问题。在系统动力学方法中，可以利用一阶微分方程组来反映系统各因子间的因果反馈关系，预测不同发展方案下的决策因子，根据预测结果选择最优发展方案。汪彦博等（2006）建立了石家庄市水环境承载力系统动力学模型，在分析比较各个水环境发展方案的基础上，得出经济和环境协调发展的综合方案。系统动力学方法需要确定大量参数，在模拟中短期发展情况时，参数较易确定，结果较为合理；但在模拟长期发展情况时，参数不好掌握，易导致不合理的结论。

10.1.2 确定量化方法

目前，水环境承载力的研究多是采用传统的综合评价方法，靠专家打分进行量化，这种方法并不科学。而综合表征方法相对科学，具体包括以下两种。

1）采用水质水量二维矢量模来表征，即在水系统结构特征与功能不发生质的变化的前提下，水系统承载人口与社会经济发展的能力，包括水环境供给水资源的能力和水环境消纳污染物的能力。

2）采用人口规模和经济规模来表征，即在水系统结构特征与功能不发生质的变化的前提下，水系统所能承载的适度的人口规模与经济规模阈值。

然而，上述两种综合表征方法都不够全面。水质水量综合表征方法表征的是水环境供给水资源的能力和消纳污染物的能力，而人口和经济规模表征方法表达的是水资源的利用强度和水污染的排放负荷。由于决定水环境对人类活动承载能力的是供给和需求两方面，无论采取哪一种综合表征方法，都是不全面的。应将两种综合表征方法相结合，在水环境供给水资源的能力和消纳污染物的能力的约束下，在一定的水资源的利用强度和水污染的排放负荷下，求解水环境所能承载的人口和经济规模阈值（或适度的人口与经济规模）。

这样就形成了水环境承载力的量化体系（图 10-1），分为以下步骤。

1）应用综合评价方法研究该地区水环境承载力现状，评价水环境与社会经济发展之间的协调程度。

2）采用水质水量二维矢量模的综合表征方法，求解该地区水环境供给水资源的能力

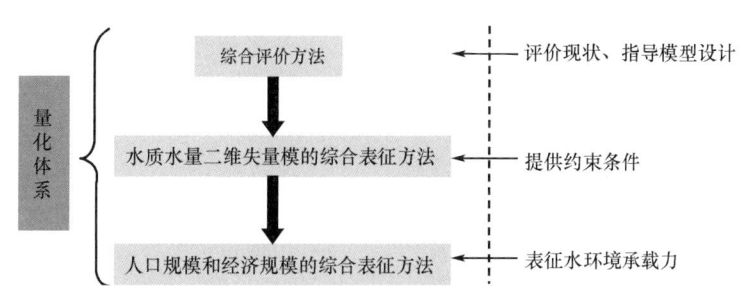

图 10-1 水环境承载力的量化体系

和消纳污染物的能力，本书用可利用新鲜水量、可利用二级再生水量、可利用深度再生水量，以及 COD 允许排放量表示，见式（10-1）~式（10-4）。

可利用新鲜水量：
$$W_1 = \alpha_S \times W_S + \alpha_G \times W_G + W_Y \tag{10-1}$$

式中，W_1 为可利用新鲜水量；W_S 和 W_G 分别为地表水资源量和地下水资源量；W_Y 为区外调水量；α_S 和 α_G 分别为地表水和地下水的开发率。

可利用二级再生水量：
$$W_2 = W_{2r} \times \beta \tag{10-2}$$

式中，W_2 为可利用二级再生水量；W_{2r} 为二级再生水处理能力；β 为出水率，一般取 0.8。

可利用深度再生水量：
$$W_3 = W_{3r} \times \beta \tag{10-3}$$

式中，W_3 为可利用深度再生水量；W_{3r} 为深度再生水处理能力；β 为出水率，一般取 0.8。

COD 允许排放量：

可用公式计算，在实际研究中，可通过国家或地方的总量控制指标直接获取 COD 允许排放量。

$$E = C_S \times e^{kx/u} \times (Q_R + Q_E) - Q_R C_R \tag{10-4}$$

式中，E 为 COD 允许排放量；C_S 为 COD 水质标准；k 为 COD 降解系数；x 为距污染源的距离；u 为流速；Q_R 和 C_R 分别为上游来水的流量和 COD 浓度；Q_E 为污水流量。

3）采用人口规模和经济规模的综合表征方法，在多目标模型最优化方法或系统动力学方法的支持下，构造数学模型，寻求最优发展方案，计算出该方案下水环境能承载的人口和经济规模，本书用可承载的人口、可承载的灌溉面积、可承载的牲畜头数、可承载的工业增加值表示，见式（10-5）~式（10-8）。

可承载的人口：
$$P_{i+1} = \frac{1}{\eta_{i+1}} \times P_{c(i+1)} = \frac{1}{\eta_{i+1}} \times [P_{ci} \times (1 + \varphi_{i+1})]$$

$$= \frac{1}{\eta_{i+1}} \{P_{ci} \times [1 + \min(\varphi_{(i+1)\,1}, \varphi_{(i+1)\,2}, \varphi_{(i+1)\,3}, \varphi_{(i+1)\,4})]\}$$

$$\varphi_{(i+1)\,1} = \frac{W_{(i+1)\,1} - W'_{(i+1)\,1}}{W'_{(i+1)\,1}}, \quad \varphi_{(i+1)\,2} = \frac{W_{(i+1)\,2} - W'_{(i+1)\,2}}{W'_{(i+1)\,2}}$$

$$\varphi_{(i+1)3} = \frac{W_{(i+1)3} - W'_{(i+1)3}}{W'_{(i+1)3}}, \quad \varphi_{(i+1)4} = \frac{E_{(i+1)} - E'_{(i+1)}}{E'_{(i+1)}} \qquad (10\text{-}5)$$

式中，P_{i+1}和P_i分别为第$i+1$年和第i年可承载的人口；η_{i+1}为第$i+1$年的城市化率；$P_{c(i+1)}$和P_{ci}分别为第i年可承载的城市人口；φ_{i+1}、$\varphi_{(i+1)1}$、$\varphi_{(i+1)2}$、$\varphi_{(i+1)3}$和$\varphi_{(i+1)4}$分别为第$i+1$年水质水量调整因子、新鲜水量调整因子、二级再生水量调整因子、深度再生水量调整因子和COD调整因子；$W_{(i+1)1}$、$W_{(i+1)2}$、$W_{(i+1)3}$和E_{i+1}分别为可利用新鲜水量、可利用二级再生水量、可利用深度再生水量和COD允许排放量；$W'_{(i+1)1}$、$W'_{(i+1)2}$、$W'_{(i+1)3}$和$E'_{(i+1)}$分别为新鲜水取水量、二级再生水取水量、深度再生水取水量和COD排放量。

可承载的灌溉面积：

$$S_{p(i+1)} = S_{pi} \times (1 + \varphi_{i+1}) = S_{pi} \times [1 + \min(\varphi_{(i+1)1}, \varphi_{(i+1)2}, \varphi_{(i+1)3}, \varphi_{(i+1)4})] \qquad (10\text{-}6)$$

式中，$S_{p(i+1)}$和S_{pi}分别为第$i+1$年和第i年可承载的灌溉面积，其他的符号同式（10-5）。

可承载的牲畜头数：

$$S_{s(i+1)} = S_{si} \times (1 + \varphi_{i+1}) = S_{si} \times [1 + \min(\varphi_{(i+1)1}, \varphi_{(i+1)2}, \varphi_{(i+1)3}, \varphi_{(i+1)4})] \qquad (10\text{-}7)$$

式中，$S_{s(i+1)}$和S_{si}分别为第$i+1$年和第i年可承载的牲畜头数，其他的符号同式（10-5）。

可承载的工业增加值：

$$M_{g(i+1)} = M_{gi} \times (1 + \varphi_{i+1}) = M_{gi} \times [1 + \min(\varphi_{(i+1)1}, \varphi_{(i+1)2}, \varphi_{(i+1)3}, \varphi_{(i+1)4})] \qquad (10\text{-}8)$$

式中，$M_{g(i+1)}$和M_{gi}分别为第$i+1$年和第i年可承载的工业增加值，其他的符号同式（10-5）。

在此过程中，综合评价方法的结果可以指导量化过程中发展方案的设计，水质水量二维矢量模的综合表征方法可以为水环境承载力的量化提供约束条件。

10.2 基于城市水代谢提高水环境承载力的方案设计

10.2.1 水环境承载力的双向调控

本书以城市为研究对象，研究城市水环境承载力。水环境承载力的调控要从城市的内部和外部进行双向调控（图10-2）。

1）在城市外部直接提高水环境承载力，包括提高水资源的供给能力和提高对水污染的承受能力。①提高水资源的供给能力，是指在上游大规模筑坝蓄水、区外调水、再生水利用等，以增加可利用的水资源量。②提高对水污染的承受能力，是指用二级再生水回补河道等，以恢复河道水体功能、提高河道的自净能力。

2）在城市内部间接提高水环境承载力，包括降低水资源的利用强度和减少水污染的排放负荷。①降低水资源的利用强度，是指采取工业节水、农业节水、生活节水、水的循

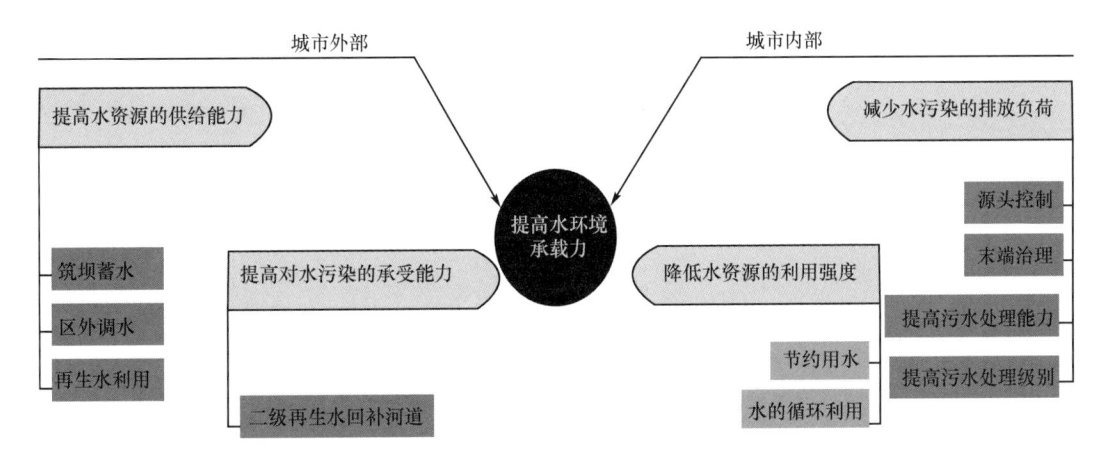

图 10-2 水环境承载力双向调控框架

环利用等多方面的节水措施，降低水资源的利用量。②减少水污染的排放负荷，是指通过源头控制污染、强化末端治理、提高污水处理能力和处理级别等手段控制污染排放量。

双向调控的措施，无论是提高水资源的供给能力和提高对水污染的承受能力，还是降低水资源的利用强度和减少水污染的排放负荷，都需要完备的城市水代谢的支持，促进水在城市内的代谢过程，达到提高水环境承载力的目的。

因此，迫切需要建设完备的城市水代谢，以提高水环境承载力，缓解水环境对城市经济发展和人民生活的压力。

10.2.2 传统城市水代谢下提高水环境承载力的对策

为提高水环境承载力，传统的城市水代谢采取的主要对策就是充分利用现有水代谢的构筑物和管网，筑坝蓄水、区外调水、节约用水、源头控制污染、清洁生产末端治理这五种方式（图 10-3）。从给水系统来说，要在上游大规模筑坝，雨季大量蓄水，旱季放流，即所谓"径流的时间平均化"，以提供更多的新鲜水源；同时要从区外调水，缓解当地水资源不足的局面。从用水系统来说，要节约用水，降低水资源的利用量，同时控制源头污染、加强末端治理，以减少污染物产生量。

事实上，无论是筑坝蓄水、区外调水，还是节约用水、控制源头污染、加强末端治理，都已经进入了发展的瓶颈期。从给水系统来说，一个时期内某地区可以供给的新鲜水量是有限的，不能无限开发，尤其是在经济规模已经很大，水利设施已经很先进的区域，很难满足该区域经济规模扩大化的需求。从用水系统来说，一个时期内某地区人民的生活水平是一定的，不能无限制地减少水资源的利用量；同时，工农业技术水平也是一定的，也不能无限制地改进工艺以减少污染物产生量。

可见，局限在传统的城市水代谢中，提高水环境承载力的措施并不能长期有效。我们需要一个新型的城市水代谢来改革给水系统、用水系统、水处理系统，为水环境承载力的提高寻求新的出路。

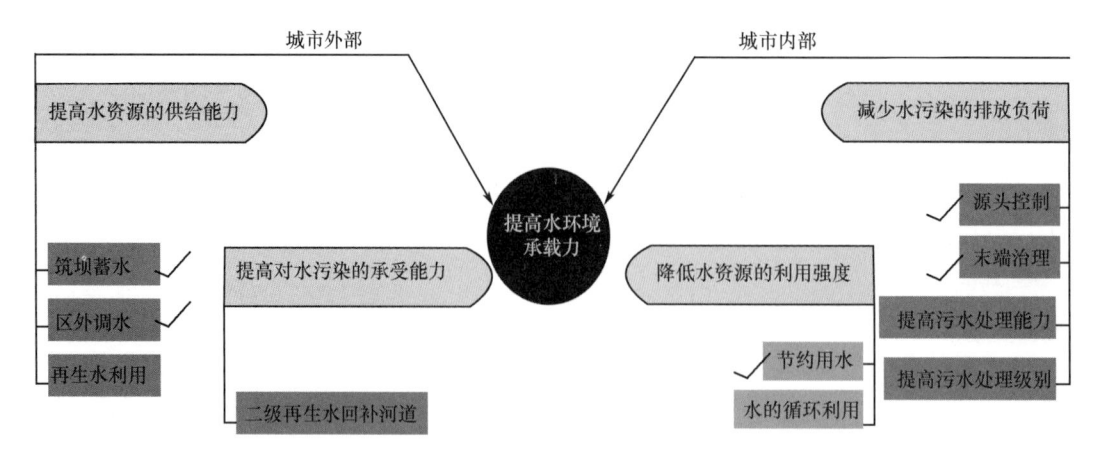

图 10-3　传统水代谢下能够采取的双向调控措施

10.2.3　新型城市水代谢下提高水环境承载力的方案设计

为提高水环境承载力，新型的城市水代谢可以构建更完备的构筑物和管网，采取更多的方法提高水环境承载力，包括再生水（二级再生水和深度再生水）的利用、二级再生水回补河道、水的循环利用、提高污水处理能力和处理级别等多种方式（图10-4）。这些措施归根结底是要提高水资源的可再生能力。

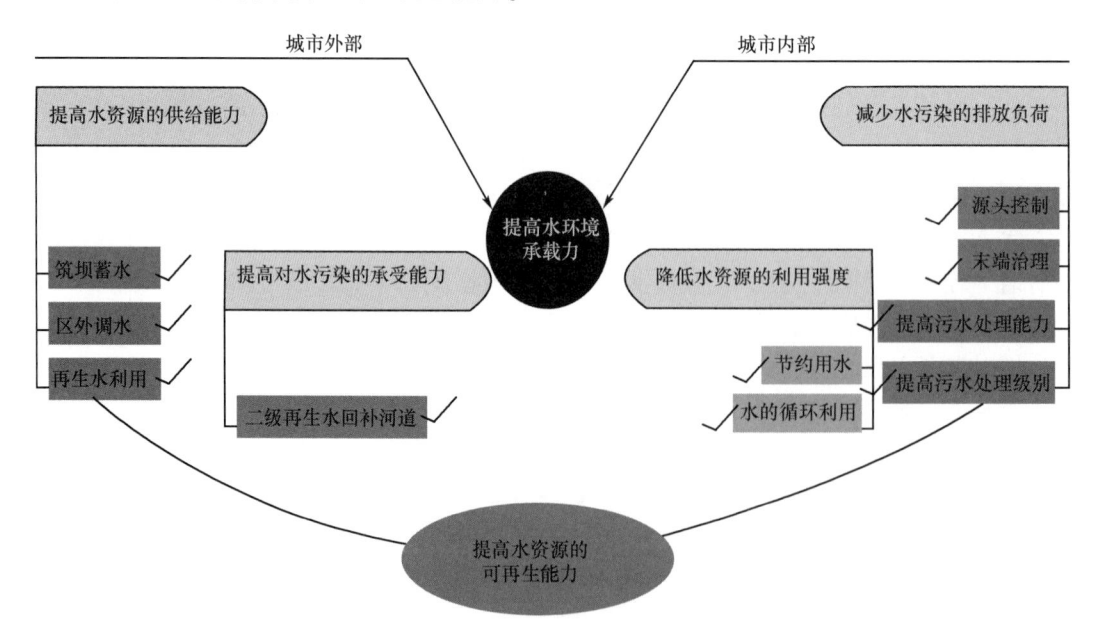

图 10-4　新型水代谢下能够采取的双向调控措施

提高水资源的可再生能力是未来提高水环境承载力的最有潜力的措施。在新型城市水代谢下，通过以上手段，可提高水资源的可再生能力，并实现提高水环境承载力的最终目的。

10.3　系统动力学建模

系统动力学建模有八个步骤（图10-5），确定问题、划定系统边界、确定反馈回路、建立模型、模型验证、灵敏度分析、模型校正与模型证实。

10.3.1　确定问题

确定问题就是要明确什么是待解决的问题。本书是要研究城市水环境承载力，包括给水系统、用水系统、水处理系统、水再生系统中水的代谢，以及居民生活方式、经济技术水平等诸多问题，从而涉及资源、环境、经济、社会，关系错综复杂。本书重点就是分析这些因素与城市水环境承载力之间的影响和反馈机制，模拟传统城市不可持续水代谢情景和新型城市可持续水代谢情景下的城市水环境承载力，从而探讨如何提高城市水环境承载力。

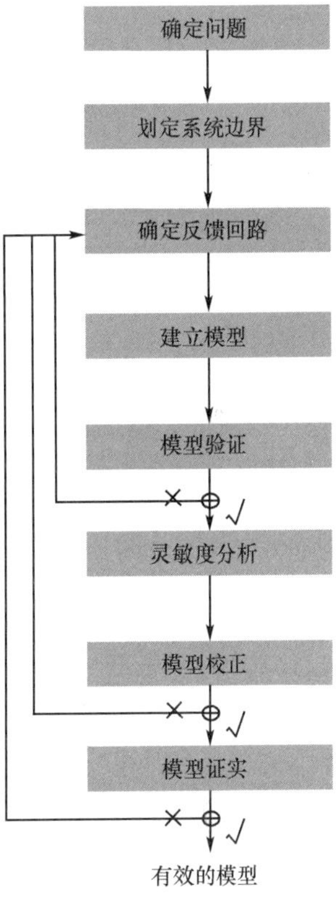

10.3.2　划定系统边界

划定系统边界就是确定所研究系统的边界，尽量把那些与研究目的关系紧密的因素都划入界线，并保证系统边界是封闭的。本书的研究对象是城市，具有相对完整的行政范围、资源环境、产业体系，以及相对稳定的人口结构，可将其视为一个系统。

图 10-5　模型建模步骤

10.3.3　确定反馈回路

建立模型之前应清晰地了解整个系统的逻辑、明确系统中各要素之间的关系，并寻找反馈回路、绘制反馈图。

10.3.4　构建城市水代谢模型

根据反馈回路，可以建立模型。其步骤如下：选取能够描述反馈回路的变量和参数，按照反馈回路绘制水代谢模型结构，确定变量和参数的代数关系以输入模型，确定参数取值。

10.3.5 模型验证

模型验证是对模型内部逻辑的检验，检验模型的运行是否符合建模者的要求，判断其是否与反馈回路表达的因果关系一致，是一个主观判断的过程。

10.3.6 灵敏度分析

灵敏度分析是要测量模型的一些参数对建模者所关心的变量的影响，它通过改变某些参数的大小来计算重要变量的反应。该步骤旨在筛选出最灵敏的一些参数。

10.3.7 模型校正

模型校正是校正选择的参数、尽量使计算值准确。校正的重点是那些灵敏度分析中筛选出的对象，应更精确地确定它们的取值。为更精确地确定它们的取值，可能要查阅更多的文献、做实验以求得参数，或使用现成的计算机软件进行校正。

10.3.8 模型证实

模型证实是客观的检测模型输出与变量拟合的程度，以判断模型的输出能否代表系统中的真实值。如果不能得到理想的证实，并不意味着模型是无用的。模型是多目的工具，如果建模者的目的是告知管理者所有未解决的问题，模型还是可以作为管理工具。

10.4 城市水代谢系统反馈回路分析

城市水环境承载力的表征参数有四个：可承载的人口、灌溉面积、牲畜数量、工业增加值。跟城市水环境承载力有关的反馈回路有三个，见图10-6。

第一个反馈回路（图10-7）描述如下：表征参数（可承载的人口、灌溉面积、牲畜数量、工业增加值）→$^+$水资源的利用强度和水污染的排放负荷→$^+$缺水程度和水质恶化程度→$^-$水环境承载力→$^+$表征参数（+为正反馈，-为负反馈）。这是指，人口、灌溉面积、牲畜数量、工业增加值的增加，会导致用水量增加、污染物排放量增加，这加剧了水环境的缺水程度和水质恶化程度，降低了水环境承载力，也减少了水环境所能承载的人口、灌溉面积、牲畜数量、工业增加值。

第一个反馈回路说明，如不采取任何措施，随着生活水平的提高和国民经济的发展，水环境承载力很可能会逐渐下降，相应地，其所能承载的人口、灌溉面积、牲畜数量、工业增加值也会下降，此时若依然一味地提高生活水平、发展国民经济，会造成资源环境的超负荷运行，并影响后代的生存环境。

图 10-6　三个反馈回路

图 10-7　反馈回路 1

因此，需要采取一定的措施，挽回第一个反馈回路不断恶化的困境。可以从第一个反馈回路中的"水资源的利用强度和水污染的排放负荷"及"缺水程度和水质恶化程度"这两方面分别入手，构成另外两个不断好转的反馈回路。

第二个反馈回路（图 10-8）描述如下：表征参数（可承载的人口、灌溉面积、牲畜数量、工业增加值）→⁺技术水平→⁺采取一定措施→⁻水资源的利用强度和水污染的排放负荷→⁺缺水程度和水质恶化程度→⁻水环境承载力→⁺表征参数。这是指，人口、灌溉面积、牲畜数量、工业增加值的增加，人们会增加研发投入、开展技术革新，采取一系列调控手段（节约用水、循环利用、末端治理、提高污水处理能力和级别），以减少用水量、减少污染物排放量，致使水环境的缺水程度和水质恶化程度有所缓解，提高了水环境承载

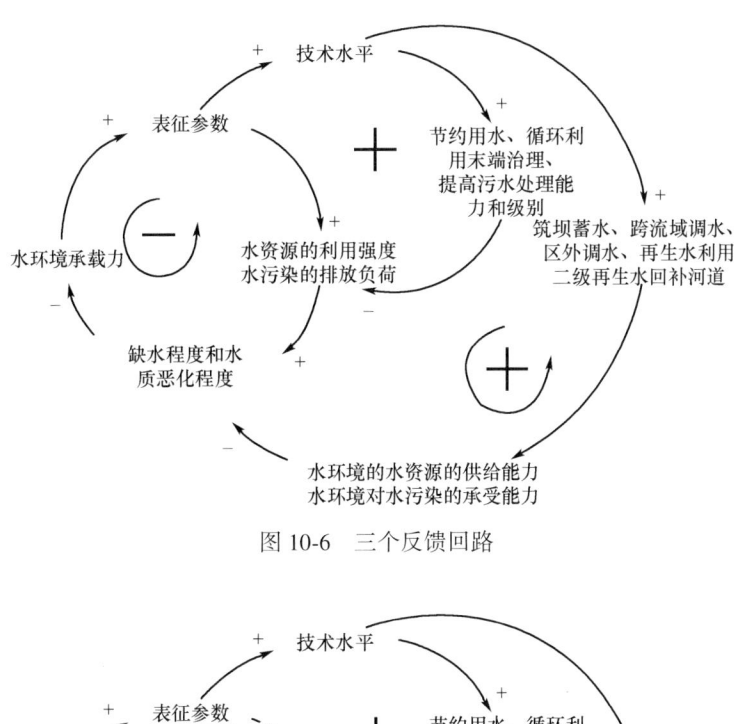

力，也提高了水环境所能承载的人口、灌溉面积、牲畜数量、工业增加值。

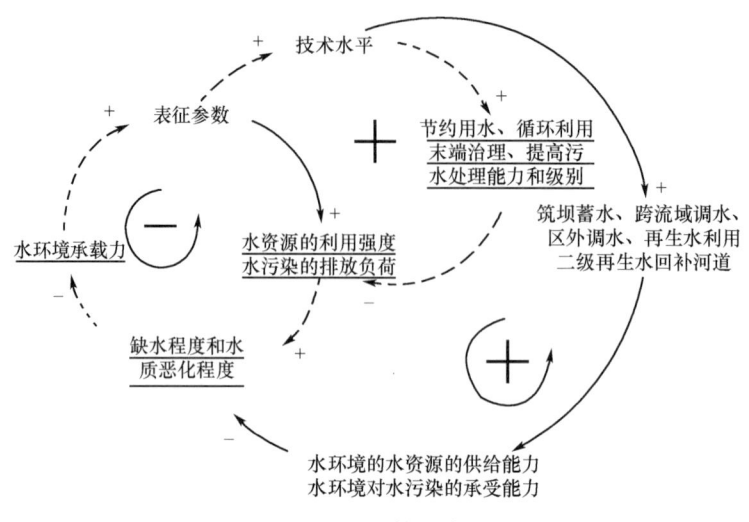

图 10-8 反馈回路 2

第三个反馈回路（图 10-9）描述如下：表征参数（可承载的人口、灌溉面积、牲畜数量、工业增加值）→⁺技术水平→⁺采取一定措施→⁺水环境的水资源供给能力和对水污染的承受能力→⁻缺水程度和水质恶化程度→⁻水环境承载力→⁺表征参数。这是指，人口、灌溉面积、牲畜数量、工业增加值的增加，人们会增加研发投入、开展技术革新，采取一系列调控手段（筑坝蓄水、跨流域调水、区外调水、再生水利用、二级再生水回补河道），以提高水环境的水资源供给能力和对水污染的承受能力，致使水环境的缺水程度和水质恶化程度有所缓解，提高了水环境承载力，也提高了水环境所能承载的人口、灌溉面积、牲畜数量、工业增加值。

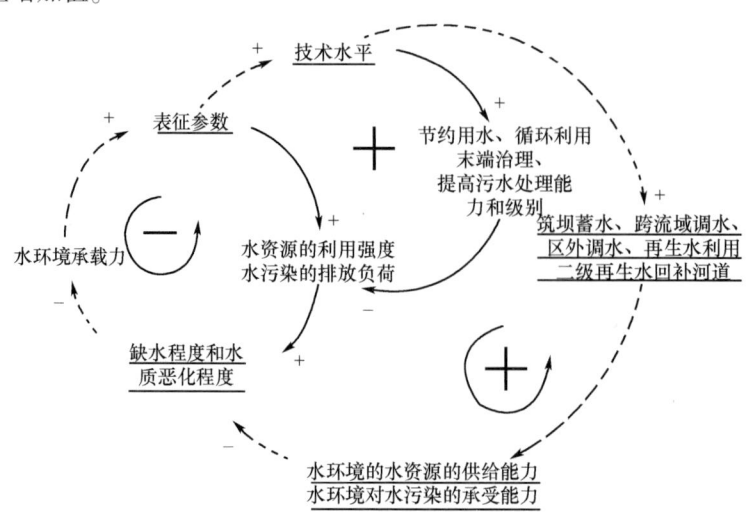

图 10-9 反馈回路 3

后两个反馈回路说明，系统可以通过积极地自我调控实现社会经济发展和水环境承载力的平衡，使系统趋于稳定。人类作为系统内部有意识、有创造能力的主体，通过提高供给、降低需求的双向调控措施，可提高水环境承载力，促进社会经济发展，实现社会发展和环境保护的双赢。同时，这些调控措施可以体现在基于水代谢的城市水环境承载力动态仿真模型的决策变量上，通过调节这些决策变量，可以模拟不同调控措施的效果，以此为依据进一步筛选最佳决策方案。

10.5　城市水代谢动态仿真模型

本书按照水代谢过程划分子模型，构建水代谢模型，具体包括给水系统子模型、用水系统子模型、水处理和水再生系统子模型。模型构建的步骤为：选取能够描述反馈回路的变量和参数，按照反馈回路建立城市水代谢模型结构，确定变量和参数之间的数学关系与参数取值，建立城市水代谢动态仿真模拟。

10.5.1　变量和参数的选择

本模型所涉及的各种变量和参数见附录1"模型变量和参数列表"。模型中的变量可分为如下几类：状态变量、速率变量、辅助变量，模型中的参数可分为随时间变化的数据和不随时间变化的常量，其在模型中的图标与辅助变量相同。

10.5.2　水代谢动态仿真模型结构设计

水代谢模型结构示意图如图10-10所示，具体模型结构见附录2"模型结构图"。给水系统提供新鲜水给生活、农业、工业、服务业、生态用水系统。经过水的耗用，水量消耗、水质下降，进入水处理系统进行处理。其中，一部分生活用水、一部分工业用水、一部分服务业用水进入污水处理设施进行处理，然后排放进入自然水体；一部分农业用水、一部分工业用水由自身的水处理设施（如养殖场污水处理设施、工厂污水处理设施）进行处理，然后排放进入自然水体；还有一部分生活用水、一部分服务业用水、所有的生态用水直接排放进入自然水体。污水处理设施会将部分排水输入水代谢（如城市污水处理厂的深度处理厂、小区中水设施、建筑中水设施），水代谢会生产出二级再生水给农业、生态用水系统，生产出深度再生水给生活、工业、服务业用水系统，还会用二级再生水回补河道、改善水质。

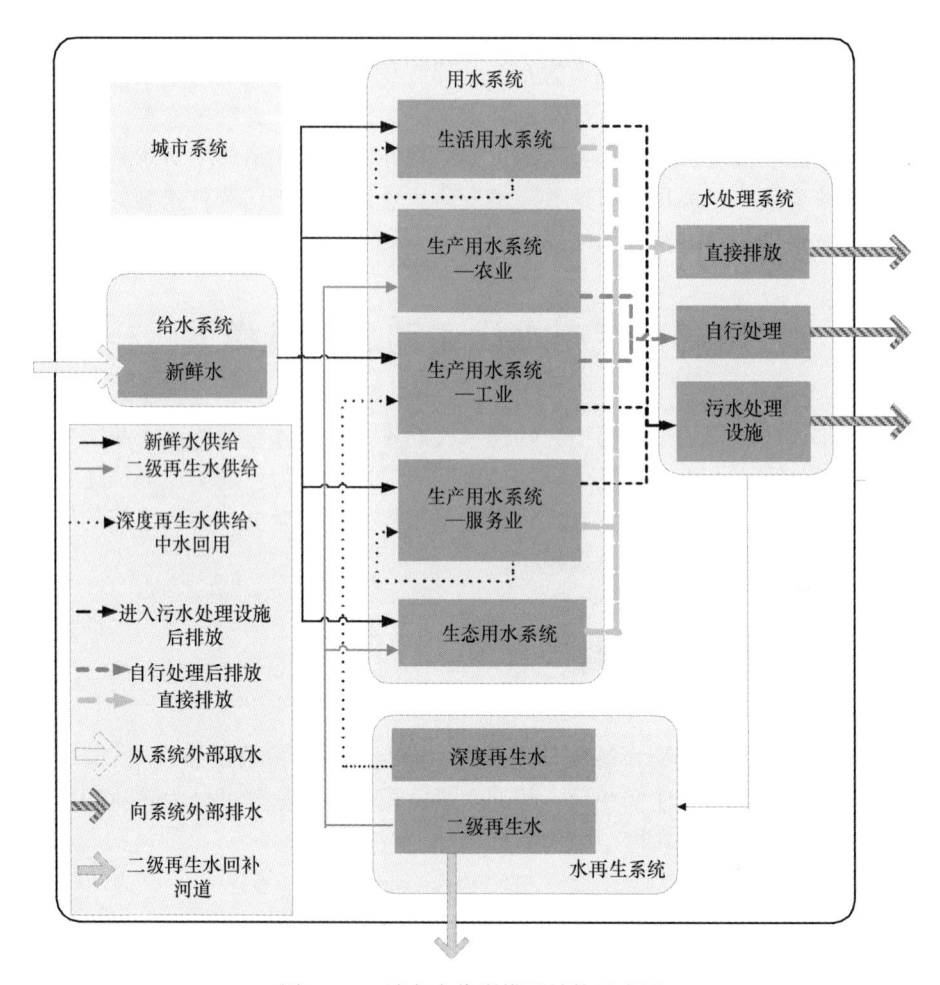

图 10-10　城市水代谢模型结构示意图

10.5.3　模型中方程式的建立

变量和参数公式见附录 3，对于生活、农业、工业、服务业、生态用水、水处理和水再生等各个部分的用水量、取水量、污水产生量、污染物产生量、污水排放量、污染物排放量都有描述。

10.5.4　模型参数选择

为确保模型的合理性与准确性，参数的取值应主要来源于研究区的参数，综合研究区的年鉴、环境保护目标管理考核结果、环境质量报告书、相关规划、人口普查、经济普查。如若参数实在难以搜全，则考虑提升一个行政级别来寻找参数，或类比全国的水平。

10.6 基于城市水代谢的水环境承载力动态调控模型

水代谢模型的构建是为了研究城市水环境承载力，如何在水代谢模型下设置约束条件以量化城市水环境承载力是本书的关键。如前文所述，本书要采用水质水量二维矢量模的综合表征方法，求解该地区水环境的水资源供给能力和对水污染的承受能力；进一步地，以此作为约束条件，采用人口规模和经济规模的综合表征方法，求解该地区水环境能够承载的人口规模和经济规模，寻求最优发展方案。

在模型中，水环境的水资源供给能力是用新鲜水量、二级再生水量、深度再生水量来表示，水环境对水污染的承受能力是用 COD 允许排放量来表示，人口规模是用可承载的人口来表示，经济规模是用灌溉面积、牲畜数量、工业增加值来表示，见图 10-11。

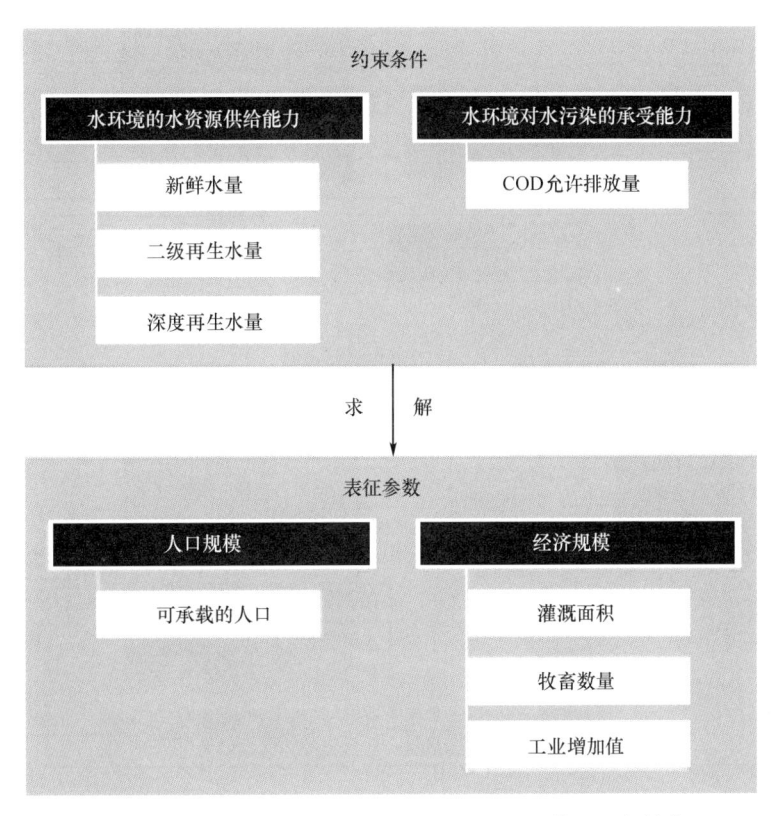

图 10-11 基于水代谢的城市水环境承载力的模型逻辑结构

图 10-12 所示，水环境承载力的表征参数的计算流程为，假设第 $i+1$ 年的表征参数，如灌溉面积，等于第 i 年的灌溉面积。将第 $i+1$ 年的灌溉面积代入水代谢，同时将给定情景下第 $i+1$ 年的水资源利用强度和水污染排放负荷也代入水代谢，即可计算出假设条件下该情景下第 $i+1$ 年农业灌溉所需的水资源利用量（包括新鲜水、深度再生水、二级再生水）及农业污染物排放量。将其与该情景下第 $i+1$ 年的水资源供给量和污染物允许排放量

进行比较，即进行需求和供给的对比，计算出如下四个调整因子。

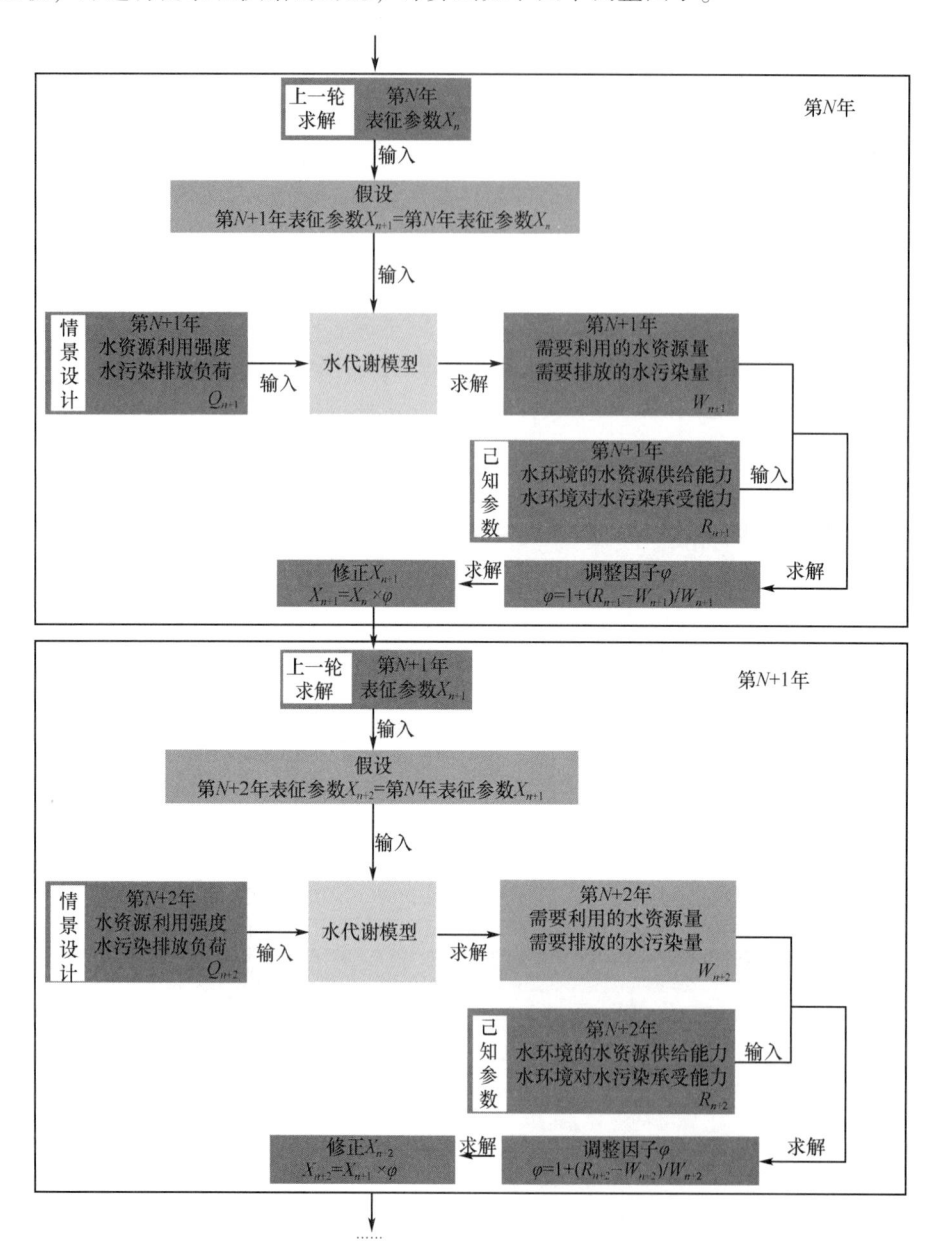

图 10-12　基于水代谢的城市水环境承载力的模型求解流程

新鲜水量调整因子=（优质水供给量-新鲜水取水量）/新鲜水取水量

深度再生水量调整因子=（深度再生水供给量-深度再生水利用量）/深度再生水利用量

二级再生水量调整因子=（二级再生水供给量-二级再生水利用量）/二级再生水利用量

COD 调整因子 =（COD 允许排放量-COD 排放量）/COD 排放量

由于要在水质水量的双重约束下求解水环境能够承载的人口和经济规模，需要在新鲜水、深度再生水、二级再生水、COD 中寻找对水环境约束最大、最能限制人口和经济规模的因子，体现出多因素条件下水环境承载力的短板效应。因此，选取四个调整因子的最小值作为约束水环境承载力的水质水量调整因子。

水质水量调整因子=min（新鲜水量调整因子，深度再生水量调整因子，二级再生水量调整因子，COD 调整因子）。

之前的计算是假设第 $i+1$ 年的灌溉面积等于第 i 年的灌溉面积而得的，此时就要利用水质水量调整因子对这个假设值进行修正：

第 $i+1$ 年的表征参数=第 i 年的表征参数×（1+水质水量调整因子）

经过水质水量因子调整后，此时模型返回的数值才为第 $i+1$ 年的表征参数。利用此值可进行下一年度的计算，即假设第 $i+2$ 年的表征参数等于第 $i+1$ 年的表征参数，进行下一轮的求解。

根据以上的计算可见，第 $i+1$ 年的水环境承载力取决于当年水环境的供给和需求两方面，如果第 $i+1$ 年的供给和需求跟第 i 年一致，则第 $i+1$ 年的水环境承载力也等于第 i 年的水环境承载力。如果其后所有年份的供给和需求继续保持不变，则水环境承载力也会稳定不变。

事实上，由于技术经济水平的提高，人们总会采取手段，提高水环境的水资源的供给能力和对水污染的承受能力、降低水资源的利用强度和减少水污染的排放负荷，以提高水环境承载力，推进生活水平和经济发展。

10.7 案例研究

10.7.1 研究区概况

通州区位于北京市东南部，京杭大运河北端，北纬 39°36′~40°02′，东经 116°32′~116°56′。东西宽 36.5km，南北长 48km，全区面积 907km²，北邻顺义区，西接朝阳区，西与大兴区相连，南同河北省廊坊市、天津市武清县接壤，东隔潮白河与河北省香河县、大厂回族自治县、三河市为邻。

10.7.1.1 人口和经济概况

(1) 人口

通州区 2000~2003 年人口见表 10-1，总人口和城镇人口呈逐年上升趋势，农村人口呈逐年下降趋势。2003 年通州区总人口为 61.04 万人，其中城镇人口 23.86 万人，农村人口 37.18 万人。

表 10-1　通州区 2000~2003 年人口　　　　　　　　　（单位：万人）

类型	2000 年	2001 年	2002 年	2003 年
总人口	59.74	60.47	60.71	61.04
城镇人口	19.08	20.25	22.01	23.86
农村人口	40.66	40.22	38.70	37.18

（2）经济

通州区 2000~2003 年经济规模见表 10-2，地区生产总值呈逐年上升趋势，第二产业和第三产业比重都得以提高，但第一产业的比重在逐年下降。2003 年通州区地区生产总值为 10.76 亿元，三产比例为 10.7∶48.7∶40.6。

表 10-2　通州区 2000~2003 年经济规模

项目	2000 年	2001 年	2002 年	2003 年
GDP/亿元	60.7	73.4	91.3	107.6
第一产业比重	17.1	14.7	12.4	10.7
第二产业比重	43.0	45.6	46.9	48.7
第三产业比重	39.9	39.6	40.7	40.6

10.7.1.2　水量和水质情况

（1）水量

根据 1980 年、1985 年、1990 年、1995 年、2000 年和 2003 年供水量调查资料，对通州区历年供水变化趋势和用水变化趋势进行分析。

自 1980 年以来，供水总量相对稳定，为 3.3 亿~3.9 亿 m^3。1980 年地表水与地下水供水量基本持平，以后地表水供水量呈下降趋势，占总供水量的比例由 1980 年的 50.3% 下降到 2000 年的 15.6%。进入 21 世纪，2003 年由于农作物播种面积大幅度减少，使总用水量也大幅减少，地表水供水进一步减少到 985 万 m^3，仅占总供水量的 3.5%，而地下水供水量的比重达到了 96.5%（表 10-3）。

表 10-3　通州区历年供水量　　　　　　　　　　　　（单位：万 m^3）

类型	1980 年	1985 年	1990 年	1995 年	2000 年	2003 年
地表水	19 500	7 167	5 435	7 318	5 472	985
地下水	19 303	26 119	31 462	28 259	29 698	27 619
总供水量	38 803	33 286	36 897	35 577	35 170	28 604

自 1980 年以来，用水总量相对稳定，为 3.3 亿~3.9 亿 m^3。总体上农业用水呈下降趋势，城镇生活和服务业用水、农村生活用水、工业用水呈上升趋势。其中城镇生活和服务业、工业用水上升较快，这主要与通州区生活水平的提高和社会经济的发展有关。与此同

时，农作物播种面积大幅减少，农业用水逐年下降。而农村生活用水所占比重上升较慢（表 10-4）。

表 10-4 通州区历年用水量 （单位：万 m³）

项目	1980 年	1985 年	1990 年	1995 年	2000 年	2003 年
城镇生活+服务业	406	678	998	1 656	2 310	3 348
农村生活	865	786	1 164	1 709	2 113	2 354
农业用水	35 532	29 222	31 831	28 790	27 423	19 222
工业用水	2 000	2 600	2 904	3 422	3 324	3 680
总供水量	38 803	33 286	36 897	35 577	35 170	28 604

（2）水质

通州区地处北京市下游，上游污水大量汇入，加之本地的生活污水和工业废水排放，区内河流污染严重，各河段均为劣 V 类水体，COD 容量为零。然而，通州区 COD 排放量呈逐年上升趋势（表 10-5），主要是生活污水造成的污染。随着通州区人口的大量增加及第三产业的飞速发展，生活污水排放量呈上升趋势，很多生活污水未经处理，直接排入河道。此外通州区化工、造纸、酿造及机械制造等行业的工业污染也很严重，给通州区的水质带来了更大的压力。

表 10-5 通州区历年 COD 排放量 （单位：t）

项目	2002 年	2003 年	2004 年	2005 年	2006 年
COD 排放量	4531	5220	9241	6735	6503

10.7.1.3 规划目标

人口：根据《北京市通州区新城规划》与《通州区水资源综合规划》，2010 年通州区总人口要达到 100 万人，2020 年达到 130 万人。

灌溉面积：根据《通州区水资源综合规划》，2010 年通州区灌溉面积要达到 65.5 万亩，2020 年达到 66 万亩。

牲畜头数：根据《通州区水资源综合规划》，2010 年通州区牲畜头数要达到 136.8 万头，2020 年达到 81.5 万头。

工业增加值：根据《通州区国民经济与社会发展"十一五"规划》、《北京市通州区"十一五"工业发展规划》、《通州区水资源综合规划》，2010 年通州区工业增加值达到 124 亿元，2020 年达到 385 亿元。

10.7.2 模型参数来源

模型选取 2003 年为基准年。为保证模型的合理性与准确性，模型取值主要来源于通州区统计数据和相关规划，在此基础上借鉴相关标准。其中，通州区统计数据主要为模型提供现状参数，通州区相关规划主要为模型的情景设计提供依据。

(1) 通州区统计数据

1) 2002~2007 年的《北京通州年鉴》；
2) 2002~2007 年的《北京市通州区环境保护目标管理考核结果》；
3) 2002~2007 年的《北京市通州区环境质量报告书》；
4) 《2004 年北京市经济普查年鉴（通州卷）》。

(2) 通州区相关规划

1) 《北京市通州区新城规划》（2005~2020 年）；
2) 《北京市通州区环境保护与生态建设规划》；
3) 《北京市通州区水资源综合规划》；
4) 《北京市通州区水资源保护及利用规划》；
5) 《北京市通州区再生水利用规划》；
6) 《北京市通州区防洪规划》；
7) 《北京市通州区给水规划》；
8) 《北京市通州区排水规划》；
9) 《北京市通州区雨洪利用规划》；
10) 《通州区"十一五"大气和水污染物总量削减目标责任书》；
11) 《北京市"十一五"郊区再生水综合利用规划》。

(3) 相关标准

1) 《城镇污水处理厂污染物排放标准》；
2) 《污水排入城市下水道水质标准》；
3) 《污水综合排放标准》；
4) 《城市综合用水量标准》；
5) 《城市居民生活用水量标准》。

10.7.3　通州区水环境承载力情景设计

10.7.3.1　基本约束条件设计

在传统水代谢情景下和新型水代谢情景下，基本约束条件是相同的，包括地下水所能供给的新鲜水资源量、COD 允许排放量及生态需水量，如下文所述。

(1) 地下水资源供给量

通州区地下水多年平均可开采量为 1.9566 亿 m³，但近十几年来由于过分依赖地下水及遭遇持续干旱年，地下水持续处于超采状态，地下水位持续下降。2003 年地下水开采量为 2.7619 亿 m³，根据《北京市通州区水资源综合规划》，逐步限制地下水开采，2010 年

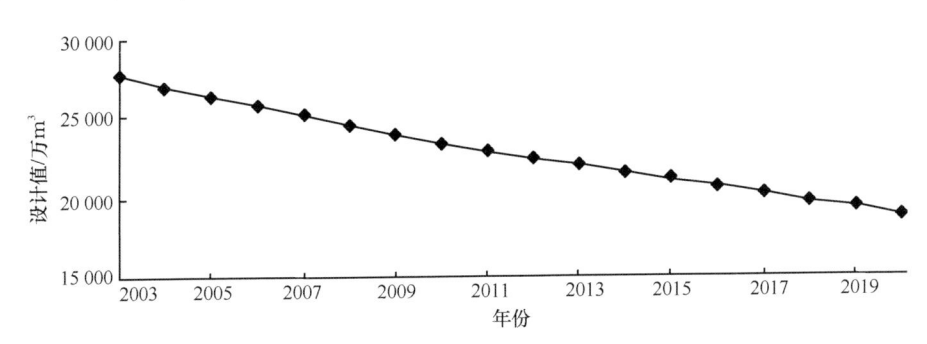

控制在 2.3350 亿 m³，2020 年以后控制在 1.8906 亿 m³，见图 10-13。

图 10-13　2003~2020 年地下水资源供给量设计值

（2）COD 允许排放量

随着通州区人口增加和经济发展，水体污染物排放量逐年增加。根据《通州区"十一五"大气和水污染物总量削减目标责任书》的要求，2007 年以后每年应将 COD 排放量控制在 5700t 以内，以有效控制 COD 排放强度，见图 10-14。

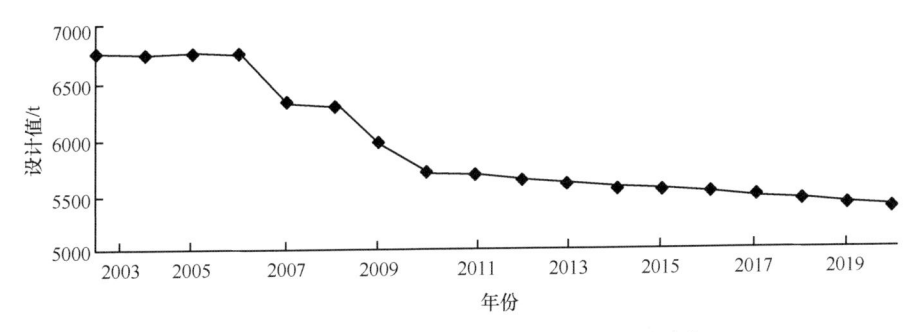

图 10-14　2003~2020 年 COD 允许排放量设计值

（3）河流生态需水量

根据《北京市通州区水资源综合规划》的研究成果，通州区河流生态需水量为 0.3815 亿 m³。

10.7.3.2　传统城市不可持续水代谢情景设计

传统城市不可持续水代谢情景即坡度情景，或称 BAU 情景，是指保持现有城市水代谢不变的情况下，随着生活水平的提高和社会经济的发展，水资源利用强度增加、水污染排放负荷增加，加剧水资源短缺和水质恶化的程度，降低了水环境承载力。

分析传统城市不可持续水代谢情景是为了明确通州区在目前的城市水代谢的基础上发展下去，其水环境所能承载的人口和经济规模，及其与规划目标之间的差距，以此为依据，分析为实现规划目标所需采取的措施。

传统城市水代谢下为提高水环境承载力，可采取筑坝蓄水、区外调水、节约用水、源头控制和清洁生产末端治理等措施（图 10-15）。

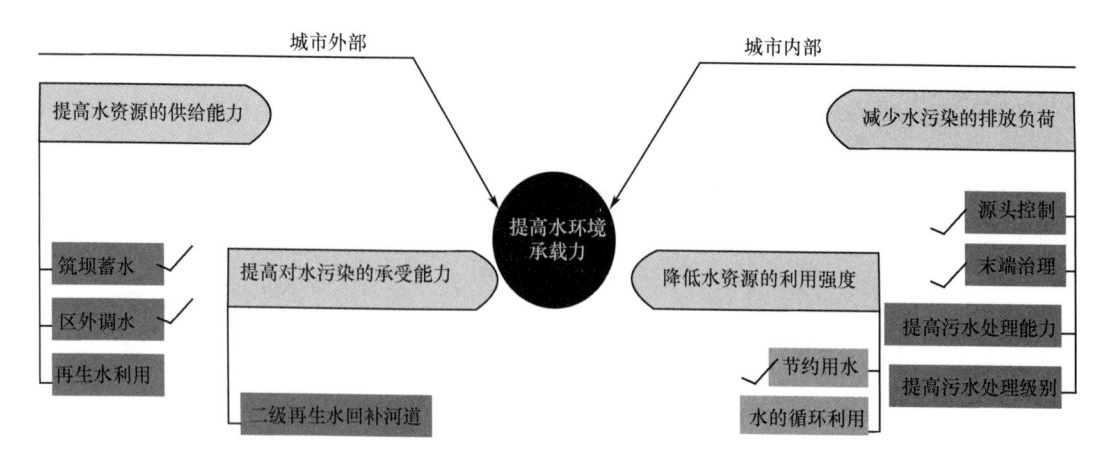

图 10-15 传统城市水代谢可采取的提高水环境承载力的措施

(1) 筑坝蓄水

通州区可蓄积地表水作为劣质水资源进行利用。通州区地表水水质问题严重，虽然水量丰沛，但已经失去作为清洁水源的水环境功能。进入 21 世纪通州区实际利用的地表水已经很少了，主要是作为劣质水源进行灌溉，2003 年仅为 985 万 m^3。为减少农业灌溉对优质水源的依赖，规划将完善和扩建河道蓄水工程，尽量蓄积水质相对较好的汛期雨洪水量，用于农业灌溉。根据《北京市通州区雨洪利用规划》，通过补水，使潮白河三座橡胶坝的调蓄能力恢复到每年 0.24 亿 m^3 的水平，按潮白河橡胶坝总调蓄能力的三分之一作为拦蓄雨洪的地表水可供给量，规划 2010 年以后通州区地表水资源供给量可达到 800 万 m^3，见图 10-16。

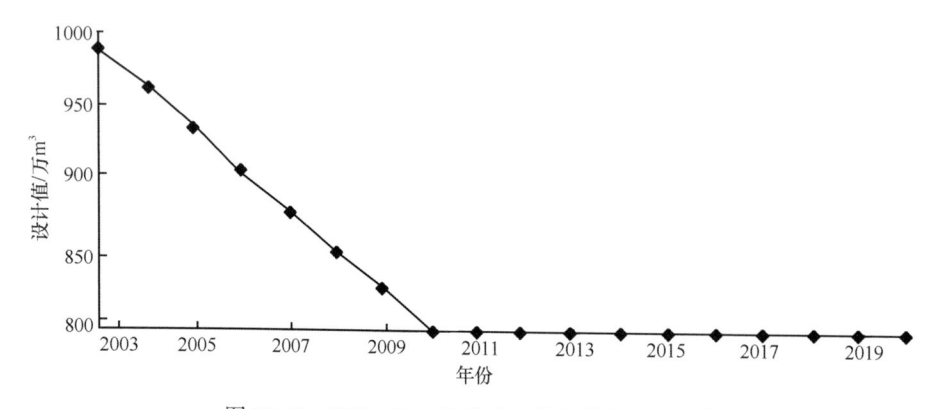

图 10-16 2003~2020 年地表水筑坝蓄水量设计值

(2) 区外调水

通州区可从北京市政管网调水，或开展南水北调工程，作为新鲜水资源进行利用。通州区近年来发展迅速，随着地下水持续超采，部分水源井出水量不断降低，为解决安全供水问题，规划从 2003 年起从北京市政自来水管网引水到通州城区，2010 年以后的年供给量维持在 3800t，见图 10-17。

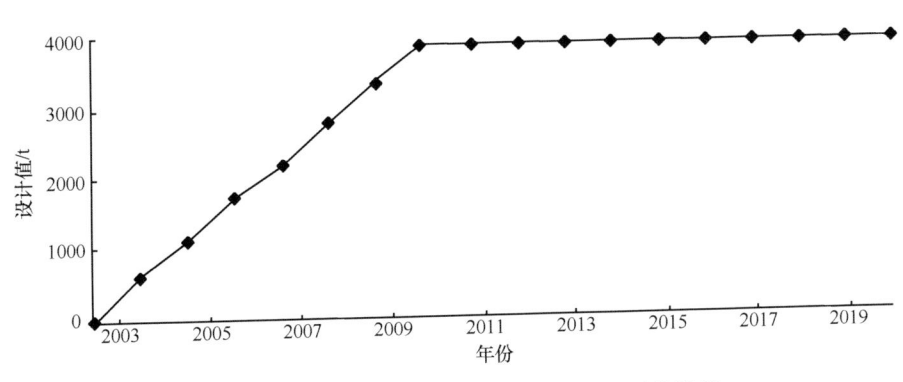

图 10-17　2003~2020 年北京市政管网调水量设计值

通州区 2010 年以后新城将逐步建成，但本区自来水供水能力无法满足新城发展需要。规划从 2016 年开始由南水北调工程向通州区供水，根据《北京市南水北调中线京石段应急供水工程可行性研究报告》，2020 年以前南水北调工程向通州提供的年供水量达到 7300t，见图 10-18。

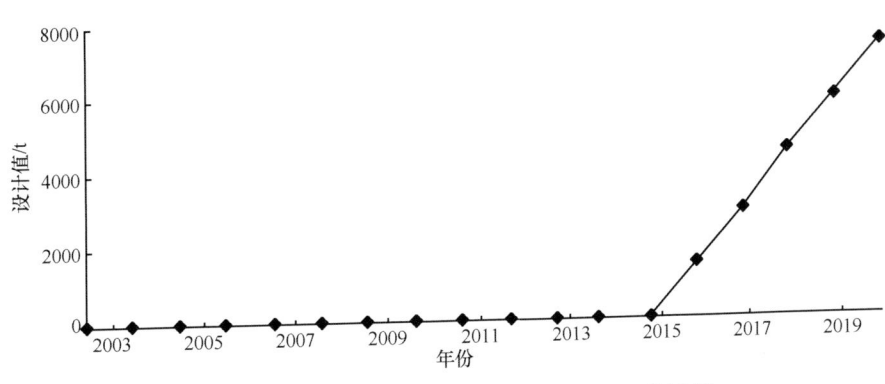

图 10-18　2003~2020 年南水北调工程调水量设计值

（3）节约用水、源头控制、末端治理

为提高水环境承载力，需要在一定限度内降低水资源利用强度和水污染排放负荷。

根据《北京市通州区环境保护目标管理考核结果》、《北京市通州区环境质量报告书》、《北京市通州区水资源综合规划》与《2004 年北京市经济普查年鉴（通州卷）》，以及《经济与环境：中国 2020》，确定 2003 年生活、生产、生态的水资源利用强度和水污染排放负荷现状值。

结合《北京市通州区环境保护与生态建设规划》、《北京市通州区再生水利用规划》、《北京市通州区新城规划》，确定按照传统城市不可持续水代谢情景发展下去 2010 年和 2020 年的水资源利用强度和水污染排放负荷。

传统城市不可持续水代谢情景下水资源利用强度和水污染排放负荷的主要参数见表 10-6、表 10-7。

表 10-6 传统城市不可持续水代谢情景下水资源利用强度设计值

项目	2003 年	2010 年	2020 年
城镇居民人均生活用水量/[L/(人·天)]	120	117	110
农村居民人均生活用水量/[L/(人·天)]	120	110	100
水田水浇地灌溉定额/(m³/亩)	290	290	290
菜田灌溉定额/(m³/亩)	570	570	570
林果业灌溉定额/(m³/亩)	179	179	179
大牲畜的用水定额/(m³/头)	14.6	14.6	14.6
猪的用水定额/(m³/头)	9.86	9.86	9.86
羊的用水定额/(m³/头)	2.92	2.92	2.92
家禽的用水定额/(m³/头)	1.46	1.46	1.46
大牲畜的规模化养殖比例	0.19	0.19	0.19
猪的规模化养殖比例	0.26	0.26	0.26
羊的规模化养殖比例	0.26	0.26	0.26
家禽的规模化养殖比例	0.86	0.86	0.86
食品业单位工业增加值用水系数/(m³/10⁴元)	40.64	29.89	14.54
纺织业单位工业增加值用水系数/(m³/10⁴元)	64.52	47.60	23.42
服装皮革业单位工业增加值用水系数/(m³/10⁴元)	16.22	11.78	5.43
木材家具业单位工业增加值用水系数/(m³/10⁴元)	19.58	14.30	6.75
造纸业单位工业增加值用水系数/(m³/10⁴元)	252.3	187.3	94.30
印刷文教业单位工业增加值用水系数/(m³/10⁴元)	21.89	16.02	7.64
化工业单位工业增加值用水系数/(m³/10⁴元)	99.27	74.08	38.10
橡胶业单位工业增加值用水系数/(m³/10⁴元)	594.3	443.3	227.6
塑料业单位工业增加值用水系数/(m³/10⁴元)	49.14	36.45	18.31
非金属业单位工业增加值用水系数/(m³/10⁴元)	24.10	17.80	8.80
有色冶金业单位工业增加值用水系数/(m³/10⁴元)	90.34	67.54	34.96
金属业单位工业增加值用水系数/(m³/10⁴元)	16.63	12.22	5.93
设备制造业单位工业增加值用水系数/(m³/10⁴元)	15.28	11.20	5.38
服务业人均生活用水量/[L/(人·天)]	100	100	100
公共绿地用水定额/(m³/m²)	0.80	0.68	0.50

表 10-7 传统城市不可持续水代谢情景下水污染排放负荷设计值

项目	2003 年	2010 年	2020 年
城镇生活 COD 产生系数/(kg/人)	149.7	162.4	182.5
农村生活 COD 产生系数/(kg/人)	80.3	87.4	98.6

续表

项目	2003 年	2010 年	2020 年
COD 源强系数/（kg/亩）	0.45	0.45	0.45
土壤类型修正系数	1	1	1
降雨量修正系数	1	1	1
化肥施用量修正系数	1.1	0.98	0.80
化肥施用结构修正系数	1.3	1.22	1.10
大牲畜的 COD 产生系数/（kg/头）	2470	2470	2470
猪的 COD 产生系数/（kg/头）	264	264	264
羊的 COD 产生系数/（kg/头）	40	40	40
家禽的 COD 产生系数/（kg/头）	11	11	11
牲畜养殖干法工艺比例	0.2	0.445	0.795
食品业 COD 产生系数/（kg/万元）	587.6	524.2	424.7
纺织业 COD 产生系数/（kg/万元）	437.8	388.8	311.9
服装皮革业 COD 产生系数/（kg/万元）	155.8	132.8	96.61
木材家具业 COD 产生系数/（kg/万元）	79.2	71.09	58.34
造纸业 COD 产生系数/（kg/万元）	6539	5630	4203
印刷文教业 COD 产生系数/（kg/万元）	17.8	14.67	9.75
化工业 COD 产生系数/（kg/万元）	461.8	403.7	312.3
橡胶业 COD 产生系数/（kg/万元）	26.1	22.56	16.99
塑料业 COD 产生系数/（kg/万元）	12.0	10.52	8.19
非金属业 COD 产生系数/（kg/万元）	22.0	20.35	17.76
有色冶金业 COD 产生系数/（kg/万元）	587.6	524.2	424.7
金属业 COD 产生系数/（kg/万元）	437.8	388.8	311.9
设备制造业 COD 产生系数/（kg/万元）	155.8	132.8	96.61
食品业 COD 进入河道的浓度标准/（kg/m^3）	1.50	1.50	1.50
纺织业 COD 进入河道的浓度标准/（kg/m^3）	1.50	1.50	1.50
服装皮革业 COD 进入河道的浓度标准/（kg/m^3）	1.80	1.80	1.80
木材家具业 COD 进入河道的浓度标准/（kg/m^3）	1.50	1.50	1.50
造纸业 COD 进入河道的浓度标准/（kg/m^3）	3.50	3.50	3.50
印刷文教业 COD 进入河道的浓度标准/（kg/m^3）	1.50	1.50	1.50
化工业 COD 进入河道的浓度标准/（kg/m^3）	3.00	3.00	3.00
橡胶业 COD 进入河道的浓度标准/（kg/m^3）	1.50	1.50	1.50
塑料业 COD 进入河道的浓度标准/（kg/m^3）	1.50	1.50	1.50
非金属业 COD 进入河道的浓度标准/（kg/m^3）	1.50	1.50	1.50
有色冶金业 COD 进入河道的浓度标准/（kg/m^3）	1.50	1.50	1.50

续表

项目	2003 年	2010 年	2020 年
金属业 COD 进入河道的浓度标准/（kg/m³）	1.50	1.50	1.50
设备制造业 COD 进入河道的浓度标准/（kg/m³）	1.50	1.50	1.50
服务业生活 COD 产生系数/（kg/人）	124.1	121.0	116.8

10.7.3.3 新型城市可持续水代谢情景设计

新型城市可持续水代谢情景是指人类通过建立新型城市水代谢，提高水资源的供给能力、提高对水污染的承受能力、降低水资源的利用强度、减少水污染的排放负荷，以达到提高水环境承载力的目的，促进社会经济发展，实现社会发展和环境保护的双赢。

新型城市水代谢下为提高水环境承载力，可在传统水代谢的措施基础上，采取再生水的利用、二级再生水回补河道、水的循环利用、提高污水处理能力和处理级别等多种措施（图 10-19）。

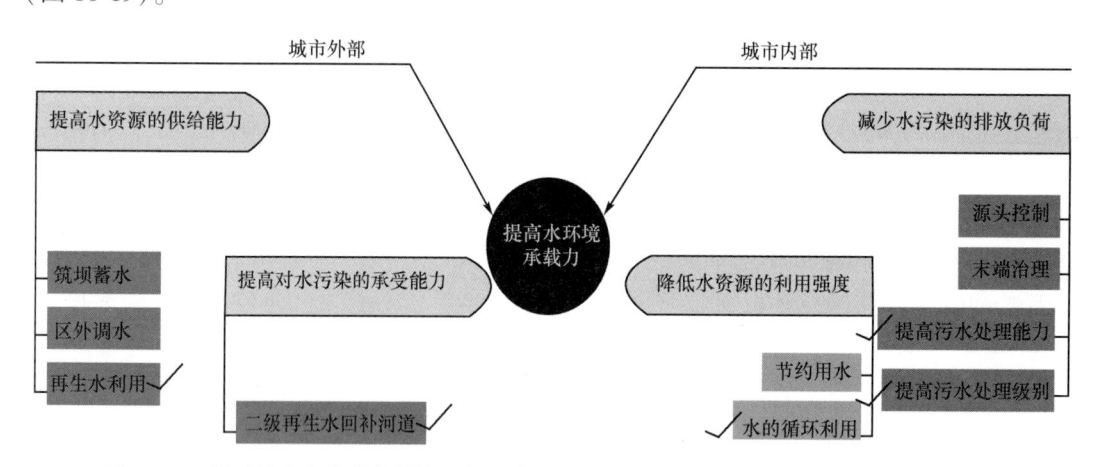

图 10-19 新型城市水代谢在传统城市水代谢的基础上可采取的提高水环境承载力的措施

（1）再生水利用及二级再生水回补河道

区内二级再生水供给量：规划 2020 年以前在通州碧水污水处理厂建设中水厂一座，在张家湾工业区建设张家湾中水处理厂一座，在永顺与河东各建设一座中水处理厂，配套管网设施建设，届时通州区每年可供给二级再生水 6000t。一部分二级再生水可用于农业污灌，另一部分可用于回补河道，见图 10-20。

区内深度再生水供给量：规划 2020 年以前在通州碧水污水处理厂建设中水厂一座，在张家湾工业区建设张家湾中水处理厂一座，在永顺与河东各建设一座中水处理厂，配套管网设施建设，届时通州区每年可供给深度再生水 2040t，见图 10-21。

区外二级再生水供给量：根据《北京市"十一五"郊区再生水综合利用规划》，北京城区高碑店污水处理厂的二级再生水可通过通惠北干渠进入通州区，每年可供给 12 000t。一部分二级再生水可用于农业污灌，另一部分可用于回补河道，见图 10-22。

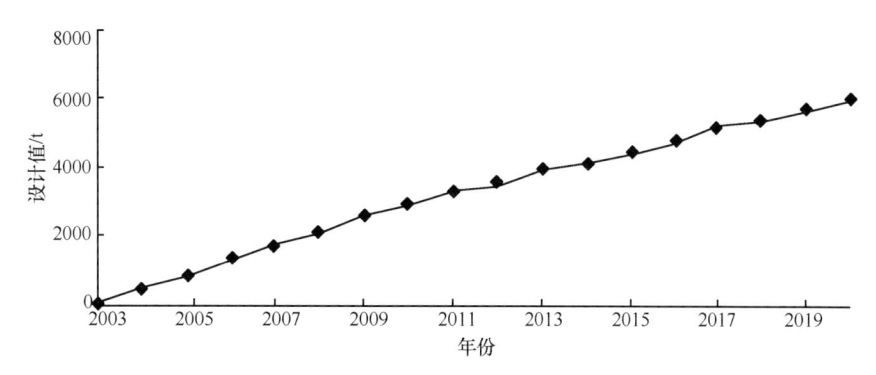

图 10-20　2003~2020 年区内二级再生水供给量设计值

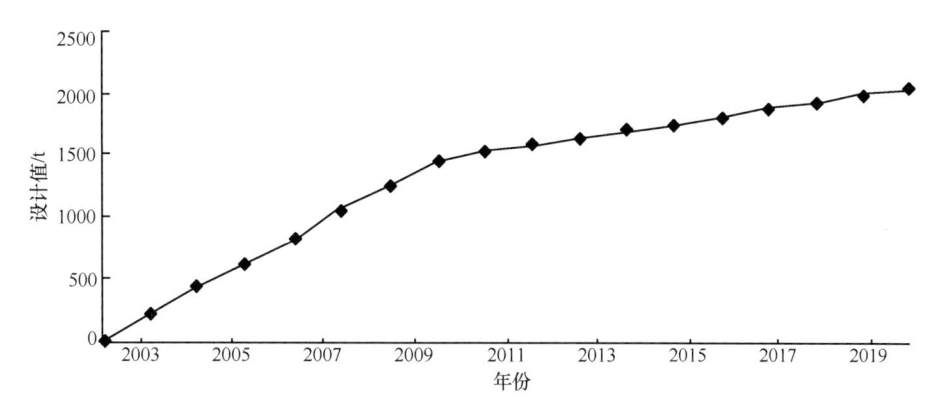

图 10-21　2003~2020 年区内深度再生水供给量设计值

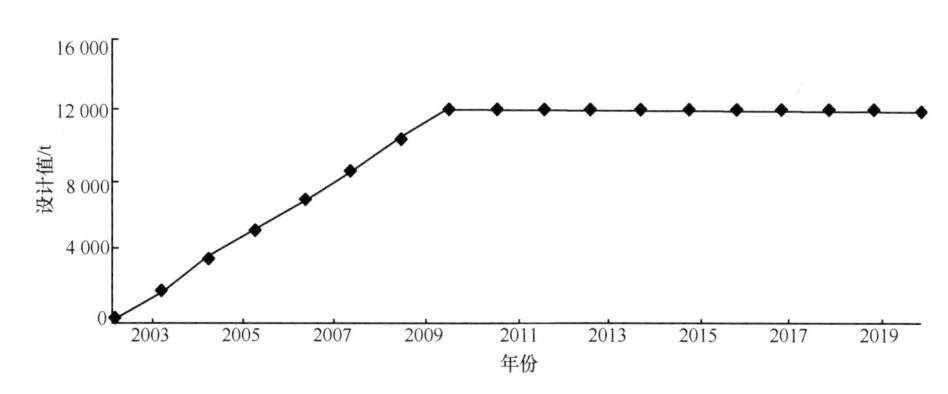

图 10-22　2003~2020 年区外二级再生水供给量设计值

生活用水优质水比例：生活污水是通州区的主要污染源之一，目前通州区居民小区中水回用设施的建设相对落后，沐浴排水、盥洗排水、洗衣排水等优质排水直接进入城市污水管网或排入河道，浪费了大量的水资源，同时对水环境造成了严重的影响。因此，未来应在小区内增加中水站，以中水作为冲厕等杂用水，缩减生活用水中的优质水比例，节约宝贵的鲜水资源。另一方面，通过小区中水站的处理，可以消减掉生活污水中的部分污染

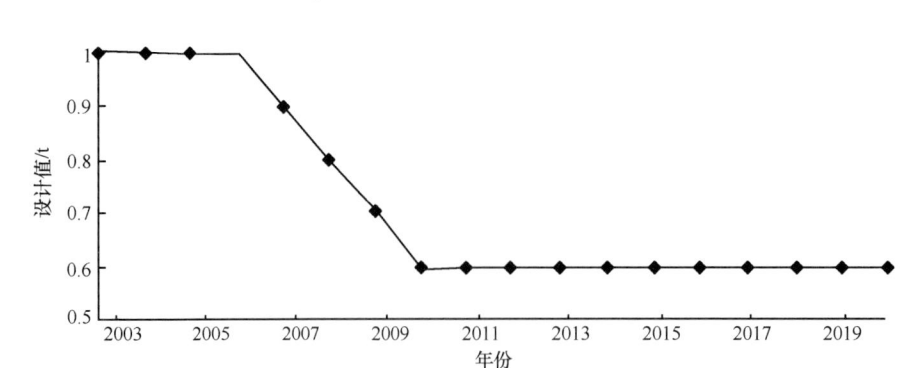

物，从源头上控制污染物的产生，见图 10-23。

图 10-23　2003~2020 年生活用水优质水比例设计值

农业二级再生水污灌率：通州区现有部分农田进行污灌，但污灌率不高，根据《北京市通州区再生水利用规划》，随着基础设施的建设和再生水量的提高，未来将扩大农业污灌面积、提高农业污灌率，见图 10-24。

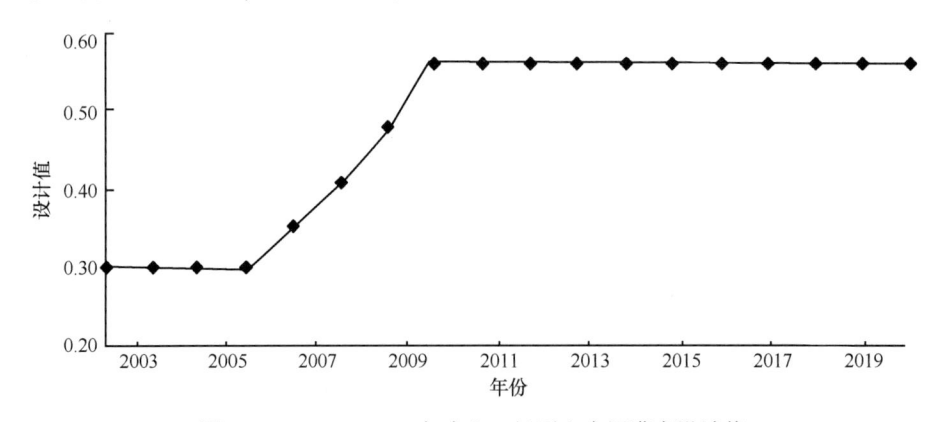

图 10-24　2003~2020 年农业二级再生水污灌率设计值

服务业深度再生水回用率、工业深度再生水利用率：现阶段通州区生活、工业、服务业未利用再生水，根据《北京市通州区再生水利用规划》，未来将推进再生水设施建设，促进生活、工业、服务业利用再生水，见表 10-8。

表 10-8　新型城市可持续水代谢情景下服务业深度再生水回用率、工业深度再生水利用率设计值

项目	2003 年	2010 年	2020 年
服务业深度再生水回用率	0	0.1	0.1
食品业再生水利用率	0	0.036	0.096
纺织业再生水利用率	0	0.036	0.096
服装皮革业再生水利用率	0	0.036	0.096
木材家具业再生水利用率	0	0.036	0.096

续表

项目	2003 年	2010 年	2020 年
造纸业再生水利用率	0	0.036	0.096
印刷文教业再生水利用率	0	0.036	0.096
化工业再生水利用率	0	0.282	0.752
橡胶业再生水利用率	0	0.036	0.096
塑料业再生水利用率	0	0.036	0.096
非金属业再生水利用率	0	0.282	0.752
有色冶金业再生水利用率	0	0.282	0.752
金属业再生水利用率	0	0.282	0.752
设备制造业再生水利用率	0	0.036	0.096

（2）水的循环利用

在新型城市可持续水代谢情景下，通过对水资源循环利用，达到提高水的利用效率的目的，该措施涉及的参数见表10-9。

表 10-9 新型城市可持续水代谢情景下水的循环利用相关设计值

项目	2003 年	2010 年	2020 年
食品业工业重复用水率	0.15	0.22	0.24
纺织业工业重复用水率	0.20	0.29	0.32
服装皮革业工业重复用水率	0.00	0.00	0.00
木材家具业工业重复用水率	0.01	0.01	0.01
造纸业工业重复用水率	0.70	0.99	0.99
印刷文教业工业重复用水率	0.00	0.00	0.00
化工业工业重复用水率	0.69	0.99	0.99
橡胶业工业重复用水率	0.74	0.99	0.99
塑料业工业重复用水率	0.35	0.52	0.56
非金属业工业重复用水率	0.01	0.01	0.01
有色冶金业工业重复用水率	0.85	0.99	0.99
金属业工业重复用水率	0.00	0.00	0.00
设备制造业工业重复用水率	0.17	0.26	0.28

（3）提高污水处理能力和处理级别

在新型城市可持续水代谢情景下，通过提高污水处理能力和处理级别，达到减少污染物排放量的目的，该措施涉及的参数见表10-10。

表 10-10 新型城市可持续水代谢情景下污水处理能力和处理级别相关设计值

项目	2003 年	2010 年	2020 年
城镇生活污水处理率	0	0.66	0.99
污水处理厂处理能力/万 t	0	2.48	5.88
污水处理厂排入河道的浓度标准/（kg/m^3）	1.00	1.00	0.60
大牲畜养殖的废水处理率	0.10	0.30	0.60
猪养殖的废水处理率	0.20	0.35	0.60
羊养殖的废水处理率	0.05	0.10	0.13
家禽养殖的废水处理率	0.35	0.45	0.70

10.7.4 情景模拟结果

10.7.4.1 传统城市不可持续水代谢情景

传统城市水代谢情景下，情景下通州区水环境所能承载的人口、灌溉面积、牲畜头数、工业增加值见表 10-11 和图 10-25。模拟结果表明，该情景下，采取筑坝蓄水、区外调水、节约用水、源头控制和清洁生产末端治理等措施，2020 年通州区所能承载的人口有 36.46 万人，灌溉面积 17.23 万亩，牲畜 37.61 万头，工业增加值 59.05 亿元。

表 10-11 传统城市不可持续水代谢情景下水环境承载力

年份	总人口/万人	农业灌溉面积/万亩	牲畜头数/万头	工业增加值/亿元
2003	32.64	30.15	94.50	27.79
2004	24.95	22.39	70.66	22.28
2005	24.27	21.15	66.22	22.68
2006	24.46	20.71	63.96	23.97
2007	24.92	20.44	62.10	25.56
2008	25.65	20.32	60.65	27.48
2009	26.17	19.99	58.56	29.23
2010	26.86	19.76	56.73	31.23
2011	27.81	19.68	55.32	33.61
2012	28.86	19.62	53.94	36.20
2013	29.94	19.52	52.43	38.91
2014	31.00	19.37	50.75	41.70
2015	32.03	19.16	48.91	44.55
2016	33.02	18.88	46.90	47.44
2017	33.95	18.55	44.73	50.33
2018	34.82	18.14	42.42	53.21
2019	35.62	17.68	39.98	56.06
2020	36.46	17.23	37.61	59.05

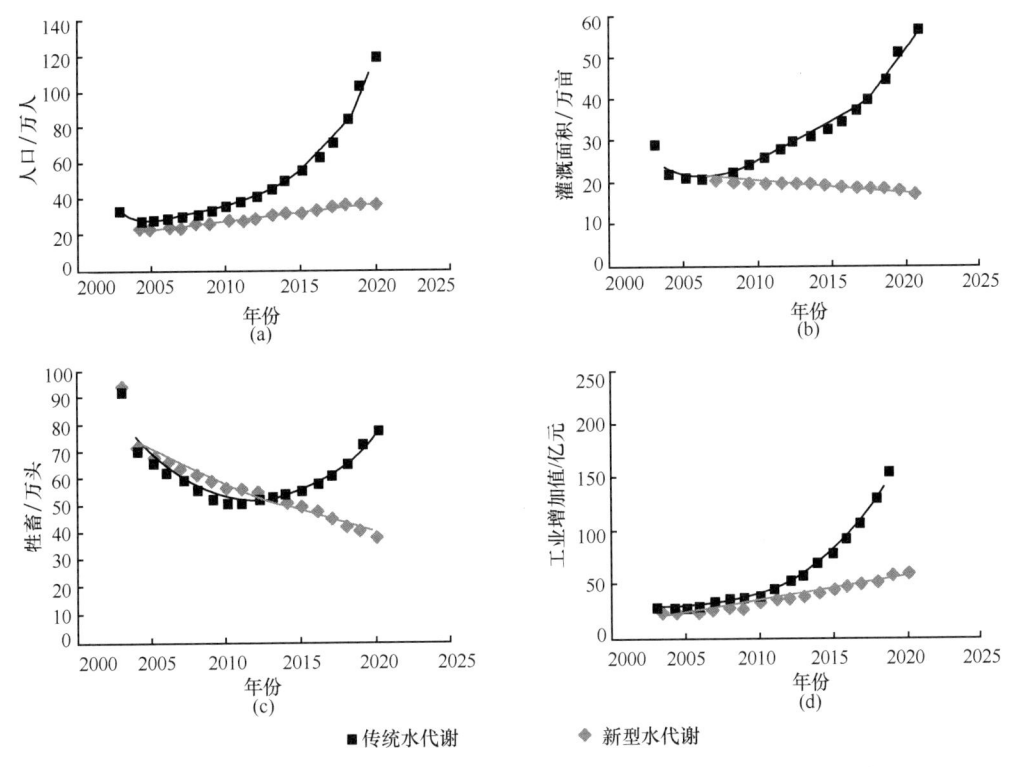

图 10-25 通州区水环境可承载人口、灌溉面积、牲畜头数、工业增加值

由此可见，传统城市不可持续水代谢情景下，虽然采取了诸多提高水环境承载力的措施，水环境所能承载的灌溉面积和牲畜头数依然下降、人口和工业增加值也是缓慢上升，具体原因如下。

1) 人口和工业增加值缓慢上升是因为水资源供给量缓慢增加、COD 允许排放量逐年下降。虽采取筑坝蓄水、区外调水等措施提高水环境所能供给的水资源量，但效果并不显著。这是因为筑坝蓄水蓄积的是水质相对较好的汛期雨洪水，由于近年来地表水的水质恶劣、水量不足，蓄积量是逐年下降的。同时地下水资源作为通州区最主要的水源，多年来都处于超采的状态，为保护水源地，要限制地下水的超采，地下水资源供给量也是逐年减少。这样，虽采用多种措施，水资源供给量并不能显著提高。与此同时，为响应国家减排的号召，COD 允许排放量也是逐年下降的。

此时，虽采取节约用水、源头控制和清洁生产末端治理等措施减少水量的消耗和污染物的排放，但人民的生活水平是一定的，不能无限制的减少水资源的利用量，工农业技术水平也是一定的，也不能无限制地改进工艺以减少污染物产生量。这些措施不能抵消水资源供给量不足、COD 允许排放量减少对水环境承载力的影响。因此，在水质水量双重约束下，人口和工业增加值缓慢上升。

2) 灌溉面积和牲畜头数并没有像人口和工业增加值那样维持缓慢上升的趋势，而是表现出下降的趋势，这是模型设置了农林业取水上限值和牲畜取水上限值。按照通州区发展趋势，要限制农业发展，扶持工业发展。根据《北京市通州区水资源综合规划》，对农林业取水比例上限、畜牧业取水比例上限进行如下设计：2010年农林业取水占通州区总用水量要限制在56.4%以内、畜牧业限制在2.0%以内；2020年农林业取水占通州区总用水量要限制在48.4%以内、畜牧业限制在1.3%以内。这两个参数将农业用水转移给生活和工业用水，致使人口和工业增加值有所上升，与此同时，灌溉面积、牲畜头数则会下降（表10-11）。

10.7.4.2 新型城市可持续水代谢情景

该情景下通州区水环境所能承载的人口、灌溉面积、牲畜头数、工业增加值见表10-12和图10-25。结果表明，该情景下，采取再生水的利用、二级再生水回补河道、水的循环利用、提高污水处理能力和处理级别等多种措施，2020年通州区所能承载的人口有119.26万人，灌溉面积56.30万亩，牲畜77.32万头，工业增加值19.314亿元。可见，新型城市可持续水代谢情景下，通州区水环境所能承载的人口和工业增加值显著上升，灌溉面积和牲畜头数虽在模拟初期有所下降，但在模拟后期也显著上升，具体原因如下。

表10-12 新型城市可持续水代谢情景下水环境承载力

年份	总人口/万人	农业灌溉面积/万亩	牲畜头数/万头	工业增加值/亿元
2003	32.81	29.44	92.27	27.93
2004	25.60	21.79	68.75	22.86
2005	25.61	20.69	64.78	23.92
2006	26.57	20.51	61.94	26.04
2007	28.18	21.00	58.72	28.90
2008	30.37	22.23	55.72	32.54
2009	32.54	23.95	51.97	36.35
2010	35.19	26.14	50.25	40.92
2011	38.25	28.06	50.77	46.22
2012	41.57	29.68	51.76	52.13
2013	45.36	31.20	52.86	58.96
2014	49.85	32.81	54.12	67.08
2015	55.35	34.67	55.69	77.00
2016	62.27	37.00	57.80	89.47
2017	71.29	40.07	60.79	105.69
2018	83.61	44.37	65.26	127.77
2019	101.23	50.66	72.09	159.31
2020	119.26	56.30	77.32	193.14

1）人口和工业增加值显著上升是多种措施共同努力的结果，其中既有传统城市水代谢下筑坝蓄水、区外调水、节约用水、源头控制和清洁生产末端治理等措施，又有新型城

市水代谢下再生水的利用、二级再生水回补河道、水的循环利用、提高污水处理能力和处理级别等多种措施。这些措施增加了可利用的水资源量、降低了水资源的利用强度、减少了污染物的排放负荷。因此水环境承载力提高，人口和工业增加值显著上升。

2）灌溉面积和牲畜头数呈现出先低后高的趋势，这是因为模拟初期农林业取水比例上限和牲畜取水比例上限两个参数将农业用水转移给生活和工业用水，致使灌溉面积和牲畜头数大幅下降。但是随着其他调控措施的加强，灌溉面积和牲畜头数在模拟后期显著提高。

10.7.4.3 与规划目标的比较

由于通州区水环境现状恶劣、基础设施薄弱、工程投入不够，现状的水环境承载力很低。新型城市可持续水代谢情景是对水环境逐年改善的过程。随着时间的积累，水环境承载力逐年提高，到2020年，人口、灌溉面积、牲畜头数都接近规划目标，只是工业增加值距离规划目标还有一定差距，见图10-26。

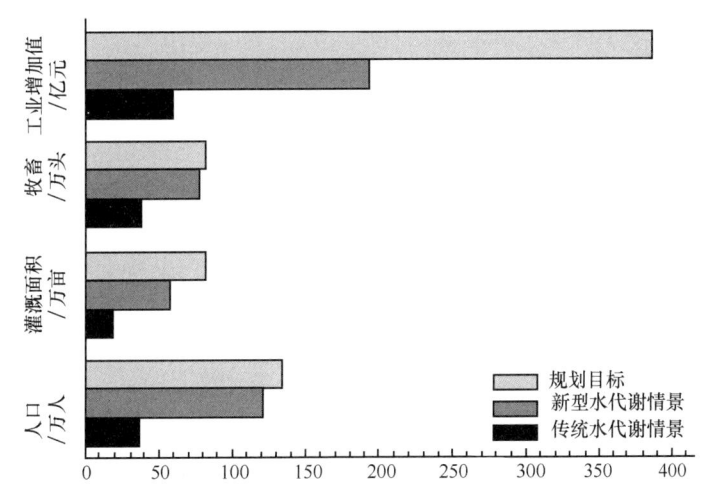

图10-26 通州区传统水代谢情景和新型水代谢情景下水环境可承载的人口、灌溉面积、牲畜头数、工业增加值与规划目标的比较

10.7.5 模型灵敏度分析

本书针对模型进行两种灵敏度分析：参数的变化对目标值产生的影响，以及基本约束条件的变化对目标值产生的影响。前者是改变表征水环境承载力调控措施的各种参数，分析水环境承载力的调控措施的变化对水环境承载力的影响。后者是改变水质约束和水量约束，分析国家或地方的水质水量政策的变化对水环境承载力的影响。

10.7.5.1 参数的变化对目标值产生的影响

在新型城市可持续水代谢情景下，将该情景与传统城市不可持续水代谢情景不同的参数进行灵敏度分析，分析提高水环境承载力的调控措施。

根据新型城市可持续水代谢情景下的调控措施，将进行灵敏度分析的参数分为三组，分别是与再生水利用相关的参数、与水的循环利用相关的参数，以及与污水处理能力和处理级别相关的参数，见表10-13。

表10-13 需要进行灵敏度分析的参数

再生水利用的相关参数	水的循环利用的相关参数	提高污水处理能力和处理级别的相关参数
区内二级再生水供给量	工业重复用水率	城镇生活污水处理率
区内深度再生水供给量	（13个行业）	污水处理厂处理能力
区外二级再生水供给量		污水处理厂排入河道的浓度标准
1-生活用水优质水比例		牲畜养殖的废水处理率（4类牲畜）
农业二级再生水污灌率		
服务业深度再生水回用率		
工业深度再生水利用率（13个行业）		

在新型城市可持续水代谢情景下，设置每一组参数的变化率为正负10%，即将其在现有值的90%~110%的范围内变化，预测人口、灌溉面积、牲畜头数、工业增加值的变化率。结果见表10-14~表10-16。

表10-14 再生水利用的相关参数的灵敏度分析结果

参数变化	人口 2020年预测值/万人	变化率/%	灌溉面积 2020年预测值/万亩	变化率/%	牲畜头数 2020年预测值/万头	变化率/%	工业增加值 2020年预测值/亿元	变化率/%
上浮10%	123.24		63.71		76.36		199.59	
取原值	119.26	6.47	56.30	23.41	77.32	-2.40	193.14	6.47
下降10%	115.52		50.53		78.21		187.09	

表10-15 水的循环利用的相关参数的灵敏度分析结果

参数变化	人口 2020年预测值/万人	变化率/%	灌溉面积 2020年预测值/万亩	变化率/%	牲畜头数 2020年预测值/万头	变化率/%	工业增加值 2020年预测值/亿元	变化率/%
上浮10%	119.30		56.19		77.17		193.21	
取原值	119.26	0.17	56.30	-0.89	77.32	-0.90	193.14	0.17
下降10%	119.10		56.69		77.86		192.89	

表 10-16 提高污水处理能力和处理级别的相关参数的灵敏度分析结果

参数变化	人口		灌溉面积		牲畜头数		工业增加值	
	2020年预测值/万人	变化率/%	2020年预测值/万亩	变化率/%	2020年预测值/万头	变化率/%	2020年预测值/亿元	变化率/%
上浮10%	125.97		59.42		81.58		204.01	
取原值	119.26	36.46	56.30	36.45	77.32	36.44	193.14	36.46
下降10%	82.49		38.89		53.40		133.60	

参数变化的灵敏度分析的结论如下。

1) 增加再生水资源量、提高再生水的利用率对人口、灌溉面积、工业增加值的提高有一定效果，尤其是能够显著提高灌溉面积，这是由于在通州区的总用水量中，农林业灌溉所需水资源的比例最大，此时若能够提高农业二级再生水污灌率（如上调10%），用水效率提高，灌溉面积就会从56.3万亩显著增加到63.71万亩，增幅超过10%。

但是，该措施会使牲畜的头数略微降低。这是由于模型中对牲畜用水量占通州区总用水量的比例进行了严格的限制（1%~3%），该措施能使通州区的总用水量下降，亦即使牲畜用水量减少，与此同时畜牧业并没有再生水利用方面的措施予以辅助，因此牲畜的头数会略微降低。虽然模型中也对农林业用水比例进行了限制，但由于农林业采取了提高农业二级再生水污灌率、充分利用再生水的措施，抵消了农林业用水量的减少对种植面积的发展的不利影响。

2) 增加工业重复用水率会提高用水效率，促使人口和工业增加值略微提高。但该措施会使灌溉面积和牲畜头数减少，这是因为模型中对农林业用水比例和牲畜用水比例进行了限制，增加工业重复用水率会使总用水量减少，致使可以供给农林业和牲畜的水资源量减少，灌溉面积和牲畜头数就会随之减少。

3) 提高污水处理率、污水处理能力、提高污水排放标准、牲畜养殖的废水处理率对水环境承载力的提高有显著效果，将相关参数上调10%，会使人口、灌溉面积、牲畜头数、工业增加值提高近20%。这是因为通州区水环境的弱势在于水质，这些措施都是减少水污染排放负荷、改善水质的有效措施。

综上，通过灵敏度分析可知，提高污水处理能力和处理级别对水环境承载力有促进作用，对人口、灌溉面积、牲畜头数、工业增加值都有显著效果。再生水的利用也对人口、灌溉面积、工业增加值有一定促进作用，但对畜牧业有一定抑制作用。水的循环利用对人口和工业增加值也有促进作用，但效果不显著。

10.7.5.2 基本约束条件的变化对目标值产生的影响

通州区的地下水超采严重，按照《北京市通州区水资源综合规划》，未来会严格限制地下水开采量。而COD允许排放量是国家下达的减排指标。两个基本约束条件都是国家或地方的政策所规定的，在此分析水质水量政策的变化对水环境承载力的影响。

在新型城市可持续水代谢情景下，设置地下水资源供给量和COD允许排放量的变化率为正负10%，即将其在现有值的90%~110%的范围内变化，预测人口、灌溉面积、牲畜头数、工业增加值的变化率。结果见表10-17、表10-18。

表10-17 地下水资源供给量的灵敏度分析结果

参数变化	人口 2020年预测值/万人	变化率/%	灌溉面积 2020年预测值/万亩	变化率/%	牲畜头数 2020年预测值/万头	变化率/%	工业增加值 2020年预测值/亿元	变化率/%
上浮10%	119.26		56.30		77.32		193.14	
取原值	119.26	0	56.30	0	77.32	0	193.14	0
下降10%	119.26		56.30		77.32		193.14	

表10-18 COD允许排放量的灵敏度分析结果

参数变化	人口 2020年预测值/万人	变化率/%	灌溉面积 2020年预测值/万亩	变化率/%	牲畜头数 2020年预测值/万头	变化率/%	工业增加值 2020年预测值/亿元	变化率/%
上浮10%	131.18		61.93		85.06		212.45	
取原值	119.26	20	56.30	20	77.32	20	193.14	20
下降10%	107.33		50.67		69.59		173.83	

基本约束条件变化的灵敏度分析的结论如下。

本模型是采用水质水量双重约束求解水环境承载力的，从表10-17和表10-18的结果中可见：地下水供给量的变化对模型的影响为零，而COD允许排放量的变化对模型则有着极其显著的影响（COD允许排放量上浮10%，人口、灌溉面积、牲畜头数、工业增加值都上升10%）。这表明虽然采用水质水量共同约束水环境承载力，但真正能够制约通州区水环境承载力的是水质约束，即COD允许排放量。事实上，通州区地处北京市下游，上游污水大量汇入，加之本地的生活污水和工业废水排放，区内河流污染严重，各河段均为劣V类水体，COD容量为零，灵敏度分析的结果符合通州区的水环境现状。

因此，在加强各种提高水环境承载力调控措施的基础上，还应开展水生态修复、河道整治等工作，改善水质，降低水环境质量对水环境承载力的制约。

第 11 章　结论与建议

11.1　结　　论

本书在第一版内容研究的基础上,增加了对水代谢理论的详细论述和水代谢系统研究方法的建立及实际案例的研究。对探索出缓解水危机、恢复水生态,实现流域/区域水资源与水环境持续健康发展提供了有效途径。主要结论如下。

1) 对昆明市水代谢系统有显著影响的驱动因素包括:城市化进程、社会经济发展、产业结构和技术发展水平。其中,技术发展水平是提高昆明市水代谢系统的代谢强度、促进水代谢系统健康运行的重要驱动因素,而余下的因素是造成昆明市水代谢系统代谢能力降低,从而发生紊乱的驱动因素。

2) 对昆明市水代谢系统的整体代谢效果进行研究,从所得的结论可以看出:在基准年里,昆明市的整体水量补充尚可满足自身的需求,但是水质的补充效果较差。同时对昆明市内部的小流域进行分析后得出:滇池流域水量和水质的补充都远远达不到实际需要,是拉低基准年昆明市水质补充值的关键所在。从各年的分析结果可以看出,水质补充情况指标要比水量补充情况指标小,说明导致昆明市水代谢系统紊乱的主要原因是排污量过大且污水治理效果远没有达到实际需要。

3) 通过对昆明市水代谢系统边界的代谢情况进行研究后发现:由于昆明市水代谢系统边界主要以输出水代谢通量远大于输入水代谢通量的方式进行着与外界的相互作用,这种情况对昆明市水代谢系统内部的水量供给已造成很大的影响,内部供给不足就会加重对城市内自然环境水体的抽取和使用,对水代谢过程中水量的补充极为不利,若继续维持现有的系统边界以输出水代谢通量为主的方式,会影响到水代谢系统的健康运行和实现可持续发展的能力。

4) 在对昆明市水代谢系统的内部结构进行分析后,得出水量变化的代谢过程中各节点之间的协作性较好,而水质变化的代谢过程中各节点的协作关系较差,且逐年降低,由此可以看出:导致昆明市水代谢系统紊乱的内部动因是参与水质变化代谢过程中的各节点之间,存在高度竞争关系且整体协作性不佳,这也说明当前昆明市的排污量与治理效果存在不对应的关系,处理设施还远远达不到对污染进行有效治理的要求。

5) 在制定针对昆明市水代谢系统问题可实施的措施后,通过建立综合模型模拟研究昆明市水代谢系统未来可能的发展状况及各种措施的实施效果,从分析结果可以看出:各种措施并不是全部都利于四种指标实现最好的效果。因此,通过对各种措施的进一步研究,得到它们的综合作用效果,可以清楚地评价各种措施的适宜发展状况,也是较好地在昆明市未来发展下实现水代谢系统健康运行的关键。

6）以泾河流域为例研究其水资源自然可再生能力并进行评价。利用泾河流域水量平衡模拟输出的数据，按照基于 GRID 的水资源自然可再生能力评价方法，通过计算水资源自然更新率来对泾河流域 1996 年水资源自然可再生能力进行评价，得到如下结论。在年内时间尺度中，泾河流域水资源自然更新率为-1.5~1.5，4 月为最低值，6 月为最高值，整个趋势受降水量的影响较大，丰水期、枯水期差别明显，流域水资源自然更新率年内变化过程，也表征流域水资源自然可再生能力的变化；在空间上，流域中、西部地区可再生能力最高，流域南部地区为中等水平，而流域北部是属于水资源自然可再生能力较弱地区。

7）以黄河流域为例研究其主要城市水资源社会再生能力。首先进行 2000 年黄河流域主要城市水资源社会再生能力的评价，而后以该年数据为基准，进行 1998~2000 年三年社会再生能力变化状况的评价。由结果看出，黄河流域主要城市的水资源社会再生能力大都处在全国中下游水平，再生量低是整个流域缺水状况的体现，尤其是中西部的一些城市；再生效率低是和这些城市的发达程度低相一致的。根据评价结果，再结合原始数据的分析就可能找到影响城市水资源再生能力的因素；由此，可以为这些城市今后工作的改进提供帮助。虽然再生能力比较低，不过总体上还是一个不断增强的趋势。为了使评价结果准确可靠，本书使用灰色关联的方法对结果进行验证。进一步开发了评价信息发布系统，这个信息系统是为管理服务的，它利用计算机技术和通信技术，实现环境信息的存储、维护、分析、共享。这里的共享不仅是政府部门的共享，因为发布是基于 WebGIS 的 Internet 共享，它是面向普通公众的，这也符合当前社会对信息公开化的要求。同时，系统建立了相应的信息数据库，并实时更新。发布采用了 Geobeans 地理信息系统软件、服务器/浏览器模式。用户可以进行地图操作，查询城市基础数据、环境数据、评价结果，还可以生成直方图以使结果更加直观。

8）以北京市通州区为例利用情景分析和系统动力学方法，在北京市通州区水代谢动态仿真模型下，探索各种情景下的通州区水环境承载力，以此为依据，提出通州区需要采取的调控手段。传统城市不可持续水代谢情景的模拟结果表明，传统城市不可持续水代谢情景下，虽然采取了筑坝蓄水、区外调水、节约用水、源头控制和清洁生产末端治理等措施，水环境所能承载的灌溉面积和牲畜头数依然下降，人口和工业增加值也是缓慢上升。2020 年通州区所能承载的人口有 36.46 万人，灌溉面积 17.23 万亩，牲畜 37.61 万头，工业增加值 59.05 亿元。新型城市可持续水代谢情景下，采取再生水的利用、二级再生水回补河道、水的循环利用、提高污水处理能力和处理级别等多种措施，通州区水环境所能承载的人口和工业增加值显著上升，灌溉面积和牲畜头数虽在模拟初期有所下降，但在模拟后期也显著上升。2020 年通州区所能承载的人口有 119.26 万人，灌溉面积 56.30 万亩，牲畜 77.32 万头，工业增加值 19.314 亿元。新型城市可持续水代谢情景的模拟结果距离规划目标还有一定差距，应控制人口增长，适当降低规划中的经济目标，以避免人民生活和经济发展对脆弱的水环境造成过多的压力。

对新型城市可持续水代谢情景下城市水代谢动态仿真模型的参数和约束条件进行灵敏度分析，根据分析结果，提高污水处理能力和处理级别对水环境承载力有促进作用，对人口、灌溉面积、牲畜头数、工业增加值都有显著效果；再生水的利用也对人口、灌溉面积、工业增加值有一定促进作用，但对畜牧业有一定抑制作用；水的循环利用对人口和工业增加值也有促进作用，但效果不显著；虽采用水质水量共同约束水环境承载力，但真正能够制约通州区水环境承载力的是水质约束，即 COD 允许排放量。因此，一方面应加强各种提高水环境承载力调控措施；另一方面还应开展水生态修复、河道整治等工作，改善水质，降低水环境质量对水环境承载力的制约。

11.2 建　　议

本书在第一版中已提到在未来研究中，伴随着水的循环而发生的水代谢、水再生过程，以及对水环境承载力的影响等研究中可以进一步展开的研究方向有哪些，并简要提出了现有研究的不足。在第二版中主要补充的内容是针对水代谢理论和水代谢系统的研究方法体系而言的，因而，从这个研究内容出发提出以下建议。

1）本书在研究中所选取的案例城市——昆明市，其内部的水系过于复杂，基础资料收集受到限制，仅能根据滇池流域内主要河流的水质情况进行分析和模拟研究，其结果跟实际情况相比可能存在一些误差。如果选择河流水系较简单的城市，如北京市，再进行水代谢系统的研究，识别主要问题，通过模拟预测找到适合发展的有效模拟，其结果会更加准确，也可以提供更为有力的价值。本书所做的研究主要是提供了一套针对城市水代谢系统研究的方法体系，希望以后的研究人员可以选择适合的研究案例，制定研究方法，也可以采用本书的方法体系对案例进行研究，得出的研究成果与实际问题进行对比，以判断本书所建立的城市水代谢系统研究方法体系是否可以满足实际需求，有利于本书改进研究方法，促使以"代谢"这一生态学视角研究城市水问题的研究领域得到更好的发展。

2）在综合模拟和优化研究城市水代谢系统的内容处，本书仅考虑了滇池的水质情况，由于收集资料有限未能考虑昆明市所有水体的水质情况，这样考虑会导致误差较大，因为河流进入滇池之前存在各种不确定的因素，如污染物的迁移、转化和降解。并且上游与下游的水质浓度存在很大的差异，这些其实都是需要考虑进去的。此外，综合模拟模型的研究假设人口、经济发展、水量供给和污染物的排放量都是平均分配给城市内的各个区域，这个与实际情况也存在差异，由于所选案例比较复杂，如果针对这些问题作详细研究，即便在较长的时间里也很难解决，因为其中所需要的资料必须极为详细，且需求量非常大。如果想要对细致问题进行研究，本书建议对于市内水体多的城市应尽量将研究区域划分得越小越好，则得到的结果也越精确，通过对每个划分出来的小区域水代谢系统进行研究，以及对小区域与小区域之间的关系进行分析，再反馈问题到整个城市的水代谢系统中，分析小区域水代谢问题与整个城市的关系，这样的研究结果会更有针对性，解决实际问题的效果也更好。或者降低尺度，仅就城市的某个地区进行研究，如将昆明市的滇池流域选为研究对象，再对流域进一步划分后进行研究（可按照滇池流域水污染防治规划里的内容划分更为细致的小流域），或者仅针对昆明市主城区的 5 个县区进行研究也可。本书希望未来的研究人员可以从这方面着手，将城市水代谢系统进一步划分为小区域的水代谢系统，这样研究准确性比较高，并且在综合模拟预测时也会较好地顾及在以水体较多的昆明市整体作为研究对象时无法顾及的问题。

3）本书在可实施措施的效果研究上，考虑了四个评价指标，其中对于经济指标仅考虑的是对 GRP 的贡献能力。若后续的研究注重考虑经济方面，则还需要从投入处进行考虑，根据城市或者区域的经济发展方式，每项措施在实施时需要的投入成本是多少（可进一步衡量人力、物力和资金），再比较各自的作用效果如何，最终衡量每项措施并优化设计措施的实施方式；此外，若后续的研究把重点放在措施优选上，还需要考虑各种措施的实施进程、开发潜力等情况，这样可使结果更具有价值。

参 考 文 献

包存宽,尚金城,陆雍森.2001.西部开发中水资源利用可持续性评价.水科学进展,12:4.
北京大学.2012.滇池流域水污染治理与富营养化综合控制技术及示范项目.水体污染控制与治理科技重大专项.北京:北京大学.
卞建民,杨建强.2000.水资源可持续利用评价的指标体系研究.水土保持通报,(8):43-45.
曹建廷,李原园,周智伟.2006.水资源承载力的内涵与计算思路.中国水利,(18):19-21.
柴莹.2009.基于水代谢的城市水环境承载力研究——以北京市通州区为例.北京:北京师范大学硕士学位论文.
陈浮,李满春.1999.城市地价空间分布图式的地统计学分析.南京大学学报(自然科学),35(6):719-723.
陈家琦,王浩.1996.水资源学概论.北京:中国水利水电出版社.
陈宁,高彦军.1998.水资源可持续发展的概念、内涵及指标体系.地域研究与开发,17(4):37-39.
陈仁仲.2001.21世纪水资源之永续发展——加强推动水的社会循环.http://163.13.135.20/chatroon/chat-discuss.htm[2009-04-10].
池天河.2001.中国可持续发展信息共享系统的Web GIS解决方案.资源科学,23(1):34-39.
崔凤军.1998.城市水环境承载力及其实证研究.自然资源学报,13(1):58-62.
丹保宪仁.1981.水代谢系の安全と変迁.都市问题研究,33(8):15.
丹保宪仁.2002.水文大循环和城市水环境代谢.给水排水,28(6):1-5.
邓聚龙.1990.灰色系统理论教程.武汉:华中理工大学出版社.
丁晓雯,沈珍瑶,杨志峰.2005.黄河流域典型城市水资源社会可再生性评价研究.干旱区资源与环境,19(1):71-75.
方家骐.2000.关于城市节水的思考——谈香港节水的启示.水资源保护,(6):43-44.
封志明,刘登伟.2006.京津冀地区水资源供需平衡及其水资源承载力.自然资源学报,21(5):689-699.
傅春,冯尚友.2000.水资源持续利用(生态水利)原理的探讨.水科学进展,11:4.
傅湘,纪昌明.1999.区域水资源承载能力综合评价——主成分分析法的应用.长江流域资源与环境,8(2):168-172.
郭怀成,徐云麟,洪志明.1994.我国新经济开发区水环境规划研究.环境科学进展,2(5):14-22.
郭劲松,党清平,龙腾锐.1998.重庆市城市排水建设及管理的战略设想.重庆环境科学,20(2):1-4.
郭生练,李兰.2001.黄河流域水资源演化规律与可再生性维持机理研究和进展.郑州:黄河水利出版社.
郭文斗.2000.浅议分质供水.河北水利水电技术,(2):12.
郭秀锐,毛显强,冉圣宏.2000.国内环境承载力研究进展.中国人口·资源与环境,10(3):28-30.
国务院.2003.国家统计局三次产业划分规定.国务院公报,27:41-44.
韩关根,李如意,胡洪峰.2000.综合利用雨水资源改善居民生活饮用水.中国公共卫生,16(7):6-16.

洪阳，曹静 . 2000. 城市水资源系统综合评价指标体系初探 . 上海环境科学，（6）：269-271.
侯景儒，尹镇南 . 1998. 实用地质统计学 . 北京：地质出版社 .
胡国臣，王忠 . 1999. 城市污水处理厂二级出水用于城市绿化的研究 . 农业环境与发展，（3）：29-33.
黄弈龙，张殿发 . 2000. 区域水资源可持续利用的生态经济评价 . 水文水资源，21（3）：11-13.
黄志 . 2007. 现代城市水环境代谢体系构想 . 科技创新导报，35：40.
贾大林，姜文来 . 1999. 农业水价改革是促进节水农业发展的动力 . 农业技术经济，（5）：4-7.
蒋晓辉，黄强，惠泱河 . 2001. 陕西关中地区水环境承载力研究 . 环境科学学报，21（3）：312-317.
焦得生，杨景斌，王凤歧，等 . 1996. 中国典型城市水资源精测、评价与系统分析 . 水文，（6）：1-6.
康绍忠，马孝义 . 1999. 对我国发展节水农业的几个问题的思考 . 中国农业资源与区划，20（2）：30-33.
昆明市环保局 . 2006-2012. 2006-2012 年昆明市环境质量公报 . 昆明：昆明市环保局 .
昆明市水务局 . 2006-2011. 2006-2011 年水资源公报 . 昆明：昆明市水务局 .
昆明市统计局 . 2007-2012. 昆明市统计年鉴 2007-2012. 北京：中国统计出版社 .
昆明市政府研究室 . 2008a. 昆明市城市化进程调查报告 . http：//szfyjs. km. gov. cn/structure/dycg/zw_85203_ 1. htm［2010-06-11］.
昆明市政府研究室 . 2008b. 昆明市工业化进程调查报告 . http：//szfyjs. km. gov. cn/structure/dycg/zw_85197_ 1. htm［2010-06-11］.
李春晖 . 2003. 黄河流域地表水资源可再生性评价 . 北京：北京师范大学博士学位论文 .
李春晖，杨志峰 . 2004. 水资源社会可再生性及其基本理论 . 中国人口·资源与环境，14（6）：53-57.
李芳柏，古国榜，肖锦，等 . 1997. 城市污水处理与农业回用辨析 . 农业环境保护，17（5）：237-239.
李菊梅，李生秀 . 1998. 几种营养元素在土壤中的空间变异 . 干旱地区农业研究，16（2）：58-64.
李矩，范瑜 . 2000. 污灌——城市污水资源化的有效途径 . 江苏环境科技，13（3）：30-32.
李丽娟，王娟 . 2002. 运用地统计方法分析降雨量的空间变异性 . 地理研究，21（4）.
李清河，赵英铭，江泽平 . 2005. 乌兰布和沙漠东北部绿洲灌区水资源供需平衡及其承载力研究 . 水土保持通报，25（6）：24-27.
李清龙，闫新兴 . 2005. 水环境承载力量化方法研究进展与展望 . 地学前缘，（12）：43-47.
李清龙，张焕祯，王路光 . 2004. 水环境承载力及其影响因素 . 河北工业科技，21（6）：30-32.
李文生 . 2008. 流域水资源承载力及水循环评价研究 . 大连：大连理工大学博士学位论文 .
梁天刚，王兮之，戴若兰 . 2000. 多年平均降水资源空间变化模拟方法的研究 . 西北植物学报，20（5）：856-862.
刘昌明，胡珊珊 . 2009. 水资源综合管理（IWRM）若干问题的商榷//夏军，贾绍凤，刘苏峡 . 水系统与水资源可持续管理 . 北京：中国水利水电出版社 .
刘昌明，孙睿 . 1999. 水循环的生态学方面：土壤-植被-大气系统水分能量平衡研究进展 . 水科学进展，10（3）：251-259.
刘昌明，郑红星 . 2003. 黄河流域水循环要素变化趋势分析 . 自然资源学报，18（2）：129-135.
刘家宏，秦大庸，王浩，等 . 2010. 海河流域二元水循环模式及其演化规律 . 中国科学，55（6）：512-521.
刘建栋，傅抱璞 . 1998. 包容环境因子的 Penman-Monteith 公式进行蒸散计算的研究 . 南京大学学报（自然科学），34（3）：359-364.
刘丽萍 . 2011. 昆明市水环境承载力研究 . 水资源与水工程学报，22（2）：145-148.
刘瑞民，王学军 . 2002. 地统计学在太湖水质研究中的应用 . 环境科学学报，22（5）：209-212.
刘绍民，孙中平 . 2003. 蒸散量测定与估算方法的对比研究 . 自然资源学报，18（2）：161-167.

刘占良.2009.青岛市重点流域水环境承载力与污染防治对策研究.青岛：中国海洋大学博士学位论文.
龙腾锐，姜文超.2003.水资源（环境）承载力的研究进展.水科学进展，14（2）：249-253.
楼顺天，施阳.1998.基于MATLAB的系统分析与设计——神经网络.西安：西安电子科技大学出版社.
吕义清，武胜忠，孙建星.1997.灰色关联分析在水质综合评价中的应用.太原工业大学学报，28（3）：31-38.
罗毅，雷志栋，杨诗秀.1997.潜在腾发量的季节性变化趋势及概率分布特性研究.水科学进展，8（4）：308-312.
马滇珍，张向明.2001.水资源综合评价指标.北京：中国水利水电科学研究院.
马庆云.1993.黄河流域水文站网沿革.郑州：水利部黄河水利委员会水文局.
孟健，马小明.2002.Kriging空间分析法及其在城市大气污染中的应用.数学的实践与认识，32（2）：309-312.
潘军峰.2005.流域水环境承载力理论及应用——以永定河上游为例.西安：西安理工大学博士学位论文.
彭玉怀，杨兆军，王少龙.2000.用于规划目的的水资源评价方法讨论.安徽地质，10（2）：138-141.
钱家忠，朱学愚，孙峰根.2000.地下水代谢与水资源保护.工程勘察，（4）：26-28.
邱政浩.2009.结构方程模型的原理与应用.北京：中国轻工业出版社.
冉大川，刘斌.2001a.泾河流域人为活动对水沙变化的影响分析.水土保持学报，15（6）：32-35.
冉大川，刘斌.2001b.泾河流域水沙变化水文分析.人民黄河，23（2）：9-11.
尚金成.2009.环境规划与管理（第二版）.北京：科技出版社.
邵田.2008.中国东部城市水环境代谢研究.上海：复旦大学硕士学位论文.
沈珍瑶，谢彤芳.1997.一种改进的灰关联分析方法及其在水环境质量评价中的应用.水文，(3)：13-15.
沈珍瑶，杨志峰.2002a.黄河流域水资源可再生性评价指标体系与评价方法.自然资源学报，17（2）：3.
沈珍瑶，杨志峰.2002b.水资源的可再生性与持续利用.中国人口·资源与环境，12（5）：77-78.
沈珍瑶，杨志峰，刘昌明.2002.水资源天然可再生能力及其与更新速率之间的关系.地理科学，22（2）：4.
沈珍瑶，丁晓雯，杨志峰.2006.基于水资源可再生性的持续利用指标体系及其在黄河流域的应用.干旱区资源与环境，20（6）：52-56.
盛昭翰.1998.主从递阶决策论.北京：科学出版社.
施雅风，曲耀光.1992.乌鲁木齐河流域水资源承载力及其合理利用.北京：科学出版社.
史晓新，夏军.1997.水环境质量评价灰色模式识别模型及应用.中国环境科学，17（2）：127-130.
宋新山，王朝生，汪永辉.2004.我国城市化进程中的水资源环境问题.科技导报，2：29-32.
孙峰根，王心义，罗绍河.1996.基岩水文地质学.北京：中国矿业大学出版社.
孙强.2003.基于GIS的泾河流域水资源自然可再生能力评价研究.北京：北京师范大学硕士学位论文.
谭维炎，胡四一，王银堂，等.1996.长江中游洞庭湖防洪系统水流模拟.水科学进展，7（4）：336-345.
唐海行，苏逸深，刘炳敖.1995.土壤包气带中气体对入渗水流运动影响的实验研究.水科学进展，(4)：263-269.
万洪涛，周成虎.2001.地理信息系统与水文模型集成研究述评.水科学进展，12（4）：560-568.
汪恕诚.2001.水权管理与节水社会.中国水利，(5)：6-8.
汪彦博，王嵩峰，周培疆.2006.石家庄市水环境承载力的系统动力学研究.环境科学与技术，29（3）：

26-27.

王好芳, 董增川, 左仲国. 2002. 开发度——评价水资源可持续开发的新模型. 水电能源科学, 20 (3): 9.

王浩, 秦大庸. 2001. 黄河流域水资源演化规律与可再生性维持机理研究和进展. 郑州: 黄河水利出版社.

王浩, 杨贵羽. 2010. 二元水循环条件下水资源管理理念的初步探索. 自然杂志, 32 (3): 130-133.

王浩, 王建华, 秦大庸. 2002. 现代水资源评价及水资源学学科体系研究. 地球科学进展, 17: 1.

王浩, 王成明, 王建华, 等. 2004. 二元年径流演化模式及其在无定河流域的应用. 中国科学 E 辑 (技术科学), 34 (增刊 I): 42-48.

王浩, 王建华, 秦大庸, 等. 2006. 基于二元水循环模式的水资源评价理论方法. 水利学报, 37 (12): 1496-1502.

王宏兴, 王晓, 张养安. 2005. 韭园沟流域水资源可持续利用多目标分析. 人民黄河, 27 (8): 32-33.

王家祁, 顾文燕, 姚惠明. 1997. 中国降水与暴雨的季节变化. 水科学进展, 8 (2): 108-116.

王建华, 江东, 顾定法. 1999. 基于 SD 模型的干旱区城市水资源承载力预测研究. 地理学与国土研究, 15 (2): 18-22.

王李管, 贾明涛. 1997. 环境评价的人工神经网络方法. 矿业工程, 17 (3): 59-62.

王萍, 张锦玉, 杨虎男. 2002. 浅谈水资源评价现状与发展. 东北水利水电, 20: 7.

王其藩. 1988. 系统动力学. 北京: 清华大学出版社.

王其藩. 1995. 高级系统动态学. 北京: 清华大学出版社.

王晓昌. 2010. 基于水代谢理念的城市水系构建. 水业导航, 36 (6): 6.

王旭, 王宏, 王文辉. 2007. 人工神经元网络的原理与应用. 沈阳: 东北大学出版社.

韦中兴, 蔺生睿. 1996. 泾河流域水文特征分析. 水文, 2: 52-59

翁焕新. 1998. 城市水资源控制与管理. 杭州: 浙江大学出版社.

吴仓浦. 2000. 最优控制的理论与方法. 北京: 国防工业出版社.

吴凯, 陈建耀, 谢贤群. 1997. 冬小麦水分耗散特性与农业节水. 地理学报, 52 (5): 455-460.

夏军, 朱一中. 2002. 水资源安全的度量: 水资源承载力的研究与挑战. 自然资源学报, 5: 262-269.

夏军, 王中根, 穆宏强. 2000. 可持续水资源管理评价指标体系研究. 长江职工大学学报, 17 (2): 1-7.

夏军, 王中根, 刘昌明. 2003. 黄河水资源量可再生性问题及量化研究. 地理学报, 58 (4): 534-541.

肖斌, 赵鹏大. 2000. 地质统计学新进展. 地球科学进展, 15 (3): 293-296.

肖长来, 林学钰, 梁秀娟, 等. 2001. 吉林省西部水资源可持续开发利用研究. 长春科技大学学报, 31: 4.

谢高地. 2005. 中国水资源对发展的承载能力研究. 资源科学, 27 (4): 2-7.

熊家晴, 严涛, 王晓昌. 2006. 城市水环境系统的免疫机制及其概念模型. 西安建筑科技大学学报, 38 (6): 746-750.

徐中民. 1999. 情景基础的水资源承载力多目标分析理论及应用. 冰川冻土, 21 (2): 99-106.

许有鹏. 1993. 干旱区水资源承载能力综合评价研究——以新疆和田河流域为例. 自然资源学报, 8 (3): 229-237.

颜京松, 王美珍. 2005. 城市水环境问题的生态实质. 现代城市研究, (4): 7-9.

晏中华. 2000. 国外雨水利用的方法. 节能, (6): 46-48.

杨存吉, 白铃. 2000. 郑州市城市地理信息系统的总体设计. 测绘学院报, 17 (3): 213-215.

杨建强, 罗先香. 1999. 水资源可持续利用的系统动力学仿真研究. 城市环境与城市生态, 12 (4):

26-29.

杨晓华，杨志峰，沈珍瑶，等．2004．水资源可再生能力评价的遗传投影寻踪方法．水科学进展，15（1）：73-76.

杨振宏．2001．基于神经网络理论的安全预评价方法．黄金，22（11）：12-15.

杨志峰，曾维华．2001．"黄河流域水资源可再生性空间变异特征分析与评价"专题研究进展报告．北京：北京师范大学环境科学研究所．

杨志峰，张妍．2009．一种分析城市代谢系统互动关系的方法．环境科学学报，29（1）：217-224.

杨志峰，沈珍瑶，刘昌明．2002a．水资源天然可再生能力及其与更新速率之间的关系．地理科学，22（2）：4.

杨志峰，沈珍瑶，夏星辉，等．2002b．水资源可再生性基本理论及其在黄河流域的应用．中国基础科学，(5)：4-7.

姚玉鑫，张英，鲁斌礼．2007．模糊物元模型在评价区域水环境承载力中的应用．南京师范大学学报（工程技术版），7（2）：82-86.

余丹林．1998．区域可持续发展评价指标体系的构建思路．地理科学进展，17（2）：84-89.

曾维华，程声通．1996．论流域水质与水量集成规划．城市环境与城市生态，9（2）：6-12.

曾维华，程声通．1997．流域水环境集成规划刍议．水利学报，（10）：77-81.

曾维华，王华东，薛纪渝．1991．人口、资源与环境协调发展关键问题之一——环境承载力研究．中国人口·资源与环境，1（2）：33-37.

曾维华，杨志峰，蒋勇．2001．水资源可再生能力刍议．水科学进展，12（2）：276-279.

曾维华，张永军，祝捷，2004．城市水资源社会再生能力评价信息发布系统．水资源保护，6：12-15.

曾维华，孙强，杨志峰．2005a．基于网格水文单元的流域水资源自然再生能力评价．干旱区资源与环境，19（6）：93-97.

曾维华，孙强，杨志峰．2005b．基于GRID的流域动态水平衡模型研究．干旱区资源与环境，19（5）：73-77.

曾维华，杨志峰，祝捷．2005c．城市水资源社会再生能力评价模型研究．环境科学学报，25（5）：601-605.

张保成，孙林岩．2006．国内外水资源承载力的研究综述．当代经济科学，28（6）：97-102.

张昌蓉，薛惠锋，陶冶．2006．生态工业园水环境承载力及实证研究．西北大学学报（自然科学版），36（5）：840-842.

张翔，夏军，史晓新，等．2000．可持续水资源管理的风险分析研究．武汉水利电力大学学报，33（1）：80-83.

张兴芳．2000．运用系统动力学和可持续发展观点探讨城市节水水平评判方法．系统辨证学报，8（2）：72-76.

张妍，杨志峰．2009．一种分析城市代谢系统互动关系的方法．环境科学学报，29（1）：217-224.

张有山，林启美．1998．大比例尺区域土壤养分空间变异定量分析．华北农学报，13（1）：122-128.

张远．2003．黄河流域坡高地与河道生态环境需水规律研究．北京：北京师范大学博士学位论文．

赵建世，翁文斌．2001．黄河流域水资源可再生利用的合理配置模式研究//刘昌明，陈效国．黄河流域水资源演化规律与可再生性维持机理研究和进展．郑州：黄河水利出版社．

赵杰．1998．黄河流域水资源开发利用浅论．河南大学学报（自然科学版），28（4）：54-59.

赵卫民，郝芳华．2001．黄河若干水文问题研究的回顾和展望//刘昌明，陈效国．黄河流域水资源演化规律与可再生性维持机理研究和进展．郑州：黄河水利出版社．

赵秀云. 2000. 工业污水回用于循环冷却水. 工业用水与废水, 31 (1): 32-34.

周金龙, 董新光. 2002. 应用彭曼-蒙特斯公式计算天山北坡平原区水面蒸发量. 新疆农业大学学报, 25 (4): 35-38.

周祖昊, 王浩, 贾仰文, 等. 2011. 基于二元水循环理论的用水评价方法探析. 水文, 31 (1): 8-12.

祝捷. 2002. 黄河流域主要城市水资源社会可再生能力评价. 北京: 北京师范大学硕士学位论文.

祝捷, 曾维华, 杨志峰. 2002. 城市水资源社会再生能力评价为以黄河流域主要城市为例. 自然生态保护, 10: 27-29.

祝捷, 曾维华, 杨志峰. 2003. 黄河流域城市水资源社会可再生性研究. 环境保护, (10): 27-29.

左其亭, 王中根. 2001. 中国西部流域水循环重大科学问题及研究展望. 西北水资源与水工程, 12: 4.

左其亭, 王中根. 2002. 现代水文学. 郑州: 黄河水利出版社.

Abbott M B, Bathurst J C. 1986. An introduction to the european hydrological system -systeme hydrologique European, "SHE" 1: history and philosophy of a physically based distributed modeling syste. Journal of Hydrology, 87 (1): 45-47.

Ahmad S, Simonovic S P. 2004. Spatial system dynamics: a new approach for simulation of water resources systems. Journal of Computing in Civil Engineering, 18 (4): 331-340.

Allan J A. 1997. Virtual Water: A Long Term Solution for Water Short Middle Eastern Economies? British Association Festival of Science. Leeds: University of Leeds.

Bjorklund G, Kuylenstierna J. 1998. The comprehensive freshwater assessment and how it relates to water policy world wide. Water Policy, 1 (3): 267-282.

Bodini A, Bondavalli C. 2002. Towards a sustainable use of water resources: a whole ecosystem approach using network analysis. International Journal Environmental Pollution, 18: 463-485.

Browne D, O'Regan B, Moles R. 2009. Assessment of total urban metabolism and metabolic in efficiency in an Irish city-region. Waste Management, 29 (10): 2765-2771.

Caffrey J M. 2003. Production, respiration and net ecosystem metabolism in U.S. estuaries. Environmental Monitoring and Assessment, 81: 207-219.

Caffrey J M. 2004. Factors controlling net ecosystem metabolism in U.S. estuaries. Estuaries, 27 (1): 90-101.

Chapagain A K, Hoekstra A Y. 2003. Virtual water flows between nations in relation to trade in livestock and livestock products. Value of Water Research Report Series No. 13. National Institute for Public Health and the Environment, 8.

Chapagain A K, Hoekstra A Y, Savenije H H G, et al. 2005. The Water Footprint of Cotton Consumption. Value of Water Research Report Series No. 18. The Netherlands: National Institute for Public Health and the Environment.

Chen Y F, Qi J, Zhou J X, et al. 2004. Dynamic modeling of a man-land system in response to environmental catastrophe. Human and Ecological Risk Assessement, 10: 579-593.

Chin W W. 1995. Partial least squares is to LISREL as principal components analysis is to common factor analysis. Technology Studies, 2: 315-319.

Chin W W. 1998. Issues and opinion on structural equation modeling. MIS Quality, 22 (1): 1-4.

Chong Y X. 1997. Application of water balance models to different climatic regions in China for water resources assessment. Water Resources Management, (11): 51-67.

Costa-Cabral M, Burges S J. 1994. Digital elevation model networks: a model of flow over hill slopes for computation of contribution and dispersal areas. Water Resource Research, 30 (6): 1681-1692.

参考文献

Coyle G. 2000. Qualitative and quantitative modelling in system dynamics: some research questions. System Dynamics Review, 16 (3): 225-244.

Creighton J L, Langsdale S. 2009. Analysis of process issues in shared vision planning cases. IWR Report 09-R-05. Alexandria, Virginia: Institute for Water Resources, U. S. Army Corps of engineers.

Davies E G R, Simonovic S P. 2011. Global water resources modeling with an integrated model of the social-economic-environmental system. Advances in Water Resources, 34: 684-700.

Dicicco T J, Efron B. 1996. Bootstrap confidence intervals. Statistical Science, 11: 189-228.

Fath B D. 2007. Network mutualism: positive community-level relations. Ecological Modelling, 208 (1): 56-67.

Fath B D, Patten B C. 1999. Review of the foundations of network environ analysis. Ecosystems, 2 (2): 167-179.

Feng K S, Siu Y L, Guan D B, et al. 2012. Assessing regional virtual water flows and water footprints in the Yellow River Basin, China: a consumption based approach. Applied Geography, 32: 691-701.

Finn J T. 1980. Flow analysis of models of the Hubbard Brook ecosystem. Ecology, 61 (3): 562-571.

Forrester J W. 1961. Industrial Dynamics. Cambridge, MA: MIT Press.

Foster S. 1990. Impacts of urbanization on groundwater. International Association of Hydrological Sciences (IAHS), 198: 187-207.

Girardet H. 1990. The metabolism of cities//Cadman D, Payne G. The Living City: Towards a Sustainable Future. London: Routledge.

Grimm N B, Faeth S H, Golubiewski N E, et al. 2008. Global change and the ecology of cities. Science, 319 (5864): 756-760.

Guan D B, Hubacek K. 2007. Assessment of regional trade and virtual water flows in China. Ecological Economics, 61: 159-170.

Hadwen S, Palmer L J. 1922. Reindeer in Alaska. U. S. Department of Agriculture Bulletin: 1-70.

Hannon B. 1973. The structure of ecosystems. Journal of Theoretical Biology, 41 (3): 535-546.

Hermanowicz W S, Takashi A. 1999. Abel Wolman's "The Metabolism of Cities" revisited: a case for water recycling and reuse. Water Science and Technology, 40: 29-36.

Hoekstra A Y. 2002. Virtual Water Trade. Proceedings of the International Expert Meeting on Virtual Water Trade. Value of Water Research Report Series No. 12. The Netherlands: National Institute for Public Health and the Environment.

Hoekstra A Y, Chapagain A K, Aldaya M M, et al. 2011. The Water Footprint Assessment Manual: Setting the Global Standard. London: Earthscan.

Holz C A. 2005. China's economic growth 1978-2025: what we know today about China's economic growth tomorrow. World Development, 36: 1665-1691.

Hong Kong Statistics. 2010. Census and statistics department of Hong Kong. http://www.censtatd.gov.hk/hong_kong_statistics/index.jsp [2011-03-22].

Hosoi Y, Kido Y, Nagira H, et al. 1996. Analysis of water pollution and evaluation of purification measures in an urban river basin. Water Science Technology, 34: 33-40.

Huang C L. 2009. Problems and countermeasures of water resources supply and demand balance in Fujian province in mid-term or long-term future. China Water Resource, 9: 53-55.

Huang C L, Vause J, Ma H W, et al. 2013. Urban water metabolism efficiency assessment: integrated analysis of available and virtual water. Science of the Total Environment, 452-453: 19-27.

Huang S L, Lee C L, Chen C W. 2006. Socioeconomic metabolism in Taiwan: emergy synthesis versusmaterial analysis. Resources, Conservation and Recycling, 48 (2): 166-196.

Hutton G, Haller L, Bartram J. 2007. Global cost-benefit analysis of water supply and sanitation interventions. Water Health, 5: 481-502.

Jenerette G D, Wu W L, Goldsmith S, et al. 2006. Contrasting water footprints of cities in China and the United States. Ecological Economics, 57: 346-358.

Joreskog K G. 1982. The ML and PLS technique for modeling with latent variable: historical and comparative aspects. Systems Under Indirect Observation: Causality, Structure, Prediction, 1: 263-270.

Ju X, Xing G, Chen X, et al. 2009. Reducing environmental risk by improving N management in intensive Chinese agricultural systems. Proceedings of the National Academy of Science of the United States of America, 106: 3041-3046.

Kamal M M, Malmgren H A, Badruzzaman A B M. 1999. Assessment of pollution of the river Buriganga, Bangladesh, using a water quality model. Water Science Technology, 40: 129-136.

Kemp W M, Smith E M, Marvin-DiPasquale M, et al. 1997. Organic carbon balance and net ecosystem metabolism in Chesapeake Bay. Marine Ecology Progress Series, 150: 229-248.

Kline R B. 1998. Principles and Practice of Structural Equation Modeling. New York: The Guilford Press.

Lange G M, Mungatana E, Hassan R. 2007. Water accounting for the Orange River Basin: an economic perspective on managing a transboundary resource. Ecological Economics, 61: 660-670.

Lerner D N. 1986. Leaking pipes recharge ground water. Ground Water, 24 (5): 654-662.

Lerner D N. 1990a. Groundwater recharge in urban areas. Atmospheric Environment Part B - Urban Atmosphere, 24 (1): 29-33.

Lerner D N. 1990b. Groundwater recharge in urban areas. International Association of Hydrological Sciences (IAHS), 198: 59-65.

Liang S, Zhang T Z. 2012. Comparing urban solid waste recycling from the viewpoint of urban metabolism based on physical input-output model: a case of Suzhou in China. Waste Management, 32 (1): 220-225.

Liu Y Q, Guptaa H, Springerb E, et al. 2008. Linking science with environmental decision making: experiences from an integrated modeling approach to supporting sustainable water resources management. Environmental Modelling & Software, 23: 846-858.

Maheepala S, Leighton B, Mirza F, et al. 2005. Hydro plannera linked modelling system for water quantity and quality simulation of total water cycle. Modelling and Simulation Society of Australia and New Zealand. http://www.docin.com/p-9077884.html [2010-07-06].

Mantoudi K. 2000. Development of a Simple Water Banlance Model Using Geographical Information Systems. Athens: Hydraulic and Maritime Engineering-National Technical University of Athens.

Marc J R, Paul A M, Richard D K. 2006. The effect of freshwater inflow on net ecosystem metabolism in Lavaca Bay, Texas. Estuarine, Coastal and Shelf Science, 68: 231-244.

Marin C M, Smith M G. 1988. Water resources assessment: a spatial equilibrium approach. Water Resources Research WRERAO, 24 (6): 793-801.

Massimo P, Marco S, Marianne T. 2013. Network analysis as a tool for assessing environmental sustainability: applying the ecosystem perspective to a Danish Water Management System. Journal of Environmental Management, 118: 21-31.

Matheron G. 1971. The theory of regionalized variables and its application, les cahiers du centre de morphologic mathematics de fountainhead, no. 5 Ecole Natinale Superieure des Miners de Paris.

Matondo J I. 1998. Water resources assessment for Zambezi River Basin. Water international, 23 (4): 256-262.

Mead L H, Wiegner T N. 2010. Surface water metabolism potential in a tropical estuary, Hilo Bay, Hawaii, USA, duing storm and non-storm conditions. Estuaries and Coasts, 33: 1099-1112.

Meadows D H, Meadows D L, Randers J, et al. 1972. The Limits to Growth. New York: Universe Books.

Monteith J L. 1965. Evaporation and Environment. Cambridge: 19th Symposia of Society for Experimental Biology, University Press.

Montero F J, Meliá J, Brasa A, et al. 1999. Assessment of vine development according to available water resources by using remote sensing in La Mancha, Spain. Agricultural Water Management, 40 (2-3): 363-375.

Muhammetoglu A, Muhammetoglu H, Oktas S, et al. 2005. Impact assessment of different management scenarios on water quality of Porsuk River and dam system-Turkey. Water Resource Management, 19: 199-210.

Niemczynowicz J. 1999. Urban hydrology and water management-present and future challenges. Urban Water, 1 (1): 1-14.

Odum E P. 1953. Fundamentals of Ecology. Philadelphia: W. B. Saunders.

Okadera T, Watanabe M, Xu K. 2006. Analysis of water demand and water pollutant discharge using a regional input-output table: an application to the City of Chongqing, upstream of the Three Gorges Dam in China. Ecological Economics, 58: 221-237.

Oliver M A. 1997. Kriging: A Method of Estimation for Environmental and Rare Disease Data. London: Geological Society Special Publication.

Patten B C, Bosserman R W, Finn J T, et al. 1976. Propagation of Cause in Ecosystems. Systems Analysis and Simulation in Ecology. New York: Academic Press.

Patten B C, Higashi M, Burns T P. 1990. Trophic dynamics in ecosystem networks significance of cycles and storage. Ecological Modeling, 51 (1-2): 1-28.

Peter W G. 1999. Sustainability and cities: extending the metabolism model. Landscape and Urban Planning, 44: 219-226.

Qin H P, Su Q, Khu S T. 2011. An integrated model for water management in a rapidly urbanizing catchment. Environmental Modelling & Software, 26 (12): 1502-1514.

Qin H P, Su Q, Khu S T. 2013. Assessmen t of environmental improvement measures using a novel integrated model: a case study of the Shenzhen River catchment, China. Journal of Environmental Management, 114: 486-495.

Ringuet S, Mackenzie F T. 2005. Controls on nutrient and phytoplankton dynamics during normal flow and storm runoff conditions, southern Kaneohe Bay, Hawaii. Estuaries, 28 (3): 327-337.

Russell M J, Montagna P A, Kalke R D. 2006. The effect of freshwater inflow on net ecosystem metabolism in Lavaca Bay, Texas. Estuarine. Coastal and Shelf Science, 68: 231-244.

Sahely H R, Dudding S, Kennedy C A. 2003. Estimating the urban metabolism of Canadian cities: Greater Toron to Area case study. Canadian Journal of Civil Engineering, 30 (2): 468-483.

Scharler U M, Fath B D. 2009. Comparing network analysis methodologies for consumer-resource relations at species and ecosystems scales. Ecological Modelling, 220 (22): 3210-3218.

Sieber J, Swartz C, Huber-Lee A H. 2007. Water Evaluation and Planning System (WEAP): User Guide. Boston: Stockholm Environment Institute.

Simonovic S P. 2002. World water dynamics: global modeling of water resources. Environment Management, 66: 249-267.

Smith E, Morowitz H J. 2004. Universality in intermediary metabolism. National Acad Sciences, 101 (36): 13168-13173.

Sundkvist A, Jansson M A, Enefalk A, et al. 1999. Energy flow analysis as a tool for developing a sustainable society: a case study of a Swedish island. Resources, Conservation and Recycling, (25): 289-299.

Tambo N. 1981. The evolution of safety in urban water metabolic system. Urban Problem Studies, 33: 15.

Tambo N. 2002. Hydrological cycle and urban metabolic system of water. Water Wastewater Engineering, 28 (6): 1-5.

Tenenhaus M, Vinzi V E, Chatelin Y M, et al. 2005. PLS path modeling. Computational Statistics & Data Analysis, 48 (1): 159-205.

Terpstra P M J. 1999. Sustainable water usage systems: models for the sustainable utilization of domestic water in urban areas. Water Science and Technology, 39 (5): 65-72.

The Conference Board and Groningen Growth and Development Centre (CBGGDC). 2008. Total Economy Database. http://www.conference-board.org/data/labormarkets.cfm [2011-05-28].

Ulanowicz R E. 1997. Ecology: The Ascendent Perspective. New York: Columbia University Press.

United Nations. 2010. World Urbanization Prospects: The 2009 Revision. New York: United Nations Department of Economic and Social Affairs (Population Division).

Van Leeuwen C J, Frijns J, Van Wezel A, et al. 2012. City blueprints: 24 indicators to assess the sustainability of the urban water cycle. Water Resources Management, 26: 2177-2197.

Velázquez E. 2006. An input-output model of water consumption: analyzing inter sectoral water relationships in Andalusia. Ecological Economics, 56: 226-240.

Wang X C, Chen R. 2010. Water metabolisn concept and its application in designing decentralized urban water systems with wastewater recycling and reuse//Hao X D. Water Infrastructure for Sustainable Communities: China and the World. Longdon, UK: IWA Publishing.

Wolman A. 1965. The metabolism of cities. Scientific American, 213 (3): 179-188.

Xu C Y. 1997. Application of water balance models to different climatic regions in China for water resources assessment. Water Resources Management, 11 (1): 51-67.

Yan J S, Wang M Z. 2005. The problems of water environment in the urban and their eco-essence. Urban Research, 4: 7-10.

Yang D W, Gao L J, Xiao L S, et al. 2012. Cross-boundary environmental effects of urban household metabolism based on an urban spatial conceptual framework: a comparative case of Xiamen. Journal of Cleaner Production, 27: 1-10.

Yang H, Wang L, Abbaspour K C, et al. 2006. Virtual water trade: an assessment of water use efficiency in the international food trade. Hydrology and Earth System Science, 10: 443-454.

Yoo S H, Yang C Y. 1999. Role of water utility in the Korean national economy. International Journal of Water Resources Development, 15: 527-541.

Zeng W H, Wu B, Chai Y. 2014. Dynamic simulation of urban water metabolism under water environmental carrying capacity restrictions. Frontiers of Environmental Science and Engineering, 10: 1-29.

Zeng Z, Liu J G, Savenije H H G. 2013. A simple approach to assess water scarcity integrating water quantity and quality. Ecological Indicators, 34: 441-449.

Zhang Y, Yang Z F, Yu X Y. 2009a. Ecological network and emergy analysis of urban metabolic systems: model development and a case study of four Chinese cities. Ecology Modeling, 220: 1431-1442.

Zhang Y, Yang Z F, Yu X Y. 2009b. Evaluation of urban metabolism based on emergy synthesis: a case study for Beijing (China). Ecology Modeling, 220: 1690-1696.

Zhang Y, Zhao Y W, Yang Z F, et al. 2009c. Measurement and evaluation of the metabolic capacity of an urban ecosystem. Communications in Nonlinear Science and Numerical Simulation, 14 (4): 1758-1765.

Zhang Y, Yang Z F, Fath B D. 2010. Ecological network analysis of an urban water metabolic system: model development, and a case study for Beijing. Science of the Total Environment, 408: 4702-4711.

Zhao X, Chen B, Yang Z F. 2009. National water footprint in an input-output framework - a case study of China 2002. Ecological Modeling, (220): 245-253.

Zimmer D, Renault D. 2003. Virtual Water in Food Production and Global Trade: Review of Methodological Issues and Preliminary Results. Value of Water Research Report Series No. 12. The Netherlands: National Institute for Public Health and the Environment.

附录 1　模型变量和参数列表

状态变量和速率变量

状态变量	速率变量
城镇人口	城镇人口增长
农林业灌溉面积	农林业灌溉面积增长
牲畜头数	牲畜头数增长
工业增加值	工业增加值增长

附录1 | 模型变量和参数列表

辅助变量

给水系统	用水系统					水处理和再生系统
	生活用水系统	生产用水系统			生态用水系统	
		农业	工业	服务业		
COD 排放供需差	总人口	农林业总灌溉面积	工业总增加值	服务业用水量	公共绿地面积	COD 排放量
COD 调整因子	城镇生活 COD 产生量	农林业灌溉面积调整	工业增加值调整	服务业污水产生量	公共绿地用水	COD 产生量
优质水供给量	城镇生活 COD 产生浓度	农林业用水量	工业用水量	服务业取水量	生态用水量	COD 削减量
优质水供需差	城镇生活用水量	农林业废水产生量	工业废水产生量	服务业深度再生水利用量	生态取水量	COD 削减率
优质水量调整因子	城镇生活污水深度再生水利用量	农林业取水量	工业取水量	服务业深度再生水回用率	生态二级再生水利用量	城镇生活 COD 排放量（直排）
优质水取水量	城镇生活深度再生水利用量	农林业污灌量	工业深度再生水利用量	服务业 COD 产生量		城镇生活 COD 排放量（污水处理厂排入河道）
深度再生水利用量	城镇生活取水量	农林业污灌率	工业 COD 产生量	服务业 COD 产生浓度		农村生活 COD 排放量
深度再生水供需差	农村人口	农林业 COD 产生量	工业 COD 产生浓度			农林业 COD 排放量
深度再生水量调整因子	农村生活 COD 产生量	农林业 COD 源强修正系数	工业深度再生水利用率			牲畜 COD 排放量
劣质水利用量	农村生活用水量	农林业取水调整因子				污水处理厂处理工业废水的余力
劣质水供给量	农村生活污水产生量	牲畜总头数				工业废水进污水处理厂处理的比例
劣质水供需差	农村生活取水量	牲畜头数调整				工业 COD 排放量（污水处理厂排入河道）
劣质水调整因子		牲畜用水量				工业 COD 排放量（工厂排入河道）
劣质水利用量		牲畜废水产生量				服务业 COD 排放量（直排）
水质水量调整因子		牲畜取水量				服务业 COD 产生量（污水处理厂排入河道）
		牲畜 COD 产生量				

参数

给水系统	用水系统						水处理和水再生系统
	生活用水系统	生产用水系统				生态用水系统	
		农业		工业	服务业		
区内地下水	城市化率	农林业污灌率		单位工业增加值用水系数	服务业人均用水量	人均公共绿地面积	城镇生活污水处理率
区内地表水	城镇耗水系数	农林业化肥施用量修正系数		工业COD产生系数	服务业COD产生系数	公共绿地用水定额	牲畜养殖干法工艺比例
区内二级再生水	农村耗水系数	农林业化肥施用结构修正系数		工业重复利用水率	服务业深度再生水回用率	河流生态需水	牲畜养殖废水生化处理COD去除率
区内深度再生水	城镇居民人均生活用水量	农林业土壤类型修正系数		工业耗水系数			牲畜养殖废水处理率
区外市政管网水	农村居民人均生活用水量	农林业降雨量修正系数					污水处理厂处理能力
区外二级再生水	城镇生活COD产生系数	农林业COD源强系数					工业COD排入河道的浓度标准
南水北调水	农村生活COD产生系数	农林业灌溉定额					工业COD进入河道的浓度标准
COD允许排放量	生活用水优质水比例	农林业取水比例限制					
	优质排水COD浓度	农林业水质系数					
	中水出水COD浓度	牲畜单位废水产生系数					
		牲畜规模化养殖比例					
		牲畜用水定额					
		牲畜COD产生系数					
		牲畜取水比例限制					

附录2 模型结构图

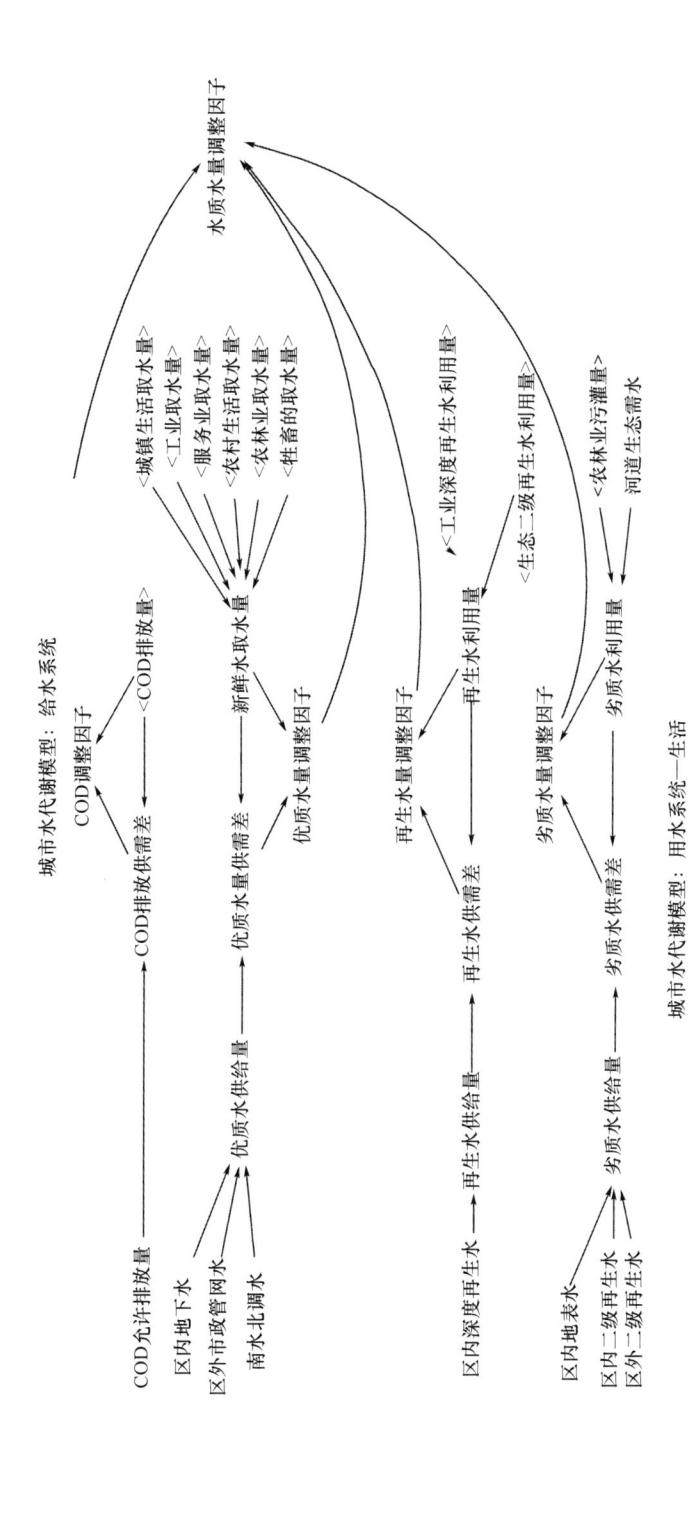

城市水代谢模型：给水系统

COD允许排放量 → COD排放供需差 → COD调整因子 → <COD排放量>

区内地下水
区外市政管网水 → 优质水供给量 → 优质水量供需差 → 优质水量调整因子 → 新鲜水取水量
南水北调水

<城镇生活取水量>
<工业取水量>
<服务业取水量>
<农村生活取水量>
<农林业取水量>
<牲畜的取水量>

水质水量调整因子

区内深度再生水 → 再生水供给量 → 再生水供需差 → 再生水量调整因子 → 再生水利用量

<工业深度再生水利用量>
<生态二级再生水利用量>

区内地表水
区内二级再生水 → 劣质水供给量 → 劣质水供需差 → 劣质水量调整因子 → 劣质水利用量
区外二级再生水

<农林业污灌量>
河道生态需水

城市水代谢模型：用水系统—生活

| 259 |

城市代谢模型：用水系统—生产—农业

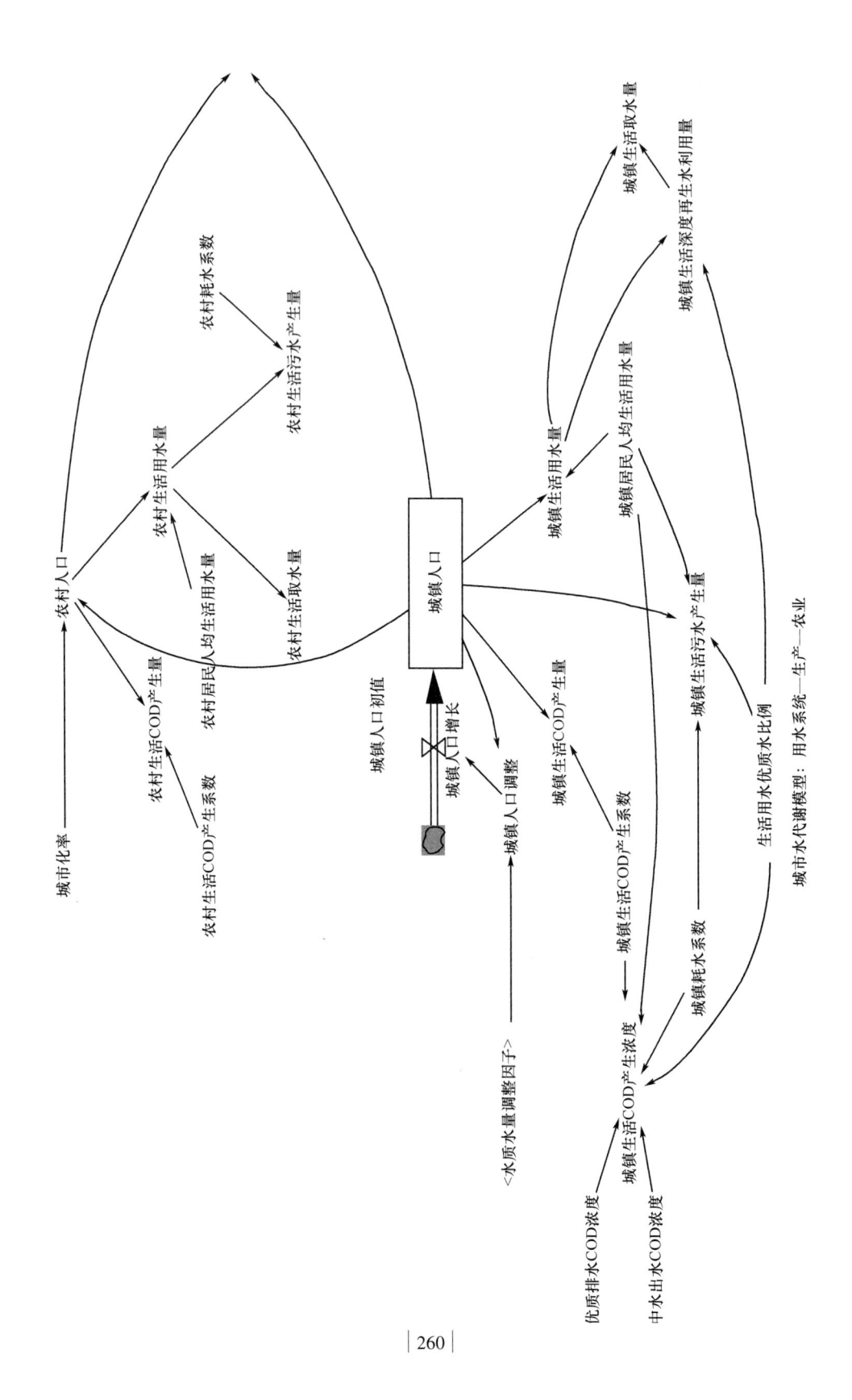

附录 2 | 模型结构图

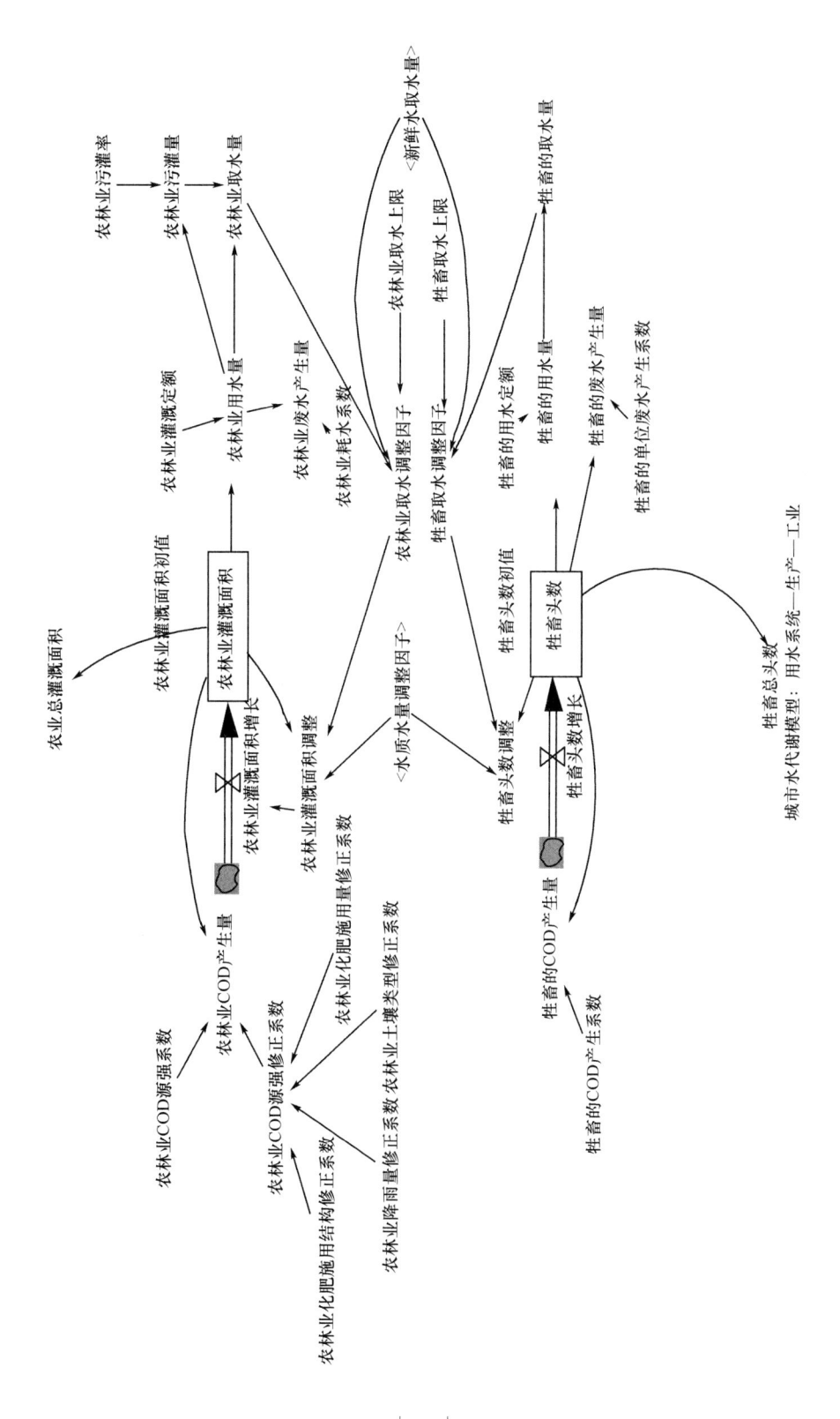

城市代谢模型：用水系统—生产—工业

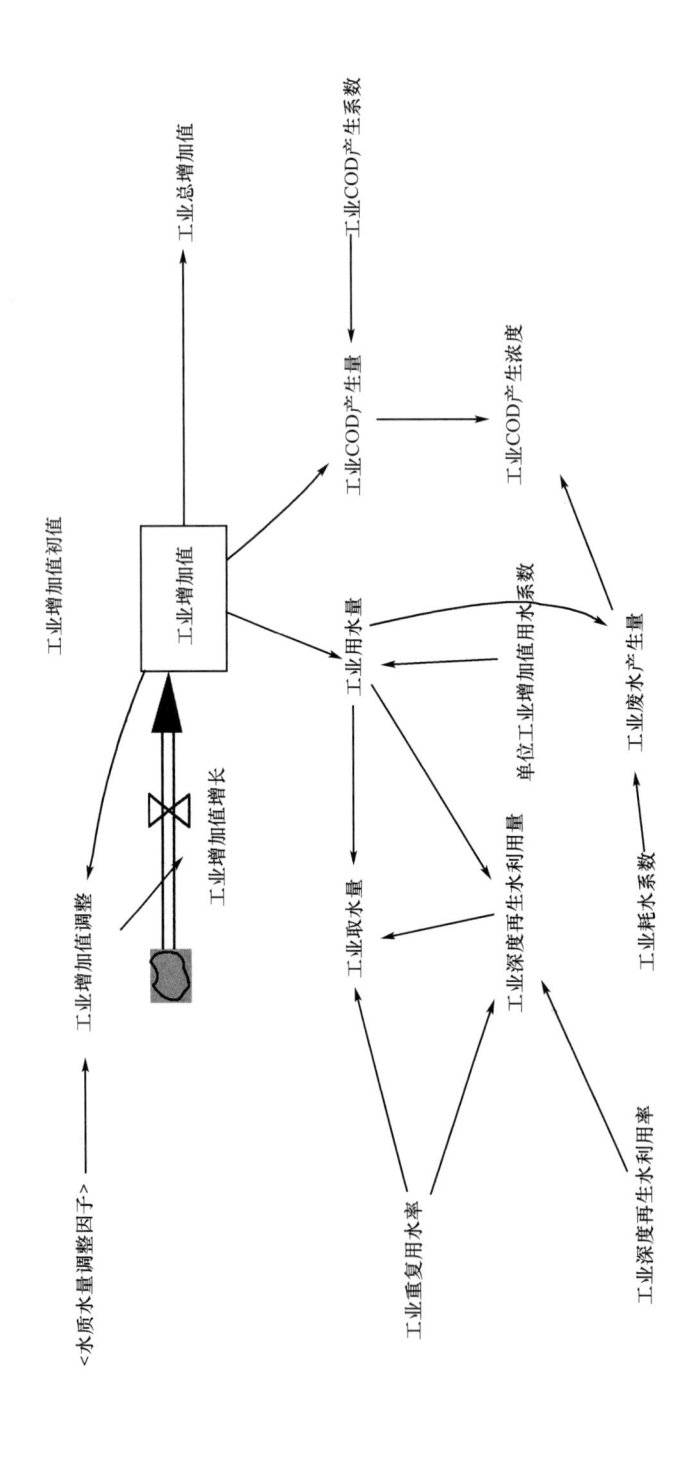

| 附录 2 | 模型结构图

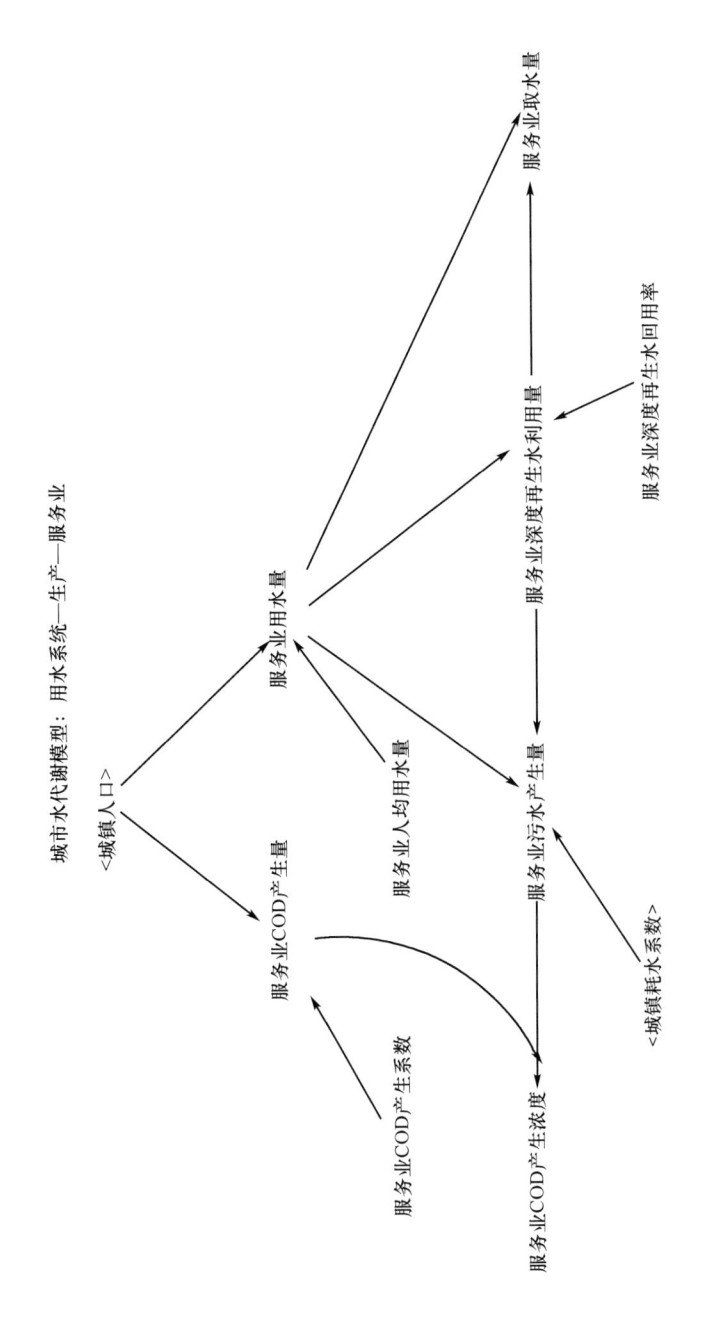

城市水代谢模型：用水系统—生产—服务业

- <城镇人口>
- 服务业COD产生量
- 服务业人均用水量
- 服务业用水量
- 服务业深度再生水利用量
- 服务业取水量
- 服务业深度再生水回用率
- 服务业污水产生量
- <城镇耗水系数>
- 服务业COD产生浓度
- 服务业COD产生系数

| 263 |

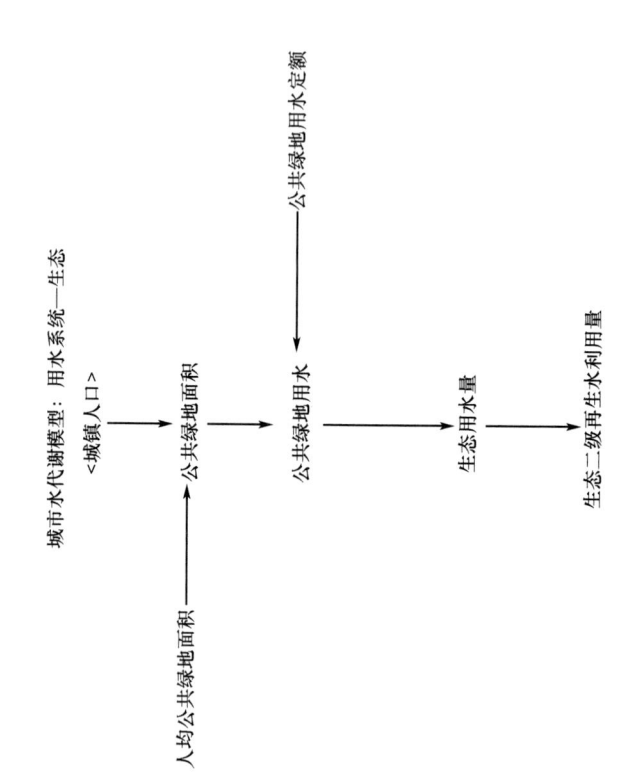

城市水代谢模型：用水系统—生态 <城镇人口> → 公共绿地面积 → 公共绿地用水 → 生态用水量 → 生态二级再生水利用量

人均公共绿地面积

公共绿地用水定额

附录2 | 模型结构图

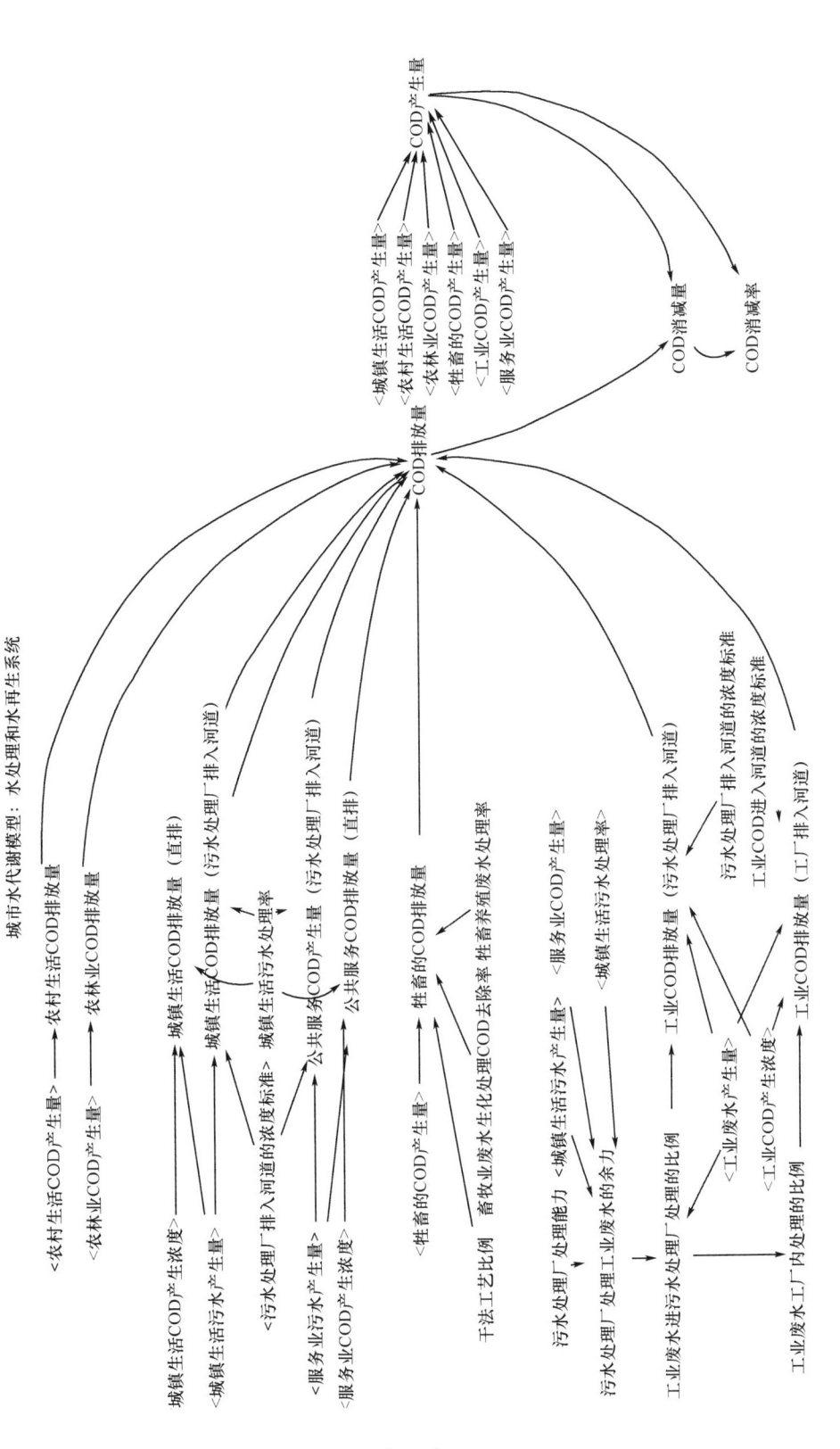

城市水代谢模型：水处理和水再生系统

附录3 模型公式

生活用水系统相关公式

项目	城镇生活	农村生活
用水量	$C_c = E_c \times P_c$	$C_r = E_r \times P_r$
	式中,	式中,
	C_c——城镇生活用水量，m³	C_r——农村生活用水量，m³
	E_c——城镇居民人均生活用水量，m³/人	E_r——农村居民人均生活用水量，m³/人
	P_c——城镇人口，人	P_r——农村人口，人
取水量	$C'_c = C_c \times (1 - R_{cr})$	$C'_r = C_r$
	式中,	式中,
	C'_c——城镇生活取水量，m³	C'_r——农村生活取水量，m³
	C_c——城镇生活用水量，m³	C_r——农村生活用水量，m³
	R_{cr}——小区再生水回用率	
污水产生量	$G_c = P_c \times E_c \times [R_c - (1 - R_{cr})]$	$G_r = C_r \times (1 - R_r)$
	式中,	式中,
	G_c——城镇生活污水产生量，m³	
	R_{cr}——生活用水优质水比例	G_r——农村生活污水产生量，m³
	P_c——城镇人口，人	C_r——农村生活用水量，m³
	E_c——城镇居民人均生活用水量，m³/人	R_r——农村耗水系数
	R_c——城镇耗水系数	
污染物产生量	$G_{cCOD} = P_c \times E_{cCOD}$	$G_{rCOD} = P_r \times E_{rCOD}$
	式中,	式中,
	G_{cCOD}——城镇生活COD产生量，kg	G_{rCOD}——农村生活COD产生量，kg
	P_c——城镇人口，人	P_r——农村人口，人
	E_{cCOD}——城镇生活COD产生系数，kg/人	E_{rCOD}——农村生活COD产生系数，kg/人

农业用水系统相关公式

项目	农林业	畜牧业
用水量 （取水量）	$C_{pi} = E_{pi} \times S_{pi}$ $C_p = \sum_{i=1}^{3} C_{pi}$ 式中， i——农林业各子项，包括水田水浇地、菜田、林果地 C_{pi}——各子项的用水量，m³ E_{pi}——各子项的灌溉定额，m³/亩 S_{pi}——各子项的灌溉面积，亩 C_p——农林业的用水量，m³	$C_{si} = E_{si} \times S_{si}$ $C_s = \sum_{i=1}^{4} C_{si}$ 式中， i——牲畜各子项，包括大牲畜、猪、羊、家禽 C_{si}——各子项的用水量，m³ E_{si}——各子项的用水定额，m³/头 S_{si}——各子项的头数，头 C_s——牲畜用水量，m³
废水产生量	$G_p = C_p \times (1-R)$ 式中， G_p——农林业的废水产生量，m³ C_p——农林业的用水量，m³ R——农林业耗水系数	$G_{si} = E_{sgi} \times S_{si}$ $G_s = \sum_{i=1}^{4} G_{si}$ 式中， i——牲畜各子项，包括大牲畜、猪、羊、家禽 G_{si}——各子项的废水产生量，m³ E_{sgi}——各子项的废水产生系数，m³/头 S_{si}——各子项的头数，头 G_s——牲畜的废水产生量，m³
污染物产生量	$G_{p\,COD} = E_{COD} \times S_p \times R'$ $R' = R'_1 \times R'_2 \times R'_3 \times R'_4$ 式中， $G_{p\,COD}$——农林业的COD产生量，kg E_{COD}——农林业COD源强系数，kg/hm² S_p——农林业的灌溉面积，亩 R'——农林业COD源强修正系数 R'_{p1}、R'_{p2}、R'_{p3}、R'_{p4}——分别为农林业的土壤类型修正系数、降雨量修正系数、化肥施用量修正系数、化肥施用结构修正系数	$G_{sCODi} = E_{sCODi} \times S_{si}$ $G_{sCOD} = \sum_{i=1}^{4} G_{s\,CODi}$ 式中， i——牲畜各子项，包括大牲畜、猪、羊、家禽 G_{sCODi}——各子项的COD产生量，kg E_{sCODi}——各子项的COD产生系数，kg/头 S_{si}——各子项的头数，头 G_{sCOD}——牲畜的COD产生量，kg

工业、服务业用水系统相关公式

项目	工业	服务业
用水量	$C_{gi} = E_{gi} \times M_{gi}$	$C_f = E_f \times P_c$
	$C_g = \sum_{i=1}^{13} C_{gi}$	式中，
	式中，	C_f——服务业用水量，m^3
	i——工业各子项，包括13个行业	E_f——服务业人均用水量，$m^3/$人
	C_{gi}——各子项的用水量，m^3	P_c——城镇人口，人
	E_{gi}——各子项的单位工业增加值用水系数，$m^3/$万元	
	M_{gi}——各子项的工业增加值，万元	
	C_g——工业用水量，m^3	
取水量	$C'_{gi} = \dfrac{C_{gi} \times (1-R'_g)}{1 \times R_{gi}}$	$C'_f = C_f \times (1-R_{fr})$
	$C'_g = \sum_{i=1}^{13} C'_{gi}$	式中，
	式中，	C'_f——服务业取水量，m^3
	C'_{gi}——各子项的取水量，m^3	C_f——服务业用水量，m^3
	C_{gi}——各子项的用水量，m^3	R_{fr}——服务业深度再生水回用率
	R_{gi}——各子项的工业重复用水率	
	R'_g——各子项的深度再生水利用率	
	C'_g——工业取水量，m^3	
污水产生量	$G_{gi} = C_{gi} \times (1-R_g)$	$G_f = C_f \times (1-R_{fr}) \times (1-R_c)$
	$G_g = \sum_{i=1}^{13} G_{gi}$	式中，
	式中，	G_f——服务业污水产生量，m^3
	G_{gi}——各子项的污水产生量，m^3	C_f——服务业用水量，m^3
	C_{gi}——各子项的用水量，m^3	R_{fr}——服务业深度再生水回用率
	R_g——工业耗水系数	R_c——城镇耗水系数
	G_g——工业污水产生量，m^3	
污染物产生量	$G_{gCODi} = E_{gCODi} \times M_{gi}$	$G_{fCOD} = P_c \times E_{fCOD}$
	$G_{gCOD} = \sum_{i=1}^{13} G_{gCODi}$	式中，
	式中，	G_{fCOD}——服务业COD产生量，kg
	G_{gCODi}——各子项的COD产生量，kg	P_c——城镇人口，人
	E_{gCODi}——各子项的COD产生系数，kg/万元	E_{fCOD}——服务业COD产生系数，kg/人
	M_{gi}——各子项的工业增加值，万元	
	G_{gCOD}——工业COD产生量，kg	

附录 3 | 模型公式

水处理和再水再生系统相关公式

项目	生活		生产		
	城镇生活	农村生活	农业		工业	服务业
			农林业	畜牧业		
污水排放量	(1) 集中式污水处理设施处理后排入河道 $D_{c1} = G_c \times \eta$ 式中， D_{c1}——该情况下城镇生活污水排放量，m³ G_c——城镇生活污水产生量，m³ η——城镇生活污水处理率 (2) 未处理直接排入河道 $D_{c2} = G_c \times (1-\eta)$ 式中， D_{c2}——该情况下城镇生活污水排放量，m³ G_c——城镇生活污水产生量，m³ η——城镇生活污水处理率	(1) 未经处理直接排入河道 $D_r = G_r$ 式中， D_r——农村生活污水排放量，m³ G_r——农村生活污水产生量，m³	(1) 未经处理直接排入河道 $D_p = G_p$ 式中， D_p——农林业废水排放量，m³ G_p——农林业废水产生量，m³	(1) 自行处理排入河道 $D_s = G_s$ 式中， D_s——畜牧业废水排放量，m³ G_s——畜牧业废水产生量，m³	(1) 集中式污水处理设施处理后排入河道 $D_{g1} = G_g \times \gamma$ 式中， D_{g1}——该情况下工业污水排放量，m³ G_g——工业污水产生量，m³ γ——工业污水进集中式污水处理设施处理的比例 (2) 自行处理排入河道 $D_{g2} = G_g \times (1-\gamma)$ 式中， D_{g2}——该情况下工业污水排放量，m³ G_g——工业污水产生量，m³ γ——工业污水进集中式污水处理设施处理的比例	(1) 集中式污水处理设施处理后排入河道 $D_{f1} = G_f \times \eta$ 式中， D_{f1}——该情况下服务业污水排放量，m³ G_f——服务业污水产生量，m³ η——城镇生活污水处理率 (2) 未经处理直接排入河道 $D_{f2} = G_f \times (1-\eta)$ 式中， D_{f2}——该情况下服务业污水排放量，m³ G_f——服务业污水产生量，m³ η——城镇生活污水处理率

| 269 |

续表

项目	生活		农业		生产	
	城镇生活	农村生活	农林业	畜牧业	工业	服务业
污染物排放量	(1) 集中式污水处理设施处理后排入河道 $D_{cCOD1} = D_{c1} \times C$ 式中，D_{cCOD1}——该情况下城镇生活COD排放量，kg D_{c1}——该情况下城镇生活污水排放量，m^3 C——污水处理设施排入河道的浓度，kg/m^3 (2) 未经处理直接排入河道 $D_{cCOD2} = D_{c2} \times C_c$ 式中，D_{cCOD2}——该情况下城镇生活COD排放量，kg D_{c2}——该情况下城镇生活污水排放量，m^3 C_c——城镇生活COD产生浓度，kg/m^3	(1) 未经处理直接排入河道 $D_{rCOD} = G_{rCOD}$ 式中，D_{rCOD}——农村生活COD排放量，kg G_{rCOD}——农村生活COD产生量，kg	(1) 未经处理直接排入河道 $D_{pCOD} = G_{pCOD}$ 式中，D_{pCOD}——农林业COD排放量，kg G_{pCOD}——农林业COD产生量，kg	(1) 自行处理排入河道 $D_{sCODi} = G_{sCODi} \times \left[1 - a - (1-a) \times \dfrac{R_{bi} \times R'_{bCOD}}{}\right]$ $D_{sCOD} = \sum_{i=1}^{4} D_{sCODi}$ 式中，i——畜牧业各子项，包括大牲畜、猪、羊、家禽 D_{sCODi}——各子项的COD排放量，kg G_{sCODi}——各子项的COD产生量，kg a——各子项干法工艺比例 R_{bi}——牲畜养殖废水生化处理COD去除率 R'_{bCOD}——牲畜养殖的COD处理率 D_{sCOD}——畜牧业的COD排放量，kg	(1) 集中式污水处理设施处理后排入河道 $D_{gCOD1} = D_{g1} \times C$ 式中，D_{gCOD1}——该情况下工业COD排放量，kg D_{g1}——该情况下工业污水排放量，m^3 C——污水处理设施排入河道的浓度，kg/m^3 (2) 自行处理排入河道 $D_{gCOD2} = D_{g2} \times C_g$ 式中，D_{gCOD2}——该情况下工业COD排放量，kg D_{g2}——该情况下工业污水排放量，m^3 C_g——工业COD产生浓度，kg/m^3	(1) 集中式污水处理设施处理后排入河道 $D_{fCOD1} = D_{f1} \times C$ 式中，D_{fCOD1}——该情况下服务业COD排放量，kg D_{f1}——该情况下服务业污水排放量，m^3 C——污水处理设施排入河道的浓度，kg/m^3 (2) 未经处理直接排入河道 $D_{fCOD2} = D_{f2} \times C_f$ 式中，D_{fCOD2}——该情况下服务业COD排放量，kg D_{f2}——该情况下服务业污水排放量，m^3 C_f——服务业COD产生浓度，kg/m^3

索　引

B
Bootstrap 方法　40
BP 算法神经网络　173
本地抽取和收集的各种水源　18

C
层次分析法　165
承载力　7
城市代谢　13
城市水代谢　13
城市水足迹　59
处理后再生回用的水　18

D
等级指标计算法　164
地统计学　135

H
耗散性损失水　18
环境承载力　7
灰色关联评价　178
灰水足迹　59

J
结构方程模型　35
进出口的水　18
绝对再生能力　167

K
可持续发展理论　25
可再生性　5

L
蓝水足迹　61
绿水足迹　61

M
模糊综合评价法　207

P
Penman-Monteith 公式　140
PLS 算法　36
排放的废污水　18
平衡项　18

R
人工神经网络　172

S
社会水代谢　16
生态网络分析　83
水的社会再生　20
水的自然再生　19
水环境承载力　22
水量平衡模型　139
水质水量二维矢量模的综合表征方法　207
水足迹　58

T
投入产出分析法　60

X
系统动力学　111
系统内流动的水　18
相对再生能力　167
虚拟水　18
虚拟水出口量　59
虚拟水进口量　59
虚拟水平衡　59
循环经济理论　28

Z
主成分分析法　207
自然水代谢　15